Jens Riedel

Coaching für Führungskräfte

WIRTSCHAFTSWISSENSCHAFT

Jens Riedel

Coaching für Führungskräfte

Erklärungsmodell und Fallstudien

Mit einem Geleitwort von Prof. Dr. Diether Gebert

Deutscher Universitäts-Verlag

Bibliografische Information Der Deutschen Bibliothek
Die Deutsche Bibliothek verzeichnet diese Publikation in der Deutschen Nationalbibliografie;
detaillierte bibliografische Daten sind im Internet über <http://dnb.ddb.de> abrufbar.

Dissertation Technische Universität Berlin, 2003

D 83

1. Auflage November 2003

Alle Rechte vorbehalten
© Deutscher Universitäts-Verlag/GWV Fachverlage GmbH, Wiesbaden 2003

Lektorat: Ute Wrasmann / Anita Wilke

www.duv.de

Umschlaggestaltung: Regine Zimmer, Dipl.-Designerin, Frankfurt/Main
Druck und Buchbinder: Rosch-Buch, Scheßlitz
Gedruckt auf säurefreiem und chlorfrei gebleichtem Papier
Printed in Germany

ISBN 3-8244-0730-2

Geleitwort

Coaching ist zu einem Modebegriff geworden. Die Nachfrage nach Coaching steigt, und die Ratgeberliteratur, die in der Regel nur auf schmalem theoretischen Fundament (wenn überhaupt) argumentiert, ist kaum zu überblicken. In dieser Situation ist es sehr zu begrüßen, dass Herr Riedel den Versuch unternimmt, die theoretische Basis für das Coaching auszudifferenzieren, um damit Ansatzpunkte für ein wirkungsvolles Coaching freizulegen. Das Kernargument lautet:

- Jeglichem Handeln sind subjektive Handlungstheorien (Alltagstheorien) vorgelagert.
- Wirksames Handeln setzt gültige subjektive Handlungstheorien voraus.
- Coaching kann als die Modifikation der subjektiven Theorien interpretiert werden, um die Wirksamkeit des Handelns zu erhöhen.

Auf der Basis dieser Kernargumentation wird in der vorliegenden Arbeit ein theoretisches Rahmenmodell entwickelt, dass drei Bausteine umfasst: Zum einen wird auf den von Groeben und Scheele entwickelten Forschungsansatz der subjektiven Theorien eingegangen. Subjektive Theorien gilt es dialogisch zu rekonstruieren und konsensual zu validieren. Bewusste (geäußerte) Intention und oft nicht bewusste, tatsächliche Motivation können dabei auseinanderfallen. Das Ziel der Intervention besteht u.a. darin, diese Differenz aufzuheben und damit den Übergang vom Tun zum Handeln zu ermöglichen. Als zweiter Theoriebaustein wird das von Heckhausen entwickelte Rubikon-Modell herangezogen. Der Verfasser bezieht sich auf die verschiedenen Komponenten dieses Motivations- und Volitionsmodells. Mit der Ausdifferenzierung dieser Komponenten sind zugleich diejenigen Komponenten präzisiert, an denen der Motivations- bzw. Volitionsprozess des Handelnden scheitern kann. Auf eben diese Komponenten muss der Coach sein Augenmerk richten, wenn er die subjektive Theorie des Handelnden zu rekonstruieren versucht. Diese prozessuale Füllung der subjektiven Theorien wird zum dritten durch den Rückgriff auf die Individualpsychologie Alfred Adlers in inhaltlicher Hinsicht ergänzt. Es gilt die „privaten Logiken" der Handelnden zu rekonstruieren, um so seine wesentlichen Ziele zu erfassen.

Eine entscheidende Leistung des Autors liegt darin, dass er dieses theoretische Rahmenmodell einer ersten empirischen Bewährungsprobe unterwirft. Der Verfasser hat hierzu

selbst 15 Führungskräfte gecoacht und den Verlauf des Prozesses auf dem Tonband fest-
gehalten. Das auf der theoretischen Ebene wichtige Ergebnis lautet, dass es im Zuge des
Coachingprozesses zu Veränderungen der Kognitionen kommt, die in der theoretischen
Konzeption des Verfassers prägnant abbildbar sind. Der Coachingprozess führt demnach
zu beschreibbaren Veränderungen der dem Handeln vorgelagerten subjektiven Theorie.
Die in dem theoretischen Modell implizit enthaltene Frageheuristik hat damit eine erste
Bewährungsprobe bestanden: es sind die Aspekte/Komponenten präzisiert, im Hinblick auf
die der Coach die subjektive Theorie des Klienten zu hinterfragen hat. Inhaltlich zeigt sich
zum Beispiel: die entscheidenden Schwierigkeiten der untersuchten Klienten lagen nicht in
der Volitions-, sondern in der Motivationsphase. Dabei erwiesen sich zwei Aspekte als besonders wichtig: sehr häufig ergaben sich Unklarheiten bezüglich der zu verfolgenden Ziele und Hinweise auf latent vorhandene Zielkonflikte. Diese stehen in einem systematischen
Zusammenhang damit, dass in einem Großteil der Fälle motivationshinderliche Einschränkungen der Selbstwirksamkeitserwartung auftraten.

Im Ergebnis hat der Verfasser eine theoretische Konzeption erarbeitet, welche die Brücke
zu einer fundierten Frageheuristik bildet, die dem Coachingprozess eine klare Struktur ver-
leiht. Dadurch, dass jetzt besser als bisher ein gezieltes und zugleich theoretisch begründe-
tes Fragen ermöglicht wird, kann die Arbeit im besten Sinne als innovativ bezeichnet
werden. Wissenschaftler und Praktiker, die sich mit dem Coachingprozess befassen, werden von dieser Arbeit profitieren. Ich wünsche der Arbeit entsprechend eine breite Resonanz.

Prof. Dr. Diether Gebert

Vorwort

Coaching von Führungskräften fasziniert mich praktisch und theoretisch. Für die Praxis des Unternehmensberaters zielt es auf den „missing link" zwischen der Konzipierung einer Strategie und derer Umsetzung in der Organisation. Dieser Link besteht aus den Fähigkeiten und der Persönlichkeit der Führungskräfte und ihrer kontinuierlichen Weiterentwicklung. Genau wie bei komplexen Fragestellungen der Entwicklung von Strategien und der Begleitung ihrer organisatorischen Umsetzung kann auch bei der Weiterentwicklung der Führungskräfte gezielte externe Unterstützung Qualität und Geschwindigkeit deutlich erhöhen. Coaching kann dabei in einzigartiger Weise sowohl der einzelnen Führungskraft wie dem Unternehmen dienen.

Aus theoretischer Perspektive ist Coaching faszinierend, weil es erlaubt, sehr grundlegend die Möglichkeiten und Mechanismen individueller Veränderungen zu untersuchen – und damit auch die Möglichkeiten und Grenzen von Veränderungen ganzer Organisationen besser zu verstehen.

Ich hoffe, dass diese Arbeit von Wissenschaftlern, aber auch von anderen Coaches und interessierten Führungskräften mit Gewinn gelesen wird und dabei die Faszination des Themas Coaching spürbar wird. Über Anregungen und Kritik freue ich mich.

Während der Arbeit an diesem Buch habe ich von vielen Seiten Anregungen und Unterstützung erhalten. Ohne die Führungskräfte, die mir eine Aufzeichnung unserer Coaching-Sitzungen erlaubt haben, wäre die vorliegende Arbeit so nicht möglich gewesen. Ihnen möchte ich daher zuallererst für ihr Vertrauen und ihre Offenheit danken.

Herrn Prof. Dr. Diether Gebert danke ich, dass er mich als externen Promovenden angenommen und sich dann die Zeit genommen hat, mit mir über Zwischenstände der Arbeit intensiv zu diskutieren. Dank gebührt auch dem Zweitgutachter, Herrn Prof. Dr. Wolfgang Scholl und dem Vorsitzenden der Prüfungskommission, Herrn Prof. Dr. Hans Gemünden.

Herrn Prof. Dr. Hans-Josef Tymister danke ich für die Einführung in die Individualpsychologie im Zuge meiner Weiterbildung zum Individualpsychologischen Berater und seine motivierende Überzeugung, dass individualpsychologische Beratung in der Unternehmenswelt vermehrt eingesetzt werden sollte. Für zum Teil nur kurze, aber für mich im Entstehungsprozess der Arbeit wichtige Diskussionen möchte ich aus dem Umfeld des Forschungsprogramms Subjektive Theorien Herrn Prof. Dr. Hanns-Dietrich Dann, Herrn Prof. Dr. Norbert Groeben und Herrn Prof. Dr. Diethelm Wahl danken.

Herr Prof. Dr. Jarg Bergold und Herr Prof. Dr. Manfred Zaumseil haben mir die Teilnahme an ihrem Colloquium zu qualitativen Forschungsmethoden in der Psychologie an der FU Berlin ermöglicht. Der direkte Austausch über sonst nur Gelesenes mit ihnen und den Teilnehmerinnen und Teilnehmern des Colloquiums war mir als externem Promovenden besonders wichtig.

Für den Austausch über Freud und Leid am Dissertieren und Einblicke in mir bis dato unbekannte Fachgebiete möchte ich den Mitgliedern und Teilnehmern der Vortragsrunden und Stammtische von Thesis e.V., dem interdisziplinären Netzwerk für Promovierende und Promovierte, danken. Danken möchte ich auch Dr. Andreas Poensgen stellvertretend für die Boston Consulting Group. Er hat mich für zwei Jahre teilweise freigestellt und damit die Promotion ermöglicht.

Der größte Dank gebührt aber zweifelsohne meinen Eltern und meiner Frau, Daniela Schwarzer. Ihr danke ich dafür, dass sie mit Verständnis und Zuspruch die verschiedenen Entstehungsphasen begleitet hat. Außerdem hat sie zur Schärfung des Argumentationsgangs und einzelner Kapiteln durch eine Vielzahl kritischer Fragen beigetragen und mehrere Versionen der Dissertation gelesen und redigiert. Danken möchte ich schließlich meinen Eltern Ruth und Leo Riedel. Sie haben mich in Schul- und Studienzeiten vielfältig und auch dann unterstützt, wenn sie Zweifel an meinen Vorhaben hatten. Damit haben sie die Grundlage für diese Arbeit und vieles mehr gelegt. Ihnen widme ich die Dissertation.

Jens Riedel

Abstract

Executive Coaching, das Coaching von Führungskräften also, hat eine weite Verbreitung gefunden – doch seine Wirkungsmechanismen sind bisher unverstanden. Diese Studie beantwortet theoretisch und empirisch die Frage: „Wie wirkt Coaching?"

Ausgehend von der Hypothese, dass Coaching handlungsleitende Kognitionen von Führungskräften verändert, wird eine empirisch fundierte *Coaching-Theorie* entwickelt. Diese modelliert erstens Kognitionen als „Subjektive Theorien", zweitens die Wirkung von Subjektiven Theorien auf Handeln und drittens ihre Modifikation durch Coaching. Zwei Modifikationsrichtungen werden unterschieden: bei der einen wird ausschließlich die Zweckrationalität der vorgenommenen Handlung erhöht, bei der anderen (zunächst) die Wertrationalität der verfolgten Ziele. Die Theorie baut auf Überlegungen des Forschungsprogramms Subjektive Theorien, der Motivations- und Volitionspsychologie sowie der Individualpsychologie auf und entwickelt diese weiter. Mit der Coaching-Theorie wird nicht nur zum ersten Mal die Wirkung von Coaching erklärt. Ausgehend von ihren Grundprinzipien wird zudem eine theoretisch fundierte und in der folgenden Empirie angewendete Coaching-Methodik entwickelt.

Zur *empirischen Fundierung* der Coaching-Theorie wurden erstmalig 15 audiotechnisch aufgezeichnete Coachings von jeweils fünf zweistündigen Sitzungen qualitativ analysiert. Die Analyse der rekonstruierten Subjektiven Theorien zu Beginn der Coachings zeigte, dass in 93% der Fälle eine unklare Motivation und in 7% Unklarheiten bei der Umsetzung gefasster Entschlüsse vorlagen. Motivationshinderliche Zweifel betrafen in 93% der Fälle das eigene Können und Wollen, nur in 13% der Fälle (auch) Zweifel über Funktionszusammenhänge in der Unternehmenswelt. Die Analyse der Coaching-Wirkung zeigte, dass in zwei Dritteln der Fälle die Subjektiven Theorien zunächst durch die Aufdeckung von Zielkonflikten erweitert wurden. Durch die weitere Modifikation der Subjektiven Theorien wurde in 82% der Fälle der Zielkonflikt aufgelöst. In einem Drittel aller Fälle wurde nur die Zweckrationalität der geplanten Handlung, in zwei Dritteln (auch) die Wertrationalität der vorgenommenen Ziele geklärt. In allen Fällen wurde die Motivation der Führungskräfte durch den Abbau motivationshinderlicher Erwartungen erhöht.

Damit wurde aufbauend auf der entwickelten Coachig-Theorie empirisch gezeigt, dass Coaching die Subjektiven Theorien von Managern verändert. Außerdem wurde deutlich, dass bestimmte Teile der Subjektiven Theorien deutlich häufiger als andere Anlass für ein Coaching waren und durch dieses verändert wurden. Diese Befunde erlauben der Coaching-Praxis ein gezielteres Vorgehen bei Problemanalyse und Intervention und führen für die Coaching-Forschung zu neuen Forschungsdesideraten.

Inhaltsübersicht

Inhaltsverzeichnis

Abbildungsverzeichnis

Abkürzungsverzeichnis

a.	auch
Abb.	Abbildung
AF	Anreizwert der Folgen
C-SWE	Coping-Selbstwirksamkeitserwartung
CAD	Computer-Aided Design
CEO	Chief Executive Officer
DFG	Deutsche Forschungsgemeinschaft
EFE	Ergebnis-Folgen-Erwartung
FST	Forschungsprogramm Subjektive Theorien
HEE-e	Handlungs-Ergebnis-Erwartung i.e.S.
HEE-w	Handlungs-Ergebnis-Erwartung i.w.S.
ICF	International Coach Federation
IHK	Industrie- und Handelskammer
i.d.R.	in der Regel
i.e.S.	im engeren Sinne
I-SWE	Initiativ-Selbstwirksamkeitserwartung
i.w.S.	im weiteren Sinne
ILKHA	Interview- und Legetechnik zur Rekonstruktion kognitiver Handlungsstrukturen
ImIn	Implementierungs-Intention
IP	Individualpsychologie
IPO	Initial Public Offering
KTM	Konstanzer Trainingsmodell
KOPING	Kommunikative Praxisbewältigung in Gruppen
M&A	Mergers and Acquisitions (Firmen-Fusionen und -Übernahmen)
m.E.	meines Erachtens
MCC	Master Certified Coach
n.a.	nicht anwendbar
ROI	Return on investment
SEE	Situations-Ergebnis-Erwartung
SLT	Heidelberger Strukturlegetechnik

SMT	Selbstmanagement-Training
ST	Subjektive Theorie
SWE	Selbstwirksamkeitserwartung
TTM	Transtheoretical Model of Change
u.U.	unter Umständen
vgl.	vergleiche
VV	Vorstandsvorsitzender
WAL	Weingartener Appraisal Legetechnik
W-SWE	Wiederherstellungs-Selbstwirksamkeitserwartung
z.B.	zum Beispiel
zit. n.	zitiert nach
ZMA	konsensuale Ziel-Mittel-Argumentation

1 Einleitung und Überblick

Executive Coaching, also Coaching als Instrument der Führungskräfteentwicklung, hat in den letzten Jahren einen „Siegeszug" gefeiert.[1] Der „sozialen Innovation Coaching" wird überdies eine erfolgreiche Zukunft vorausgesagt.[2] Angesichts der zunehmenden Verbreitung und Bedeutung von Coaching erstaunt, dass seine Wirkungsweise bisher weitgehend unerforscht geblieben ist. Die praktische Anwendung hat die theoretische Durchdringung des Themas hinter sich gelassen: „Coaching gewinnt Aufmerksamkeit und Akzeptanz ohne verstanden worden zu sein".[3] Insbesondere das Fehlen empirischer Untersuchungen über tatsächliche Coaching-Verläufe stellt eine gravierende Forschungslücke dar. Dies wurde bisher damit begründet, dass ein empirischer Zugang zu Coachings nicht möglich sei.[4] Diesen Mangel behebt die vorliegende Studie. Ihr liegen die Tonbandmitschnitte von 15 Coachings mit jeweils fünf zweistündigen Terminen zu Grunde. Damit betritt diese Arbeit Neuland. Durch dieses Material ist es möglich, die Ausgangsfrage der vorliegenden Arbeit nicht nur theoretisch, sondern auch empirisch zu beantworten. Diese lautet: „Wie wirkt Coaching?" Die Ausgangsfrage wird in eine theoretische und eine empirische Forschungsfrage differenziert (siehe Abb. 1).

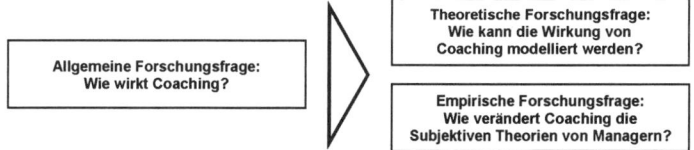

Abb. 1: Forschungsfragen[5]

Die *theoretische Forschungsfrage* lautet: „Wie kann die Wirkung von Coaching modelliert werden?" Zu ihrer Beantwortung wird eine Coaching-Theorie entwickelt, die auf einem Grundmodell aufbaut, wonach Coaching über die kognitiven Muster eines Klienten auf

---

[1] Vgl. Böning 2000. Zur Definition von Coaching im Rahmen dieser Arbeit siehe Kapitel 2.1. Im Folgenden wird „Coaching" synonym mit „Executive Coaching" verwendet, sofern nicht explizit auf andere Coaching-Formen Bezug genommen wird.
[2] Vgl. Geßner 2000.
[3] Wilkins 2000a, 154. Dieses und alle folgenden Zitate aus englischen Publikationen wurden vom Autor ins Deutsche übersetzt. Zu einer ähnlichen Einschätzung kommt Holm-Hadulla 2002.
[4] Vgl. Geßner 2000, 53; Stahl und Marlinghaus 2000, 199.

sein Handeln wirkt. Die Coaching-Theorie muss dreierlei modellieren (siehe Abb. 2): *Erstens* die kognitiven Muster von Führungskräften, *zweitens* ihre handlungsleitende Funktion, und *drittens* die Wirkung von Coaching-Interventionen auf die kognitiven Muster. Zu den einzelnen Modellierungsanforderungen haben bestehende Theorien Beiträge unterschiedliche Beiträge zu bieten. Für jede der Modellierungsanforderungen wird hauptsächlich jeweils die Theorie mit der jeweils größten Erklärungskraft genutzt. Zur Modellierung der kognitiven Muster wird so in erster Linie auf das Forschungsprogramm Subjektive Theorien (FST) zurückgegriffen. Für die Modellierung ihrer handlungsleitenden Funktion wird auf das Rubikon-Modell und weitere motivations- und volitionspsychologische Theorien zurückgegriffen. Die Wirkung von Coaching wird hauptsächlich mit Hilfe individualpsychologischer Theorien modelliert. In geringerem Maße tragen alle drei Theorien aber auch zur Modellierung der jeweils beiden übrigen Modell-Elemente bei.[6]

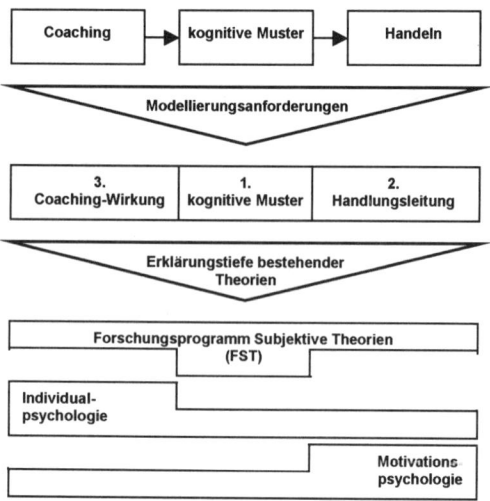

Abb. 2: Modellierungsanforderungen und Erklärungstiefe bestehender Theorien

---

[5]   Sofern nicht anders gekennzeichnet, sind alle Abbildungen eigene Entwürfe.
[6]   Zum FST vgl. Groeben et al. 1988; zum motivationspsychologischen Rubikon-Modell vgl. Heckhausen 1989; Heckhausen, Gollwitzer und Weinert 1987 und zum individualpsychologischen Beratungsmodell vgl. Ansbacher und Ansbacher 1995; Rechtien 1997.

Das FST modelliert die menschlichen *kognitiven Muster* als „Subjektive Theorien", die jeder von sich und seiner Umwelt hat. Das Forschungsprogramm hat das Konstrukt Subjektive Theorien wissenschaftstheoretisch verankert und differenziert ausgearbeitet. Eine differenzierte Erklärung der *handlungsleitenden Funktion* von Subjektiven Theorien bietet das FST jedoch nicht. Es bleibt hier recht pauschal und fällt damit hinter den Erkenntnisstand der Motivationspsychologie zurück. Für diesen Teil des Coaching-Modells wird daher auf das motivationspsychologische Rubikon-Modell und detailliertere Modelle zu Motivation und Volition zurückgegriffen.

Die *Wirkung von Coaching* wird in dieser Studie als Modifikation Subjektiver Theorien modelliert. Hierfür bietet das FST einen Ausgangspunkt. Dessen Modellierung ist jedoch nicht sehr detailliert und ihre weitere Ausdifferenzierung ein erklärtes Forschungsdesiderat des FST.[7] Für die Coaching-Theorie werden daher Elemente der individualpsychologischen Theorie herangezogen, die die Überlegungen zur Modifikation im FST um eine Modifikationsrichtung ergänzen. Zusammen mit den Ansätzen im FST werden sie zu einem Modifikationsmodell verbunden, das zwei Modifikationsrichtungen umfasst. Diese betreffen entweder die Klärung von Wertrationalitäten oder die Verbesserung von Zweckrationalitäten.[8] Es wird also unterschieden, ob der Klärungsbedarf eines Coaching-Klienten hinsichtlich der zu verfolgenden Ziele (Wertrationalität) oder hinsichtlich der Schritte zur Erreichung bereits definierter Ziele (Zweckrationalität) besteht.

Durch die Integration von Modellen aus unterschiedlichen Forschungstraditionen leistet diese Arbeit einen Beitrag zur Überwindung der erkenntnisbehindernden Schranken zwischen diesen Traditionen. Bisher gibt es wenig „schulenübergreifende" Arbeiten, die Erkenntnisse des FST mit denen anderer Ansätze zusammenführen oder wenigstens aufeinander beziehen. Dies wird beiden Seiten nicht gerecht: Außerhalb des FST erarbeitete Forschungsergebnisse tangieren das Erkenntnisinteresse des FST, während dieses in be-

---

[7] Vgl. Groeben und Scheele 2000 und jetzt Mutzeck, Schlee und Wahl 2002.
[8] Zur Unterscheidung von Zweck- und Wertrationalitäten in Bezug auf individuelles Lernen in Organisationen vgl. Geißler 2000, 245ff.

stimmten Bereichen über eine ausdifferenzierte Theorie verfügt, die für andere Traditionen von Interesse ist.[9]

Die *empirische Forschungsfrage* dieser Arbeit lautet: „Wie verändert Coaching die Subjektiven Theorien von Managern?" Die entwickelte Coaching-Theorie stellt die konzeptionelle Grundlage und ein begriffliches Gerüst für die fall-übergreifende Beantwortung dieser Frage bereit. Außerdem bildete sie die Grundlage für die Entwicklung einer theoretisch kohärenten Coaching-Methodik. Der empirische Teil der Studie ermittelt durch die Analyse von Coaching-Verläufen, ob und wie häufig die theoretisch möglichen Coaching-Wirkungen in der Realität tatsächlich auftreten. Dieser Teil basiert auf 15 jeweils zehnstündigen Coachings, die komplett auf Tonband aufgezeichnet werden. Drei der Fallstudien werden ausführlich im Hauptteil. Neben der Modifikation der Subjektiven Theorien werden an ihnen die Anwendung von Kernelementen der Forschungsmethodik und die Veränderungswirkungen der Coaching-Interventionen gezeigt. Zwölf weitere Fallstudien sind im Anhang dokumentiert. Für alle 15 Fälle werden die für das Coaching relevanten Subjektiven Theorien zu Beginn des Coachings und nach erfolgtem Coaching ermittelt und kommunikativ validiert. Mit Hilfe der motivations- und volitionspsychologischen Modellierungen der Coaching-Theorie werden diese Subjektiven Theorien weiter analysiert und ihre Veränderung in den Kategorien dieser Modelle beschrieben.

Im Fallvergleich werden die fallübergreifenden Muster der ursprünglichen Subjektiven Theorien der Manager des Samples und ihre Veränderung analysiert. Dafür wird zunächst eine Klassifizierung der Coaching-Anliegen der Manager als Zuordnung zur Motivations- oder Volitionsphase des Handelns vorgenommen und ihre Häufigkeitsverteilung auf diese beiden Kategorien ermittelt (siehe Abb. 3). Sodann werden die Bestandteile der Subjektiven Theorien der Manager ermittelt, die motivations- bzw. volitionshinderlich wirken, also beispielsweise Zielkonflikte in der Motivationsphase. Zusätzlich wird hier bestimmt, wie häufig die einzelnen theoretisch identifizierten Bestandteile der Subjektiven Theorien tatsächlich motivations- bzw. volitionshinderlich wirken. Hinsichtlich der Wirkung von Coaching wird bestimmt, welche Bestandteile der Subjektiven Theorien wie häufig verändert

---

[9] Zu den wenigen vorhandenen Ansätzen vgl. Groeben und Scheele 2002; Christmann und Groeben 1996. Bei diesen argumentieren die Protagonisten des FST, dass andere Theorien durch die Integration in das FST an „Präzisierung und Kohärenz" gewinnen könnten (Groeben et al. 1988; 19).

wurden. Außerdem erfolgt eine Zuordnung der einzelnen Fallstudien über die erzielten Veränderungen zu den beiden theoretisch postulierten Modifikationsrichtungen. Damit werden erstmals detaillierte empirisch fundierte Aussagen über die psychologische Verortung der Coaching-Anliegen von Managern, über die Problematiken, die diesen Anliegen zu Grunde liegen, und über die Wirkung von Coaching getroffen.

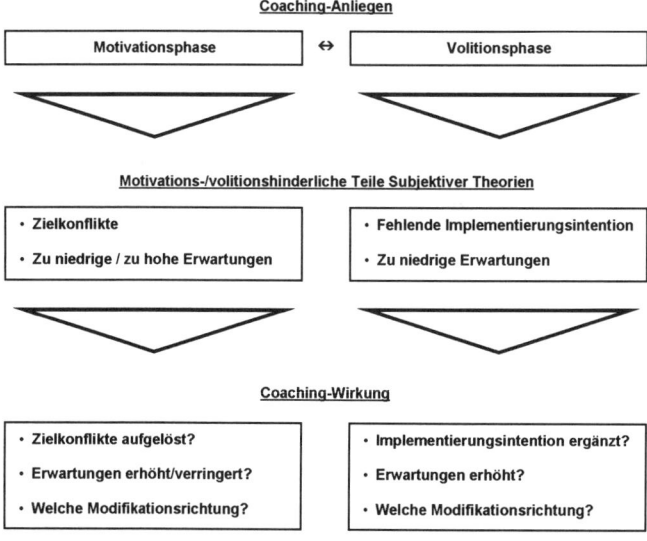

Abb. 3: Empirische Ergebnisdimensionen

Der Aufbau der vorliegenden Studie ist in Abbildung 4 dargestellt. *Kapitel 2* stellt ihre Ausgangspunkte in Praxis und Theorie dar. Es begründet die aktuelle Relevanz von Coaching und definiert Coaching für diese Arbeit. Ein Überblick über die Coaching-Praxis und den Coaching-Prozess schließt sich an. In Abschnitt 2.4 werden der Forschungsstand zu Coaching und dessen Lücken dargestellt. Vor diesem Hintergrund wird die theoretische Fragestellung verortet. Im nächsten Schritt wird in *Kapitel 3* eine Coaching-Theorie entwickelt. Sie verwendet, wie bereits benannt, das Forschungsprogramm Subjektive Theorien, motivations- und volitionspsychologische sowie individualpsychologische Theorien. In *Kapitel 4* wird die Forschungsmethode für den empirischen Teil entwickelt. In *Kapitel 5* wird zunächst die verwendete Coaching-Methode dargestellt. Dann wird das Sample der

15 Fallstudien vorgestellt und drei Fallstudien werden ausführlich geschildert.[10] Anschlie-
ßend werden die Fallstudien ausgewertet und interpretiert. Schließlich werden Schlussfolgerungen für die Coaching-Praxis gezogen. *Kapitel 6* fasst die erzielten Ergebnisse in
Theorie und Empirie zusammen, bewertet sie und formuliert Desiderate für die weitere
Coaching-Forschung.

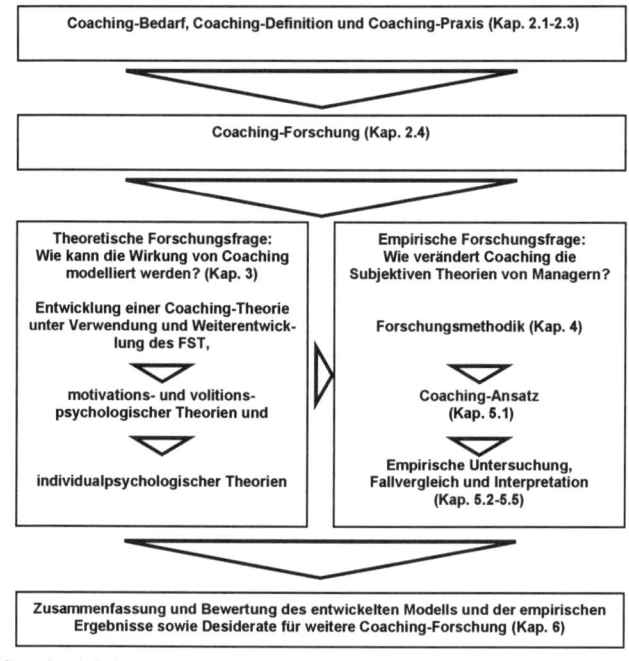

Abb. 4: Aufbau der Arbeit

---

[10]   Die übrigen zwölf Fallstudien werden im Anhang dargestellt.

2 Ausgangspunkte: Coaching-Bedarf, Definition, Praxis und Forschung

2.1 Coaching-Bedarf

2.1.1 Steter Wandel verlangt Führung

„Nichts ist mehr so konstant wie der Wandel", „Menschen in modernen Organisationen stehen intern und extern unter dem ständigen Druck, mit Wandel umzugehen."[11] Dies sind gängige Beschreibungen des Alltags in Unternehmen. Zwar war Wandel schon immer eine Konstante moderner kapitalistischer Wirtschaft, und wurde schon 1942 als Prozess der schöpferischen Zerstörung bezeichnet.[12] Seither haben sich die Anforderungen auf den Waren- und Dienstleistungsmärkten jedoch weiter verschärft, die Renditeerwartungen der Finanzmärkte sind gestiegen. Vor diesem Hintergrund hat sich bei zunehmender Komplexität der Interaktionen[13] und der Beschleunigung des technischen Fortschritts die Geschwindigkeit des zum Erhalt der Wettbewerbsfähigkeit notwendigen Wandels in Unternehmen erhöht.[14] Der tatsächlich realisierte Wandel wird dem jedoch nur selten gerecht. „Change Management", als Metapher für den Versuch, diesen Wandel zu organisieren, bleibt zudem oft eine Black Box für letztlich unverstandene oder nicht hinreichend adressierte Aspekte des Managens von Veränderungen.[15]

Der Umgang mit dem Hochgeschwindigkeits-Wandel stellt Manager auch persönlich vor immer neue Herausforderungen. Jeder Manager ist heute ein „Change Manager": waren Führungskräfte früher vor allem dafür verantwortlich, dass langfristig etablierte Prozessregeln eingehalten werden, ist die Implementierung von Veränderungen heute eine der Hauptaufgaben von Führungskräften. Durch die gestiegenen Anforderungen an Flexibilität und Wandlungsfähigkeit beruht die Intelligenz eines Unternehmens heute viel mehr auf der wertschöpfenden Interaktion seiner Mitarbeiter, als auf seiner Organisation und dauerhaft angelegten Prozessen. Damit ist es zunehmend die Aufgabe von Führungskräften, Interak-

---

[11] Kotter 1996, 15; Kilburg 2000, 9.
[12] Vgl. Schumpeter 1942.
[13] Vgl. Axelrod und Cohen 1999.
[14] Vgl. Volberda 1996.
[15] Vgl. Kotter 1996; Harvard Business Review o.A. (1999); Rosenstiel 2000a, 418-422; Reiß, Rosenstiel und Lanz 1997; Pfeffer und Sutton 2000; Zahn 1996.

tionen zu managen und ihren Mitarbeitern Orientierung zu geben, ohne ihre notwendigen Freiräume zu beschränken. Verlangt wird also von Managern, ihr Unternehmen oder ihren Bereich zu führen, ihn nicht nur zu verwalten.[16]

Anders als die Regeln zum Aufbau einer Organisation lässt sich erfolgreiches Führungsverhalten unter diesen Bedingungen aber nicht abschließend aus Büchern erlernen. Denn hier geht es um eine komplexe, persönliche Kompetenz, deren Facetten erst in realen Situationen sichtbar werden und auch erst dann – falls erforderlich – weiterentwickelt werden können. Hier setzt Coaching an, da die traditionellen Maßnahmen der Führungskräfteentwicklung sich als nicht ausreichend erwiesen haben.

2.1.2 Möglichkeiten und Grenzen der traditionellen Führungskräfteentwicklung

Die traditionellen Maßnahmen der Führungskräfteentwicklung, die üblicherweise in Seminarform stattfinden, dienen entweder der *Vermittlung von Wissen*, oder haben eine psychologische Ausrichtung auf *Verhaltensänderungen*.[17] Rein auf Wissensvermittlung zielende Maßnahmen, die eine Vergrößerung der Gedächtnisinhalte anstreben, sind für die vorliegende Studie nicht relevant. Sind Verhaltensänderungen das eigentliche Ziel, so dürfte die reine Wissensvermittlung kaum der richtige Weg sein:

> „Inhaltsorientierte Techniken wie etwa Vortrag, Referat, Frontalunterricht, Selbstinstruktion mit Hilfe von Büchern oder programmierten Unterweisungen modifizieren in der Regel nur die Führungskenntnisse, bestenfalls die Einstellung zu bestimmten Formen des Führungsverhaltens; sie erweisen sich allerdings als relativ uneffektiv, wenn Verhalten geändert werden soll."[18]

Geeigneter sind laut Rosenstiel „Fallstudien, Beobachtung vorbildhafter Modelle und Rollenspiele".[19] Offen ist aber auch bei diesen Formen, ob individuell relevante Erfahrungen

---

[16] So auch das bekannte Diktum von Kotter: „Companies are under-led and over-managed." Zu weiteren Details des Zusammenhangs von immer schnellerem Wandel und dem Bedarf an Führungsfähigkeiten vgl. Kotter 1999, 6f. et passim.
[17] Vgl. Schreyögg 1999, 48ff.
[18] Rosenstiel 2000a, 238; mit Verweis auf die entsprechenden Studien Gebert 1974 und Stocker-Kreichgauer 1978.
[19] Rosenstiel 2000a, 238.

in hinreichender Dichte gemacht werden. Da nur eine begrenzte Zeit für jeden Einzelnen zur Verfügung steht, um etwa mit neuen Verhaltensformen zu experimentieren, ist es fraglich, ob die Teilnehmer ihr Verhaltensrepertoire wirklich vergrößern und eine entsprechende Flexibilität bei der Auswahl aus diesem Repertoire in Abhängigkeit von der jeweiligen Führungssituation erreichen können.[20] Individuelle Anliegen aus dem Arbeitsalltag der einzelnen Teilnehmer können aus Zeitgründen zudem nicht bzw. nicht detailliert behandelt werden, oder die Teilnehmer wünschen dies aus Gründen der Vertraulichkeit nicht. Zweifel am betrieblichen Nutzen derartiger Seminare liegen auch in der möglichen Motivation der Teilnehmer begründet: Nicht ganz zu Unrecht dürfte ein gewisser Seminartourismus befürchtet werden, der der Befriedigung persönlicher, mit dem Seminarinhalt nur bedingt in Beziehung stehender Bedürfnisse etwa nach einer Auszeit dient.[21] Selbst bei erfolgreichen erfahrungsorientierten Seminaren hält die verhaltensändernde Wirkung nicht lange an. Die typische Erfahrung ist, dass sich nach einigen Wochen die alten Verhaltensmuster wieder einschleichen bzw. die ‚Vergessenskurve' wirkt.[22]

Die traditionelle Führungskräfteentwicklung setzt also entweder den falschen Hebel an (Ausweitung der Gedächtnisinhalte durch Wissensvermittlung), versucht den wesentlichen Hebel auf ineffektive Art und Weise zu aktivieren (Verhaltensänderung durch Wissensvermittlung), bewirkt Verhaltensänderungen, die nicht präzise genug auf die konkreten betrieblichen Erfordernisse abgestimmt sind (standardisierte Seminare oder Seminartourismus) oder hat selbst bei der richtigen Aktivierung des richtigen Hebels mit mangelnder Nachhaltigkeit ihrer Ergebnisse zu kämpfen.

Übertriebene Machbarkeitsvorstellungen der Führungskräfteentwicklung werden außerdem dahingehend kritisiert, dass Verhalten in Organisationen „nicht nur vom persönlichen Wollen und individuellen Können" abhängt, „sondern auch vom sozialen Dürfen und der situativen Ermöglichung".[23] Dies ist eine Warnung davor, systemische Phänomene zu sehr zu individualisieren und Veränderungsanforderungen an Individuen zu stellen, die diese ob-

---

[20] Vgl. Rosenstiel 2000a, 240. Zur Unterscheidung zwischen der Vergrößerung des Verhaltensrepertoires und dem bloßen Erlernen einer neuen Verhaltensform vgl. Nieder 1997a, 206f.
[21] Vgl. Schreyögg 1999, 52ff.
[22] Vgl. Kilburg 2000, 15; Rosenstiel 1993, 72; mit Verweis auf die einschlägige Studie von Berthold et al. 1980. Relativ positiv hinsichtlich ihrer Wirksamkeit fielen lediglich „Modelllernen und das Zielsetzungs- bzw. Vereinbarungsverfahren" auf (vgl. Rosenstiel 2000a, 241).

jektiv nicht leisten können bzw. nur auf Kosten der (erfolgreichen) Zugehörigkeit zu ihrer Organisation. Dieser Hinweis ist grundsätzlich auch für Coachings gültig und ist in einem Coaching-Konzept zu berücksichtigen.[24]

Führungskräftetrainings versuchen, theoretisches Wissen über wichtige Aspekte des Führungskräftedaseins in die Praxis einfließen zu lassen. Die Schwierigkeiten eines solchen Implementierungsansatzes teilt die Führungskräfteentwicklung dabei mit allen Versuchen, sozialwissenschaftliches Wissen zu implementieren. Das Resümee einer breit angelegten Studie zu dieser Problematik von Beck und Bonß fällt hierzu eindeutig aus: „Statt nach ‚verfeinerten' Implementationsstrategien zu suchen, wird vielmehr die Unmöglichkeit einer deduktiven ‚Anwendung' wissenschaftlicher Ergebnisse herausgearbeitet."[25] Dies weist in dieselbe Richtung wie das Resümee zu den Grenzen der traditionellen Führungskräfteentwicklung: Es kann nicht um einen „push" der wissenschaftlichen Erkenntnisse in die Praxis gehen, sondern um einen „pull" der interessierenden wissenschaftlichen Erkenntnisbausteine durch die Praxis. In diesem neuen Paradigma ist Coaching angesiedelt.

2.1.3   Fazit: Coaching als neue Antwort auf neue Anforderungen

Beschleunigter, kontinuierlicher Wandel der Unternehmenswelt insgesamt und der Wandel ihrer Rolle hin zum Change- und Interaktionsmanager verlangen von Führungskräften eine kontinuierliche Weiterentwicklung persönlicher Führungskompetenz. Traditionelle Maßnahmen der Führungskräfteentwicklung weisen zwei grundlegende Nachteile auf: die mangelnde Individualisierung und die unzureichende Nachhaltigkeit im Übergang von der Seminar- zur Praxissituation. Coaching, das individuell und praxisbegleitend eingesetzt wird, ist eine Form der Führungskräfteentwicklung, die diese Schwächen beseitigt.[26] Coaching holt Führungskräfte dort ab, wo sie in ihrer persönlichen Entwicklung stehen und

---

[23]   Rosenstiel 2000a, 238; ähnlich schon Rosenstiel 1993, 70. Vgl. Burla et al. 1995; Rüegg-Stürm 2000.

[24]   So geschehen bei Kilburg, der auch auf den „psychologischen Charakter" einer Organisation verweist (vgl. Kilburg 2000, 221f.). Auch das in dieser Arbeit entwickelte Coaching-Konzept und seine Anwendung trägt dem Rechnung: zur mangelnden „situativen Ermöglichung" als Grenze für Coaching-Interventionen siehe die Diskussion zu Möglichkeiten und Grenzen, Zielkonflikte im Coaching aufzulösen, in Abschnitt 5.4.2.2.

[25]   Beck und Bonß 1989b , 24f.; vgl. auch den gesamten Sammelband Beck und Bonß 1989a.

begleitet sie ein Stück auf ihrem persönlichen Entwicklungsweg.[27] Dabei werden die Ein-
gebundenheit der Führungskräfte in ihre jeweilige Organisation und die dort geltenden
Normen berücksichtigt. Da Coaching sich an Führungskräfte richtet, die als solche einen
besonderen Einfluss auf die Gestaltung der formellen und informellen Normen einer Organisation haben, kann Coaching allerdings gerade auch die Fortentwicklung dieser Normen
unterstützen. Dieser indirekte Effekt kann beispielsweise bei Projekten zur Veränderung
der Unternehmenskultur wesentlich sein, da diese oft durch das Verhalten der obersten
Führungskräfte geprägt ist.

2.2 Coaching-Definition

Mit Coaching ist in dieser Studie die im anglo-amerikanischen Sprachraum als „Executive
Coaching" bezeichnete Maßnahme der Personalentwicklung gemeint. Sie ist von anderen
Beratungsformen und Maßnahmen der Führungskräfteentwicklung abzugrenzen. Dazu
wird Coaching im Folgenden in sechs Dimensionen definiert: 1. die Zielgruppe, 2. das
Thema, 3. das Klienten-Bild, 4. das Setting, 5. die Coach-Rolle und 6. den Interaktionstyp
(siehe Abb. 5). Damit erfolgt zugleich eine Abgrenzung gegen den Trend, jede erdenkliche
Beratungs- oder Trainingsform als „Coaching" zu etikettieren. Sofern aber anders bezeichnete Beratungsformen mit den Definitionselementen übereinstimmen, werden sie hier unter
den Begriff Coaching subsumiert. Dies gilt insbesondere für Formen der „Supervision" im
betrieblichen Kontext, insofern es sich um Einzel-Supervision handelt.[28]

---

[26] Zur Abgrenzung von so genannten „Gruppen-Coachings" siehe die definitorischen Ausführungen im folgenden Abschnitt.
[27] Vgl. Böning 2000, 36f. und Böning und Fritschle 1997.
[28] Die Versuche, die beiden Begriffe Coaching und Supervision voneinander abzugrenzen, sind nicht überzeugend. Publikationen zu den beiden Themen weisen in der Regel sehr ähnliche Inhalte, mitunter auch
noch eine ähnliche Struktur auf wie in „Supervision: Didaktik und Evaluation" und „Coaching: eine Einführung für Praxis und Ausbildung" jeweils von Astrid Schreyögg (vgl. Schreyögg 1994; Schreyögg
1999). Vgl. zu Versuchen der definitorischen Abgrenzung von Supervision und Coaching auch den Sammelband Wilker 1999 [1995] und Pühl 2000b.

Dimensionen der Coaching-Definition	Ausprägung
1. Zielgruppe	Führungskräfte in Unternehmen
2. Thema	Führungskräfte als Personen im Arbeitskontext
3. Klienten-Bild	Handlungsfähige Individuen
4. Setting	eine Führungskraft und ein Coach
5. Coach-Rolle	unternehmensextern
6. Interaktionstyp	(Prozess-)Beratung

Abb. 5: Dimensionen der Coaching-Definition

2.2.1 Die Zielgruppe: Führungskräfte

Gegenstand dieser Arbeit ist das Coaching für Führungskräfte in Unternehmen. Empirische Untersuchungen hierzu sind nach wie vor sehr selten. Stahl und Marlinghaus berichten aus ihrer Befragung von Coaches und Personalern in Deutschland, dass der überwiegende Teil der Coaching-Klienten zu den Kategorien Bereichsleiter und Topmanagement gehört, für die das Unternehmen die Kosten auch bereitwilliger übernimmt als für Abteilungs- oder Gruppenleiter. Trotz des hohen Anteils der oberen Führungskräfte ist nur ein kleiner Teil der Klienten älter als 50 Jahre.[29]

Neben dem „Executive Coaching" für Führungskräfte wird auf dem Beratungsmarkt für alle denkbaren Zielgruppen auch ein „Personal Coaching" angeboten, das auf nicht-berufliche Themen wie z.B. Partnerschaftsprobleme ausgerichtet ist.

2.2.2 Das Thema: Führungskräfte als Personen im Arbeitskontext

Im Unterschied zur traditionellen Führungskräfteentwicklung ist Coaching konkret auf die Erfordernisse des Einzelnen in seiner Organisation abgestimmt und begleitet die Einübung des neuen Handelns/Verhaltens in der Praxis. Dabei wird ausdrücklich auf die Führungs-kraft als Person Bezug genommen. Es werden keine reinen Wissenslücken gefüllt, sondern persönliche Handlungsprobleme gelöst – sei es bei der Umsetzung eigentlich bekannter Ziele, sei es bei der Selbst-Aufklärung über eigene Ziele.

---

[29] Vgl. Stahl und Marlinghaus 2000.

Gale et al. haben empirisch in der bisher umfassendsten Studie zu Coaching, an der nahezu 1.200 Coaches teilgenommen haben, ermittelt, für welche Ziele Coaches verpflichtet werden. Diese sind in Abb. 6 genannt.[30] Mit Abstand das häufigste Ziel ist es danach, Ziele zu klären und zu verfolgen.

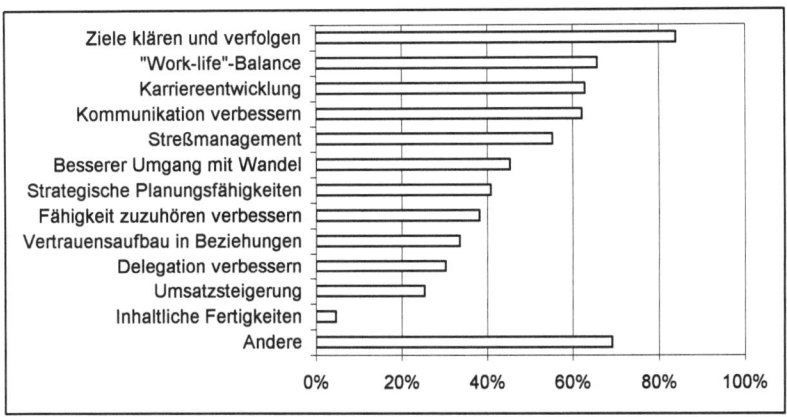

Abb. 6: Coaching-Ziele in den USA und weltweit

2.2.3 Das Klienten-Bild: handlungsfähige Individuen

Coaching soll und kann Therapie nicht ersetzen, sondern wirkt auf der gleichen Interventionsebene wie Supervision und Erziehungsberatung. Als Oberbegriff für diese Art Interventionen ist der Begriff Beratung gebräuchlich. Sie stellt neben der Therapie seit jeher ein eigenständiges Setting dar.[31] Fiedler definiert aus verhaltenstherapeutischer Sicht Beratung wie folgt:

---

[30] Vgl. Gale et al. 2002. Genannt ist jeweils der Anteil der Coaches die „häufig" oder „immer" für das entsprechende Ziel verpflichtet werden. Mehrfachnennungen waren möglich. In einer deutlich kleineren Studie hat Böning 1998 ca. 70 Personaler in Deutschland mittels einer Telefonumfrage zu Coaching-Zielen befragt (vgl. Böning 2000). Als häufigstes Ziel wurde dort die Verbesserung der Führungssituation ermittelt.

[31] Vgl. z.B. Fiedler 1996 aus verhaltenstherapeutischer, sowie Tymister 1995a; Tymister 1995b aus individualpsychologischer Warte. So entstanden im Wien der Zwischenkriegszeit beispielsweise Dutzende von Erziehungsberatungsstellen unter individualpsychologischer Leitung. Die Abgrenzung von Therapie und Beratung ist in Deutschland, anders als in anderen Ländern, schon aufgrund gesetzlicher Vorschriften wichtig: Alle Formen der Therapie sind speziell vorgebildeten Berufen, i.d.R. Medizinern und Psychologen vorbehalten, vgl. Porep 1983.

„Verhaltenstherapeutische Beratung ist jene Form verhaltenstherapeutischer Tätigkeit, in der (a) unter Nutzanwendung spezifisch klinisch-psychologischer Kenntnisse
[…] (b) über einen kürzeren Zeitraum hin versucht wird, (c) bei desorientierten und
unangemessen belasteten Personen oder Personengruppen […] (d) einen (wissenschaftlich begründbaren) Lernprozess in Gang zu bringen, (e) in dessen Verlauf die
Selbsthilfebereitschaft oder Selbststeuerungsfähigkeit der Beratungsempfänger verbessert werden kann […].“[32]

Die reale Beratungssituation weicht dann zwar oftmals von dieser Definition ab, aber nicht
in Richtung Therapie, sondern im Gegenteil dahin, dass

„sie nur selten ausschließlich auf psychotherapeutische Zielstellungen hin ausgerichtet wird, vielmehr ausgesprochen pragmatisch angelegt und problemlösungsorientiert
und damit vorrangig ‚ratgebend' ist“.[33]

Breuer unterscheidet Therapie und Beratung nach der Starrheit und Genauigkeit der Re-
gelverfolgung der genutzten Psychotherapie-Theorie und nach der Qualität der Beziehung
zwischen Klient und Therapeut/Berater.[34] Je enger sich ein Gespräch an psychotherapeutische Regeln hält und je intensiver die Beziehung zum Klienten sei, desto eher liege das
Setting Therapie im Unterschied zur Beratung vor.

Schmitz, Bude und Otto kritisieren die fehlenden analytischen Differenzierungen dieser
Abgrenzungsversuche. Dafür schlagen sie drei strukturelle Unterscheidungen der Ge-
sprächssituation vor: Erstens die „Differenz des thematischen Fokus: Beratungen drehen
sich um problematische Handlungssituationen, Therapien hingegen um problematische
Personen". Zweitens die Differenz der Interaktionsstruktur: Der Berater müsse auf die Frage „nach machbaren Handlungsvorschlägen irgendwie antworten", der Therapeut könne
ihnen schweigend begegnen. Und drittens die Differenz des inhaltlichen Gesprächsver-
laufs: In der Beratung müsse „nach der Klärung dessen, was der Fall ist, eine Erwägung
darüber erfolgen, was man tun kann", während letzteres in der Therapie zur Handlungsent-
lastung gerade unterbliebe.[35] Damit ist deutlich, dass letztlich nicht Unterschiede in der

---

[32]   Fiedler 1996, 425 mit Verweis auf Breuer 1979; Breuer 1991.
[33]   Fiedler 1996, 424.
[34]   Vgl. Breuer 1979, zit. nach Schmitz, Bude und Otto 1989, 146.
[35]   Schmitz, Bude und Otto 1989, 146f.; vgl. a. Hart, Blattner und Leipsic 2001.

Methodik zur Unterscheidung von Therapie und Beratung ausschlaggebend sind. Dies wird auch explizit von Geßner betont.[36]

Dies unterstützt auch Tymister aus individualpsychologischer Sicht: nicht die Methodologie könne zur Unterscheidung von Psychotherapie und Beratung herangezogen werden, sondern ihre unterschiedlichen Funktionen und Aufgaben. Der Beratung gehe es – im Unterschied zur Therapie – nicht in erster Linie darum, ein klar definiertes „Endziel" zu erreichen. Eher der gelungene, selbst-gesteuerte, andauernde Wandel sei das Ziel.[37] Wenn neurotische oder psychotische Fehldispositionen im Lebensstil zugrunde lägen, müsse der Berater eine Psychotherapie empfehlen.[38] Ähnlich grenzt Wahl innerhalb des Forschungsprogramms Subjektive Theorien Beratung und Therapie danach ab, ob dem Subjekt eine autonome Bewältigung des gewählten Handlungsbereichs nur erschwert oder aber unmöglich ist. In letzterem Fall sei Therapie indiziert. Groeben und Scheele wollen darüber hinaus den Forschungsprozesses im FST (und damit implizit Beratung) von Therapieprozessen auch methodologisch „dezidiert" abgrenzen und sehen hier weiteren Ausarbeitungsbedarf des FST.[39]

Mit Fiedler, Schmitz et al., Tymister und Wahl wird der Klient von Beratung bzw. Coaching in dieser Arbeit als autonom handlungsfähig und -willig verstanden. Diese Handlungsfähigkeit bzw. -willigkeit zu verbessern, nicht aber sie grundsätzlich erst wieder herzustellen ist Gegenstand des Coachings. Im Sinne von Schmitz et al. soll ein Coaching auch Möglichkeiten veränderten Handelns thematisieren. Entgegen Groeben und Scheele und mit Geßner und Tymister wird hier nicht das Postulat einer strikten methodologischen Abgrenzbarkeit von Therapie und Beratung geteilt. Die eklektische Verwendung von Methoden und Verfahren in Therapie wie Beratung steht dem entgegen.

---

[36] Vgl. Geßner 2000, 89.

[37] Diese Unterscheidung von Beratungsziel und Therapieziel wurde von Tymister auf einem Vortrag zum 25-jährigen Bestehen des Alfred-Adler-Instituts in Delmenhorst am 17. Juni 2000 verwandt. Als Metaphern für die Ziele von Beratung bzw. Therapie verwendete er auch die des Schulbesuchs (Beratung) bzw. die des Hausbaus (Therapie).

[38] Tymister 1995a, 58; vgl. auch Tymister 1986; Tymister 1993. Individualpsychologische Konzepte für die Beratung in Unternehmen finden sich u.a. bei Fuchs-Brüninghoff 1997 sowie Fuchs-Brüninghoff und Gröner 1999.

2.2.4   Das Setting: One-to-one

Auch wenn Formen des Gruppen-Coachings unter bestimmten Bedingungen vorstellbar sind, konzentriert sich die vorliegende Studie auf Einzel-Coachings. Dies ist kein Rückfall in „vor-systemische" Zeiten der Organisationsberatung,[40] sondern die Weiterentwicklung einer systemischen Betrachtung. Wandelprozesse in Unternehmen werden zweifelsohne gerade durch Interaktionen innerhalb der betroffenen Gruppen be- und verarbeitet. Ein intensives Einbeziehen von Mitarbeitern bei derartigen Prozessen sollte daher nicht nur auf der rhetorischen Ebene zum Standard-Vorgehen gehören. Das Verhalten besonders relevanter Einzelner, i.d.R. der Führungskräfte, hat dennoch ein besonderes Gewicht. Unterstützen diese den Change-Prozess nicht überzeugend oder konterkarieren ihn gar, kann er zum Scheitern gebracht werden. Dies erklärt, warum Führungskräften in Wandelsituationen eine besondere Betreuung zu Teil werden sollte. Bei größeren Change-Projekten sollte dies nicht alternativ sondern komplementär zu Gruppenprozessen geschehen. Unabhängig von größeren Wandelprojekten ist die Inanspruchnahme von Einzel-Coachings natürlich auch sonst gängige Praxis.

Empirisch sind mittlerweile die Rahmenbedingungen der Interaktion von Coach und Klient untersucht worden. Judge und Cowell haben 1997 in einer Fragebogen-Umfrage für 60 Coaches in den USA ermittelt, dass 52% der Coachings beim Klienten-Unternehmen, 25% in der Praxis des Coaches, 8% bei Treffen an anderen Orten, 12% per Telefon und 3% per Email stattfinden und dass der Stundensatz der Coaches zwischen US$ 75 und US$ 400 lag.[41] Die bisher umfangreichste empirische Fragebogen-Studie zu Coaching-Praktiken von Gale et al. nennt in 2002 die folgenden Aspekte: In 93% aller Fälle werden Coaches direkt von dem eigentlichen Klienten, nicht vom Unternehmen des Klienten beauftragt, sie erzielen einen durchschnittlichen Stundensatz von US$ 200 im Führungskräfte-Coaching. Die durchschnittliche Coaching-Sitzung dauert 55 Minuten. 41% der Coaches treffen ihre Klienten wöchentlich. Dies ist bei 76% der Coaches „oft" oder „immer" ein telephonisches Treffen, 60% der Coaches sehen ihre Klienten „oft" oder „immer" persönlich.[42]

---

[39]   Vgl. Wahl 1988a, 201; Groeben und Scheele 2000, Abs. 9.
[40]   Vgl. Gebert 1974; Müller und Hurter 1999.
[41]   Vgl. Judge und Cowell 1997.
[42]   Vgl. Gale et al. 2002.

Für Deutschland hat eine Fragebogen-Umfrage von Stahl und Marlinghaus bei 46 Coaches und 21 Personalern ermittelt, dass die Coaches vermuteten, dass der Anstoß für ein Coaching zu 41% von den Führungskräften selbst, zu 21% vom Vorgesetzten und zu 17% von einem Personaler kam und dass in 60% der Fälle der Vorgesetzte, in 49% der zuständige Personaler und in 31% die Kollegen des Klienten über das Coaching informiert waren. In 73% der Coachings wurden die Kosten vom Unternehmen, in 26% vom Klienten getragen. Bei 30% der befragten Coaches wird kein einziger Klient unbefristet gecoacht, bei 33% nur der geringere und bei 37% der größere Teil ihrer Klienten.[43]

2.2.5   Die Coach-Rolle: unternehmensexterner Berater

Die Eingrenzung der Coaching-Rolle auf unternehmensexterne Coaches dient der Abgrenzung gegenüber drei Praxis-Phänomenen: dem „Vorgesetzten als Coach", dem Mentoring und den unternehmensinternen, nicht in einer direkten Hierarchiebeziehung zu ihren Klienten stehenden Coaches.[44] Die Abgrenzung erfolgt erstens zum Zweck der begrifflichen Klarheit und zweitens da aus den im Folgenden genannten Gründen m.E. nur unternehmensexterne Coaches die Coaching-Rolle voll ausfüllen können.

Der Vorstellung eines *Vorgesetzten als Coach* ist entgegenzuhalten, dass hier entweder selbstverständliches Führungsverhalten nur mit einem neuen Begriff versehen wird oder aber i.d.R. nicht einlösbare Erwartungen aufgebaut werden: nämlich zum einen hinsichtlich der psychologischen Qualifikation des Vorgesetzten-Coachs und zum anderen hinsichtlich der Vermeidbarkeit von Rollenkonflikten zwischen den Rollen „Vorgesetzter" und „Coach". Manager verfügen in der Regel nicht über entsprechende psychologische Vorkenntnisse und diese lassen sich auch nicht in mittlerweile vielfach angebotenen, dies versprechenden Zwei-Tages-Seminaren erwerben.[45] Mit der Rolle des Vorgesetzten sind Performance-Erwartungen an die Mitarbeiter verbunden, die der individuellen Befindlichkeit eines Mitarbeiters immer übergeordnet sein müssen. Ein für die Coach-Rolle erforderlicher, nicht Eigeninteressen-gefärbter Umgang mit den Mitarbeitern ist dem Vorgesetzten

---

[43] Vgl. Stahl und Marlinghaus 2000.
[44] Vgl. Schreyögg 1999, 576ff. Zur Rolle interner Coaches vgl. Frisch 2001.
[45] Vgl. Kapitel 2.3.2.3 Qualifikation des Coaches.

in der Coach-Rolle nicht möglich. Dies wird besonders deutlich bei der „grenzwertigen"
Frage, ob es für einen entwicklungsfähigen und entwicklungswilligen Mitarbeiter besser
wäre, das Unternehmen zu verlassen. Hier wird der Vorgesetzte, wenn überhaupt, nur in
eng begrenzten Ausnahmefällen seine auf den Verbleib des Mitarbeiters gerichteten Eigen-
interessen rational und emotional hintanstellen können.[46]

Hinsichtlich des Ziels und der Art der Interaktion lässt sich Executive Coaching leicht vom
Mentoring durch eine der Führungskraft (oder einem Nachwuchsmitarbeiter mit Führungs-
potential) übergeordnete Führungskraft abgrenzen. Beim Mentoring liegt der Schwerpunkt
eindeutig auf einer Sozialisationsfunktion: Der Erfahrene soll dem weniger Erfahrenen Hil-
festellung geben und unter besonderer Berücksichtigung der Organisationsspezifika und
der Spezifika relevanter handelnder Personen Wege aufzeigen, um in der gemeinsamen
Organisation zu reüssieren. Den Unterschied der Beziehung zwischen Coach bzw. Mentor
einerseits und Coachee bzw. Mentoree (dem „Performer") andererseits bringt MacLennan
auf den Punkt: „Ein Coach ist jemand, mit dem der Performer lernt [...]. Ein Mentor ist
jemand, von dem der Performer lernt".[47] Bei aus Unternehmenssicht problematischen Fragen ergeben sich beim Mentoring potentiell die gleichen Rollenkonflikte wie bei der Vermischung der Rollen von Vorgesetztem und Coach. Ferner dürfte auch die psychologische
Qualifikation des Mentors fraglich sein.

Unternehmensinterne Coaches, die i.d.R. im Personalbereich angesiedelt sind, können real
oder auch nur vermittelt über die Imagination ihrer Klienten in besonderem Maße Vertrau-
lichkeitsfragen aufwerfen. Ferner ist der Status unternehmensinterner Coaches für die o-
berste Management-Ebene in der Regel nicht ausreichend.[48] Um die für ein Coaching
erforderliche offene Atmosphäre unmöglich zu machen, genügt die Befürchtung, dass ver-
trauliche Gesprächsinhalte weitergegeben werden könnten. Die Vertraulichkeitsfrage stellt
sich allerdings auch bei unternehmensexternen Coaches, wenn sie direkt vom Unternehmen des Klienten bezahlt werden. Da der externe Coach aber im Unterschied zum internen

---

[46] Ausnahmen sind denkbar, wenn die Interessen des Vorgesetzten durch freundschaftliche Beziehungen mit
       dem Mitarbeiter überlagert werden oder wenn die Interessen des Vorgesetzten durch den Mitarbeiter in
       anderer Form auch nach Verlassen des gemeinsamen Unternehmens bedient werden können: etwa als po-
       tenzieller Kunde, Zulieferer o.ä. Bei alledem bleibt eine Beeinflussung des „Coachings" durch die Inte-
       ressen des Vorgesetzten dennoch bestehen.
[47] MacLennan 1995, 4ff., Hervorh. i. Orig.

Coach weniger stark in die informellen und formellen Beziehungen des Klientenunterneh-
mens eingebunden ist, dürfte ihm die Abwehr unangemessener Auskunftsbegehren interes-
sierter Stellen leichter fallen. Dem Klienten dürfte daher in diesen Fällen eine Prüfung der
formalen, vertraglichen Bedingungen in Verbindung mit dem persönlichen Eindruck genügen, um festzustellen, ob der direkt vom Unternehmen bezahlte Coach hinreichend Vertraulichkeit gewährleistet. Bleiben Zweifel bestehen, werden Klienten den Coach selbst
bezahlen und sich diesen Betrag aus Mitteln für Personalentwicklung erstatten lassen bzw.
im Rahmen ihrer Budgethoheit selbst anweisen.

Vergleicht man die Faktoren, die aus Sicht von Coaching-Klienten für unternehmensinterne bzw. -externe Coaches sprechen, ergibt sich ein Übergewicht der Argumente für unternehmensexterne Coaches.[49] Neben den genannten Argumenten sprechen für externe
Coaches Erfahrungen in unterschiedlichen Unternehmen, ein größerer Ideenfundus, eine
geringere Wahrscheinlichkeit eigene Beurteilungen des Klienten in das Coaching einfließen zu lassen und eine größere Wahrscheinlichkeit auch kritische Themen anzusprechen.
Die Faktoren, die für unternehmensinterne Coaches sprechen, wie eine Kenntnis der organisatorischen Besonderheiten und der spezifischen „politischen" Gegebenheiten und die
leichtere Verfügbarkeit können die für unternehmensexterne Coaches sprechenden Punkte
in der Regel nicht aufwiegen.

Die unterschiedlichen Coaching-Rollen von Vorgesetzten, Mentoren, unternehmensinternen und unternehmensexternen Coaches lassen sich mit Looss schematisch in eine hierar-
chische Ordnung bringen, bei der sich die Störungsintensität des Coaching-Anlasses, die
Eingriffsintensität und die beraterische Kompetenz erhöhen, während die Fachkompetenz
im Praxisfeld abnimmt (vgl. Abb. 7).[50]

---

[48] Vgl. Rauen 2000a, 307.
[49] Vgl. Hall, Otazo und Hollenbeck 1999, 44.
[50] Vgl. Looss 1997, 13-16. Auch Looss definiert Coaching als Einzelberatung durch einen unternehmensex-
      ternen Coach.

Abb. 7: Hierarchie von Coaching-Formen nach Looss[51]

Umfragen erlauben mittlerweile empirische Aussagen zum demographischen und Ausbildungshintergrund von Coaches und deren organisatorische Aufstellung. Judge und Cowell haben herausgefunden, dass die 60 Coaches in ihrem amerikanischen Sample zu 90% einen M.A. und 45% einen Ph.D. besaßen. Bei Unternehmen waren 7% der Coaches angestellt, 29% arbeiteten aus einer Einzel-Praxis, 35% aus einer „kleinen" und 29% aus einer „großen" Gruppen-Praxis heraus.[52] In der umfassenden Studie von Gale et al. im Jahr 2002 mit fast 1200 Teilnehmern waren 10% der Coaches promoviert, 42% besaßen einen M.A., 33% einen B.A. und 14% hatten keine abgeschlossene Universitätsausbildung. Viele der Studienteilnehmer arbeiteten erst seit wenigen Jahren als Coach: 42% weniger als zwei Jahre und weitere 33% bis zu maximal fünf Jahre.[53]

Für Deutschland gibt die von Marlinghaus und Stahl im Jahr 2000 publizierte Studie darüber Auskunft, dass circa je die Hälfte der Coaches eine psycho-soziale bzw. eine wirt-

---

[51] Looss 1997, 146.
[52] Vgl. Judge und Cowell 1997. Es wird im Artikel nicht definiert, was genau unter einer „kleinen" bzw. einer „großen" Praxis zu verstehen ist.
[53] Vgl. Gale et al. 2002.

schaftswissenschaftliche oder wirtschaftspraktische Grundausbildung und 72% der Coaches über eine therapeutische Zusatzausbildung verfügen. 90% sind zugleich in Unternehmensberatung oder Training tätig, und 10% als Psychotherapeuten. Die durchschnittliche
Berufserfahrung der Befragten als Coach betrug 7,3 Jahre. Vor ihrer Tätigkeit als Coach
hatten 61% im Management bzw. in einer Führungsfunktion, 65% in der Personalentwicklung, 76% in der Unternehmensberatung und 80% als Psychologen oder Psychotherapeuten Berufserfahrung gesammelt. Über die Nachfrageseite erfuhren Stahl und Marlinghaus
von den befragten Personalern, dass 33% der Coaching nutzenden Unternehmen ausschließlich externe, 5% ausschließlich interne und 62% fallweise externe oder interne Coaches beschäftigen.[54] Damit ist die Coaching-Definition der von Stahl und Marlinghaus
befragten Unternehmen offenbar weniger trennscharf als die für diese Arbeit   gewählte.
Eine Unterscheidung der übrigen von ihnen berichteten Daten nach internen und externen
Coaches erfolgt nicht.

2.2.6   Der Interaktionstyp: Prozessberatung

Gemäß der klassischen Unterscheidung von Prozess- und Expertenberatung wird Coaching
als Prozessberatung verstanden.[55] Ziel sind dabei nicht „gute Ratschläge" bzw. ausgearbei-
tete Lösungen durch den Coach, sondern die methodologisch reflektierte Begleitung des
Klienten bei der Erarbeitung eigener Lösungen. Die Verantwortung für das Finden und die
Qualität der Lösungen liegt beim Klienten. Der Coach übernimmt lediglich die Verantwortung für die Methodologie und damit für den Problemlösungsprozess.[56]

---

[54] Vgl. Stahl und Marlinghaus 2000.
[55] Vgl. Schein 1969; Schein 1990. Zur Kombination beider Beratungstypen vgl. Elfgen und Klaile 1987;
König und Volmer 1994. Auf vertraglicher Ebene zeigt sich dies im Vertragstyp „Dienstleistungsver-
trag", der im Unterschied zum „Werkvertrag" nicht ein bestimmtes Ergebnis, sondern den Prozess der
Beratungsleistung (z.B. in Form von Coaching-Sitzungen) zum Gegenstand hat.
[56] Vgl. Rauen 2000a, 306 und Lummer 1994, 169f.

2.3   Coaching-Praxis: Verbreitung, Elemente und Prozess

Die vorliegende Arbeit behandelt die übergreifende Forschungsfrage, wie Coaching wirkt. Ein Ausgangspunkt der Beantwortung muss die Benennung und Beschreibung des zu untersuchenden Gegenstands Coaching sein. Dazu wird im Folgenden die Verbreitung Coaching skizziert und analysiert, aus welchen Elementen Coaching besteht und wie ein Coaching-Prozess abläuft.

Um die Elemente des Coachings und Coaching-Prozesse darzustellen, kann auf zwei Literaturstränge zurückgegriffen werden. Dies sind erstens die von Praktikern z.T. mit systematisierendem Anspruch verfassten *Darstellungen ihrer eigenen Arbeit.*[57] Zweitens liegen *deskriptive Überblicksarbeiten* zu Coaching-Praktiken vor. Rauen hat so auf der Basis veröffentlichter Coaching-Ansätze eine Synopse von zehn in Deutschland gebräuchlichen Konzepten erstellt.[58] Wilkins hat eine ausführliche explorative Studie im Sinne der Grounded Theory vorgelegt, in der sie die Grundprinzipien und Arbeitsweisen von 22 amerikanischen „Master Certified Coaches" der International Coach Federation auf Basis von ausführlichen Interviews klassifiziert und darstellt.[59] Daneben gibt es Fragebogen-Umfragen und Interview-basierte kleinere Studien etwa im Rahmen von Diplomarbeiten.[60]

---

[57]   Vgl. Kilburg 2000; Looss 1997; Rückle 1999; Rückle 2000; Schreyögg 1999.

[58]   Rauen 1999, 75. Er vergleicht die Konzepte der vier genannten Autoren auf der Basis älterer Auflagen ihrer Werke sowie die Konzepte von Bayer 2000; Brinkmann 1994; Hamann und Huber 1991; Huck 1989; Gregor Schmidt 1995; Weiß 1993; Whitmore 1994b. Einige der dargestellten Konzeptionen werden im Folgenden nicht berücksichtigt, da sie außerhalb der gewählten Coaching-Definition liegen, da sie sich auf Coaching durch Vorgesetzte (Brinkmann; Hamann und Huber; überwiegend auch Bayer) bzw. auf Selbst-Coaching (Weiß) beziehen.

[59]   Vgl. Wilkins 2000a. Die International Coach Federation ist die derzeit größte internationale Vereinigung mit ca. 5.500 Coaches weltweit, davon ca. 3.900 in den USA und 60 in Deutschland, darunter der Autor dieser Arbeit. Im Rahmen der Zertifizierung als ICF-Coach sind u.a. 750 Stunden Coaching-Erfahrung für den Status des „Professional Credentialed Coach (PCC)" und 2500 Stunden Coaching-Erfahrung für den Status des „Master Certified Coach (MCC)" nachzuweisen (vgl. www.coachfederation.org). Das von Wilkins gewählte Sample garantiert daher ein hohes Maß an Praxiserfahrung auf Seiten ihrer Interviewpartner.

2.3.1   Verbreitung von Coaching

Der Ursprung von „Executive Coaching" lässt sich nicht ohne weiteres bestimmen, da es nicht gezielt zu einem bestimmten Zeitpunkt an einem bestimmten Ort eingeführt wurde, sondern aus der Praxis der Führungskräfteentwicklung hervorgegangen ist. Nach und nach grenzte es sich zunehmend gegen andere Maßnahmen ab und entwickelte ein eigenes Profil. Verwendet wurde die Bezeichnung zunächst in den USA. Spekuliert wird darüber, wann und wo: Einerseits wird behauptet, dass „Executive Coaching" 1985 zum ersten Mal in Kalifornien von Dick Borough zur Beschreibung seiner Maßnahmen zur Führungskräfteentwicklung verwendet worden sei.[61] Andererseits wird darauf hingewiesen, dass der Begriff Ende der 1980er Jahre in den USA eingeführt worden sei, als Psychologen sich Unternehmen als Arbeitsfeld erschlossen.[62] Schon 1988 war Executive Coaching Gegenstand eines – kritischen – Artikels im Forbes Magazine.[63]

Seit Anfang der 1990er Jahre erlebt Coaching einen Boom. Nach verschiedenen Studien zu den Entwicklungsphasen von Coaching hat es mittlerweile in den USA seine Einführungsphase hinter sich gelassen und ist als Maßnahme zur Führungskräfteentwicklung etabliert.[64] In den USA sind allein der International Coach Federation ca. 3.900 Coaches angeschlossen. Neue Bücher zu Executive Coaching erscheinen monatlich.[65]

Das Angebot von und die Nachfrage nach Coaching haben auch in Deutschland einen Boom erlebt. Der Anteil der Großunternehmen, die Coaching nachfragen, stieg von 1989 bis 1998 von 19% auf 85% an.[66] Dieser Popularität entspricht es, dass Berichte über Coaching mittlerweile in nahezu allen Fach- und auch in Publikumszeitschriften von *Psycho-*

---

[60] Vgl. Marlinghaus 1995; Stahl und Marlinghaus 2000; Bärbel Schmidt 1999; Brüning 1994; Roth, Brüning und Edler 1999 [1995].

[61] Vgl. O'Hefferman 1986, zit. nach Judge und Cowell 1997, 71.

[62] Vgl. Tobias 1996. Weitere Spekulationen zum Ursprung von Coaching finden sich bei Filipczak 1998; Harris 1999; Kilburg 1996b und Kilburg 1996c, sowie eine Übersicht bei Kampa-Kokesch und Anderson 2001, 207ff.

[63] Vgl. Machan 1988.

[64] Vgl. z. B. Judge und Cowell 1997.

[65] Vgl. Hudson 1999; Kilburg 2000, x; und für Information zur ICF: www.coachfederation.org.

[66] Vgl. Böning 2000, 27f. Siehe für weitere Einzelheiten aus dieser Studie auch Abschnitt 2.4.4.

logie heute bis zur *Lebensmittel Praxis* zu finden sind. Im Brockhaus taucht „Coaching" mit der Bedeutung von Executive Coaching erstmals 1996 auf.[67]

Auf der Angebotsseite lässt sich eine verstärkte Publikationstätigkeit seit Mitte der 1990er Jahre beobachten. Neben zahlreichen Erstauflagen, die der derzeitige Boom hervorgebracht hat, sind fundiertere Werke früherer Jahre mit Neuauflagen präsent.[68] Zugleich hält die Zunahme der angebotenen Coaching-Ausbildungen und damit der Anzahl der ausgebildeten Coaches an: Im Oktober 2002 boten 138 Institute in Deutschland, Österreich und der Schweiz Ausbildungen zum Coach an. Dies entspricht einer Steigerung um mehr als 100% gegenüber Oktober 2001. Damals waren es 63 Institute.[69] Coaching hat also auch in Deutschland die Einführungsphase hinter sich gelassen und ist eine etablierte Praxis.[70]

Eine internationale Vernetzung von Coaches hat mittlerweile durch Vereinigungen, Konferenzen und Mailing-Listen stattgefunden. Die International Coach Federation (ICF) verfügt so über Sektionen in 30 Ländern und organisiert jährliche Konferenzen in den USA und in Europa.[71] Die erste europäische ICF-Konferenz fand im Mai 2001 in der Schweiz mit mehr als 300 Teilnehmern statt.

---

[67] Vgl. tp 1998; Zimmermann 2000; Angermeyer 1997.
[68] Vgl. Hauser 1993. Zu den Neuauflagen gehören Angermeyer 1997; Bayer 2000; Rückle 1999; Rückle 2000; Schreyögg 1999; Vogelauer 2000a. Stahl und Marlinghaus (vgl. Stahl und Marlinghaus 2000) verweisen auf über 30 deutschsprachige Neuerscheinungen seit 1995. Neu verfasst wurden u.a. Brinkmann 1994; Holtbernd und Kochanek 1999; Innerhofer, Innerhofer und Lang 1999; Schmidt-Tanger 1998; Thomas 1998. Vgl. die Synopse der Coachingkonzepte einiger der in Deutschland bekanntesten Coaches bei Rauen 1999.
[69] Vgl. die Website von Christopher Rauen zu Adressen, Preisen etc. der Ausbildungen (Zugriff am 31.10.2001 unter www.potential.de/searchcoach.asp und am 23.10.2002 unter www.coaching-index.de).
[70] Vgl. Fuchs 2001b; Rauen 1999, 22-25. Die positive Konnotation der Bezeichnung Coaching versuchen sich seit Mitte der 1990er Jahre Training-Anbieter zu nutze zu machen, indem sie ihre Veranstaltungen als Coaching bezeichnen.
[71] Vgl. ICF's Coaching World Newsletter - October 2001. In der deutschen Sektion sind ca. 60 Coaches organsiert. Als Mailinglisten existieren neben den ICF-Mailing-Listen allmemberslist@coachfederation.org und ihrem deutschen Pendant etwa eurocoach@yahoogroups.com oder GlobalCoach@yahoogroups.com.

2.3.2   Coaching-Elemente

Coaching im Sinne der oben explizierten Definition als Einzelcoaching besteht aus fünf Elementen: dem Klienten, dem Coach, ihrer Beziehung zueinander, dem gemeinsamen Ziel und dem die übrigen Elemente einbettenden Beratungskonzept.

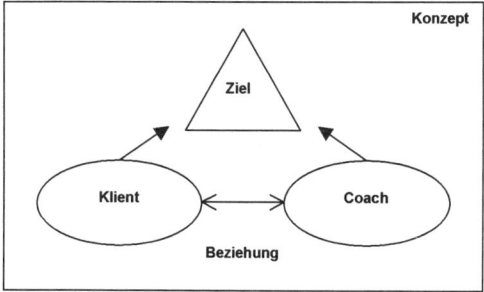

Abb. 8: Elemente der Coaching-Situation

Die Eigenschaften dieser fünf Elemente werden im Folgenden kurz dargestellt. Die Ausprägung dieser Eigenschaften entscheidet über Erfolg oder Misserfolg eines Coachings.

2.3.2.1   Coaching-Anlässe und Ziele

Zu Beginn eines Coachings sind aus dem auf einen bestimmten Anlass zurückgehenden Coaching-Anliegen die konkreten Coaching-Ziele zu bestimmen. Im Coaching werden zwei Arten von Anlässen bearbeitet: akute Probleme oder der Wunsch nach persönlichem Wachstum. Die Bearbeitung des ersten ist normalerweise auch für den zweiten förderlich. So wird die Überwindung eines konfliktträchtigen Kommunikationsverhaltens mit persönlichem Wachstum einhergehen. Dennoch ist es sinnvoll, beide Kategorien zu unterscheiden, da sie unterschiedlichen Impulsen entspringen. Im ersten Fall ist es ein externer oder interner „Push" durch als problematisch erlebte Situationen, im zweiten Fall ist es eher ein „Pull" hin zu einem besseren Ausdruck der eigenen Möglichkeiten. Diese unterschiedliche Zielrichtung hat Auswirkungen auf Form und Inhalt des Coachings. Die Frequenz der Sitzungen wird im ersten Fall tendenziell kürzer und die präzise Definition des individuellen Coaching-Ziels schneller möglich sein. Damit kann auch ein Übergang in die Phase der

Handlungsveränderungen schneller erfolgen. Die beiden Anlässe Problembewältigung und persönliches Wachstum finden sich unter unterschiedlichen Formulierungen in der maßgeblichen Literatur (vgl. Abb. 9).

	Problembewältigung	Persönliches Wachstum
Wilkins	Unzufriedenheit mit der Lebensqualität	Glaube, dass ein ausgefüllteres Leben erreicht werden kann
A. Schreyögg	Ausgleich von Defiziten beruflicher Qualifikation	Entwicklung selbstgestaltender Potentiale im Beruf
Rückle	Führungs- und fachliche Kompetenz	Kompetenz im Umgang mit sich selbst
Looss	Bewältigen einer problematischen Situation	Klärung von Wünschen und Möglichkeiten für eigene Weiterentwicklung

Abb. 9: Anlässe für Coaching[72]

Looss stellt fest, dass Führungskräfte zunehmend nach einer „dialogischen Klärung ihrer Wünsche, Möglichkeiten und Potentiale [...] in Bezug auf ihre berufliche und/oder persönliche Weiterentwicklung" streben.[73] Dies verweist darauf, dass Coaching-Anlässe einer historischen Entwicklung bzw. Moden unterliegen können. Vergleichbares lässt sich in der Psychotherapie beobachten: Heute spielen dort ganz andere Themen eine Rolle als in den 20er oder 30er Jahren.[74] Die von einer Vielzahl von Arbeiten zur soziologischen, psychologischen oder philosophischen Gegenwartsbeschreibung thematisierten Hauptherausforderungen für den heutigen Menschen finden sich im Coaching wieder, so etwa das Thema der Individualisierung mit den damit verbundenen Freiheitschancen und Sicherheitsverlusten[75] und die problematisch gewordene Identität des „flexiblen Menschen".[76] Verbunden mit einem Wandel in der Arbeitswelt, der „seit einigen Jahren schneller als die seelische

---

[72]   Wilkins 2000a, 137, Schreyögg 1999, 147; Schreyögg 1999, 148; Rückle 1992, 30, zit. n. Rauen 1999, 109; Looss 1997, 57.
[73]   Looss 1997, 57. In der Erstauflage 1991 (vgl. Looss 1991, 139, zit. n. Rauen 1999, 103) war explizit nur die problembehaftete Seite, nämlich Coaching als Beratungsform „bei personenbezogenen Problemen im Rahmen der Berufsrolle" genannt worden.
[74]   Vgl. Jaeggi 1997, 257ff.
[75]   Vgl. Beck 1986; Beck 1997; Beck und Beck-Gernsheim 1994.
[76]   Vgl. Keupp 1994; Rorty 1989; Sennett 2000.

Verarbeitung desselben" verläuft,[77] führt dies zu einer unsicheren Stellung des Subjekts, das weder auf externe Wahrheiten noch auf einen inneren Kern vertrauen kann. Auch die Frage danach, was ein gelungenes Leben ist, ist wieder aktuell.[78]

Zu Beginn eines Coaching-Prozesses steht die individuelle, inhaltliche Zielbestimmung. Sie stellt einen eigenen Schritt im Coaching-Prozess dar und wird im zugehörigen Abschnitt genauer behandelt.[79] Abstrakt gesprochen besteht das Ziel von Coaching in einer Veränderung von Deutungs- und Handlungsmustern bzw. – genauer – einer Vergrößerung des Erlebens- und Verhaltensrepertoires. Zur „Erzeugung durchschlagender und überdauernder Effekte [muss] meistens eine gezielte Veränderung [...] an den Deutungen *und* an den Handlungen von Klienten stattfinden".[80] Ziel ist also nicht eine neue, erlernte „richtige" Verhaltensweise oder das „richtige" Verstehen einer bestimmten, emotionalen Regung, sondern erweiterte Wahlmöglichkeiten im Verhalten und Erleben des Coachees. Diese werden mitunter schon allein durch die Rekonstruktion des Problems bewirkt, wenn etwa neue Zusammenhänge gesehen werden bzw. andere Sichtweisen in die eigene integriert werden. Neben diesen „spontanen Wirkungen" gibt es aber natürlich auch gezielt herbeigeführte Wirkungen.

2.3.2.2 Die Beziehung zwischen Coach und Klient

Aus dem Verständnis, dass Coaching die Wahlmöglichkeiten im Erleben und Verhalten des Coachees erweitern soll, leitet sich das Rollenverständnis und Rollenverhältnis von Coachee und Coach ab. Es geht nicht darum, dass der Coach dem Coachee „richtige" Antworten gibt, ja letztlich noch nicht einmal darum, dass er überhaupt Antworten bereithält. Vielmehr soll er dem Klienten helfen, für sich Alternativen zu bisherigen Verhaltens- und Erlebensmustern zu erkennen. Die Qual der Wahl zwischen verschiedenen Mustern bleibt immer ganz explizit beim Coachee als ernstgenommenem Subjekt.

---

[77] Vgl. Bayer 1995, 126, zit. n. Rauen 1999, 79.
[78] Ferry 2002.
[79] Vgl. Abschnitt 2.3.3.3.
[80] Schreyögg 1999, 173, Hervorh. i. Orig. Vgl. Rauen 2000, 183. Die Relevanz der Veränderung der Deutungsmuster beruht auf der Annahme im Sinne Watzlawicks, dass die Problemsicht eines Klienten selbst Teil des Problems sein kann. Vgl. Watzlawik, Beavin und Jackson 1969, zit. nach Schreyögg 1999, 171.

Eine dem Coaching angemessene Beziehungskonzeption findet sich in den ansonsten sehr unterschiedlichen Gedankengebäuden der Psychoanalyse und der Humanistischen Psychologie: „Der Helfer ist kein ‚Behandler', sondern ein mitagierender Mensch, der vor allem durch seine subjektive Befindlichkeit zur Heilung beiträgt."[81]

Das Verhältnis von Coach zu Coachee impliziert eine Rollenasymmetrie – aber nicht die zwischen einem technisch-fachlichem Experten und einem Laien, sondern die zwischen einem methodisch versierten Sparrings-Partner und einem selbstständig Lösungen suchenden Klienten als Experten in eigener Sache. Der Interaktionsstil sollte dabei immer von gegenseitiger Wertschätzung geprägt sein.[82]

2.3.2.3 Qualifikation des Coaches

„Coach" ist keine geschützte Bezeichnung, so dass sich zunächst einmal jeder Coach nennen kann. Das erklärt die inflationäre Zunahme der Verwendung des Begriffs „Coaching" und das fast schon flächendeckende Re-branding z.b. von Trainern als Coaches im derzeitigen Coaching-Boom. Die im Sinne der oben angeführten Definition als Coach arbeitenden Personen haben hingegen einen praktischen Management-Hintergrund oder einen psychologischen Hintergrund oder idealerweise beides. Mittlerweile werden auch spezielle Weiterbildungen zum Coach angeboten.[83]

Hinsichtlich der methodischen Qualifikation sollte der Coach über ein konsistentes psychologisches Grundgerüst verfügen, das unter Beachtung des Konsistenzgebots eklektisch ergänzt werden kann: Wie die Psychotherapieforschung gezeigt hat, spielt die Methode als spezifischer Wirkfaktor nur in geringerem Maße eine Rolle selbst für den Erfolg von Psychotherapien.[84] Dies dürfte umso mehr für das mit einem deutlich geringeren Interventionsniveau arbeitende Coaching gelten. Diese Sichtweise wird von Vertretern der in dieser

---

[81] Jaeggi 1997, 215. Anders als in der Psychotherapie geht es im Coaching nicht um „Heilung" eines pathologischen Zustands, sondern um das Erschließen neuer, zusätzlicher Möglichkeiten des Handelns und Erlebens.

[82] Vgl. Schreyögg 1999, 165-188.

[83] Vgl. Looss 1997; Rauen 2000a; Rückle 2000 und die Weiterbildungsdatenbank unter www.coachingindex.de.

[84] Vgl. Grawe 1998; Grawe, Donati und Bernauer 1995.

Arbeit verwendeten Ansätze des Forschungsprogramms Subjektive Theorien[85] und der Individualpsychologie geteilt.

Über das Feld- und Methoden-Know-how hinaus muss der Coach persönliche Qualifikationen mitbringen. Um den Klienten bei dessen Lösungsfindung zu unterstützen anstatt ihm einfach Ratschläge zu erteilen, muss sich der Coach auf die Weltsicht des Klienten einstellen, diese von der eigenen Weltsicht trennen und, psychoanalytisch gesprochen, seine Gegenübertragungen kontrollieren zu können, also hinsichtlich der Aktivierung eigener Beziehungsmuster abstinent zu bleiben. Eine hinreichende Selbstkenntnis ist dafür Voraussetzung. Auf welchem Wege diese erlangt wurde, ist unerheblich. Vermutlich dürfte aber eine ausführliche und systematische Beschäftigung mit den eigenen Beziehungsmustern, wie sie mehrjährige Aus- bzw. Weiterbildungen anbieten, erforderlich sein, während lediglich mehrwöchige Coach-Ausbildungsprogramme kaum ausreichen dürften.[86]

Ein Fehlen der genannten Faktoren bzw. ihre negative Ausprägung führt nach Kilburg zu einem negativen Coaching-Ergebnis (siehe Abb. 10). [87]

Faktoren auf Coach-Seite, die zu negativem Coaching-Ergebnis führen können
• Mangelnde Empathie mit dem Klienten • Mangel an Interesse an oder Kenntnissen über das Anliegen des Klienten • Unterschätzung der Problemlage des Klienten bzw. Selbstüberschätzung des Coaches, dem Klienten helfen zu können • Wesentliche und nicht kontrollierbare Gegenübertragung des Coaches • Mangelnde methodische Expertise • Andauernde gravierende Meinungsverschiedenheiten über den Coaching-Prozess mit dem Klienten

Abb. 10: Hinderliche Eigenschaften des Coaches (nach Kilburg)

---

[85] Für das FST wurde dies bestätigt im persönlichen Gespräch mit Dann am 31.7.2001 in Nürnberg, vgl. auch Humpert und Dann 2001. Für die Individualpsychologie gilt: „Adlerians are technical eclectics."(Watts 1999, 4). Corsini, Individualpsychologe und Herausgeber von großen schulenübergreifenden Übersichtswerken zur Psychotherapie, geht sogar so weit zu sagen, dass jeder Therapeut eine zu ihm passende Methode finden oder entwickeln sollte (vgl. Corsini 1981).

[86] Solche Coaching-Ausbildungen werden beispielsweise angeboten über www.coaching-index.de. (Zugriff am 23.10.2002).

[87] Kilburg 2000, 66. Die Übersicht wurde von Kilburg in Anlehnung an die Literatur-Übersicht von Mohr zum „Negative outcome in psychotherapy" entwickelt (vgl. Mohr 1995). Für einen Katalog von Kompetenzen, die ein Coach besitzen sollte, vgl. Brotman, Liberi und Waslyshyn 1998.

2.3.2.4 „Qualifikation" des Klienten

Alle bisher genannten Interventionsformen setzen voraus, dass es sich bei dem Coachee um einen diskurs-, einsichts- und handlungsfähigen Menschen handelt. Die Erweiterung seines Möglichkeitsraums erfolgt ausschließlich auf eine diskursive und ihm nachvollziehbare Art und Weise.[88]

Die Psychotherapieforschung hat als methodenunabhängigen Wirkfaktor für den Therapieerfolg die Ressourcen, die der Klient mitbringt, ermittelt. Seine Bereitschaft und Fähigkeit zur Veränderung, die Möglichkeit an Erfolgen und Positivem in seinem Leben anknüpfen zu können, erleichtern die Therapie – und sind eine Voraussetzung für ein Coaching. Eine deprimierte Person bar jeder Hoffnung oder positiver Selbstattributionen ist durch ein Coaching nicht zu erreichen. Analog zu den Faktoren auf Seite des Coaches, die zu einem negativen Coaching-Ergebnis führen können, hat Kilburg solche Faktoren auch für den Klienten benannt (siehe Abb. 11).[89]

Faktoren auf Klienten-Seite, die zu negativem Coaching-Ergebnis führen können
• Gravierende Psychopathologie
• Gravierende interpersonelle Probleme, z.B. Unfähigkeit, Arbeitsbeziehungen zu unterhalten
• Motivationsmangel: kein Veränderungsdruck
• Unrealistische Erwartungen an den Coach oder den Coaching-Prozess
• Mangelnde Umsetzung von gestellten Hausaufgaben oder Umsetzungsplänen

Abb. 11: **Hinderliche Eigenschaften des Klienten (nach Kilburg)**

2.3.2.5 Coaching-Konzept

Die Bedeutung eines konsistenten und expliziten Coaching-Konzepts wird in der Praxisliteratur aus drei Gründen hervorgehoben: 1. sei es Ausdruck der Kompetenz des Coaches und des von ihm angebotenen Coachings, 2. ermögliche es, Interventionsmaßnahmen einzuordnen und damit auf ihre Stimmigkeit zu prüfen, 3. ermögliche es dem Klienten zu klären, ob er mit dem vorgeschlagenen Vorgehen einverstanden ist oder nicht. Ein Coaching-Konzept sollte mindestens fünf Elemente enthalten:

• das ihm zugrundeliegende Menschenbild,

---

[88] Vgl. Wahl 1988a, 201. Siehe auch Abschnitt 2.2.3 zum Klientenbild.

- die angestrebte Interaktionsform zwischen Coach und Klient,

- die verwendeten Methoden zur Rekonstruktion des Klienten-Anliegens,

- die verwendeten Interventions-Methoden

- sowie deren beabsichtigte Wirkungsweise.[90]

2.3.3 Coaching-Prozess

Jeder Beratungsprozess und damit auch der Coaching-Prozess besitzt große Strukturähnlichkeiten mit den Phasen jeglichen problemlösenden Handelns. Schmitz, Bude und Otto identifizieren „sieben Phasen einer problemlösenden Handlung im inneren Dialog des monologisch reflektierenden Subjekts", nämlich Handlungsfluss, Handlungshemmung, Datensammlung, Interpretation, Handlungsentwürfe, Stellungnahme und Reorganisation des Handlungsflusses. In der Beratung als besonderer Form des problemlösenden Handelns unterscheiden sie sechs Phasen: Eröffnung, Datensammlung, Interpretation, Handlungsentwürfe, Stellungnahme und Beendigung.[91] Unterschiede liegen offenbar am Anfang und Ende vor: statt Handlungsfluss und Handlungshemmung als Ausgangspunkt der individuellen Problemlösung steht bei der Beratung am Anfang die Eröffnung. Die „Reorganisation des Handlungsflusses" ist als Schlussphase der Problemlösung dem tatsächlich Handelnden vorbehalten, während die Beratung im strikten Sinne mit ihrer Beendigung ihrer Schlusspunkt erreicht hat. Diese strikte Trennung wird in der praxisbeleitenden Beratungsform Coaching insofern aufgehoben, als Beratung und Praxiserprobung im Wechsel stattfinden können, und das Coaching immer wieder Bezug nehmen kann auf die erfolgte Reorganisation des Handelns. Zusätzlich zu den rein auf den Beratungsinhalt bezogenen Phasen bei Schmitz, Bude und Otto ist aus Praxissicht der eigentlichen Eröffnung noch die Kontaktaufnahme und der Vertragsschluss vorgeschaltet.

Für die Darstellung des Ablaufs von Coaching-Prozessen unterscheide ich daher die Phasen Kontaktaufnahme, Vertragsschluss, Zielklärung, Klärung der Ausgangssituation, Inter-

---

[89] Kilburg 2000, 66. Die Übersicht wurde von Kilburg in Anlehnung an die Literatur-Übersicht von Mohr zum „Negative outcome in psychotherapy" entwickelt (vgl. Mohr 1995).
[90] Vgl. Rauen 1999, 191ff.; Schreyögg 1999, 165-188.
[91] Schmitz, Bude und Otto 1989, 139f. Vgl. für eine Praktikersicht Vogelauer 2000b.

ventionen sowie Abschluss und Evaluation. Dabei stütze ich mich in erster Linie auf die von Rauen erstellte Übersicht über die publizierten Konzepte von deutschen Coaches und die von Wilkins vorgelegte Grounded-Theory-Studie zum Vorgehen amerikanischer Coaches.[92] Außerdem ziehe ich die detaillierten Darstellungen des Coaching-Prozesses von Looss, Astrid Schreyögg und Orenstein heran.[93]

2.3.3.1 Kontaktaufnahme

Aus Klientensicht stellt sich zunächst das Problem, einen qualifizierten und für die eigene Fragestellung passenden Coach zu finden. Dies erfolgt oftmals über „Mund-zu-Mund-Propaganda", durch Kontakte im Rahmen von Trainings- oder Vortragsveranstaltungen oder auch durch Veröffentlichungen zum Thema.[94] Falls der potentielle Coaching-Klient bereits ist, seinen Coaching-Wunsch unternehmensintern offenzulegen, können oftmals auch die Personal- oder Weiterbildungsabteilung Coaches nennen.

Ist die Hürde der Vorauswahl genommen, kommt es zur Kontaktaufnahme. Einem schriftlichen oder telefonischen Erstkontakt folgt gegebenenfalls ein erstes Treffen für ein Vorgespräch. Bei einem telefonischen Erstkontakt kann der Coach bereits klären, ob der potentielle Klient selbst oder jemand anderes anruft und warum, was die anvisierten Ziele eines Coachings wären und warum gerade er ausgewählt wurde. Das praktische Ziel aus Sicht des Coaches ist es, zu klären, ob er ein Coaching zu dem genannten Anliegen durchführen will und gegebenenfalls einen Termin für ein Vorgespräch zu vereinbaren. Aus Sicht des potentiellen Klienten oder sonstigen Anrufers aus der Organisation des Klienten geht es darum, einen ersten Eindruck vom Coach zu gewinnen, seine Reaktion auf das formulierte Anliegen zu prüfen und diesen auch – gegebenenfalls anhand von Checklisten – zu seiner Qualifikation zu befragen. Das erste Treffen dient dann dazu, ein gemeinsames Verständnis über den Coaching-Prozess zu schaffen bzw. zu vertiefen und zu klären, ob sich beide Seiten ein Coaching miteinander vorstellen können.[95]

---

[92] Vgl. Rauen 1999 und Rauen 2000b für ein Destillat aus den einzelnen Konzepten sowie Wilkins 2000a.
[93] Vgl. Looss 1997, 85-129; Schreyögg 1999, 298-325; Orenstein 2000.
[94] Vgl. Rauen 2000b, 172f.; Schreyögg 1999, 125.
[95] Vgl. Orenstein 2000, 30f.; Rauen 2000b, 171ff.; Schreyögg 1999, 313; Wrede 2000.

Der Klient sollte dazu sein Anliegen für das Coaching zumindest grob benennen. Der Coach sollte seinerseits den Coaching-Prozess erläutern. Dazu gehört insbesondere die Klärung der Verantwortlichkeiten: nämlich, dass der Klient für die Lösung seiner Anliegen als autonomer Mensch vollständig selbst verantwortlich bleibt und die Verantwortung des Coaches sich auf die Bereitstellung methodologischer und persönlicher Unterstützung in diesem Prozess beschränkt. Als Grundvoraussetzungen für einen Coaching-Prozess sollten Freiwilligkeit, Vertraulichkeit sowie persönliche gegenseitige Akzeptanz zwischen Coach und Klient explizit benannt und zugesichert bzw. überprüft werden. Am Ende des ersten Treffens sollte explizit von beiden Seiten eine Entscheidung über die Aufnahme des Coaching-Prozesses erfolgen.

Ist die Organisation des Klienten als Geldgeber bzw. Vertragspartner involviert, ist es erforderlich, diese in die Zielvereinbarung einzubeziehen. In der Regel ist der Ansprechpartner hierfür der jeweilige Vorgesetzte des Coachees oder die Personalabteilung. Die Zielvereinbarung mit diesen muss sehr allgemein gehalten sein und einen Hinweis auf die Vertraulichkeit der Gesprächsinhalte zwischen Coach und Klient enthalten.[96] Manche Unternehmen verzichten bewusst auf einen Kontakt zwischen Coach und Vorgesetztem, um auch nur den Anschein einer Einflussnahme zu vermeiden.[97]

2.3.3.2 „Psychologischer" und formaler Vertragsschluss

Die im ersten Treffen erfolgte Klärung der gegenseitigen Erwartungen, der Bereitschaft des Klienten zur selbstkritischen Reflexion seines Anliegens und der Bereitschaft, über dieses zu reden, gegebenenfalls aber auch die Benennung von Tabu-Zonen gehören zum „psychologischen" Vertrag zwischen Coach und Klient. Diese Punkte sollten explizit gemacht werden, brauchen aber nicht schriftlich fixiert werden.[98]

Im formalen Coaching-Vertrag werden Fragen des Settings und der Vergütung festlegt. Hinsichtlich des Coaching-Settings sind festzulegen: die Sitzungsdauer, die geplante Sitzungszahl, Anzahl und Frequenz der Sitzungen und der Sitzungsort. Zur Vergütung sind festzulegen: die Höhe des Honorars und gegebenenfalls die Erstattung von Nebenkosten,

---

[96] Vgl. Orenstein 2000, 32; Schreyögg 1999, 316.
[97] Dies ist beispielsweise die Praxis bei der Boston Consulting Group in Deutschland.

die Art und der Turnus der Rechnungsstellung und Bezahlung, die Regelungen für Ausfall bzw. Absage von Sitzungen und Haftungsfragen. Für den Fall, dass das Unternehmen vertreten durch eine dritte Person ebenfalls Vertragspartner ist, sind zu benennen: die Zielsetzung des Coachings, die Teilnehmer und die Vertraulichkeit.[99] Der Vertragstyp sollte ein Dienst-, nicht ein Werkvertrag sein, bei dem nicht ein bestimmtes Ergebnis vereinbart wird, sondern das Erbringen der Beratungsleistung durch den Coach.[100]

2.3.3.3 Zielklärung

Die Klärung der individuellen Ziele für das Coaching insgesamt und für einzelne Coaching-Sitzungen ist bereits ein wesentlicher Beitrag des Coachings durch die Abgrenzung von Scheinzielen im Sinne eines Vordringens zum „eigentlichen" Problem und das Aufdecken von Zielkonflikten dar. Es ist keine sinnvolle Intervention möglich, solange die Ziele des Klienten nicht eindeutig von diesem definiert wurden. Vielmehr könnte sich der Coach gemeinsam mit dem Klienten in dessen Ziel-Dschungel verirren.[101]

2.3.3.4 Klärung der Ausgangssituation

An die Klärung der Ziele schließt sich eine möglichst präzise Analyse der allgemeinen Ist-Situation des Klienten sowie der Situationen an, die der Klient hinsichtlich seines Anliegens als problematisch empfindet.[102] Dabei können die beim Erstkontakt und im Vorgespräch gemachten Erfahrungen Anlass zu Nachfragen des Coaches sein. Die Klärung der Ausgangssituation ist vorläufig dann erreicht, „wenn der Klient das Gefühl hat, fürs erste alles gesagt zu haben, und der Berater den Eindruck hat, ein erstes grobes Bild von der Wirklichkeit seines Klienten aufgebaut zu haben."[103]

Persönlichkeitstests oder sonstige standardisierte Verfahren zur Erhebung personenbezogener, psychologischer Daten werden selten verwendet. Allenfalls können sie als Hilfsmit-

---

[98]   Vgl. Rauen 2000b, 176f.
[99]   Vgl. Schreyögg 1999, 126.
[100] Vgl. Rauen 2000b, 176. Für Vertragsmuster vgl. Naegele 1995.
[101] Vgl. Schreyögg 1999, 165 und 299-301; Rauen 2000b, 180f.; Wilkins 2000a, 119. Zur Rolle von Zielkonflikten als Hindernis für persönlichen und organisationalen Wandel vgl. Kegan und Lahey 2001.
[102] Bei Rauen findet im Unterschied zu Looss und Astrid Schreyögg die „Klärung der Ausgangssituation" vor der „Klärung der individuellen Ziele" statt. Die Gefahr dabei ist, dass die Klärung der Ausgangssituation unfokussiert erfolgt. Insofern erscheint die von Looss und Schreyögg gewählte Reihenfolge plausibler (vgl. Rauen 2000b; Schreyögg 1999; Looss 1997).

tel dienen, um für den Klienten glaubwürdige Datenpunkte zur weiteren Besprechung be-
reitzustellen, wenn die Alternative eines direkten Feedbacks durch den Coach z.B. aufgrund der Kürze der Coaching-Beziehung noch nicht die gleiche Glaubwürdigkeit hätte.[104]

2.3.3.5 Interventionen als Spielarten des Dialogs

Im Mittelpunkt des Coachings steht der Dialog zwischen Coach und Klient. Die unterschiedlichen Formen des Dialogs werden durch verschiedene Verhaltensweisen des Coaches geprägt und stellen bereits Interventionen dar.[105] Diese dialogischen Verhaltensweisen
sind immer Bestandteile eines Coachings, egal welcher theoretischen „Schule" ein Coach
sein übergreifendes Konzept verdankt. Je nach Schule unterscheidet sich aber der Interven-
tions- und Interaktionsstil des Coaches. Dementsprechend wird der eine von seinen Klienten eher als sanftmütig wahrgenommen und der andere als aktiv-fordernd usw.[106]

Zu den *Verhaltensweisen des Coaches* gehört zu aller erst das Zuhören und Zusehen. Der
Coach achtet genau auf das, was der Klient sagt und zeigt und das was ungesagt und unge-
zeigt bleibt. Dabei geht es zum einen um die Aufnahme von Informationen über den Klienten, zum anderen um die Herstellung einer „Atmosphäre wirkungsvoller Präsenz", die dem
Klienten hilft, zunehmend Zugang zu sich selbst zu finden.[107] Passives und aktives Zuhören, also Zuhören ohne oder mit Rückmeldungen in Form von Paraphrasierungen oder
Verbalisierungen, nicht-sprachlich übermittelter Inhalte, können eingesetzt werden.

Fragen zu stellen ist eine zentrale, wenn nicht sogar die zentrale Aufgabe des Coaches. Dazu gehören reine Informationsfragen, Fragen nach kognitiven und insbesondere auch emotionalen Bewertungen und Entwicklungsfragen. Die Fragen ermöglichen dem Klienten
einen detaillierten und differenzierten Zugang zu seinem Erleben und fördern seinen
Selbstausdruck. Oftmals verstellen sprachliche Ungenauigkeiten den Blick auf das eigene
Erleben. Dies kann eine „deformation professionelle" z.B. von Managern sein, die in groben Stereotypen und vorzugsweise dem Sport entliehenen Metaphern über ihr individuelles

---

[103] Looss 1997, 105.
[104] Vgl. Looss 1997, 113; Gale et al. 2002.
[105] Vgl. auch zum folgenden Schreyögg 1999, 118-134; Schreyögg 1999, 229-247.
[106] Vgl. Schreyögg 1999, 118f.
[107] Looss 1997, 121.

Erleben hinwegreden.[108] Dies können aber auch bei allen Menschen anzutreffende „Vermeidungshandlungen" sein, die unangenehme Inhalte dem Bewusstsein fernhalten.[109]

Nachfragen können in Feedback-Geben und eine Konfrontation übergehen, die nächsten Verhaltensweisen im Dialog. Sie dienen dazu, dem Klienten seine Verhaltensweisen aus Sicht des Coaches vor Augen zu führen. Da Feedback immer eine Interpretation des Coaches darstellt, ist es wichtig, diese als solche zu kennzeichnen, und sie damit zur Diskussion und nicht als Wahrheit in den Raum zu stellen.[110] Der Grad an Konfrontation, der möglich ist, hängt direkt von dem Entwicklungsstand der Beziehung von Coach und Klient ab. Alternativ oder ergänzend zu den Rückmeldungen von Beobachtungen des Coaches können hier auch andere verfügbare Daten eingesetzt werden – also etwa Test- und Fragebogen-Ergebnisse oder formale Assessments aus dem Unternehmenskontext wie beispielsweise 360°-Feedback.

Die bisher genannten Verhaltensweisen des Zuhörens, Nachfragens und Konfrontierens können den Klienten – in zunehmendem Maße – verunsichern bzw. Emotionen in ihm wachrufen, die dem Managerbild des rationalen Machers widersprechen. Dies kann punktuell eine emotionale oder praktische Unterstützung durch den Coach erforderlich machen – eine weitere Verhaltensweise im Dialog. „Er wird ermuntern oder bestätigen, zustimmen oder bekräftigen, Informationen anbieten oder praktische Hilfe, Erlaubnis geben oder was immer sonst Unterstützung vermitteln kann."[111] Diese Unterstützung kann immer nur zeitlich begrenzt sein, da Coaching den Klient als autonom handlungsfähiges und -williges Individuum ansieht.

Eine weitere Verhaltensweise des Coaches kann das simple Erklären von psychologischen, pädagogischen oder auch betriebswirtschaftlichen Zusammenhängen sein, sofern dies der Selbstaufklärung des Klienten dient bzw. hilft, dessen Erkenntnisse sinnvoll einzuordnen.

---

[108] Vgl. Whitmore 1994a, 124.
[109] Vgl. Bandler und Grinder 1981.
[110] Vgl. Cohn 1983 [1975].
[111] Cohn 1983 [1975], 122.

Schließlich macht der Coach konkrete Arbeitsvorschläge, die sich auf die Coaching-Sitzung selbst oder auf die Zeit zwischen Sitzungen beziehen. Der Coach kann z.b. vorschlagen, den Dialog zu fokussieren, non-verbale Methoden einzusetzen oder den Klienten zum Ausprobieren neuer Verhaltensweisen auffordern. Auf die Erfahrungen mit einem veränderten Verhalten wird dann in der nächsten Coaching-Sitzung eingegangen.

Abb. 12: Verhaltensweisen des Coaches

Die Verhaltensweisen des Coaches dienen drei *Funktionen des Dialogs*: dem Schaffen von Entlastung, dem Aufräumen sowie dem Anregen von Veränderungen.[112] Das Schaffen von Entlastung stellt eine – mitunter – notwendige Zwischenstufe dar. Dieses sogenannte „Cooling down" lässt den Klienten erst einmal von der belastenden Situation berichten, sich die damit verbundenen Belastungen „von der Seele reden". Bei besonders belastenden Situationen muss auf diese Weise überhaupt erst wieder eine notwendige Distanz zur und damit auch ein klarerer Blick auf die Situation gewonnen werden. Kilburg berichtet, dass insbesondere unerwartete, stark negativ bewertete Ereignisse soviel Emotionen auslösen können, dass der klare Blick auf die Situation durch ein Reden über die Situation erst einmal wieder freigelegt werden muss.[113]

An die Entlastung schließt sich, soweit dies von der Zielstellung und der Situation des Klienten her erforderlich ist, ein „Aufräumen" an. Dabei sollen über Jahre oder Jahrzehnte

---

[112] Looss bezeichnet diese Funktionen als Arbeitsformen des Coachings, zu denen er auch das Feedback-Geben zählt. Dieses wird hier aber den Verhaltensweisen des Coaches zugeordnet. Vgl. Looss 1997, 105ff.

eingespielte Verhaltensweisen, Konflikte, Missverständnisse, Verletzungen und damit verbundene Unklarheiten über sich selbst und die Beziehungen zu anderen Menschen geordnet werden. Mit dem „Aufräumen" sind oftmals Lernerlebnisse verbunden, die neue
Zusammenhänge herstellen, und manches in neuem Licht erscheinen lassen. Damit ergeben sich mitunter schon „wie von selbst" neue Verhaltensweisen. Darüberhinaus wird der
Coach auch explizit zusammen mit dem Klienten Erweiterungen seines Verhaltens- und
Erlebens-Repertoires erwägen und erproben und ihn gegebenenfalls anregen, diese zu trainieren.

Zur Anregung und Erprobung von Veränderungen gibt es eine große Zahl von Methoden,
die oftmals in psychotherapeutischen Settings entwickelt wurden und von Coaches gegebenenfalls adaptiert werden. Grenzen für die eklektische Verwendung dieser Methoden
werden lediglich in zwei Grundprämissen des Coachings gesehen. Da es sich nicht um ein
therapeutisches Setting handelt, müssen die verwendeten Methoden dem Klienten erklärbar
und transparent durchschaubar sein. Hierdurch wird etwa die Verwendung paradoxer Interventionen beschränkt. Außerdem ist auf die Passung zum verwendeten Coaching-
Konzept zu achten.[114]

Schreyögg sieht besonders gute methodische Ergänzungsmöglichkeiten des bisher skizzier-
ten dialogischen Verfahrens durch erlebniszentrierte Therapieverfahren wie die Gestalttherapie oder das Psychodrama.[115] Durch Imaginationsübungen oder kleine Rollenspiele
werden u.U. Informationen zugänglich, die verbal nicht geäußert werden konnten. Zudem
bieten sie handlungsaktivierende und -modifizierende Möglichkeiten durch die Einübung

---

[113] Vgl. Kilburg 2000, 149ff.

[114] Vgl. Rauen 2000b, 182f. Jaeggi hat in diesem Sinne die Kompatibilitäten und Inkompatibilitäten zwi-
schen psychotherapeutischen Schulrichtungen herausgearbeitet. Sie unterscheidet fünf Hauptrichtungen:
1. Psychoanalyse und deren Weiterentwicklung in der Objektbeziehungstheorie, 2. die Humanistische
Psychotherapie nach Rogers, 3. die beiden Richtungen der Gestalttherapie (Ost- und Westküste), 4. die
(Kognitive) Verhaltenstherapie und 5. die Systemische Familientherapie. Die Unterschiede hinsichtlich
Menschenbild und psychologischer Grundannahmen beziehen sich auf entwicklungspsychologische Annahmen zur Triebfeder psychischer Entwicklung, auf die Vorstellungen, was einer gesunden Entwicklung
zuträglich ist und was nicht und auf die Annahme eines Primats innerer oder äußerer Einflüsse auf die
psychische Entwicklung (vgl. Jaeggi 1997).

[115] Vgl. Schreyögg 1999, 255-277; sowie Hartmann-Kottek-Schroeder 1994; Perls 1974 [1969] zur Gestalttherapie und Leutz und Engelke 1994; Moreno 1934 zum Psychodrama. Die dialogischen Ansätze finden
sich im therapeutischen Bereich in ähnlicher Form bei der Gesprächspsychotherapie (vgl. Rogers 1973
[1961]; Tausch 1973).

neuer Verhaltens- und Selbstausdrucksformen.[116] In der Coaching-Praxis ist die Anwendung nahezu jeder denkbaren Interventionsform festzustellen (siehe Abb. 13).[117] Problematisch daran ist in erster Linie, dass es dafür keinen allgemeinen Orientierungsrahmen für Coaching gibt, der es den Coaches erlauben würde zu prüfen, ob der Einsatz der jeweiligen Methode oder Materialien der jeweiligen Coaching-Situation und dem jeweiligen Klienten angemessen ist.

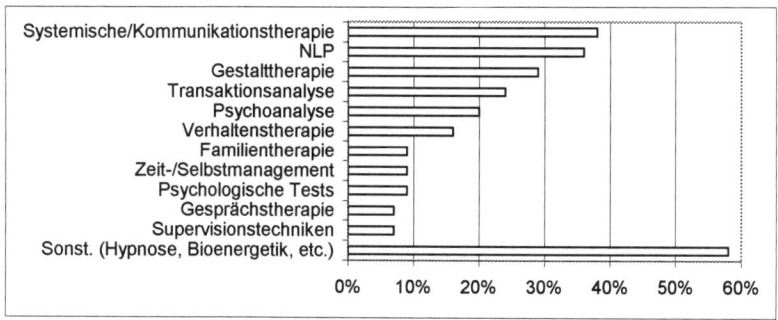

Abb. 13: Ansätze und Techniken im Coaching

2.3.3.6 Abschluss und Evaluation

Nach Ablauf der vereinbarten Sitzungszahl oder nach Erreichen des vereinbarten Ergebnisses muss der Coaching-Prozess zum Abschluss gebracht werden. Unlimitierte Langzeit-Coachings sind unter dem Gesichtspunkt, dass Coaching letztlich erfolgreiches, autonomes Handeln des Klienten fördern soll, kritisch zu hinterfragen.

In der Schlusssitzung wird der durchlaufene Coaching-Prozess reflektiert, Veränderungen des Klienten sowie seine momentane Situation werden explizit benannt. Die Beendigung einer Coaching-Sequenz muss nicht das Ende aller gemeinsamen Coaching-Sitzungen bedeuten. Sollten zu einem späteren Zeitpunkt wieder belastende Situationen oder Entwicklungswünsche auftreten, wird eine neue Coaching-Sequenz vereinbart.

---

[116] Vgl. Schreyögg 1999, 276-297.
[117] Vgl. Stahl und Marlinghaus 2000.

Erfolgskriterien für das Coaching sollten zu Beginn des Coachings zusammen mit der konkreten Zielbestimmung festgelegt und gegebenenfalls bei einer Zieländerung im Laufe des Coachings angepasst werden. Ein Abgleich dieser Erfolgskriterien mit dem erreichten Zustand am Ende des Coachings ermöglicht eine konkrete Bewertung der erreichten Veränderung. Neben dem Grad der Zielerfüllung ist die rein subjektive Zufriedenheit des Klienten ein Evaluationskriterium, das manche Autoren sogar als das relevantere betrachten.[118]

2.3.4 Fazit: Coaching-Praxis

Coaching, so hat es der Überblick über die Verbreitung, die Elemente und den Prozess von Coaching gezeigt, ist mittlerweile eine weitverbreitete Praxis. Dieser fehlt jedoch, etwa im Unterschied zur Psychotherapie, ein klares Verständnis über sich selbst. Getrieben durch die Nachfrage und das Angebot von persönlicher Beratung von Führungskräften findet sich Coaching in immer mehr Unternehmen und bedient sich einer immer größeren Vielzahl von Techniken. Inwieweit diese zusammenpassen und inwieweit sie der von den Klienten vorgetragenen Problemstellung angemessen sind, bleibt dabei jedoch weitgehend allein der Intuition des einzelnen Coaches überlassen. Ein praxistaugliches Rahmenmodell für Coaching bzw. eine Coaching-Theorie, die hier eine Orientierungshilfe bieten könnte, existiert nicht. Diesen Mangel will die vorliegende Arbeit beheben. Bevor ich mit diesem Ziel in Kapitel 3 eine Coaching-Theorie entwickle, rekapituliere ich im folgenden Abschnitt, welche Erträge die Coaching-Forschung bisher hervorgebracht hat.

2.4 Coaching-Forschung

Die folgenden Abschnitte geben einen Überblick über die deutsch- und englischsprachige Coaching-Literatur. Obwohl die empirische Coaching-Forschung und die Theorieentwick-

---

[118] So kritisiert Looss an dem Begriff der Erfolgskriterien sein Verhaftetsein am Denken in linearen Kausalbeziehungen, das für Prozesse, wie sie durch Coaching angestoßen werden, ebenso wenig zutreffend sei, wie für das normale Managerhandeln selbst (vgl. Looss 1997; 131-134; Rauen 2000b, 184).

lung noch am Anfang stehen, weist der bestehende Literaturkorpus, der Publikationen aus unterschiedlichen Disziplinen vereint, eine Vielzahl von Themen und Methoden auf. Um ihn zu strukturieren werden die wichtigstes Arbeiten in eine Matrix nach Forschungsfragen einerseits, und Untersuchungsmethoden andererseits, eingeordnet. Im Anschluss werden die wichtigsten Ergebnisse der Arbeiten, die noch nicht bei der vorangegangenen Beschreibung der Coaching-Praxis aufgegriffen wurden, vorgestellt. Im letzten Schritt wird die theoretische Forschungsfrage der Studie vor diesem Hintergrund verortet.

2.4.1 Identifizierte Forschungsarbeiten

Die Recherche erfolgte über die Datenbanken PSYNDEX, PsycINFO, Sociological Abstracts, Digital Dissertations und Subito. Zusätzlich wurden einschlägige Zeitschriften und Buchpublikationen ausgewertet.[119] Gesucht wurde unter dem Stichwort „Coaching", da die noch präziser treffende Bezeichnung „Executive Coaching" im englischsprachigen Bereich nicht immer und im deutschsprachigen Bereich nur selten verwendet wird. Die gefundenen Einträge wurden in dreierlei Hinsicht bereinigt: Erstens um Arbeiten, die keine Forschungsarbeiten darstellen, sondern Praktiker-Berichte, die Coaching anpreisen, zweitens um Arbeiten, die Coaching für einen anderen Adressatenkreis als Führungskräfte zum Gegenstand haben und drittens um diejenigen, die zwar Führungskräfte adressieren, aber nicht im Sinne der obigen Coaching-Definition. Damit schied die große Mehrzahl etwas der 413 in PSYNDEX, der 897 in PsycINFO, der 97 in Sociological Abstracts und der 384 in Subito recherchierten Einträge aus.[120]

---

[119] Der Zugriff auf PSYNDEX erfolgte am 5.11.2001 über http://zpidsul.uni-trier.de, der Zugriff auf PsycINFO am 27.8.2001, auf Sociological Abstracts am 9.8.2001, auf Digital Dissertations über www.lib.umi.com/dissertations/search am 31.10.2001 und auf Subito am 1.11.2001 über www.subitodoc.de. Außerdem wurden am 1.11.2001 deutsche Diplomarbeiten unter „www.diplom.de" und in der Diplomarbeiten-Datenbank der ZPID unter http://zpidsul.uni-trier.de:8080/cgi-bin/starfinder/7402/diplom.txt recherchiert. Literaturhinweise zu französischen Publikationen, die aus Ressourcengründen nicht berücksichtigt werden können, finden sich in Leleu 1995.

[120] Die allermeisten Forschungsarbeiten zu Coaching betreffen Coaching im Sport. Daneben gibt es Arbeiten zu einer Vielzahl von weiteren Personengruppen von Lehrern bis Arbeitslosen. Vgl. Kilburg 2000, 56 für kommentierte Verweise zu diesen beiden Kategorien. Arbeiten zu Führungskräften, die hier nicht einschlägig sind, betreffen etwa Mentoring, Trainingstransfer oder Coaching genannte Trainings zum Erlernen bestimmter Fertigkeiten. Für Arbeiten zum Mentoring vgl. Brinkmann 1997 für den deutsch- und Kilburg 2000, 57f. für den englischsprachigen Bereich mit Verweisen auf die Dissertationen von Hancyk 2000; Orpen 1999; Wachholz 2000; Wenzel 2000. Für Arbeiten zum Trainingstransfer vgl. Cromwell 2000; David J. Miller 1990; Olivero, Bane und Kopelman 1997; Sawczuk 1991; Wang 2000 und für Ar-

Die *deutschsprachige Forschungsliteratur* ist sehr dürftig.[121] Drei Dissertationen sind bisher vorgelegt worden: Im Jahr 1999 eine soziologische Dissertation von Geßner und im Jahr 2001 zwei betriebswirtschaftliche Dissertationen jeweils mit einem speziellen Anwendungsbezug. Fuchs untersucht die Rolle des Coachings bei Fusionen und Akquisitionen und Sobanski das Coaching für international tätige Führungskräfte. Eine weitere als Forschungsarbeit einzustufende Buchpublikation auf der Basis seiner Diplomarbeit hat Rauen vorgelegt. Ein Sammelband von Wilker ist der Abgrenzung von Coaching und Supervision gewidmet.[122] In deutschen Fachzeitschriften ist lediglich ein empirischer Artikel von Stahl und Marlinghaus erschienen, der über eine Umfrage bei Coaches und Personalern berichtet. Weitere Umfragen sind von den Praktikern Böning und Vogelauer durchgeführt und in ihren Büchern publiziert worden. Darüber hinaus ist ein Artikel auf Basis der Diplomarbeit von Brüning von Roth, Brüning und Edler veröffentlicht worden. Wiederum der Abgrenzung von der Supervision ist ein Artikel von Pühl gewidmet.[123]

In den nächsten Jahren ist allerdings mit deutlich mehr Publikationen zu rechnen, da Coaching in der akademischen Forschung und Lehre zunehmend Berücksichtigung findet. So wird Coaching in den Neuauflagen einschlägiger Standardwerke mittlerweile erwähnt – beispielsweise auf der organisations-psychologischen Seite bei Rosenstiel oder auf der betriebswirtschaftlichen Seite bei Staehle oder Scholz. Dennoch besteht nach wie vor für die Lehre ein Mangel an hinreichend differenzierten Darstellungen: so beklagt etwa Greif, dass Coaching-Kompetenzen noch keinen Eingang in einschlägige universitäre Lehrbücher gefunden haben.[124]

---

beiten zum Training von Fertigkeiten vgl. Duffy 1984; Peterson 1993; Thompson 1987. Kampa-Kokesch und Andersen haben sechs thematische Kategorien gebildet, denen sich die Praktiker-Literatur zuordnen lässt: 1. Definitionen und Standards, 2. Zielbestimmungen, 3. Methoden, 4. Abgrenzung von Therapie, 5. Zertifizierung von und Zugang zu Coaches, 6. Klienten (vgl. Kampa-Kokesch und Anderson 2001, 208ff.). Für Praktiker- Arbeiten mit Fallstudien vgl. Kilburg 1996a mit den Beiträgen Diedrich 1996; Katz und Miller 1996; Kiel et al. 1996; Harry Levinson 1996; Peterson 1996; Saporito 1996; Witherspoon und White 1996a sowie die deutschen Fallstudien Fengler 1997 und Tinnefeld 1997.

[121] Geßner beklagt zu recht, dass es bis etwa 1998 keine einzige deutsche Forschungsarbeit zu Coaching in der Betriebswirtschaftslehre, Psychologie oder Soziologie gab (vgl. Geßner 2000, 14f.; in diesem Sinne auch Stahl und Marlinghaus 2000).

[122] Vgl. Fuchs 2001b; Geßner 2000; Sobanski 2001; Rauen 1999; Wilker 1999 [1995].

[123] Vgl. Stahl und Marlinghaus 2000; Böning 1989; Böning 2000; Vogelauer 2000c; Brüning 1994; Roth, Brüning und Edler 1999 [1995]; Pühl 2000b.

[124] Vgl. Rosenstiel 2000a, 228-230; Staehle 1999, 949-951; Scholz 2000, 962-965; Greif 1999, 683. Greif sieht als einzige Möglichkeit den freilich unbefriedigenden Rückgriff auf Lehrbücher der systemischen Psychotherapie wie z.B. Schlippe und Schweitzer 1996. Insgesamt wurden mindestens 22 deutschsprachige Diplomarbeiten zu Coaching im hier definierten Sinne verfasst. Da für Diplomarbeiten weder zent-

Der *amerikanische Bestand an Forschungsliteratur* ist deutlich umfangreicher als der deutsche, so dass bereits Literaturüberblicke erstellt wurden.[125] Aber auch hier gilt, dass trotz der noch umfangreicheren Praktiker-Literatur eine wissenschaftliche Durchdringung erst am Anfang steht.

Die Dissertationen von Ballinger, Kampa-Kokesch, Kleinberg, Laske, Orenstein und Wilkins behandeln Coaching im Sinne der Coaching-Definition dieser Arbeit.[126] Eine weitere als Forschungsarbeit einzustufende Buchpublikation stammt von Kilburg.[127] In Zeitschriften wurden Forschungsarbeiten von Collins, Digenti, Foster und Lendl, Garman et al., Hall et al. Judge und Cowell, Kiel et al., Kilburg (1996 und 2001), McGovern et al. sowie von Witherspoon und White publiziert.[128] Unveröffentlichte Forschungsarbeiten legten Gegner mit ihrer Abschlussarbeit und Gale et al. mit ihrem vor der Veröffentlichung stehenden Forschungsbericht vor.[129] Auch in der englischsprachigen Forschungsliteratur ist ein Anstieg der Publikationen zu erwarten, da Coaching zunehmend in der Lehre repräsentiert ist.

---

rale noch dezentrale Verzeichnisse bestehen dürfte die tatsächliche Zahl deutlich höher liegen. Vgl. Barthe 1996; Bergsch 1997; Böswetter 1996; Brüning 1994; Bülow 1999; Grün und Dorando 1993; Hohmann 1991; Knall 1995; Koreng 1992; Krummel 2001; Marlinghaus 1995; Matzner 1996; Meißner 1998; Michel 1996; Okken 2000; Ostheider 1998; Rauen 2000b; Richter 1997; Rückerl 1990; Schlegel 2000; Bärbel Schmidt 1999; Tessin 1998. Drei weitere Arbeiten behandeln das sogenannte Vorgesetzten-Coaching (vgl. Böswetter 1996; Rex 1998) bzw. Coaching außerhalb von Unternehmen (vgl. Bülow 1999).

[125] Vgl. Kilburg 1996c; Kilburg 2000 und Kampa-Kokesch und Anderson 2001. Douglas und Morley 2000 haben eine annotierte Bibliographie erstellt. Kampa-Kokesch und Anderson 2001 haben nur sieben Forschungsarbeiten identifiziert (die hier genannten Foster und Lendl 1996; Gegner 1997; Hall, Otazo und Hollenbeck 1999; Judge und Cowell 1997; Laske 1999a sowie eine weitere, die nicht in den Bereich dieser Arbeit fällt: Olivero, Bane und Kopelman 1997) und damit auch im englischsprachigen Bereich interessante Arbeiten übersehen: insbesondere Wilkins 2000a; Orenstein 2000 oder aber als Praktikerliteratur eingestuft (nämlich Kilburg 2000; Kiel et al. 1996 und Witherspoon und White 1996a).

[126] Vgl. Ballinger 2000; Kampa-Kokesch 2001; Kleinberg 2001; Laske 1999a; Orenstein 2000; Wilkins 2000a. Weitere zwölf Dissertationen aus den USA und Kanada behandeln Coaching in Unternehmen, aber nicht im Sinne der für diese Arbeit gewählten Definition etwa im Sinne von Coaching durch Vorgesetzte oder als Trainings-Transfer-Unterstützung: vgl. Cromwell 2000; Duffy 1984; Hackett 2000; Lyons 1999; David J. Miller 1990; Peterson 1993; Sawczuk 1991; Thompson 1987; Traynor 2000; Wachholz 2000; Wang 2000; Wenzel 2000. Die Suche nach „Coaching" in „Digital Dissertations" ergibt außerdem noch 103 weitere Dissertationen in den USA und Kanada aus den Jahren 2000 und 2001. Diese beziehen sich in der Mehrzahl auf Coaching im Sport sowie auf das Coaching von anderen Personengruppen außerhalb von Unternehmen (Zugriff am 31.10.2001 über www.lib.umi.com/dissertations/ search). Dies gilt auch für die einzige zu Coaching genannte Dissertation im Australian Digital thesis program (Zugriff über http://adt.caul.edu.au/ am 1.11.2001).

[127] Vgl. Kilburg 2000.

[128] Vgl. Collins 2001; Digenti 2001; Foster und Lendl 1996; Garman, Whiston und Zlatoper 2000; Hall, Otazo und Hollenbeck 1999; Judge und Cowell 1997; Kiel et al. 1996; Kilburg 1996c; Kilburg 2001; McGovern et al. 2001 sowie Witherspoon und White 1996b.

[129] Vgl. Gegner 1997; Gale et al. 2002.

An der Universität Sydney in Australien gibt es zudem die weltweit erste Abteilung für „Coaching Psychology".[130]

2.4.2   Vier Ebenen von Forschungsfragen

Die Forschung zu Coaching lässt sich nach den verfolgten *Forschungsfragen* in vier Ebenen einteilen: 1. geht es um Rahmenbedingungen und Definitionen, 2. um das Angebot von und die Nachfrage nach Coaching, 3. die Evaluation von Coaching und 4. um die Untersuchung der Wirkungsweise und -mechanismen von Coaching mit dem Ziel der Entwicklung einer Coaching-Theorie. Diese Fragen werden in der Arbeits- und Organisationspsychologie, der betriebswirtschaftlichen Personalwirtschaft und der Soziologie untersucht. Eine klare Zuordnung der Disziplinen zu einzelnen Ebenen ist nicht möglich: alle Disziplinen untersuchen Fragestellungen auf mehreren Ebenen. Die meisten Arbeiten sind im Schnittfeld der Disziplinen angesiedelt.

Von den *Untersuchungsmethoden* her lässt sich ein rein konzeptionelles Vorgehen (A) von empirischen Methoden unterscheiden. Diese können quantitativ (B1) bzw. qualitativ (B2) sein. Abb. 14 ordnet die identifizierten Forschungsarbeiten in die Matrix von Forschungsfragen und Methodenklassen ein. Deutschsprachige Arbeiten sind kursiv gesetzt, die Übrigen liegen auf Englisch vor. Einige behandeln mehrere Forschungsebenen oder verwenden mehrere Methodenklassen. In diesem Fall erfolgte die Zuordnung zu der jeweils „höheren" Forschungsebene bzw. Methodenklasse im Sinne der erfolgten Nummerierung von 1 bis 4 bzw. A bis B2. Die in Abb. 14 verorteten Arbeiten stelle ich im Folgenden kurz vor.[131]

2.4.3   Forschungsliteratur zu den Rahmenbedingungen von Coaching

Zur Definition von Coaching existieren konzeptionelle Arbeiten, die Coaching gegen Supervision (Pühl, Wilker) bzw. Mentoring (Wilkins im Theorieteil ihrer empirischen Arbeit)

---

[130] Siehe die Website www.psych.usyd.edu.au/psychcoach/menu.htm. Die Coaching-Abteilung wird geleitet von Anthony M. Grant (vgl. Grant 2000; Grant und Greene 2001).
[131] Nicht eingehen werde ich auf die identifizierten deutschen Diplomarbeiten (siehe Fußnote 124).

abgrenzen oder eine fundierte Definition von Coaching entwickeln (Kilburg).[132] Diese sind
in die vorherigen Abschnitte zur Coaching-Definition und Praxis eingeflossen.

Ebene der Forschungsfrage	A. Konzeptionelle Arbeiten	B1. Quantitativ-empirische Arbeiten	B2. Qualitativ-empirische Arbeiten
1. Definitionen	*Pühl, Wilker,* Kilburg 1996c		
2. Angebot, Nachfrage			
a. Anbieter: Methoden etc.	*Rauen*	Judge & Cowell, Gale et al.	Wilkins, Kleinberg, *Roth et al.*
b. Nachfrager: Bedarf etc.	*Digenti, Looss*	Garman et al., *Kiel et al.,* Witherspoon & White, *Böning, Vogelauer,* Collins	*Fuchs, Sobanski*
c. Anbieter & Nachfrager		*Stahl & Marlinghaus*	*Gessner*
3. Evaluation durch			
a. Coaches, Personaler, Coachees			Hall, Otazo, Hollenbeck
b. nur durch Coachees		McGovern	
c. Forscher		Gegner, Ballinger, Kampa-Kokesch	
4. Wirkungsweise & -mechanismen			
a. Test spezifischer Theorien		Foster& Lendl	
b. Theoriebildung (mit Fallstudien)			Laske, Orenstein, *Kilburg (2000 und 2001)*

Abb. 14: Übersicht über die identifizierten Forschungsarbeiten zu Coaching[133]

2.4.4   Forschungsarbeiten zu Angebot und Nachfrage von Coaching

Die konzeptionellen Arbeiten zum Angebot von und der Nachfrage nach Coaching ver-
gleichen die publizierten Coaching-Konzepte deutscher Coaches (Rauen) oder reflektieren

---

[132] Vgl. Geßner 2000; Pühl 2000b; Wilker 1999 [1995]; Wilkins 2000a; Kilburg 1996c. Neben den genannten
Artikeln, die sich diesen Themen dediziert zuwenden, werden Aspekte der Entstehung von Coaching und
der Coaching-Definition natürlich in den meisten Arbeiten erwähnt.

[133] Aus Platzgründen ist in der Tabelle nur der Name angegeben. Bei deutschsprachigen Publikationen ist der
Name kursiv gedruckt, die übrigen Publikationen sind englischsprachig. Vgl. Ballinger 2000; Böning
1989; Böning 2000; Foster und Lendl 1996; Fuchs 2001b; Gale et al. 2002; Garman, Whiston und Zlatoper 2000; Gegner 2000; Geßner 1997; Hall, Otazo und Hollenbeck 1999; Judge und Cowell 1997;
Kampa-Kokesch 2001; Kilburg 1996c; Kilburg 2000; Kilburg 2001; Kleinberg 2001; Laske 1999a; Laske
1999b; McGovern et al. 2001; Orenstein 2000; Pühl 2000b; Roth, Brüning und Edler 1999 [1995];
Sobanski 2001; Stahl und Marlinghaus 2000; Vogelauer 2000c; Wilker 1999 [1995]; Wilkins 2000a.
Kampa-Kokesch und Anderson 2001 haben die nur sieben Forschungsarbeiten identifiziert (die hier genannten Foster und Lendl 1996; Gegner 1997; Hall, Otazo und Hollenbeck 1999; Judge und Cowell 1997;
Laske 1999a sowie eine weitere, die nicht in den Bereich dieser Arbeit fällt: Olivero, Bane und Kopelman
1997) und damit auch im englischsprachigen Bereich interessante Arbeiten übersehen: insbesondere
Wilkins 2000a; Orenstein 2000 oder aber als Praktikerliteratur eingestuft (nämlich Kilburg 2000; Kiel et
al. 1996 und Witherspoon und White 1996a).

die Bedingungen des Lernens von Führungskräften und die daraus abgeleiteten Nachfrage-bedingungen für Coaching (Digenti, Looss).[134]

Neben rein konzeptionellen Arbeiten gibt es empirische Studien zu Angebot und Nachfra-ge von Coaching. Eine quantitativ-empirische Arbeit zu den Anbietern von Coaching wur-de von Judge und Cowell in den USA durchgeführt. Für 60 Coaches, die ihre standardisierten Fragebogen zurücksandten, ermittelten sie deren demographischen Hinter-grund, und Angaben zu ihren professionellen Praktiken. Ausgewählte Ergebnisse wurden bereits im Kapitel 2 berichtet. [135]

Die bisher umfassendste quantitativ-empirische Untersuchung hinsichtlich der Teilneh-merzahl, deren geographischer Verteilung und der Themenbreite haben Gale et al. vorge-legt.[136] Sie versandten mit Hilfe eines internet-basierten Survey-Programms Fragebögen an die etwa 5.500 Mitglieder der International Coach Federation (ICF), der Professional Coa-ches and Mentors Association (PCMA) und des Executive Coaching Forums (TECF) so-wie an einige diesen Organisationen nicht angeschlossene Coaches. Durch eine Literatur-übersicht waren sieben Themen identifiziert worden, zu denen insgesamt 119 Items abgefragt wurden. Die Abfrage erfolgte mit Häufigkeitsskalen, Multiple-Choice-Optionen und offenen Fragen. Drei Pilotstudien zur inhaltlichen und technischen Optimierung des Fragenbogen (-Tools) waren der eigentlich Befragung vorgeschaltet. Die Auswertung der 1338 verwendbaren Antworten erfolgte sowohl als simple Aggregierung der Antworten zu den einzelnen Items als auch mit Hilfe von Korrelationsanalysen um Zusammenhänge zwi-schen den verschiedenen Items zu bestimmen. Die sieben Themenfelder waren 1. der pro-fessionelle Hintergrund der Coaches, 2. die Klienten-Akquise, 3. der Ausgangspunkt von Coachings inklusive der Coaching-Anlässe und eingesetzten Assessment-Verfahren, 4. die Coaching-Praktiken inklusive Coaching-Dauer, Coaching-Gebühren und Klienten-Profile, 5. Evaluationspraktiken, 6. ethische Fragen und 7. der soziodemographische Hintergrund der Coaches. Ausgewählte Ergebnisse der Studie wurden bereits in Kapitel 2 berichtet.

---

[134] Vgl. Rauen 1999; Digenti 2001; Looss 1997.
[135] Vgl. Judge und Cowell 1997.
[136] Vgl. Gale et al. 2002.

Kleinberg und Wilkins haben qualitativ-empirische Arbeiten zu den Anbietern von Coaching in den USA vorgelegt. Kleinberg hat dreizehn Coaches interviewt und diese halbstrukturierten Interviews qualitativ ausgewertet, um Muster hinsichtlich der eingesetzten Techniken und der Beschreibung der Coaching-Situation, des Klienten und der Ergebnisse von Coaching zu identifizieren. Wilkins hat Interviews mit 22 Coaches geführt und daraus im Sinne des „Grounded Theory"-Ansatzes ein Modell zum Coaching-Prozess und zu den eingesetzten Coaching-Techniken und Strategien entwickelt.[137]

Roth, Brüning und Edler berichten von einer Untersuchung, bei der Brüning 18 erfahrene Coaches mittels einstündiger fokussierter Interviews befragte.[138] Thematisiert wurden persönliche Eigenschaften und der berufliche Werdegang der Coaches, der Coaching-Begriff, die Anlässe von Coaching und der Coaching-Prozess. Das ursprüngliche Ziel der Studie, das Charakteristische an Coaching zu extrahieren, wurde nicht erreicht, stattdessen wurde die Erkenntnis gewonnen, dass für Coaching nichts typisch sei – abgesehen davon, dass es generell „mit der Veränderung kognitiver Prozesse assoziiert" werde.[139] Als Fokus künftiger Studien wird die „Modellbildung für Coaching" gefordert, auf deren Basis „Evaluationsstudien das Wissen über Wirkungsweise und Wirkfaktoren erweitern" sollen.[140]

Die quantitativ empirischen Arbeiten zur Nachfrage nach Coaching basieren auf sehr unterschiedlichen Zugängen zum Thema. Garman, Whiston und Zlatoper analysierten 72 Artikel aus Fach- oder Publikumszeitschriften zwischen 1991 und 1998 und stellten fest, dass 88% der Artikel Coaching positiv einschätzen, aber nur weniger als ein Drittel der Artikel die Notwendigkeit eines psychologischen Trainings von Coaches erwähnte.[141] Auf der Basis publizierter Umfrageergebnisse bzw. einer Metaanalyse psychologischer Arbeiten zu Executive Coaching gingen Kiel et al. sowie Witherspoon und White der Frage nach, ob Führungskräfte, die Coaching in Anspruch nehmen, dies eher aufgrund akuter Probleme oder aufgrund des Wunsches nach persönlicher Weiterentwicklung tun. Danach liegt der

---

[137] Vgl. Kleinberg 2001; Wilkins 2000a. Auf ihre Ergebnisse wurde in der Schilderung der Coaching-Praxis zurückgegriffen.

[138] Vgl. Roth, Brüning und Edler 1999 [1995] mit Verweis auf Brüning 1994. Die Auswertung der Interviews erfolgte mittels der Inhaltsanalyse nach Mayring (vgl. Hopf 1991 und die Neuauflage Mayring 2000).

[139] Roth, Brüning und Edler 1999 [1995], 215, im Original zum Teil kursiv.

[140] Roth, Brüning und Edler 1999 [1995], 221.

[141] Vgl. Garman, Whiston und Zlatoper 2000.

Wunsch nach persönlicher Weiterentwicklung deutlich häufiger vor. Zum entgegengesetzten Ergebnis kam Koonce zwei Jahre zuvor.[142]

Drei Umfragen von Coaching-Praktikern haben ebenfalls die Umfang der Nutzung sowie die Anlässe, Ziele, Formen und die Bewertung von Coaching, allerdings mit teils gravierenden methodologischen Mängeln untersucht. Böning befragte 1989 und 1998 telefonisch jeweils etwa 70 Personaler der erfolgreichsten deutschen Unternehmen aus acht unterschiedlichen Branchen. Vogelauer hat in einer Stichprobe von 100 Teilnehmern Personaler und einen nicht spezifizierten Anteil von Managern in Deutschland, Österreich und der Schweiz vermutlich schriftlich befragt bzw. befragen lassen. Zur Vorgehen bei der Auswahl der Befragten macht Vogelauer keine Angaben, zur Rücklaufquote nur ungenaue. Collins hat in Großbritannien eine nicht genannte Zahl von Personalern und Linienmanagern in acht Industrien interviewt. Die Ergebnisse der Umfragen zeigen u.a. eine zunehmende Nutzung von Coaching im Vergleich von 1989 zu 1998 und eine hohe Nutzenseinschätzung bei Managern mit und ohne Coaching-Erfahrung. Die von Böning befragten Unternehmen setzen zu 74% externe und zu 56% (auch) interne Coaches ein, während die von Collins befragten Unternehmen grundsätzlich nur externe oder interne Coaches einsetzten. Zusätzlich zu den „üblichen" Daten stellte Collins in den beteiligten Unternehmen einerseits die Institutionalisierung von Coaching durch die Einrichtung von Coach-Pools und ein Interesse an Varianten wie Coaching per Telefon oder Email fest. Andererseits wurden trotz dieser formalisierten Strukturen Coaches häufig auf persönliche Empfehlung oder nach gelungenen Konferenzauftritten ausgewählt.[143]

Qualitativ-empirische Ansätze haben Fuchs und Sobanski verwandt, um den potentiellen Nutzen von Coaching in speziellen Kontexten abzuschätzen. Fuchs ergänzt eine weitgehend konzeptionelle Arbeit zur Frage, ob Coaching sinnvoll in M&A-Prozessen eingesetzt werden kann, durch sechzehn Interviews und eine Fallstudie und kommt zu dem Schluss, dass Coaching gut geeignet ist, einzelne Manager in einem Fusionsprozess zu unterstützen. Sobanski hat durch Interviews mit 70 international tätige Managern an ihren jeweiligen Einsatzorten festgestellt, dass eine langfristige Karrierebegleitung in Form eines internati-

---

[142] Vgl. Witherspoon und White 1996b; Kiel et al. 1996; Koonce 1994.
[143] Vgl. Böning 1989; Böning 2000; Vogelauer 2000c; Collins 2001.

onalen Coachings eine geeignete Antwort auf die spezifischen Betreuungsbedürfnisse dieser Zielgruppe ist.[144]

Die Angebots- und die Nachfrageseite von Coaching in Deutschland nehmen Stahl und Marlinghaus mit quantitativ-empirischen Methoden in den Blick. Sie analysierten ebenfalls auf der Basis von Fragebögen, die sie von 46 Coaches und 21 Personalern zurückerhalten hatten, Anlässe, Nutzungsmuster, Vorgehensweisen und Bewertung von Coaching sowie soziodemographische Daten von und Qualifikationsanforderungen an Coaches. Ausgewählte Ergebnisse wurden bereits im Kapitel 2 berichtet. Die Erfolgsquote schätzten Personaler und Coaches mit 71% bzw. 77% ähnlich hoch ein.[145]

Konzeptionell und qualitativ-empirisch durchdringt Geßner die Angebots- und Nachfragesituation von Coaching. Auf Basis eines Rational-Choice-Ansatzes hat er ein soziologisches Modell vorgelegt. Auf einer „Makroebene" modelliert er die Entstehung und Ausbreitung von Coaching, auf einer „Mesoebene" den Einsatz von Coaching als Instrument in der Personalentwicklung und auf seiner „Mikroebene" den Coaching-Prozess und die Coaching-Beziehung. Auf Coaching-Inhalte oder Veränderungsprozesse bei einzelnen Klienten kann er nach eigener Einschätzung nicht eingehen, denn „aufgrund der Sensibilität des Themas bestehen kaum Möglichkeiten des empirischen Zugangs zu ihnen".[146] Anhand einer Fallstudie sowie aggregierter Daten über erfolgte Coachings prüft er einige seiner Hypothesen auch empirisch.

Die Angebots- und Nachfrageseite von Coaching ist von allen Forschungsebenen der am besten erforschte Bereich. Allerdings ist es auch der Bereich mit den häufigsten und gravierendsten methodischen Mängeln und z.T. widersprüchlichen Ergebnissen. Es sind sowohl quantitative wie qualitative Daten zusammengetragen worden. Die Untersuchungen gehen in der Regel jedoch nicht über eine reine Deskription hinaus. Lediglich Geßner hat ein fundiertes Modell mit Erklärungsanspruch vorgelegt. Dieses reicht von der Entstehung von Coaching bis zur Coaching-Situation, macht aber vor dem eigentlichen Geschehen im Coaching Halt, da er, anders als diese Arbeit dafür nicht über empirisches Material verfügt.

---

[144] Vgl. Fuchs 2001b; Sobanski 2001.
[145] Vgl. Stahl und Marlinghaus 2000.
[146] Geßner 2000, 22.

2.4.5   Forschungsarbeiten zur Evaluation von Coaching

Die Evaluation von Coaching ist seltener der Untersuchungsgegenstand, da viele Forscher keinen Zugang zu Coaching-Klienten erhalten. Hall, Otazo und Hollenbeck analysieren allerdings neben Interviews mit 15 Coaches auch Interviews mit 75 Coaching-Klienten aus sechs „Fortune 100"-Unternehmen.[147] Die Mehrzahl war mit ihrem Coaching „sehr zufrieden".[148] Hall, Otazo und Hollenbeck identifizieren die häufigsten Coaching-Themen und klassifizieren die erzielten Ergebnisse in einem Vier-Felder-Schema. Anhand der Achse Zeithorizont (kurzfristige vs. langfristige Veränderung) und der Achse Lernfokus (Aufgabe vs. Persönlichkeit) erhalten sie die Kategorien Leistungsfähigkeit, Anpassungsfähigkeit, Einstellungswandel und Identitätswandel (siehe Abb. 15).

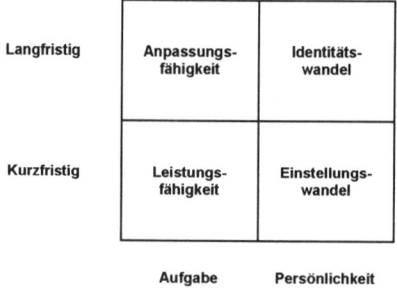

Abb. 15: Erzielte Ergebnisse von Coaching-Klienten nach Hall, Otazo und Hollenbeck[149]

Als Erfolgsfaktoren aus Sicht des Klienten nennen sie ehrliches Feedback, gutes Zuhören, klare Ziele sowie Zugänglichkeit und Verfügbarkeit des Coaches und aus Sicht des Coaches eine persönliche Verbindung mit dem Klienten, Verständnis dafür, wo der Klient

---

[147] Die Methodologie, wie sie die Interviewergebnisse verwerten, legen sie nicht offen. Offenbar handelt es sich aber überwiegend um ein qualitativ-empirisches Vorgehen.
[148] Dies entsprach dem Wert 4 auf einer 5er-Skala (vgl. Hall, Otazo und Hollenbeck 1999, 48).
[149] Hall, Otazo und Hollenbeck 1999, 49 (modifizierte Darstellung).

steht, gutes Zuhören, gemeinsames Nachdenken, Empathie, Nachhalten von Plänen, Vorleben einer „Trial & error"-Haltung.[150]

Hinsichtlich der Evaluierung von Coaching verfolgen McGovern et al. einen besonders interessanten quantitativ-empirischen Ansatz. Sie baten ehemalige Coaching-Klienten den
Effekt von Coaching für das Ergebnis ihres Unternehmens abschätzen. Daraus berechnen
sie den ROI von Coaching. Für die von ihnen untersuchte Gruppe von 100 Führungskräften an der Ostküste der USA lag der bezifferte Wert des Coachings durchschnittlich bei
nahezu US-$100.000 und damit bei 570% der Investition in das Coaching.[151]

Die bisher genannten quantitativ-empirischen Arbeiten referieren im wesentlichen Umfrageergebnisse. Gegner, Ballinger und Kampa-Kokesch gehen darüber hinaus, indem sie
entweder selbst die Evaluation vornehmen oder aber die Evaluation der Coaching-Klienten
evaluieren. Gegner prüft durch Korrelationsanalysen in welchem Ausmaß einzelne Coaching Elemente oder eine Kombination von ihnen zu Verhaltensänderungen beitragen.
Ausgangsdaten ihrer Studie sind die Ergebnisse von 48 Fragebögen, die sie von Coaching-
Klienten zurückerhielt sowie Interviews mit 25 dieser Coaching-Klienten.[152] Den Fragebogen konstruierte sie auf Basis einer Literaturübersicht zu den folgenden Elementen des Coaching-Prozesses: Zielsetzung (goals), Feedback (feedback), Selbstwirksamkeit (self-
efficacy), Belohnungen (rewards), Kommunikationsstil (communication style), Interaktionsstil (interpersonal style), Verantwortung (responsibility) und Aufmerksamkeit (awareness). Die einzelnen Items des Fragebogens wurden auf einer Likert-Skala bewertet. Die
Verhaltensänderungen operationalisierten sie – nicht ganz einleuchtend – mit den letzten
beiden Elementen Verantwortung und Aufmerksamkeit, die die abhängigen Variablen
wurden. Die übrigen Elemente bildeten die unabhängigen Variablen. Den stärksten Zusammenhang fand sie zwischen der Selbstwirksamkeit und den beiden abhängigen Variablen mit r=0,55 bzw. r=0,74. Die Selbstwirksamkeit wird bei der Entwicklung des
Coaching-Modelle in Kapitel 3 berücksichtigt.

---

[150] Vgl. Hall, Otazo und Hollenbeck 1999.
[151] Vgl. McGovern et al. 2001 und für die verwandte Methodologie Phillips 1997.
[152] Vgl. Gegner 1997. In den Interviews ermittelte sie auch die Erfolgsrate der Coachings: 100% der interviewten Coaches berichteten eine emotionale Verbesserung und 32% eine Leistungssteigerung

Ballinger untersuchte mittels einer telefonischen Befragung von ehemaligen Coaching-Klienten Muster in der Attribuierung von erfolgten Verhaltensänderungen. Ihre Hypothese war, dass „High Performer", die Coaching zur weiteren positiven Entwicklung erhielten, Veränderungswirkungen eher intern und „Low Performer", die Coaching zur Überwindung von Schwächen erhielten, eher extern attribuieren. Die Hypothese konnte sie nicht bestätigen: zwischen den Gruppen ließen sich keine Attribuierungsunterschiede feststellen.

Kampa-Kokesch legte eine der interessantesten Dissertationen vor. Sie untersuchte die Wirkung von Coaching auf das Führungsverhalten. An ihrer Studie waren 27 Coaches, 50 Coaching-Klienten und 62 Mitarbeiter oder Kollegen der Klienten beteiligt. Sowohl die Klienten wie auch ihre Kollegen bzw. Mitarbeiter füllten einen von Bass und Aviolo entwickelten Fragebogen zum Führungsverhalten aus. Kampa-Kokesch konnte hinsichtlich des so gemessenen Führungsverhaltens statistisch signifikante Unterschiede zwischen Klienten, die gerade erst ein Coaching begonnen hatten bzw. es in Kürze beginnen würden und Klienten, die bereits länger gecoacht wurden bzw. ihr Coaching bereits abgeschlossen hatten, feststellen. Auch für die Selbstwahrnehmung der Klienten hinsichtlich ihrer Führungsfähigkeit wurden statistisch signifikante Unterschiede zwischen den beiden Gruppen festgestellt.[153]

Zur Evaluation von Coaching sind somit einige interessante Arbeiten vorgelegt worden. Detaillierte Untersuchungen, wie gut welche Elemente im Coaching-Prozess zu welcher Fragestellung und bei welcher Art von Klient wirken, gibt es jedoch kaum. Zwar nennen Hall, Otazo und Hollenbeck oder auch Kilburg Erfolgsfaktoren aus Sicht von Coaches und aus Sicht von Klienten. Sie sind aber nur „informed guesses". Daher erscheint der Versuch von Ballinger folgerichtig, zumindest die Güte der „informed guesses" genauer zu bestimmen. Ihre Hypothese hierzu ließ sich aber wie berichtet empirisch nicht bestätigen. Der Versuch, die Wirksamkeit einzelner Elemente des Coaching-Prozesses empirisch genauer zu fassen, wurde von Gegner und Kampa-Kokesch unternommen. Hinsichtlich der untersuchten abhängigen Variablen wie auch der eingesetzten Methoden sind hier viele weitere Studien vorstellbar. Außerdem wäre es wünschenswert die bisher ausschließlich in den

---

[153] Vgl. Kampa-Kokesch 2001 und für den „Multifactor Leadership Questionnaire (MLQ)" von Bass und Aviolo, vgl. Bass und Avolio 1995.

USA vorgelegten Studien in anderen Kulturräumen zu replizieren bzw. dort vergleichbare Studien durchzuführen.

2.4.6   Forschungsarbeiten zur Wirkungsweise von Coaching

Zur vierten Ebene, der Wirkungsweise und den Wirkungsmechanismen von Coaching, liegen eine quantitativ-empirische Arbeit zur Überprüfung einer spezifischen Hypothese und theoriebildende qualitativ-empirische Arbeiten vor.

Foster und Lendl untersuchten quantitativ-empirisch die Wirkung einer speziellen Coaching-Technik, nämlich des auch in der Psychotherapie verwandten „Eye movement desensitization and reprocessing" (EMDR). Prä- und Post-Tests zu physischen, emotionalen und Verhaltenssymptomen zeigten die Wirksamkeit der Methode bei den vier Untersuchungsteilnehmern.[154]

Neben dieser auf eine sehr spezielle Methode ausgerichteten Studie gibt es Arbeiten, die in der Regel mehrere Fallstudien nutzen, um eine Theorie oder ein Modell für einen spezifischen Aspekt des Wirkungsmechanismus von Coaching oder für eine übergreifende Coaching-Theorie zu entwickeln.[155] Laske entwirft auf der Basis der Theorie zu den „Entwicklungsstufen   des   Selbst"   von   Kegan   ein   konstruktivistisch-entwicklungspsychologisches Coaching-Modell, das die lebenslange Entwicklungsperspektive der Führungskraft in den Mittelpunkt stellt. Laske unterscheidet anhand der Ziele Aufmerksamkeit sich selbst und anderen gegenüber (self- and other awareness), Rollenintegration (role integration) und integrierter Führung (integrated leadership) drei Bereiche, in denen jeweils vier unterschiedliche Themen behandelt werden können. Sie bilden zusammen den „mentalen Raum des Coachings". Mit der langfristigen Entwicklungsperspektive des Klienten gewinnt Laske ferner einen Referenzpunkt zur Beurteilung der kurzfristig erwünschten Veränderung und kann kritisch fragen: „Handelt es sich wirklich um eine [positive] *Entwicklung*?" Damit ist die genaue Einschätzung der momentanen

---

[154] Vgl. Ballinger 2000; Foster und Lendl 1996.
[155] Vgl. Kilburg 2000; Kilburg 2001; Laske 1999a; Laske 1999b; Orenstein 2000.

Entwicklungsstufe des Klient entscheidend für die Wahl der richtigen Coaching-Strategie.[156]

Laskes Fallstudien basieren auf je zwei mehrstündigen Interviews mit sechs Coaching-Klienten sowie zusätzlichen Informationen zu den Klienten, die ihre Coaches zur Verfügung stellten. Laske wollte mit seiner Arbeit klären, ob eine Veränderung der professionellen Ziele von Coaching-Klienten durch Coaching auf einem Verhaltenslernen oder auf einer wesensmäßigen persönlichen Entwicklung („ontic development") beruhen. Diese Frage konnte er aufgrund des empirischen Materials nach eigener Aussage zwar nicht beantworten. Er stellte aber fest, dass eine wesensmäßige Entwicklung möglich ist und diese von einer hinreichenden wesensmäßigen Entwicklung des Coaches abhängt.[157] Insofern sah er sein Modell dennoch als bestätigt an, wenn gleich er einräumt, dass eine umfassende empirische Validierung noch aussteht. [158]

Orenstein entwickelt ein Modell des Coaching-Prozesses, das in Anlehnung an Levinson und Alderfer psychodynamisches Gedankengut auf Organisationen anwendet. Dabei baut sie auf vier Prämissen auf: 1. der Rolle des Unbewussten für individuelles und Gruppen-verhalten, 2. der Bedeutung nicht nur des Klienten sondern auch seiner Organisation und der Interaktion zwischen beiden für das Coaching, 3. den gegenseitigen Einflüssen zwischen intra-psychischen, interpersonellen, Gruppen- und Intergruppen- sowie Organisationskräften und individuellem Handeln sowie 4. der Verwendung des „Selbst" als wichtigstes Werkzeug im Coaching-Prozess. Das Modell selbst besteht aus acht Stufen von 1. „Erstkontakt" bis 8. „Beendigung des Coachings", wobei die Geschehnisse auf jeder Stufe psychodynamisch gedeutet und diagnostisch verwendet werden.[159] Aus acht von ihr durchgeführten Coachings stellt Orenstein dann Sequenzen zu den acht Stufen des Coaching-Prozesses dar.[160]

---

[156] Laske 1999b, 141; Hervorh. i. Orig. und vgl. Laske 1999b, 139; Kegan 1982; Kegan 1994.
[157] Vgl. Laske 1999a.
[158] Vgl. Laske 1999b, 157.
[159] Vgl. Orenstein 2000, 14; Daniel P. Levinson 1959 und Alderfer 1986 für die „embedded intergroup relations theory" ihres Doktorvaters Alderfer. Die einzelnen Stufen sind im Kapitel zur Coaching-Praxis bereits berichtet worden.
[160] Das ursprünglich von ihr geplante Forschungsdesign mit nur vier Fällen und jeweils zehn Feedbacks für jeden Klienten aus seinem Arbeitsumfeld ließ sich nicht realisieren. Trotz einer gegebenen Zusage hierfür, lehnte die Unternehmensleitung dies dann doch mit Blick auf die Publikation der Dissertation aus Vertraulichkeitsgründen ab.

Kilburg bietet das umfassendste aber auch komplexeste theoretische Modell. Er stellt einen konzeptionellen Rahmen auf, der die Systemtheorie, die Komplexitätstheorie und die psychodynamische Theorie auf Führungs- und Organisationsthemen anwendet. In seiner Coaching-Praxis zielt er auf die Steigerung einer reflektierten Selbst-Aufmerksamkeit („reflective self-awareness") im Sinne von Argyris und auf die Steigerung der Selbstwirksamkeit („self-efficacy") in Sinne von Bandura ab. Den Durchbruch selbst von einem hohen Grad an „self-awareness" zu tatsächlich verändertem Handeln wird mitunter aber erst durch das Aufdecken unbewusster Muster erreicht. In der Sprache der Chaostheorie verweist er auch auf Attraktoren und Repulsoren bzw. Teufelskreise des Verhaltens, die zu durchbrechen sind. Die einzelnen Elemente seines Modells illustriert Kilburg mit Fallstudien erfolgreicher und nicht erfolgreich verlaufener Coachings.[161] In einer separaten Publikation entwickelt er ein Modell zur Sicherstellung der Realisierung von beabsichtigten Veränderungen („intervention adherence") unter Verwendung von Fallstudien.[162]

Die Wirkungsweise von Coaching ist bisher kaum erforscht. Eine vorliegende quantitativ-empirische Arbeit behandelt ein eher exotisches Verfahren mit einer für quantitative Studien deutlich zu kleinen Teilnehmerzahl. Die drei umfangreichen, theoriebildenden qualitativen Studien bieten ein großes Anregungspotential zur Hypothesenbildung über die Wirkungsweise von Coaching. Als Forschungsarbeiten weisen sie jedoch drei Schwächen auf. Erstens zeichnen sich die vorgelegten Modelle durch umfangreiche, empirisch nicht einholbare, substantielle Prämissen psychodynamischer Provenienz (Orenstein, Kilburg) bzw. zu den „Entwicklungsstufen des Selbst" (Laske) aus. Zweitens ist eine empirische Überprüfung der Theorien entweder fehlgeschlagen (Laske) oder nur rein illustrativ vorgenommen worden (Orenstein, Kilburg). Drittens bleibt die unmittelbare Veränderung, die Coaching bewirken soll und der Mechanismus, der diese unmittelbare Veränderung mit späterem Handeln verbindet, ungenannt oder wenig expliziert. Der in vielen Praktikerberichten und Forschungsarbeiten zu findende Hinweis, dass Coaching mit der „Veränderung

---

[161] Vgl. Kilburg 2000, 19, 55f., 92 sowie Argyris 1993; Bandura 1977; Bandura 1982. Die Metaphern aus der Chaostheorie verwendet übrigens auch Grawe in seiner „Psychologischen Therapie" (vgl. Grawe 1998, 456ff.). Die von Kilburg berichteten Faktoren für ein Scheitern eines Coachings wurden bereits in den Abschnitten 2.3.2.3 und 2.3.2.4 genannt.
[162] Vgl. Kilburg 2001.

kognitiver Prozesse assoziiert" sei, wird im Sinne einer Modellbildung nicht aufgegriffen.[163] Ebenso wenig werden alternative Modelle vorgeschlagen.

2.4.7 Fazit zur Coaching-Forschung und theoretische Forschungsfrage

Ich ziehe im Folgenden zunächst ein formal-methodologisches Fazit aus dem erfolgten Überblick über die deutsche und englische Forschungsliteratur zu Coaching. Dabei gehe ich insbesondere auf die Unterschiede zwischen deutschen und englischen Arbeiten hinsichtlich der verwendeten Methoden und der verfolgten Erkenntnisinteressen ein. Im Anschluss bewerte ich den Stand der Coaching-Forschung inhaltlich.

Die deutsch- und die englischsprachige Forschungsliteratur zu Coaching ist immer noch sehr überschaubar. Insgesamt wurden 30 Forschungsarbeiten identifiziert, davon elf (37%) deutsch- und 19 (63%) englischsprachig. Schon aufgrund dieser Sachlage lässt sich festhalten, dass die Forschung zu Coaching noch am Anfang steht.

Bei den deutschen Arbeiten dominieren Studien zu Angebot und Nachfrage von Coaching (2. Ebene: 82%), knapp ein Viertel aller Arbeiten thematisiert die Rahmenbedingungen von Coaching (1. Ebene: 18%). Zur Evaluation und Wirkungsweise von Coaching (3. und 4. Ebene) konnten keine deutschsprachigen Arbeiten identifiziert werden. Methodisch machen konzeptionelle Arbeiten und qualitativ-empirische Arbeiten mit 36% jeweils gut ein Drittel aller deutschen Arbeiten aus. Quantitativ-empirische Arbeiten waren mit 27% vertreten.

Bei den englischen Arbeiten liegen die relativ meisten Arbeit zu Angebot und Nachfrage von Coaching (2. Ebene) vor. Diese machen mit 47% aber nur knapp die Hälfte aller Arbeiten aus. Ein gutes Viertel der englischen Arbeiten beschäftigt sich mit der Evaluation

---

[163] Roth, Brüning und Edler 1999 [1995], 215. Sie fassen so den gemeinsamen Nenner der von ihnen befragten Coaches zusammen. Schreyögg weist darauf hin, dass im Coaching neben den Handlungsmustern eine Veränderung der „Deutungsmuster" der Klienten erforderlich sei (vgl. Schreyögg 1999, 172). Laske verweist zur Beschreibung der Coaching-Wirkung auf Lewins Diktum „Die kognitiven Strukturen der Person müssen verändert werden" (Laske 1999b, 153). In diesem Sinne fordern Roth, Brüning und Edler

(3. Ebene: 26%) und ein gutes Fünftel mit der Wirkungsweise von Coaching (4. Ebene: 21%). Die übrigen Arbeiten thematisieren die Rahmenbedingungen von Coaching (1. Ebene: 5%). Die Mehrzahl (58%) der englischsprachigen Arbeiten verwendet eine quantitativ-empirische Methodik, ein Drittel (32%) eine qualitativ-empirische Methodik. Nur 10% der englischsprachigen Arbeiten sind rein konzeptionell angelegt.

Der Vergleich der in deutsch- und englischsprachigen Arbeiten verwandten Methoden zeigt, dass der Anteil empirischer Arbeiten bei den englischsprachigen mit 90% deutlich höher ist als bei den deutsch-sprachigen mit 63%. Dies entspricht den charakteristischen Unterschieden deutscher und englischer Arbeiten. Bronner, Appel und Wulf haben in einem Vergleich der amerikanischen und deutschen Organisationsforschung ermittelt, dass nur knapp die Hälfte der deutschen Dissertation empirische Methoden verwenden, aber drei Viertel der amerikanischen.[164] Ferner stellten sie fest, dass deutsche Dissertationen überwiegend nur eine Beschreibung und Klassifizierung der untersuchten Phänomene anstreben, amerikanische aber eine Erklärung. Auch diesen Befund bestätigt meine Analyse der Forschungsliteratur. Er spiegelt sich in der Besetzung der Ebenen von Forschungsfragen wider: die Arbeiten auf der 1. und 2. Ebene verfolgen mit der Ausnahme von Geßner ein beschreibendes und klassifizierendes Erkenntnisziel, die Arbeiten auf der 3. und 4. Ebene ein erklärendes. 91% der deutschen Arbeiten verfolgen damit ein deskriptives bzw. klassifizierendes Erkenntnisziel. Die amerikanischen Arbeiten verteilen sich dagegen etwa hälftig auf die 1./2. Ebene und die 3./4. Ebene (1./2. Ebene: 53%, 3./4. Ebene: 47%) bzw. auf die Erkenntnisziele Beschreibung/Klassifikation versus Erklärung.

Ausschließlich mit den Rahmenbedingungen und definitorischen Abgrenzungen beschäftigen sich 13% der identifizierten Forschungsarbeiten. Der Schwerpunkt der Coaching-Forschung liegt bei der Untersuchung von Angebot und Nachfrage im Coaching-Markt mit insgesamt 57% aller vorliegenden Arbeiten. Auf der dritten Ebene der Evaluationsstudien sind 17% aller vorliegenden Forschungsarbeiten angesiedelt. Zur Frage, wie die Auswirkungen von Coaching genau zu Stande kommen, also der 4. Ebene der Wirkungsmecha-

---

eine Modellbildung für Coaching, auf deren Basis Evaluationsstudien über Wirkungsweise und Wirkfaktoren möglich wären (vgl. Roth, Brüning und Edler 1999 [1995], 221).
[164] Vgl. Bronner, Appel und Wulf 1998.

nismen liegen abgesehen von den definitorischen Arbeiten die wenigsten Forschungsarbeiten vor (13%).

Die insgesamt geringe Zahl der Forschungsarbeiten zu Coaching macht weitere Forschung grundsätzlich in allen Ebenen, die über definitorische Fragen hinausgehen, wünschenswert. Da zur 2. Ebene (Angebot und Nachfrage) bereits eine Reihe von Arbeiten vorliegt und mit der Studie von Gale et al. nun auch eine umfangreiche methodologischen Anforderungen genügende Arbeit erstellt wurde, die Coaching weltweit erfasst, erscheint diese Ebene für weitere Forschung nicht prioritär.

Als vordringliche Forschungsdesiderate können daher auf der Basis der Forschungslage die Ebene 3 (Evaluation) und in noch stärkerem Maße die Ebene 4 (Wirkmechanismen) identifiziert werden. Während für Ebene 3 immerhin einige Arbeiten existieren, die theoretischen, empirischen und dem Anspruch der Praxisrelevanz genügen, erfüllt auf der Ebene 4 keine Arbeit alle diese Ansprüche. Die vorliegende Arbeit leistet einen Beitrag zur Überwindung dieses Mangels. Sie setzt auf der 4. Ebene zu Wirkungsmechanismen von Coaching mit ihrer theoretischen Forschungsfrage an: *Wie kann die Wirkung von Coaching modelliert werden?*

3 Entwicklung einer Coaching-Theorie

3.1 Anforderungen und Entwicklungsplan

Das theoretische Anliegen dieser Arbeit ist die Entwicklung einer Coaching-Theorie, die die Veränderungswirkung von Coaching erklärt. Für die postulierte Wirkung von Coaching auf das Handeln ist ein Transmissionsmechanismus erforderlich, der eine Übertragung von der Coaching-Situation in die Praxis des Handelns ermöglicht. In Übereinstimmung mit einem Großteil der hierzu in der Praktiker- und Forschungsliteratur formulierten Hypothesen gehe ich davon aus, dass die kognitiven Muster der Coaching-Klienten diesen Transmissionsriemen darstellen.[165] Damit muss ein Coaching-Modell dreierlei leisten (siehe Abb. 16): es muss erstens differenzierte Aussagen über die kognitiven, handlungsrelevan- _1._ ten Muster von Menschen machen. Es muss zweitens die Zusammenhänge zwischen den _2._ kognitiven Mustern eines Klienten und seinem Handeln abbilden und drittens die Einwir- _3._ kungen von Coaching auf diese kognitiven Muster darstellen.

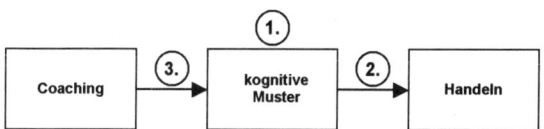

Abb. 16: Grundmodell der Coaching-Wirkung

Um ein Modell zu entwickeln, das diesen Anforderungen entspricht, wird zunächst auf bestehende Theorien zurückgegriffen. Da keine bestehende Theorie die Vorgänge im Coaching-Prozess bislang zufriedenstellend modelliert, werden Theoriebausteine neu kombiniert und um weitere Elemente ergänzt. Dadurch trägt das Modell idealerweise sowohl zur theoriegeleiteten Aufklärung der Coaching-Praxis, als auch zur Weiterentwicklung bisher theorieimmanent als unbefriedigend empfundener Teile der verwandten Theoriebausteine bei.

---

[165] Vgl. Kapitel 2 und z.B. Roth, Brüning und Edler 1999 [1995]; Schreyögg 1999; Laske 1999b.

Die Prämissen des zu entwickelnden Modells und die Prämissen der dafür herangezogenen Theoriebausteine müssen mit den Prämissen von Coaching zu den wissenschaftstheoretischen Grundannahmen, dem Menschenbild und den Prämissen zu Untersuchungssituation und Untersuchungsgegenstand kompatibel sein. Die Kompatibilitätsdimensionen und ihre Ausprägungen für die Coaching-Praxis stellt Abb. 17 dar.

	Kriterien für Auswahl von Theoriebausteinen	Coaching
(A)	Wissenschaftstheoretische Kompatibilität	(Implizite) konstruktivistische Prämissen
(B)	Kompabitibilität des Menschenbilds	Handlungswillige und -fähige Individuen
(C)	Kompatibles Interaktionsverständnis Forscher-Interview-partner / Coach-Klient	„Gleichwertigkeit" von Coach und Klient
(D)	Dynamisches Verständnis des Untersuchungsgegenstandes	Veränderungswillige Klienten
(E)	Dem Praxisinteresse entsprechendes theorieimmanentes Entwicklungsinteresse	Zentrales Praxisinteresse: Besseres Verständnis der Veränderungsmechanismen

Abb. 17: Kompatibilitätsanforderungen an auszuwählenden Theoriebausteine

Ein mögliches Grundmodell für eine Coaching-Theorie ist das *Forschungsprogramm Subjektive Theorien (FST)*. Dieses untersucht kognitive Strukturen und den Zusammenhang von kognitiven Strukturen und Handeln. Es hält zudem Vorstellungen darüber bereit, wie kognitive Strukturen verändert werden können. In einer aktuellen Veröffentlichung wird auch vorgeschlagen das FST für Coaching weiterzuentwickeln.[166] Im folgenden prüfe ich daher, ob das FST den Kompatibilitätsanforderungen an eine Coaching-Theorie entspricht. Dazu verorte ich das FST zunächst im Kontext der kognitiven Wende der Psychologie und im Kontext der qualitativen Sozialforschung und verweise auf verwandte Ansätze. Im Anschluss daran stelle ich die Grundgedanken des FST vor und diskutiere wesentliche Theoriebausteine des FST, insbesondere zur Auskunftsfähigkeit und -bereitschaft über Subjektive Theorien und zur handlungsleitenden Funktion Subjektiver Theorien. Hierbei

---

[166] Vgl. Weidemann 2001, Schlusssatz; für die mögliche Anwendung in weiteren klinischen Kontexten vgl. Paetsch und Birkhan 1990, 81f.

werden Defizite in der Theoriebildung identifiziert: eine genaue Modellierung für die Handlungsleitung der Subjektiven Theorien im FST fehlt. Daher ziehe ich zur Erklärung der Handlungsleitung in der Coaching-Theorie *Modelle der Motivationspsychologie* heran. Um die Überführung von „Tun" in „Handeln" zu modellieren und damit eine bisher im FST nicht berücksichtigte Modifikationsrichtung Subjektiver Theorien abzubilden, erfolgt eine zweite Ergänzung. Hierfür wird die *Individualpsychologie* herangezogen.

3.2   Das Forschungsprogramm Subjektive Theorien

3.2.1   Einordnung des Forschungsprogramms

3.2.1.1   Kognitive Wende

Noch vor wenigen Jahrzehnten hätte die Frage nach der Wirkungsweise von Coaching in einer behavioristisch verengten Psychologie, die allein beobachtbares Verhalten zu ihrem Gegenstand erklärte, keinen Anknüpfungspunkt gefunden. Dank der „Kognitiven Wende" wurde der Blick wieder geweitet und kognitive Schemata wurden zum Forschungsgegenstand. Heute sind auch Emotionen, Motivation, Wille, Bewusstsein und unbewusste Prozesse, Selbst und Selbstwertregulation legitime Gegenstände psychologischer Theoriebildung.[167] Der Forschungsansatz der Subjektiven Theorien wird der im Anschluss an die Kognitive Wende entwickelten kognitiven Sozial- bzw. Persönlichkeitspsychologie zugerechnet.[168]

3.2.1.2   Qualitative Sozialforschung

Auf der methodischen Ebene ist das Forschungsprogramm Subjektive Theorien der qualitativen Sozialforschung in der Psychologie zuzurechnen. Diese stellt eine so grundlegende Alternative bzw. Ergänzung quantitativer Forschung dar, dass Mayring in Anspielung auf die kognitive Wende von einer „qualitativen Wende" spricht.[169]

---

[167] Vgl. Grawe 1998, 11f., George A. Miller, Galanter und Pribram 1973 [1960]. Damit schließt die psychologische Forschung damit wieder an eine Forschungstradition der Wende zum 20. Jahrhundert an, wie sie beispielsweise durch Achs Willenspsychologie repräsentiert wird (vgl. Ach 1905; Ach 1910).

[168] Vgl. Franz Weber 1991, 85; Lummer 1994, 35. Vgl. als programmatischen Aufsatz für den Bereich der Motivationspsychologie Heckhausen und Weiner 1972.

[169] Vgl. Mayring 1989.

Seit den 1970er Jahren bemüht sich diese Forschungsrichtung um Erkenntnisse zu Phäno-
menen, die sich rein quantitativ nicht abbilden lassen. Seither haben sich verschiedene Forschungstraditionen herausgebildet, zu denen die Biographieforschung, Ansätze der
Frauenforschung, die Theorie des Symbolischen Interaktionismus und der Ethnomethodo-
logie und auch das Forschungsprogramm Subjektive Theorien gehören.[170] Viele Wissenschaftler verstehen heute quantitative und qualitative Forschung nicht mehr als sich
ausschließende Gegensätze, wie dies z.T. noch zur Zeit der Etablierung qualitativer Forschungsansätze gesehen wurde. Qualitative Forschung kann unter dem Gesichtspunkt der
Methodentriangulation mit quantitativen Verfahren kombiniert werden.

Mayring fasst die Grundlagen qualitativer Forschung in fünf Postulaten zusammen (siehe
Abb. 18).[171] Diesen Postulaten folgt auch die vorliegende Arbeit. Dies drückt sich in der
Anwendung spezifischer Gütekriterien qualitativer Forschung aus, die in Abschnitt 4.1
dargestellt werden.

Postulat 1:	Gegenstand humanwissenschaftlicher Forschung sind immer Men-schen, Subjekte. Die von der Forschungsfrage betroffenen Subjekte müssen Ausgangspunkt und Ziel der Untersuchungen sein.
Postulat 2:	Am Anfang jeder Analyse muss eine genaue und umfassende Be-schreibung (Deskription) des Gegenstandsbereiches stehen.
Postulat 3:	Der Untersuchungsgegenstand der Humanwissenschaften liegt nie völlig offen, er muss immer auch durch Interpretation erschlossen werden.
Postulat 4:	Humanwissenschaftliche Gegenstände müssen immer möglichst in ihrem natürlichen, alltäglichen Umfeld untersucht werden.
Postulat 5:	Die Verallgemeinerbarkeit der Ergebnisse humanwissenschaftlicher Forschung stellt sich nicht automatisch über bestimmte Verfahren her; sie muss im Einzelfall begründet werden.

Abb. 18: Postulate qualitativer Forschung nach Mayring

---

[170] Vgl. Mayring 1999, 1ff.
[171] Vgl. Mayring 1999, 9ff. Aufbauend auf diesen fünf Postulat entwickelt Mayring „13 Säulen qualitativen Denkens", die die einzelnen Postulate stärker operationalisieren und damit die Implikationen der Postula-te für konkrete Forschung deutlich machen. Vgl. Mayring 1999, 13-26.

3.2.1.3 Verwandte Ansätze

Das Forschungsprogramm Subjektive Theorien hat die Untersuchung der Handlungsrelevanz von Kognitionen nicht erfunden. Bereits die phänomenologische Philosophie von Schütz rekurriert auf Kognitionen zur Handlungserklärung.[172]

In der Psychologie hat Kelly einen wichtigen Beitrag zur Erklärung von Handlungen durch Kognitionen geleistet. Die Grundthese seiner Psychologie der persönlichen Konstrukte von 1955 lautet, dass die Handlungen eines Menschen durch seine Erwartungshaltungen gegenüber künftigen Ereignissen bestimmt werden.[173] Um zu bestimmen, wie sich diese individuelle Sichtweise niederschlägt, entwickelte er den „Role Construct Repertory Test" oder kurz „Rep Test", der heute noch im Coaching Anwendung findet.[174] Der Initiator des Forschungsprogramms Subjektive Theorien, Norbert Groeben, sieht in Kellys Konzept der Personal Constructs einen wichtigen Impuls für seinen Entwurf einer „Psychologie des reflexiven Subjekts". Anders als Kelly akzentuieren und begründen Groeben und Kollegen noch stärker die Entscheidung für ein epistemologisches Subjektmodell gegen behavioristische Menschenbildannahmen.[175]

Weitere Forschungsansätze betrachten zu individuellen Theorien verknüpfte Kognitionen unter der Bezeichnung „Naive Verhaltenstheorien", Alltagstheorien, „everyday understanding" oder „lay theories".[176] Sie verzichten in der Regel auf einen umfassend ausgearbeiteten wissenschaftstheoretischen Bezugsrahmen und konzentrieren sich auf konkrete empirische Untersuchungsfelder. Für Groeben können sie durch eine Integration in das FST an „Präzisierung und Kohärenz" gewinnen.[177]

Parallel zum Forschungsprogramm Subjektive Theorien sind zwei verwandte Theorien entwickelt worden: die Untersuchung von „impliziten Theorien" durch Carol S. Dweck und ihre Mitarbeiter und die Theorie der Sozialen Repräsentation von Serge Moscovici.

---

[172] Vgl. Schütz 1953/54.
[173] Vgl. Kelly 1955, 46.
[174] Vgl. Kelly 1955, 219; Szodruch 1998; Szodruch 2000; Jacob 2002.
[175] Vgl. Groeben und Scheele 2000; Groeben 1986; Groeben et al. 1988.
[176] Vgl. Laucken 1974; Semin und Gergen 1990; Furnham 1988; Shavelson 1988; Hofer 1986.
[177] Groeben et al. 1988, 19. Über die genannten Felder hinaus gälte dies auch für die Metakognitionsforschung (vgl. Christmann und Groeben 1996) sowie für die Attributionstheorie und die Personal Construct Theory (vgl. Groeben und Scheele 2002).

Die Studien zu *impliziten Theorien* von Individuen beschäftigen sich mit der Frage, wie sich diese auf das Leistungsvermögen, die Beziehungen zu anderen Personen und das emotionale Wohlbefinden auswirken.[178] Trotz der offensichtlichen Nähe des Untersuchungsgegenstandes zu dem des FST ist eine gegenseitige inhaltliche Berücksichtigung oder auch nur Wahrnehmung nicht feststellbar. Dies liegt möglicherweise in der methodologischen Diskrepanz begründet, da Dweck und Kollegen im experimentellen Paradigma arbeiten.

Dies ist anders bei der *Theorie der Sozialen Repräsentationen*.[179] Diese untersucht zwar zunächst die überindividuelle Strukturierung von Wissensinhalten. Insbesondere von Cranach hat aber Fragestellungen bearbeitet, die auch für das FST relevant sind, etwa die Überlegungen zu „Individuellen Sozialen Repräsentationen".[180] Umgekehrt wurden Soziale Repräsentationen von Forschern aus dem FST-Kontext diskutiert und zur Analyse gleichthematischer Subjektiver Theorien eingesetzt.[181]

Der Vergleich mit anderen Ansätzen, die Kognitionen zur Handlungserklärung heranziehen, macht deutlich, warum ich das FST als Basismodell gewählt habe. Es zeichnet sich durch dreierlei aus: Es hat erstens eine detaillierte wissenschaftstheoretische Fundierung und zweitens eine kohärente Theoriekonzeption auf Basis des „reflexiven Subjekts". Drittens bemüht es sich, andere kompatible Ansätze mit weniger umfassenden Ansprüchen in sein Gebäude zu integrieren.

3.2.2 Grundgedanke und Definition

Der Grundgedanke des Forschungsprogramms Subjektive Theorien lautet, dass Individuen über handlungsleitende Theorien zum Funktionieren der Unternehmenswelt und ihres ei-

---

[178] Vgl. Dweck und Leggett 1988; Dweck, Chiu und Hong 1995; Ying-yi Hong et al. 1997; Anderson 1995; McConnell 2001. Auch hier wurde eine Integration mit der Attributionstheorie angestrebt, vgl. Ying yi Hong et al. 1999.

[179] Vgl. Moscovici und Duveen 1998; Cranach, Doise und Mugny 1992; Farr 1987.

[180] Vgl. Cranach 1983 zur Frage nach der bewussten Repräsentation handlungsbezogener Kognitionen und vgl. Thommen, von Cranach und Ammann 1988; Thommen, von Cranach und Ammann 1992 zur Frage der Individuellen Sozialen Repräsentationen.

[181] Vgl. Flick 1991a; Lehmann-Grube 1998a; Lehmann-Grube 1998b und die übrigen Beiträge in dem Tagungsband Witte 1998; sowie Groeben et al. 1988, 219ff. und Dann 1992a.

genen Handelns verfügen.[182] Dem liegt ein Menschenbild zugrunde, das menschliches Tätigsein (auch) als „Handeln" und nicht nur als „Verhalten" deutet, den Menschen also als potentiell autonom und nicht mechanistisch durch Umweltreize determiniert annimmt.[183] Damit knüpft das FST an Kellys Vorstellung des „man the scientist" und damit an die Vorstellung an, dass jeder Mensch, nicht nur der Wissenschaftler, einen reflexiven Umgang mit seinem Handeln und der Welt hat und sich Erklärungen zu beidem zurechtlegt, die wissenschaftlichen Theorien ähneln.[184] Die Begründer des FST, Groeben und Scheele, definieren Subjektive Theorien als „komplexe Kognitionssysteme [...], in denen sich dessen Welt- und Selbstsicht manifestiert und die eine zumindest implizite Argumentationsstruktur aufweisen".[185] Sie unterscheiden Subjektive Theorien im weiteren und engeren Sinne.

Subjektive Theorien i.w.S. sind danach

- „Kognitionen der Selbst- und Weltsicht,
- als komplexes Aggregat mit (zumindest implizierter) Argumentationsstruktur,
- das auch die zu objektiven (wissenschaftlichen) Theorien parallelen Funktionen der Erklärung, Prognose, Technologie erfüllt".[186]

Für die *Subjektiven Theorien i.e.S.* kommt hinzu,

- dass sie „im Dialog-Konsens aktualisier- und rekonstruierbar sind" und
- ihre „Akzeptierbarkeit als ‚objektive' Erkenntnis zu prüfen ist".[187]

Methodologisch entsprechen den beiden letztgenannten Kriterien die „kommunikative" und die „explanative Validierung". Die „kommunikative Validierung" prüft, ob die Subjektive Theorie nach Meinung des „Subjektiven Theoretikers", also des Coaching-Klienten, richtig rekonstruiert wurde („Rekonstruktionsadäquanz"), die „explanative Validierung", ob sich die so rekonstruierte Subjektive Theorie durch Beobachtung bzw. erfolgreiche Retrognosen oder Prognosen als handlungsleitend nachweisen lässt

---

[182] Vgl. Groeben et al. 1988; Wahl 1988b; Flick 1991b; Flick 1999, insb. 31f.

[183] Vgl. König 1995b, 11; Groeben et al. 1988, 13. Dies hat auch für betriebswirtschaftliche Fragestellungen sehr praktische Konsequenzen: vgl. Osterloh 1993, 59.

[184] Vgl. Kelly 1955; Groeben 1986, 62; Groeben und Scheele 2000, Abs. 2. Inhaltlich sehr ähnlich ist der Begriff der „privaten Logik" in Adlers Individualpsychologie (vgl. Titze 1995).

[185] Groeben und Scheele 2000, Abs. 3; vgl. Groeben 1988a.

[186] Groeben et al. 1988, 19. Kritisch zum ersten Punkt dieser Definition betont Steinke, dass das FST im Grunde nur für Handlungen, also für Kognitionen der Selbstsicht konzipiert ist (vgl. Steinke 1998).

[187] Groeben et al. 1988, 22.

(„Realitätsadäquanz"). Darauf wird genauer im Kapitel 4 zur empirischen Forschungsmethodik eingegangen.

Wie in großen Teilen der qualitativen Forschung insgesamt wird auch vom Forschungsprogramm Subjektive Theorien die Reaktanz des Untersuchungsgegenstandes auf den Forschungsprozess konstatiert. Groeben und Scheele sehen darin zudem eine zu begrüßende methodologische Konsequenz des qualitativen Paradigmas: „Die methodologische Konsequenz ist, dass die Veränderung des Gegenstandes (zum „Besseren") durch den Forschungsprozess im FST nicht als methodischer Fehler, sondern als anzustrebende Zielidee expliziert und verteidigt wird."[188]

Bei den für die Handlungsleitung relevanten Kognitionen kann es sich um komplexere Kognitionssysteme handeln. In Anlehnung an Mertons Klassifizierung wissenschaftlicher Theorien lassen sich Subjektive Theorien kurzer, mittlerer und größerer Reichweite unterscheiden.[189] Subjektive Theorien kurzer Reichweite sind zu verstehen als Antezedenzvariablen einzelner Handlungen und Ereignisse. Als solche haben sie nach der kognitiven Wende auch in der Leistungsmotivations- und Attributionsforschung Verwendung gefunden.[190] Subjektive Theorien mittlerer Reichweite können nach Scheele und Groeben nicht nur unmittelbar handlungserklärend, -rechtfertigend und -leitend sein, sondern ganze Handlungskategorien umfassen (beispielsweise in Form einer Subjektiven Unterrichtstheorie), dabei insbesondere auch Sukzedenzvariablen einschließen und sich auf die Intentionsexplikation erstrecken. Angesichts ihrer Komplexität können sie in sich Widersprüche aufweisen. Subjektive Theorien größerer Reichweite beziehen sich auf noch komplexere und abstraktere Kognitionseinheiten. Sie spielen in bisher vorgelegten Arbeiten allerdings keine Rolle. Ihr Bezug zur Handlungsleitung ist nur noch sehr schwer herzustellen, geschweige denn zu dokumentieren.

In der betriebswirtschaftlichen Forschung wurden bislang nur Untersuchungen zum Status quo der Subjektiven Theorien von Führungskräften durchgeführt. Erhoben wurden die

---

[188] Groeben und Scheele 2000, Abs. 9.
[189] Vgl. auch zum folgenden Scheele und Groeben 1988, 34ff. mit Verweis auf Merton 1948. Jeder Reichweite ordnen Scheele und Groeben spezifische Erhebungsmethoden zu, vgl. Scheele und Groeben 1988; Scheele und Groeben 1979; Scheele 1992.

Subjektiven Führungstheorien Schweizer Führungskräfte, Subjektive Theorien zum Führungsstil in der Schweiz, die Subjektiven Organisationstheorien von Führungskräften, die Subjektiven Theorien von Berufsanfängern in Banken zum Unternehmenserfolg und das Selbstverständnis von Führungskräften in Sparkassen.[191] Die Modifikation Subjektiver Theorien war bei keiner der genannten Studien Gegenstand der Untersuchung.

3.2.3 Auskunftsfähigkeit und -bereitschaft über Subjektive Theorien

Eine Coaching-Theorie, die auf die Relevanz von Kognitionen für das Handeln und die Veränderung von Handeln abzielt, muss drei Fragen beantworten: 1. Ist ein Zugang zu den eignen Kognitionen möglich? 2. Wie leiten diese das Handeln? 3. (Wie) können sie geändert werden? Für jede dieser drei Fragen stellt die Diskussion innerhalb des FST einen guten Ausgangspunkt dar.

1. Ist eine intraindividuelle Selbstauskunft über die eigenen Subjektiven Theorien möglich?
Die Grundfrage ist, ob bzw. in welchem Ausmaß Individuen überhaupt über ein explizites Wissen über ihre kognitiven Strukturen und Prozesse verfügen können. Für die interindividuelle Erfassung der Subjektiven Theorien z.B. in Interviews schließt sich daran die Frage an, welche willentlichen oder unwillentlichen Verfälschungseffekte sich aus einer Interaktionskonstellation ergeben. Hierauf antwortet Abschnitt 3.2.3.1.

2. Sind Subjektive Theorien handlungsleitend? Hier ist zu diskutieren, ob bzw. wie die als Subjektive Theorien verfügbaren Kognitionen tatsächlich das Handeln von Personen beeinflussen. Dies erfordert die Explizierung einer Handlungstheorie, die das FST aber nur in Ansätzen liefert. Hierauf gehen die Abschnitte 3.2.4 und 3.3 detailliert ein.

---

[190] Vgl. Heckhausen und Weiner 1972; Jones, Kelley und Kanouse 1971.
[191] Vgl. Biedermann 1989; Dachler 1988; Frei 1985; Franz Weber 1991; Müller und Hurter 1999. Daneben fand das FST auch in der Forschung zur Erwachsenenbildung Verwendung, etwa zum Transfer von Fortbildungsinhalten in den Berufsalltag (Vgl. Mutzeck 1988; König und Zedler 1995a, 199ff. mit weiteren Literaturverweisen). Im Standardwerk „Management-Diagnostik" wird das FST unter dem Stichwort „Erforschung Persönlicher Theorien" erwähnt (vgl. Birkhan 1995). Die häufigste Anwendung hat das FST im Bereich der pädagogischen Psychologie erfahren. Daneben fand es Verwendung in einer Vielzahl von weiteren Disziplinen, v.a. in der Gesundheitspsychologie und in der Sportwissenschaft aber auch in politikwissenschaftlichen, juristischen und interkulturellen Untersuchungen (vgl. Zentralstelle für Psychologische Information und Dokumentation Universität Trier 1993).

3. Ist eine Modifikation der (handlungsleitenden) Subjektiven Theorien möglich? Die Abschnitte 3.4 und 3.5 diskutieren, ob bzw. wie (handlungsleitende) Subjektive Theorien verändert werden können.

3.2.3.1 Intraindividuelle Selbstauskunft

Die Frage nach der Introspektion und damit dem Erkennen der eigenen kognitiven Strukturen interessiert in der Psychologie natürlich auch außerhalb des Forschungsansatzes der Subjektiven Theorien. In der „prä-kognitiven" Psychologie wurde die Korrektheit von Selbstauskünften generell bestritten und Kognitionen daher als irrelevant oder zumindest als der experimentellen Forschung unzugänglich betrachtet. Auch nach der kognitiven Wende der Psychologie blieb die Frage nach der Adäquanz von Selbstauskünften aber virulent und wurde insbesondere durch den provokant getitelten Aufsatz „Telling More than We Can Know: Verbal Reports on Mental Processes" von Nisbett und Wilson belebt.[192] Sie argumentieren anhand von Experimenten, dass 1. Menschen nicht in der Lage sind, korrekt über ihre kognitiven Prozesse in komplexen Situationen zu berichten, 2. dass ihre Berichte über ihre kognitiven Prozesse stattdessen auf Theorien zurückgreifen, die sie schon a priori hatten und 3. zutreffende Berichte zufällig zustande kommen, wenn A-priori-Theorien mit den tatsächlichen kognitiven Prozessen übereinstimmen.[193]

Bei dieser Einschätzung blieb es allerdings nicht. Smith und Miller gelangten u.a. auf Basis einer Re-analyse eines Experiments zu der Einschätzung, dass durchaus ein Zugang zu kognitiven Inhalten möglich ist. Zudem kritisierten sie an Nisbett und Wilson methodologisch, dass eine bewusst irreführende Versuchsanordnung, in der die Versuchspersonen das von ihnen erfragte Wissen gar nicht haben konnten, den generellen Schluss auf die Nicht-Zugänglichkeit von Kognitionen nicht zulasse.[194] In diesem Sinne wiesen auch Scheele und Groeben die Argumente von Nisbett und Wilson zurück.[195] Ihre Kritik zielte auf die wissenschaftstheoretisch-methodologischen „Immunisierungen" und auf die „behavioristisch bedingte(n) Unsinnigkeiten" der Versuchsanordnungen, nämlich die bewusste Irre-

---

[192] Nisbett und Wilson 1977a, vgl. auch Nisbett und Wilson 1977b, Nisbett und Bellows 1977; sowie Diskussion hierzu bei Groeben 1986, 134ff.; Scheele und Groeben 1988, 22f.; Hanke 1991, 59ff.; Heckhausen 1989, 389f.
[193] Vgl. Nisbett und Wilson 1977a, 233.
[194] Vgl. Eliot R. Smith und Miller 1978.
[195] Vgl. Scheele und Groeben 1988, 22.

führung der Probanden oder auch die Abfrage von Wissen, das diese qua Versuchsanordnung nicht haben konnten. Wichtiger als die Frage der Möglichkeit („ob") sei die Frage der Bedingungen („wie") für die Zugänglichkeit zu Subjektiven Theorien. Apodiktisch setzen Scheele und Groeben für ihren Forschungsansatz fest: „Dass diese Fähigkeit [zur Selbstauskunft über Subjektive Theorien] prinzipiell – wenn auch nicht immer und überall – gegeben ist, sollte nicht angezweifelt werden."[196]

Diese voluntaristische Behauptung lässt eine überzeugende Argumentation gegen Wilson und Nisbett vermissen, die durchaus möglich wäre. Denn deren Experimente liefern entgegen ihrer eigenen Interpretation sogar einen Beleg für die Nützlichkeit der Annahme handlungsleitender Kognitionen bzw. Subjektiver Theorien, sobald man sie unter der Perspektive der Modifikation Subjektiver Theorien betrachtet. Ihre Probanden gaben die Kognitionen an, die ihrer Ansicht nach als Gründe für die Auswahl eines Exemplars von objektiv identischen Objekten gewirkt hatten. Daraus ist nun gerade nicht zu folgern, wie Wilson und Nisbett dies tun, dass die berichteten Kognitionen (Gründe) objektiv falsch hinsichtlich der Handlungsleitung sind und deshalb die Arbeit mit Kognitionen sinnlos ist. Die objektive Fehlerhaftigkeit von Kognitionen beeinträchtig nämlich ihre Fähigkeit, Handlungen zu leiten, in keinster Weise. Objektiv falsche Annahmen können durchaus die richtigen Gründe für eine bestimmte Handlungsleitung sein. Angesichts der Problematik aus objektiv gleichen Gegenständen einen auszuwählen, ist die Entscheidungsfindung auf Basis objektiv falscher Kognitionen sogar fast zwingend erforderlich.[197] Die Nennung objektiv falscher Annahmen über die Eigenschaften macht die Erhebung dieser Kognitionen zudem nicht wertlos. Allein die Verbalisierung einer solchen Subjektiven Theorie erlaubt den Zugang zu subjektiven Gründen und eröffnet die Möglichkeit der (Selbst-)Aufklärung, indem die in ihr enthaltenen (falschen) Hypothesen einer Prüfung unterzogen werden können. Insofern ist dem Diktum von Scheele und Groeben letztlich zuzustimmen, dass es um das „Wie" statt um das „Ob" der Zugänglichkeit Subjektiver Theorien gehen sollte und die Bedingungen für diese genannt werden sollten.

---

[196] Scheele und Groeben 1988, 22. Vgl. auch Groeben 1986, 139. In diesem Sinne argumentieren auch Smith und Miller in ihrer Replik auf Nisbett und Wilson sowie Hanke im Kontext des FST (vgl. Eliot R. Smith und Miller 1978, 361f.; Hanke 1991, 60).

[197] Es sei denn, dass die Auswahl auf Basis einer Subjektiven Theorie erfolgt, die nicht auf Eigenschaften der auszuwählenden Gegenstände, sondern etwa auf das Zufallsprinzip rekurriert. Groeben weist darauf hin,

Diese Bedingungen finden sich zum Teil in der Literatur zu den Subjektiven Theorien, zum Teil in der Literatur zur Motivationspsychologie und zum Teil in der praxisorientierten Literatur psychologischer Beratung oder Therapie. Im folgenden werden sie im Detail dargestellt, da sie für eine Coaching-Theorie in zweierlei Hinsicht relevant sind. Zum einen müssen sie bei der Konzeption der Coaching-Methode berücksichtigt werden (siehe Kapitel 5). Zum anderen bilden sie auch für die Forschungsmethodik eine wesentlichen Grundlage (siehe Kapitel 4).

3.2.3.1.1 Bedingung 1: Kognitionen müssen erzeugt worden sein

Subjektive Theorien können nur zu Situationen sinnvoll rekonstruiert werden, in denen Kognitionen eine Rolle gespielt haben. Dies ist insbesondere bei „critical incidents" oder „auffälligen Situationen" der Fall.[198] Hier ist die Verwendung von bloßen Routinen ausgeschlossen. Kognitive Prozesse sind im Kurzzeitgedächtnis abgelaufen. Diese können rekonstruiert werden. Für einige menschliche Tätigkeiten ist eine Selbstauskunft über Subjektive Theorien hingegen nicht sinnvoll bzw. möglich, da entsprechende Kognitionen für Reflexe oder Automatismen nicht bestehen.[199]

3.2.3.1.2 Bedingung 2: Kognitionen müssen erinnert werden können

In Reaktion auf die Kritik von Nisbett und Wilson haben Ericsson und Simon die gedächtnisseitigen Bedingungen für Selbstauskünfte über eigene Kognitionen dargestellt.[200] Sie leiten aus der Unterscheidung von Kurzzeitgedächtnis und Langzeitgedächtnis eine Unterscheidung von handlungsbegleitenden und retrospektiven Verbalisierungen ab. Begleitende Verbalisierung („think aloud" oder „talk aloud") erfordern demnach keine zusätzlichen vermittelnden Prozesse, sondern stellten eine direkte Vokalisierung im Kurzzeitgedächtnis präsenter Kognitionen dar. Retrospektive Verbalisierungen erfordern hingegen einen Zugriff auf das Kurzzeitgedächtnis oder das Langzeitgedächtnis, je nachdem wie viel Zeit

---

dass die objektiv zweifelhafte Wirksamkeit von Amuletten nichts daran ändert, dass diese der subjektive Grund ist, sie zu tragen (vgl. Groeben 1986, 281).

[198] Vgl. Ericsson und Simon 1984, 23f. und 169; Hanke 1991, 73; sowie Flanagan 1954 zur „critical incident technique."

[199] Vgl. Scheele und Groeben 1988, 22 mit Verweis auf Eliot R. Smith und Miller 1978 und Adair und Spinner 1981; vgl. Regnet 1992, 133.

[200] Vgl. Ericsson und Simon 1980 und Ericsson und Simon 1984; vgl. hierzu Hanke 1991, 68ff. sowie Heckhausen 1989, 390.

seit der Kognition bis zur Verbalisierung verstrichen ist. Eine Verbalisierung von Inhalten des Langzeitgedächtnisses erforderte aber eine Rückübersetzung ins Speichermedium des Kurzzeitgedächtnisses, wodurch Verfälschungen auftreten können. Dabei müssen auch die physiologischen Prozesse des Gedächtnisses hinsichtlich der sich daraus ergebenden Mindestzeiten für Speicherungsprozesse berücksichtigt werden.[201] Um die Rekonstruktion Subjektiver Theorien zu optimieren, ist daher kognitionspsychologisch ein möglichst zeitnaher Zugriff auf dann noch im Kurzzeitgedächtnis vorhandene Kognitionen wünschenswert.[202] Ist dies nicht möglich, ist besonders darauf zu achten, dass die wirklich handlungsleitenden Kognitionen von anderen vorhandenen Kognitionen abgegrenzt werden.

3.2.3.1.3 Bedingung 3: Relevante Kognitionen sind herauszusondern

Die Abgrenzung der handlungsleitenden Kognitionen[203] von anderen Kognitionen muss horizontal und vertikal erfolgen: in Abgrenzung von zeitgleichen Kognitionen einerseits, und in Abgrenzung von zeitlich vor- bzw. nachgelagerten Kognitionen andererseits. Auch zur Abgrenzung von zeitgleichen Kognitionen ist wiederum die Verwendung von „critical incidents" hilfreich: da in diesen Situationen ein höheres kognitives Kontrollniveau zu erwarten ist, ist es unwahrscheinlich, dass nicht handlungsleitende Kognitionen vorliegen. Zumindest dürften die handlungsleitenden Kognitionen dominieren.

Die Abgrenzung von prä- und post-aktionalen Kognitionen ist erforderlich, da im Nachhinein erfolgte Rationalisierungen oder Re-Interpretationen des eigenen Verhaltens, etwa im Sinne gängiger Managementtheorien, natürlich weniger interessant, da vermutlich weniger handlungsleitend sind. Es interessiert in erster Linie das konkrete, handlungsleitende „Herstellungswissen" des Interviewpartners, nicht sein abstraktes „Funktionswissen".[204] Die „critical incident technique" kann sicherstellen, dass die „Verbalisierungen" des Interviewpartners tatsächlich auf das eigene Verhalten bezogen sind und nicht zusätzliche Kognitio-

---

[201] Im Kontext des FST wurden diese Überlegungen von Hanke aufgegriffen, der kritisierte, dass diese bei anderen Vertretern der Subjektiven Theorien wie Wahl oder Huber fehlen (vgl. Hanke 1991, 69f.).
[202] Vgl. Hanke 1991, 68 mit Verweis auf Wahl 1981, 66 und Huber und Mandl 1982.
[203] Die grundsätzliche Frage, ob Kognitionen handlungsleitend sind, wird im nächsten Abschnitt diskutiert. Für die Frage der Zugänglichkeit wird hier zunächst nur angenommen, dass handlungsleitende von anderen Kognitionen unterscheidbar sind.
[204] Vgl. Dann und Humpert 1987, 40.

nen, wie z.B. nur gespeicherte Theorien, berichtet werden.[205] Dieses Problem wurde im Kontext des „fokussierten Interviews" von Merton und Kendall bereits 1945/46 thematisiert, ebenso von Rogers im Kontext seiner Gesprächspsychotherapie.[206]

Um die Überlagerung der handlungsleitenden Kognitionen durch prä- oder post-aktionale Kognitionen, insbesondere rechtfertigende Kognitionen, möglichst gering zu halten, sollte die Befragung in zeitlicher Nähe zur fraglichen Situation liegen.[207] Die Fokussierung auf handlungsleitende Kognitionen kann ferner durch entsprechende Störfragen oder durch die explizite Thematisierung der notwendigen Trennung von prä-, peri- und post-aktionalen Kognitionen gefördert werden.[208]

3.2.3.1.4 Bedingung 4: Unvollkommenheiten müssen akzeptiert werden

Subjektive Theorien sind in der Regel unvollständig und inkohärent – darin stehen sie hinreichend komplexen wissenschaftlichen Theorien in nichts nach. Scheele und Groeben gehen davon aus, dass Subjektive Theorien „dem Alltagspsychologen weder inhaltlich vollständig bewusst und verbalisierbar verfügbar sein müssen, noch das sie eine vollständig explizite stringente Struktur aufweisen müssen".[209]

Daher ist methodisch eine Rekonstruktion, nicht nur eine bloße Abfrage der Subjektiven Theorien zu leisten. Diese Rekonstruktion wird aber immer unvollkommen bleiben. Dann beschreibt die erschlossene subjektive Theorie als Schnittmenge aus rekonstruierter subjektiver Theorie und der gesamten handlungsleitenden Theorie. Außerhalb der Schnittmenge liegen auf der Seite der handlungsleitenden Theorie die Teile, die implizit geblieben

---

[205] Vgl. Hanke 1991, 73; Flanagan 1954. Zu einer empirischen Bestätigung der höheren Validität der anhand konkreter Beispielsituationen rekonstruierten „Subjektiven Theorien" vgl. Wahl 1988a, 183 sowie Wahl et al. 1983. Zu dem Problem von „epiphänomenalen" Kognitionen vgl. auch Ericsson und Simon 1984, 169.

[206] Vgl. Merton und Kendall 1979 [1945/46]; Rogers 1942; Rogers 1983. Auf beide Vorläufer bezieht sich explizit Scheele in ihrer Darstellung der dem FST angemessenen Methodologie, vgl. Scheele 1988, 135ff.

[207] Vgl. Wahl 1981, 57-67.

[208] Zu den Störfragen vgl. Scheele und Groeben 1988, 34ff; Tinnefeld 1997, 76; Häcker 1999, 186; und zum Konzept des „Strukturierten Dialogs" von Hanke und Wahl vgl. Hanke 1991, 113ff. Zu der Metakommunikation über prä-, peri- und postaktionale Kognitionen vgl. Wahl 1981, 73.

[209] Scheele und Groeben 1979, 1. Dies entspricht im übrigen den Erkenntnissen der Selbstkonzept-Forschung, die ebenso Unvollständigkeit und Inkohärenz unterstellt. Einerseits gelte: „Jedenfalls sind immer nur Teilaspekte des Selbstkonzepts zugänglich und gegeben." (Heckhausen 1989, 494) und andererseits sei deutlich geworden „dass das Selbst-Konzept nicht länger untersucht werden kann, also ob es sich um eine einzige, monolithische Entität handeln würde" (Markus und Wurf 1987, 300).

sind, und auf der Seite der rekonstruierten Theorie die fehlerhaft erschlossenen Teile (siehe Abb. 19).[210] „Unerschließbare" Bestandteile können beispielsweise solche sein, die aktiv unterdrückt werden, da sie mit individuellen oder sozialen Werten kollidieren.[211]

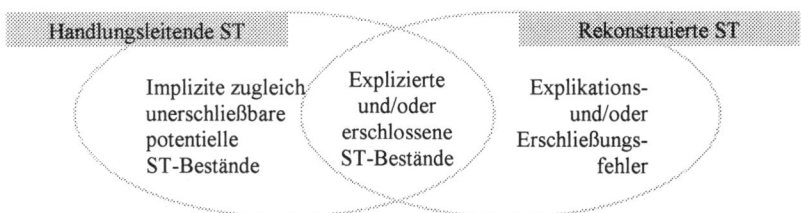

Abb. 19: Faktisch handlungsleitende vs. rekonstruierte Subjektive Theorien nach Dann

Huber und Mandl verweisen darauf, dass unabhängig von der exakten Rekonstruktionsadäquanz den explizierten Subjektiven Theorien ein beträchtlicher Einfluss auf künftige Handlungen der interviewten Person unterstellt werden kann, wenn diese die Inhalte der rekonstruierten Subjektiven Theorien für zutreffend hält.[212]

3.2.3.1.5 Bedingung 5: Subjektivität muss akzeptiert werden

Über die bloße Unvollständigkeit und Inkohärenz von Subjektiven Theorien hinaus ist mit systematischen „Verfälschungen" der Subjektiven Theorien gegenüber objektiv-wissenschaftlichen Theorien zu rechnen. Dies macht gerade die Subjektivität der Subjektiven Theorien aus. Hierzu hat die empirische Forschung zur Attributionstheorie gezeigt, dass Kausalattribuierungen nicht so rational erfolgen, wie dies etwa Kelleys Kovarianzmodell annimmt. Vielmehr sind typische Attributionsfehler zu beobachten,[213] die sich auch auf die Selbstauskunft über Subjektive Theorien auswirken können. Diese Attributionsfehler lassen sich in vier Kategorien fassen: 1) das Ausbleiben von Attributionen; 2) die selek-

---

[210] Dann 1983, 88 (modifizierte Darstellung).
[211] Vgl. Markus und Wurf 1987, 304 mit weiteren Verweisen.
[212] Vgl. Huber und Mandl 1994, 36 mit Verweis auf Kendall und Hollon 1981, 108. Vgl. auch Heckhausen 1989, 123f.; Festinger und Carlsmith 1959; Brehm und Cohen 1962; Carlsmith, Collins und Helmreich 1966 zu den klassischen Versuchen zur „forced compliance" im Kontext der Forschung zur kognitiven Dissonanz: selbst die eigenen Einstellung widersprechende öffentliche Äußerungen über einen Sachverhalt werden u.U. als eigene Einstellung übernommen. Diese Einstellungsänderung ist umso größer, je geringer die Belohnung d.h. der äußere Zwang war, die zunächst dissonanten Äußerungen zu tun.
[213] Vgl. Kelley 1967 und 1976 sowie - auch zum folgenden - Heckhausen 1989, 402ff.

tive Nutzung von Informationen; 3) die Auswirkungen von Erwartungen; 4) motivationale Verfälschungen der Attribution.

Insbesondere wenn unerwartete Handlungsergebnisse oder Misserfolge zu erklären sind, können ex post Attribuierungen auftreten, die mangels handlungsleitender Kognitionen Common-Sense-Theorien benutzen.[214] Darüberhinaus wird insbesondere bei selbstwertrelevanten Misserfolgen eher extern attribuiert, also eine Ursache außerhalb der eigenen Person gefunden und bei Erfolgen die Ursache eher in der eigenen Person gesehen.[215] In der Selbstkonzept-Forschung sind zudem systematische Attributionsfehler bezüglich des Vergleichs eigener Stärken und Schwächen mit den Eigenschaften anderer Menschen festgestellt worden: So wird bei eigenen Stärken die Zahl derer, die ebenso gut sind, unter- und bei eigenen Schwächen überschätzt.[216] Diese Fehleinschätzungen sind den jeweiligen Personen zumeist nicht bewusst. [217]

Über punktuelle Fehlattribuierungen hinaus beschreibt Adler die Färbung jeglicher Wahrnehmung der Welt und des eigenen Handelns unter dem Stichwort der „tendenziösen Apperzeption". Danach wird jegliche Wahrnehmung geprägt von dem Bild, das sich ein Mensch im wesentlichen bereits in der Kindheit von der Welt und den eigenen Handlungsmöglichkeiten gemacht hat. Dieses Weltbild folgt einer „privaten Logik". [218]

3.2.3.2 Interpersonelle Auskunft über Subjektive Theorien

Die Interviewsituation verschlechtert im Vergleich zum Selbstgespräch die Bedingungen zur Rekonstruktion der Subjektiven Theorien potentiell in zweierlei Hinsicht. Erstens kann sie die Bereitschaft des Interviewpartners, seine Subjektiven Theorien einem Fremden mitzuteilen, reduzieren. Zweitens beeinflusst der Interviewer unweigerlich deren Inhalt etwa durch zu konkrete Fragen: Gemäß des Modells von Ericsson und Simon werden Selekti-

---

[214] Etwa der Form (Heckhausen 1989, 409): „Da ich Erfolg hatte, muss ich mich wohl sehr angestrengt haben."

[215] Vgl. Heckhausen 1989, 415 mit Verweis auf Dale T. Miller 1976. Diese Asymmetrie der Attribuierung gilt für Personen mit geringer Selbstachtung nur in deutlich geringerem Maße als für Personen mit hoher Selbstachtung.

[216] Vgl. Campbell 1986; Markus und Wurf 1987; Epstein und O'Brian 1973 und zusammenfassend Heckhausen 1989, 492-500.

[217] Heckhausen 1989, 495.

[218] Vgl. Ansbacher und Ansbacher 1995, 149ff.

ons- oder Filterprozesse in Gang gesetzt, wenn der Interviewer nur Teile der gespeicherten Kognitionen erfragt.[219] Werden darüber hinaus Aspekte erfragt, die nicht ursprünglich mit abgespeichert wurden, werden zusätzliche Kognitionen erzeugt: Dies können Negativ-Auskünfte wie „Daran habe ich nicht gedacht" aber auch sonstige „epi-phänomenale" Kognitionen sein. Insbesondere könnten aber auch die einer strukturierten Befragung zugrunde liegenden Konstrukte aufgegriffen werden. Zur Vermeidung solcher Effekte sollten offene Fragen gestellt werden.

Die Interviewsituation kann außerdem zu spezifischen Attribuierungsfehlern führen: Bei der Attribuierung von Erfolg und Misserfolg führt die potentielle Beurteilung durch einen Dritten dazu, dass statt der oben beschriebenen direkt selbstwertdienlichen Attribution eine „counterdefensive attribution" stattfindet. Um zu vermeiden, dass eine sich anschließende Fremdbeurteilung (selbstwert-abträglich) ungünstiger ausfällt als die Selbstbeurteilung, wird in solchen Situationen eher Verantwortung für Misserfolg als für Erfolg übernommen.[220] Der Interviewer muss also selbstwertdienliche wie selbstwertabträgliche Attributionen genau hinterfragen.

Um die Bereitschaft zur Auskunftserteilung zu erhöhen, sollte der Interviewer die beeinflussbaren Bedingungen für eine offene Kommunikation beachten.[221] Dies erfordert zunächst den Aufbau einer offenen, vertrauensvollen Atmosphäre durch die Zusicherung der Vertraulichkeit und eine Erläuterung der Untersuchungsmethodik. Anders als im experimentellen Setting wird der Teilnehmer nicht hinters Licht geführt. Ferner ist durch eine ausreichende Dauer und Tiefe der Befragung das Interesse an der Person des Teilnehmers zu dokumentieren. Durch seine Haltung in der Interviewführung sollte der Forscher deutlich machen, dass es sein Interesse ist, sein Gegenüber zu verstehen, und nicht ihn zu bewerten. In diesem Sinne soll eine Subjekt-Subjekt-Beziehung mit dem Interviewpartner aufgebaut werden, bei der der Expertenstatus des „Subjektiven Theoretikers" bezogen auf seine Theorien anerkannt wird. Schließlich ist im Unterschied zum Experiment eine Metakommunikation zur Vermeidung von Artefakten wie auch zur Stabilisierung der Ge-

---

[219] Vgl. Ericsson und Simon 1980 und Ericsson und Simon 1984.
[220] Vgl. Bradley 1978; Heckhausen 1989, 414f. mit weiteren Literaturverweisen.
[221] Diese im Folgenden erläuterten Prinzipien werden auch von der in Abschnitt 5.1.1 beschriebenen Coaching-Methodik beachtet.

sprächssituation insgesamt möglich.[222] Gerade die Metakommunikation erlaubt es immer wieder einen „'weichen' Rahmen des Vertrauens und Verstehens" zu kreieren oder wieder herzustellen, wenn dieser durch deutliche Nachfragen etwa in Form von Störfragen gefährdet war.[223]

Wie im Fall der vorliegenden Studie kann die Auskunftsbereitschaft auch dadurch deutlich erhöht werden, dass der Teilnehmer einen eigenen Nutzen im möglichst offenen Auskunftgeben erkennt. Je offener er sich äußert, desto größer ist der für ihn zu erwartende Coaching-Nutzen. Es liegt also eine Win-/Win-Situation zwischen Teilnehmer- und Forscher-Interessen vor, da die Forschungs- und die Coaching-Sitzung zusammenfallen.

Einen Überblick über die Maßnahmen zur Steigerung der Auskunftsfähigkeit (A) und zur Steigerung der Auskunftsbereitschaft (B) gibt Abb. 20. In der Realität wird die Auskunftsfähigkeit und die Auskunftsbereitschaft des Interviewpartners immer zwischen null und hundert Prozent liegen. Sind beide sehr gering ist eine Rekonstruktion der Subjektiven Theorien nicht möglich (Quadrant IV). Ist nur eine von beiden höher ausgeprägt wird die Rekonstruktion spezifische Schwächen aufweisen (Quadrant II oder III). Sind beide hoch ausgeprägt ist eine weitgehende Rekonstruktion möglich (Quadrant I). Diesem Ziel dienen die jeweiligen Maßnahmen zur Steigerung der Auskunftsfähigkeit bzw. -bereitschaft.

---

[222] Vgl. Hanke 1991, 62ff. mit Verweis auf Adair und Spinner 1981, 43.
[223] Scheele und Groeben 1988, 46.

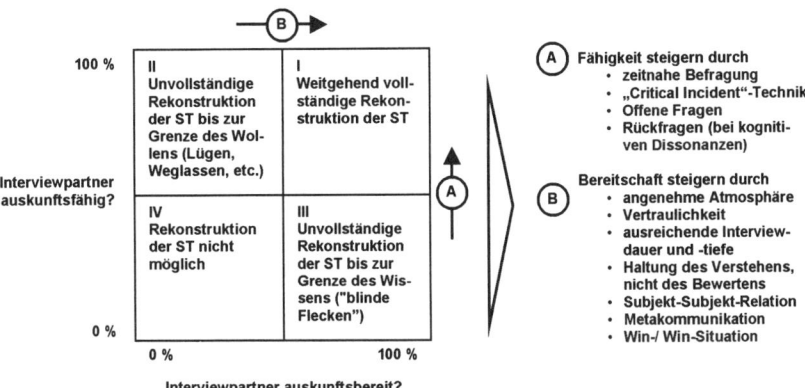

Abb. 20: Auskunftsfähigkeit und Auskunftsbereitschaft

3.2.4 Handlungsleitende Funktion von Subjektiven Theorien

Eine Grundannahme des FST ist, dass Subjektive Theorien handlungsleitend wirken. Bei der Handlungsleitung sind zwei Ebenen zu unterscheiden: das theoretische Aufzeigen ihrer _1_ Möglichkeit und die empirische Überprüfung des Vorliegens der Handlungsleitung in ei- _2_ nem konkreten Fall.

_1._
Für die theoretische Möglichkeit der Handlungsleitung von Subjektiven Theorien ist Willens- bzw. Handlungsfreiheit erforderlich. Freiheit setzt dabei erstens das Fehlen eines Zwangs voraus, der die Umsetzung eines vorhandenen Willens in Handeln verhindert.[224] Zweitens darf das Wollens nicht durch die Umwelt determiniert, also die Freiheit des Menschen gegeben sein, „zu wollen, was er wollen möchte".[225] Mit Frankfurt lassen sich somit Volitionen erster Stufe (auf Handlungen gerichtetes Wollen) und Volitionen zweiter Stufe (auf Wünsche und Absichten gerichtetes Wollen) unterscheiden. Dass diese Volitionen

---

[224] Vgl. Groeben 1986, 298-309, Zwänge können danach sowohl äußerer (Gefängnis) wie psychischer (Phobie, Neurose) Art sein.

[225] Frankfurt 1981, 296; zit. n. Groeben 1986, 310; vgl. Groeben 1986, 309ff.

nicht materialistisch erklärt werden können, legt u.a. der kognitive Konstruktivismus dar.[226] Danach rezipiert der Mensch Umweltreize nicht einfach, sondern stellt erst durch Selektion und Verbindung mit bereits Gewusstem Bedeutungen her. Letztlich geht es hier um den alten Dualismus zwischen Umwelt und Individuum. Diesen zugunsten einer Dualität im Sinne einer gegenseitigen Beeinflussung zu überwinden, wird auch in anderen Forschungskontexten empfohlen.[227] Als Ausdruck eines freien Willens ist eine Handlungsleitung durch Subjektive Theorien somit grundsätzlich möglich.

Die empirisch nachvollziehbare Richtigkeit einer Subjektiven Theorie ist im übrigen keine notwendige Voraussetzung für ihre handlungsleitende Funktion. Mit Apel lassen sich die Rechtfertigungs- und die Erklärungsrolle „guter Gründe" unterscheiden. Die Erklärungsrolle im Sinne einer Benennung der kausal effektiven Gründe ist grundlegend: „Jede rationale Bewertung bzw. Rechtfertigung von Gründen als ‚gute Gründe' setzt die Wahrheit der gegebenen Erklärung (im Sinne der – kausalen – Effektivität der Gründe) voraus".[228] Sofern diese effektiven Gründe aus Überzeugungen bestehen, ist es für ihre Effektivität zur Herbeiführung einer Handlung aber irrelevant, ob die Überzeugung selbst empirisch haltbar ist. So ist die Überzeugung, dass das Tragen eines Amuletts vor Krankheiten schützt, ein effektiver Grund für das Tragen des Amuletts – unabhängig von der wissenschaftlich-empirischen Zweifelhaftigkeit der Überzeugung.[229] Deshalb kann die handlungsleitende Funktion einer Subjektiven Theorie unabhängig von ihrer empirischen Richtigkeit bestehen.

Die konkrete Frage, ob eine bestimmte Handlung wirklich durch eine spezifische Kognition geleitet wurde, kann allerdings nicht auf analytisch-wissenschaftstheoretischem Niveau gelöst werden. Für Groeben ist daher die „ganze Materialismus-Debatte der Analytischen Philosophie [...] ein untauglicher Versuch, empirische Fragen auf analytischem Wege

[226] Vgl. Neisser 1974; Neisser 1979; zit. nach Groeben 1986, 312. Vgl. zum Konstruktivismus ferner Flick 2000a.
[227] Vgl. Valsiner 1991; Valsiner 1994; Bangerter und Cranach 1998.
[228] Groeben 1986, 277. Vgl. auch Groeben 1986, 276ff.; Apel 1979.
[229] Beispiel von Beckermann 1979, 482f., zit. n. Groeben 1986, 281. Auf weitere wissenschaftstheoretische Spezifizierungen, wie die nur vermeintliche Strukturgleichheit von Erklärung, Prognose und Technologie oder die Unterscheidung von Kausalität und Erklärung, die Groeben für seine sozialwissenschaftliche Psychologie dann doch im Sinne einer probabilistischen Kausal-Erklärung wieder aufhebt, braucht hier nicht näher eingegangen zu werden (vgl. Groeben 1986, 283-292).

(vor-)zuentscheiden".[230] Er schlägt stattdessen eine phänomenologische Unterscheidung als konzeptionellen Rahmen für empirische Untersuchungen vor. Danach lassen sich drei Kategorien menschlichen Tätigseins bilden: Handeln, Tun und Verhalten (vgl. Abb. 21).

	Handeln	Tun	Verhalten
Subjektive Intention	Operativ wirksam	Nicht oper. wirksam	Nicht oper. wirksam
Subjektive Intention	= Obj. Motivation	≠ Obj. Motivation	Nicht vorhanden
Bedeutungsdimension	Subj.-individuell	Universalisierbar	Universell
Adäquate Methode	Dialogische Hermeneutik	Monologische Hermeneutik	Systematische Beobachtung
Komplexität der Untersuchungseinheit			

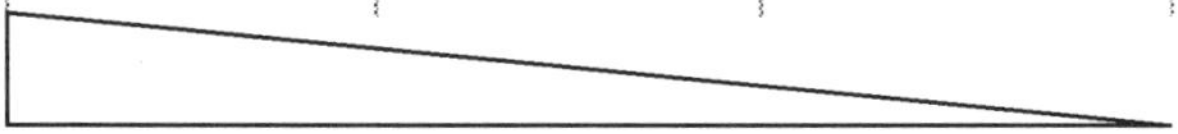

Abb. 21: Handeln, Tun, Verhalten nach Groeben

Konstitutiv für *Handeln* ist das Zusammentreffen von subjektiver Intention und objektiver Motivation. Die „Subjektive Intention" kann als Subjektive Theorie erfasst und kommunikativ validiert werden. Wird sie danach auch explanativ validiert, wird so die Übereinstimmung mit der „objektiven Motivation" festgestellt. Ergo kann dieser Fall menschlichen Tätigseins ex post als Handeln bezeichnet werden. Auf den Bereich des Handelns ist das FST in besonderer Weise ausgerichtet, da im Handeln die Reflexivität des Subjekts zum Ausdruck kommt, die das FST mit anderen Forschungsansätzen gegen eine behavioristisch-verkürzte Psychologie erst wieder zum Gegenstand psychologischer Forschung erhoben hat. Subjektive Theorien i.e.S., also Subjektive Theorien, die kommunikativ und explanativ validiert wurden, liegen gemäß Groeben definitionsgemäß nur für den Bereich des Handelns vor.

Am anderen Extrem der Tätigkeitsformen liegt das *Verhalten*. Dies sind Routinen oder bloße Reflexe. Charakteristisch für diese ist das Fehlen subjektiver Intentionen (und somit

---

[230] Groeben 1986, 320.

sogar Subjektiver Theorien i.w.S.). Die Bedeutung dieses Tätigseins kann durch systematische Beobachtung „universell" erschlossen werden.

Zwischen *Handeln* und *Verhalten* liegt das *Tun*, bei dem subjektive Intention und objektive
Motivation auseinanderfallen wie im folgenden Beispiel: Ein Hochschullehrer reist gemäß
seiner Subjektiven Theorie und Intention zu einem Kongress, um seine Ideen zu verbreiten.
Tatsächlich will er aber nur alte Studienkollegen wiedersehen. Die Subjektive Theorie ist
also motiv-irrational. Subjektive Intention und objektive Motivation stimmen nicht über-
ein.[231]

Die Verwendung von Intentionen als definitorisches Element von Handeln ist sowohl in
der psychologischen wie der philosophischen Literatur zur Handlungstheorie weit verbreitet. Insbesondere ist die Abgrenzung des Handelns von „Verhalten" über seine Intentionali-
tät gängig.[232] Die klare Definition einer Zwischenkategorie zwischen beiden, nämlich des
„Tuns" für das Auseinanderfallen einer gebildeten subjektiven Intention und der objektiven
Motivation, stellt eine Besonderheit des Ansatzes von Groeben dar.[233] Es verweist auf das
Auseinanderfallen von (zunächst vorliegender) Innenperspektive und Beobachter- bzw.
korrigierter Innenperspektive in Bezug auf die mit einer vermeintlichen Handlung verbundenen Intentionen. Deren wirksame Beeinflussung des Tätigseins stellt hingegen ein hand-
lungspsychologisches Postulat dar, welches die Möglichkeit der Kongruenz von Innen-
und Beobachterperspektive in Form der Annahme identischer handlungsleitender Intentionen begründet.[234]

---

[231] Vgl. Wahl 1988b, 83ff. Groeben verweist darauf, dass die Psychoanalyse motiv-irrationale Erklärungen
als „Rationalisierungen" untersucht hat. Zu der Frage wie eine Diskrepanz zwischen objektiver Motivation und subjektiver Intention überwunden werden kann, siehe Abschnitt 3.4.2.

[232] Vgl. Gerstenmaier und Mandl 2000, insb. 293ff. mit weiteren Verweisen.

[233] Andere Autoren bieten ebenfalls weiter differenzierte Typologien als die bloße Unterscheidung von Verhalten und Handeln an. So unterscheidet von Cranach etwa sechs „Handlungstypen". Neben den Typ der
intentionalen Handlung, den er für besonders häufig in westlichen Gesellschaften hält, stellt er etwa „pro-
zessorientierte Handlungen" und „Affekt-Handlungen" (vgl. Cranach 1994; Cranach 1997). Dabei geht
m.E. aber eine klare, kategoriale Unterscheidung des Handlungsbegriffs und dessen Abgrenzung von
Verhalten und anderen Formen des Tätigseins verloren. Jegliches mögliche menschliche Tätigkeitsein
wird bei Cranach nämlich als „Handeln" bezeichnet – wenn auch jeweils mit einem spezifizierenden Zu-
satz.

[234] Vgl. Cranach und Bangerter 2000, 228f. Abweichend betont Greve den rein logischen, nicht empirischen
Zusammenhang von Intention und Handlung (vgl. Greve 1994). Das Vorliegen handlungsleitender, auf
Ziele ausgerichteter aber nicht bewußter Kognitionen, also die „objektiven Motivationen" des FST wird
im übrigen auch in der „Auto-Motive-Theorie" von Bargh thematisiert (vgl. Bargh 1990; Bargh und
Gollwitzer 1994).

Groebens konzeptionelle Unterscheidung von drei Tätigkeitsarten überzeugt daher. Sie ermöglicht es, Formen des Tätigseins voneinander abzugrenzen, in denen Subjektive Theorien nur vorliegen oder auch wirken. Offen bleibt aber die Frage, wie Subjektive Theorien Handeln leiten. Das FST nimmt bislang einen Automatismus an, der auch innerhalb des Forschungsprogramms als unbefriedigend empfunden wird. So stellte Dann bereits 1994 fest, dass „präzise Kenntnisse darüber, an welchen Stellen im Handlungsprozess und in welcher Weise Subjektive Theorien im einzelnen zur Handlungsregulation herangezogen werden", fehlen.[235] Im Jahr 2000 stellten Groeben und Scheele fest: ein „wichtiges Desideratum für die Weiterentwicklung des FST ist die theoretische und empirische Verbindung mit handlungstheoretischen Ansätzen, z.B. in Bezug auf die differenzierte Prozessmodellierung der Handlungsleitung unter Einbeziehung volitionspsychologischer Aspekte".[236]

Diese Lücke wird im Folgenden unter Rückgriff auf entsprechende Erkenntnisse der Motivationspsychologie geschlossen. Hierzu werden in Abschnitt 3.2 das sogenannte Rubikon-Modell und detailliertere Modelle der Motivation und der Volition vorgestellt.[237]

3.2.5 Zwischenfazit: Das FST als Ausgangspunkt der Coaching-Theorie

Die Diskussion der Hauptaussagen des FST hat gezeigt, dass dessen Grundannahmen mit denen des Coachings kompatibel sind (siehe Abb. 22). Wissenschaftstheoretisch bauen beide auf konstruktivistischen Prämissen auf. Das Menschenbild beider Ansätze geht von handlungsfähigen Individuen aus, die individuelle Intentionen realisieren und über diese reflektieren können. Die Interaktion mit dem Klienten bzw. Interviewpartner ist in beiden Ansätzen vom Grundgedanken der Gleichwertigkeit getragen, die das Gegenüber als Subjekt ernst nimmt und nicht zum bloßen Objekt der manipulierenden Veränderung bzw. der Forschung macht. Für Coaching stellt ein dynamisches Gegenstandsverständnis bereits ein Definitionselement dar. Im FST ist die Veränderung der Subjektiven Theorien ebenfalls untrennbar mit der Forschungskonzeption verbunden, da allein schon die Erhebung Subjektiver Theorien (kleine) Veränderungen bewirkt. Mehr noch ist aber die intendierte Mo-

---

[235] Dann 1994, 173. Vgl. auch die Diskussion hierzu bei Huber und Mandl 1994, 20f.
[236] Groeben und Scheele 2000, Abs. 9.
[237] Vgl. Regnet 1992, 144 für eine grobe Verbindung zwischen FST und Rubikonmodell.

difikation Subjektiver Theorien selber ein Gegenstand der Theoriebildung und Praxis des FST. Das oben als ideal bezeichnete Zusammentreffen von einem Praxisinteresse des Coachings an Aufklärung über seine Wirkung und einem theorieimmanenten Interesse an der Weiterentwicklung der einschlägigen Modellbildung ist zudem gegeben. Das FST hat den Bereich der Modifikation noch nicht hinreichend differenziert modelliert und als Forschungsdesiderat identifiziert. Das Interesse an der Weiterentwicklung der theoretischen Modellierung der Modifikation haben somit das FST und die Coaching-Theorie gemein.

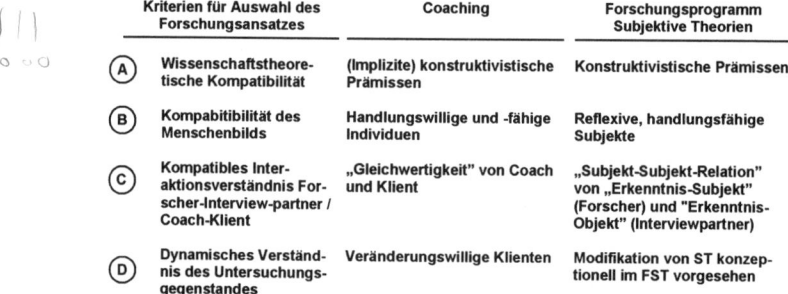

Kriterien für Auswahl des Forschungsansatzes	Coaching	Forschungsprogramm Subjektive Theorien
(A) Wissenschaftstheoretische Kompatibilität	(Implizite) konstruktivistische Prämissen	Konstruktivistische Prämissen
(B) Kompabitibilität des Menschenbilds	Handlungswillige und -fähige Individuen	Reflexive, handlungsfähige Subjekte
(C) Kompatibles Interaktionsverständnis Forscher-Interview-partner / Coach-Klient	„Gleichwertigkeit" von Coach und Klient	„Subjekt-Subjekt-Relation" von „Erkenntnis-Subjekt" (Forscher) und "Erkenntnis-Objekt" (Interviewpartner)
(D) Dynamisches Verständnis des Untersuchungsgegenstandes	Veränderungswillige Klienten	Modifikation von ST konzeptionell im FST vorgesehen
(E) Dem Praxisinteresse entsprechendes theorieimmanentes Entwicklungsinteresse	Zentrales Praxisinteresse: Besseres Verständnis der Veränderungsmechanismen	Theorieinteresse: Ausarbeitung des Modifikationsthemas innerhalb des FST

Abb. 22: Kompatibilität der Grundannahmen von FST und Coaching

Das Forschungsprogramm Subjektive Theorien verfügt mit der Unterscheidung von Handeln, Tun und Verhalten über eine ausdifferenzierte Theorie zu den Formen des menschlichen Tätigseins. Kognitionen in Form von Subjektiven Intentionen bzw. Subjektiven Theorien spielen dabei eine zentrale Rolle. Die hierzu formulierten Modellvorstellungen übernehme ich für meine Coaching-Theorie. Im Abschnitt 3.1 ist als erste Anforderung an eine Coaching-Theorie die Modellierung kognitiver Muster formuliert worden. Diese Anforderung wird, wie gezeigt, mit dem FST erfüllt. Eine Brücke zur zweiten Anforderung, der Modellierung des Zusammenhangs von kognitiven Mustern und Handeln ist im FST als Handlungsleitung Subjektiver Theorien angelegt. Um diesen Zusammenhang präziser zu modellieren, ziehe ich im folgenden Abschnitt motivationspsychologische Modelle heran.

Die Anforderungen an eine Methodik zur Erhebung Subjektiver Theorien, die sich aus den Überlegungen zur Auskunftsfähigkeit und Auskunftsbereitschaft ergeben haben (siehe Abb. 20), werden in Kapitel 4 zur empirischen Forschungsmethodik berücksichtigt.

3.3   Das Rubikonmodell: Motivation und Volition

Zur Beschreibung der Handlungsleitung Subjektiver Theorien ist dreierlei erforderlich: eine detaillierte Konzipierung Subjektiver Theorien, ein Handlungsmodell und die Verbindung beider. Das FST hat eine detaillierte Konzipierung Subjektiver Theorien ausgearbeitet. Als Handlungsmodell greife ich auf das „Rubikon-Modell" von Heckhausen zurück. Die Verbindung beider Modelle stelle ich durch die Integration des Konstrukts „Subjektive Theorie" in das Rubikon-Modell dar. Dafür ist eine detaillierte Darstellung der beiden Phasen des Rubikon-Modells, der Motivations- und der Volitionsphase erforderlich.

3.3.1   Das Rubikon-Modell

Das maßgeblich von Heckhausen entwickelte Rubikonmodell ist ein Handlungsphasenmodell.[238] Es unterscheidet eine Motivations- und eine Volitionsphase. Zwischen beiden liegt eine Schwelle, die für jede Handlung überwunden werden muss. In Anlehnung an Cäsars Überquerung des gleichnamigen Flusses (die den Beginn des römischen Bürgerkriegs markiert) wird diese Schwelle „Rubikon" genannt. Sie beschreibt den Moment der Intentionsbildung (siehe Abb. 23). „Links" und „rechts" des Rubikons lassen sich empirisch unterschiedliche Verhaltensweisen nachweisen. Insbesondere unterscheidet sich der Umgang mit Informationen, die für die kontemplierte bzw. beabsichtigte Handlung relevant sind. In der Motivationsphase werden sowohl einer vorläufigen Absicht entsprechende als auch ihr widerstrebende Informationen gleichermaßen aufgenommen: die Argumente werden abgewogen, es herrscht eine „Fazit-Tendenz". In der Volitionsphase ist dies nicht mehr der Fall: hier werden widerstrebende Informationen tendenziell ausgeblendet. Es herrscht eine „Fiat-Tendenz".

---

[238] Vgl. Heckhausen und Kuhl 1985; Heckhausen, Gollwitzer und Weinert 1987.

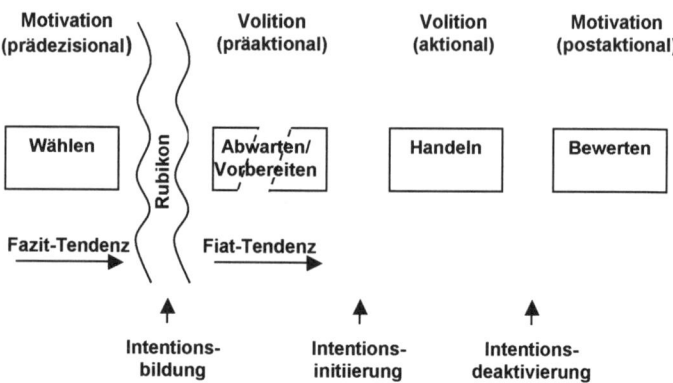

Abb. 23: Das Rubikon-Modell nach Heckhausen

In beiden Phasen können spezifische Handlungsstörungen auftreten, die im Coaching-Prozess spezifische Modifikationsbemühungen erfordern. „Links des Rubikons" geht es um die Klärung der Motive und die Intentionsbildung, „rechts des Rubikons" um die Realisierung bereits formulierter Intentionen.[239]

Zur Verortung der Rolle von Subjektiven Theorien in diesem Handlungsfluss müssen die Motivations- und die Volitionsphase weiter detailliert werden. Hierzu greife ich auf der Seite der Motivation auf das von Heckhausen und Rheinberg entwickelte Erweiterte kognitive Motivationsmodell zurück. Für die Seite der Volition ziehe ich das maßgeblich von Schwarzer entwickelte Volitions-Modell heran.[240] Durch diese differenzierte Betrachtung wird die Funktion der Subjektiven Theorien präzise beschrieben, statt einfach nur einen pauschalen Wirkzusammenhang zwischen „der" Subjektiven Theorie und dem Handeln zu behaupten.[241]

---

[239] Vgl. Heckhausen 1987a; Heckhausen 1987b; Grawe 1998, 60ff. Siehe hierzu im Detail Kapitel 5.
[240] Vgl. Heckhausen und Rheinberg 1980; Rheinberg 2000; Schwarzer 1996; Renner und Schwarzer 2000.
[241] Für einen vergleichbaren Standpunkt der Zurückweisung pauschaler Wirkzusammenhänge im Kontext des Konstrukts „Anstrengungsvermeidung" vgl. Helmke und Rheinberg 1996, 218.

3.3.2 Das Erweiterte kognitive Motivationsmodell

Das Erweiterte kognitiven Motivationsmodell von Heckhausen und Rheinberg basiert auf der Verknüpfung der Elemente Situation, Handlung, Ergebnis und Folgen (siehe Abb. 24).[242] Mit Situation ist die Ausgangssituation einer Handlung gemeint, wie sie sich für den Handelnden darstellt. Die hier vorgeschlagene Interpretation der Elemente des Erweiterten kognitiven Motivationsmodells als Subjektive Theorie schließt an die Darstellung der einzelnen Elemente bei Heckhausen an.

„Eine genaue Bestimmung der *psychologisch* wirksamen Situationsbedingungen kann also letztlich nur auf der Ebene der privaten Bedeutungen erfolgen, also auf der Ebene jener Bedeutungen, wie sie für eine Person tatsächlich existieren [...]. Motivationspsychologisch wirksam ist das, was der Person erlebnismäßig gegeben ist und was sie für wirklich hält; und nicht, was darüber hinaus noch intersubjektiv oder physikalisch gegeben ist oder von anderen für ‚wirklich' gehalten wird."[243]

Die von Heckhausen hervorgehobenen „privaten Bedeutungen" der Situation und ihre besondere Relevanz für die Motivation auch gegenüber „intersubjektiv oder physikalisch" gegebenen Bedeutungen, sind als Teil einer Subjektiven Theorie zu verstehen. Deren weitere Teile sind die drei folgenden und miteinander als kausal verknüpft angenommenen Elemente Handlung, Ergebnis und Folgen. Der Grundgedanke ist, dass eine Handlung auf ein bestimmtes Ergebnis hin angelegt ist. Nicht dieses unmittelbare Ergebnis allein, sondern auch die aus diesem resultierenden Folgen sind das Ziel einer Handlung.[244] Geht es beispielsweise in einer nicht mehr interessanten Aufgabenstellung am gegenwärtigen Arbeitsplatz (Situation) darum, Aktivitäten zu entfalten, um befördert zu werden (Handlung),

---

[242] Vgl. Zusammenfassung in Rheinberg 2000, 130ff. oder Heckhausen und Rheinberg 1980 und die ursprüngliche Fassung in Heckhausen 1977. Auf die Ursprünge dieses Modells in einfachen „Erwartungs x Wert" – Modellen wird genauer eingegangen werden. Vgl. dazu Heckhausen 1989.

[243] Heckhausen 1980, 43, Hervorh. i. Orig.

[244] Unter dem Begriff „Flow" liegen mittlerweile auch Untersuchungen vor, die das Vollzugserleben bei einer Handlung als Motivationsgrund in den Mittelpunkt stellen (vgl. Csikszentmihalyi 1975; Csikszentmihalyi 1990). Dies kann hier aus zwei Gründen außer Betracht bleiben. Zum einen ließe sich das angestrebte Flow-Erleben auch innerhalb des Erweiterten kognitiven Motivationsmodell als angestrebte „Folge" integrieren. Zum anderen spielt ein solches Flow-Erleben in der Arbeitswelt keine herausragende Rolle: die große Mehrzahl der einschlägigen Untersuchungen behandelt Sport- und Freizeitaktivitäten.

so ist das unmittelbare angestrebte Ergebnis dieser Handlung die neue Stelle. Diese wird aber i.d.R. nicht um ihrer selbst willen angestrebt, sondern wegen der Folge einer spannenderen Tätigkeit, eines besseren Einkommens oder eines besseren Status.

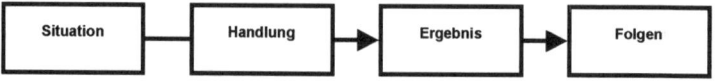

Abb. 24: Elemente des Erweiterten kognitiven Motivationsmodells

Die teleologische Struktur des Modells ist strukturgleich mit den Vorstellungen des Forschungsprogramms Subjektive Theorien und der individualpsychologischen Theorie. In der Individualpsychologie entspricht ihr die Frage nach dem „Wozu", von der her die „private Logik" eines Handelnden erschlossen wird. Das Forschungsprogramm Subjektive Theorien hat ein teleologisches Verständnis des Handelns, das im Begriff der „subjektiven Intention" zum Ausdruck kommt: Die Übereinstimmung der „subjektiven Intention" mit der „objektiven Motivation" ist sogar Kriterium dafür, ob überhaupt von einem Handeln im Unterschied zum bloßen Tun oder Verhalten gesprochen werden kann.

Zur Einschätzung der Motivation für die mit den vier Elementen umfassend beschriebene Handlung sind nun vier Einschätzungen relevant, die ebenfalls als Subjektive Theorien aufgefasst werden können. Diese Einschätzungen verknüpfen die vorgestellten Elemente miteinander. Es sind die Situations-Ergebnis-Erwartung, die Handlungs-Ergebnis-Erwartung und die Ergebnis-Folgen-Erwartung sowie der Anreizwert der Folgen (siehe Abb. 25).[245] Die Wirkung der einzelnen Einschätzungen auf die Gesamtmotivation ist „multiplikativ", nicht „additiv" zu verstehen. Ein niedriger Wert in einer der Einschätzungen kann die Gesamtmotivation auf nahe Null senken.[246]

---

[245] Im FST wurden „Situationsauffassung, Handlungsauffassung, Handlungsausführung und Handlungsergebnisauffassung" als Ansatzpunkte für Bemühungen zur Modifikation von Subjektiven Theorien identifiziert, ohne dies aber in eine Theorie der Wirkungsweise von Subjektiven Theorien zu integrieren. Vgl. Dann 1983, 90f. mit Verweis auf Tennstädt und Thiele 1982.

[246] Man stelle sich dazu vor, dass die Einschätzungen einen Wert zwischen 0 und 1 einnehmen können.

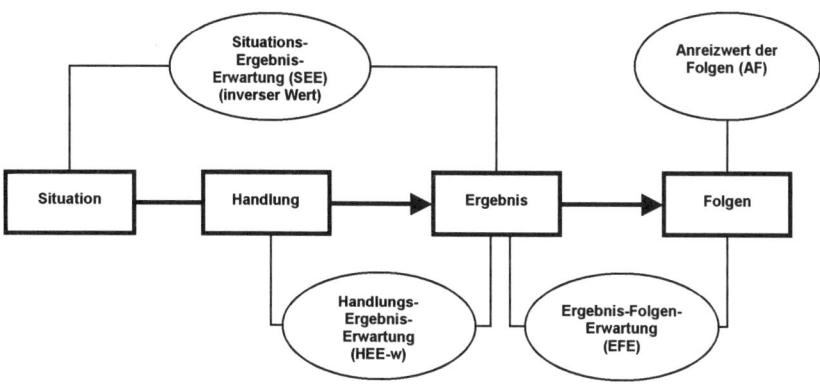

Abb. 25: Das Erweiterte kognitive Motivationsmodell

Die *Handlungs-Ergebnis-Erwartung i.w.S. (HEE-w)* beschreibt die Gewissheit oder die Zweifel, dass die geplante Handlung die geplanten Ergebnisse zeitigen wird. Die *Ergebnis-Folgen-Erwartung (EFE)* erfasst die Gewissheit oder die Zweifel, dass die geplanten Ergebnisse zu den geplanten Folgen führen. Ein hoher Wert in diesen beiden Dimensionen führt zu einer hohen Gesamtmotivation, ein niedriger lässt sie sinken. Beide Werte sind denkbar, wie eine Fortführung des Beispiels einer angestrebten Beförderung illustriert: Als Handlung kommt hier z.b. eine besonders gute Leistung in der bisherigen Tätigkeit in Betracht, deren beabsichtigtes Ergebnis eine besonders gute Beurteilung wäre, die dann wiederum die Beförderung zur Folge haben sollte. Die Handlungs-Ergebnis-Erwartung wäre hoch, wenn die entsprechende Subjektive Theorie des Beförderungswilligen besagen würde: „Jeder, der in meiner Firma durch seine Leistung hervorsticht, wird mit einer guten Beurteilung und einem stattlichen Jahresbonus belohnt." Sie wäre gering, wenn die Subjektive Theorie statt dessen lauten würde: „Egal, wie man sich abstrampelt, für meinen Vorgesetzten ist eine bessere Note als ‚drei' nicht vorstellbar. Da haben es Leute aus anderen Bereichen besser." Die Ergebnis-Folgen-Erwartung wäre hoch, wenn die Subjektive Theorie wäre: „Es werden im nächsten Jahr viele Stellen frei, weil ihre jetzigen Inhaber in Rente gehen. Sie werden mit denjenigen besetzt, die in diesem Jahr die besten Beurteilungen bekommen." Die Ergebnis-Folgen-Erwartung wäre dagegen niedrig, wenn die Subjektive Theorie lauten würde: „Die Fluktuation unter den Bereichsleitern ist extrem gering, dadurch herrscht ein großer Beförderungsstau für Mitarbeiter meiner Ebene."

Bei der *Situations-Ergebnis-Erwartung (SEE)* bewirkt dagegen ein niedriger Wert eine hohe Motivation. Sie drückt aus, ob das Eintreten des Ergebnisses als quasi automatisch angenommen wird (hohe Situations-Ergebnis-Erwartung) oder man davon ausgeht, dass es ohne das eigene Handeln nicht eintreten wird (niedrige Situations-Ergebnis-Erwartung). Ein Beispiel für eine hohe Situations-Ergebnis-Erwartung können Überlegungen zum Einfluss der Konjunkturlage (Situation) auf den Umsatz des eigenen Unternehmens (Ergebnis) sein. Die Motivation für eigenes Handeln ist gering, wenn ein Unternehmer eine hohe Situations-Ergebnis-Erwartung hat, dass die Konjunktur das Ergebnis quasi automatisch bestimmt. Dies kann sich beispielsweise in der folgenden Subjektiven Theorie ausdrücken: „Wir sind in einer zyklischen Industrie: wenn die Konjunktur anzieht, steigt unser Umsatz, wenn sie nachlässt, sinken unsere Verkaufszahlen. Wir haben da wenig Stellschrauben." Ist die Situations-Ergebnis-Erwartung in der selben Situation niedriger, ist die Motivation höher, durch eigenes Handeln das Ergebnis weiter zu verbessern. Dies bringt die folgende Subjektive Theorie zum Ausdruck: „Unsere derzeitigen Hauptabsatzmärkte sind starken konjunkturellen Schwankungen unterworfen. Es könnte aber sein, dass wir unsere Produkte auch für neue Kundensegmente adaptieren können, die weniger konjunkturellen Schwankungen unterworfen sind."

Der *Anreizwert der Folgen (AF)* erfasst, wie wichtig dem potentiell Handelnden die angestrebten Folgen sind. Ein hoher Anreizwert trägt zu einer hohen, ein niedriger zu einer niedrigen Motivation bei. Lautet im Beförderungsbeispiel die Subjektive Theorie „Ich kann langweilige Aufgaben nicht ausstehen. Meine jetzige Tätigkeit langweilt mich zu Tode" liegt ein hoher Anreizwert der angestrebten Folge Beförderung auf eine interessantere Position vor. Das Gegenteil ist der Fall, wenn die Subjektive Theorie lautet: „Die spannendere Aufgaben auf der nächsten Karrierestufe interessieren mich ja schon. Länger als 16 Uhr will ich aber auch keinen Fall arbeiten".

Unter Rückgriff auf Banduras vielfältig empirisch belegte Theorie zur Rolle der Annahmen zur „self-efficacy" („Selbstwirksamkeit"), hat Rheinberg das Modell weiter ausdifferenziert.[247] Er unterscheidet zwei Aspekte der Handlungs-Ergebnis-Erwartung i.w.S. (HEE-w): die *Selbstwirksamkeitserwartung (SWE)* und die *Handlungs-Ergebnis-Wirkung i.e.S. (HEE-e)*. Damit wird unterschieden, ob die Erwartung, dass sich das gewünschte Ergebnis einstellt, auf das eigenen Vermögen bezieht, die Handlung in der gewünschten Weise zu vollziehen (Selbstwirksamkeitserwartung), oder ob sie sich auf den kausalen Zusammenhang zwischen der erfolgten Handlung und dem Ergebnis bezieht (Handlungs-Ergebnis-Erwartung i.e.S.). Die oben genannten Beispiele zur Handlungs-Ergebnis-Erwartung i.w.S. betreffen den Aspekt der Handlungs-Ergebnis-Erwartung i.e.S. Es kommt nämlich eine Subjektive Theorie zum kausalen Zusammenhang von Handlung und Ergebnis zum Ausdruck, wenn jemand sagt: „Jeder, der in meiner Firma durch seine Leistung hervorsticht, wird mit einer guten Beurteilung und einem stattlichen Jahresbonus belohnt." Die Selbst-Wirksamkeits-Erwartung ist hingegen angesprochen, wenn die Subjektive Theorie lautet: „Für eine sehr gute Bewertung reicht es bei mir nicht im Vergleich zur Kollegin X. Die ist einfach ein Naturtalent." Das im empirischen Teil zum Einsatz kommende Erweiterte kognitive Motivationsmodell sieht wie folgt aus (siehe Abb. 26):

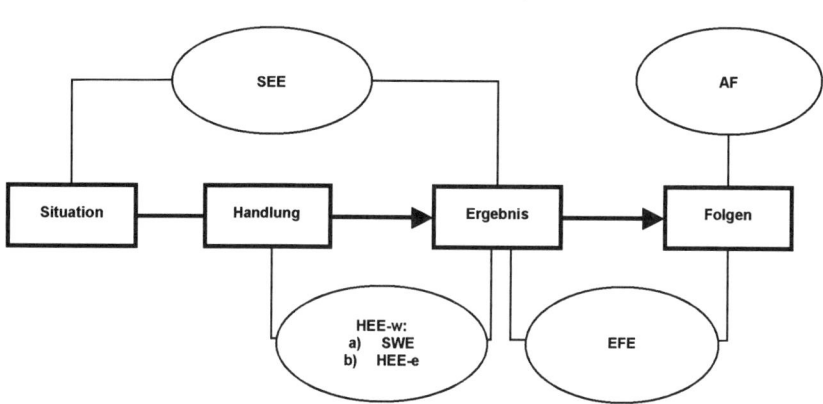

Abb. 26: Erweitertes kognitives Motivationsmodell mit Selbstwirksamkeitserwartung

---

[247] Vgl. Rheinberg 2000, 136ff; Bandura 1977, 193.

Zur Integration des Konstrukts der Subjektiven Theorien im Erweiterten kognitiven Motivationsmodell lässt sich festhalten, dass diese auf zwei Ebenen verortet werden können. Zum einen stellen die subjektiv kausal verknüpften Elemente Situation, Handlung, Ergebnis und Folge eine Subjektive Theorie dar. Eine zweite Ebene von Subjektiven Theorien stellen die Einschätzungen zu den einzelnen Elementen bzw. ihrer Verknüpfung dar, wie sie im Anreizwert der Folgen und den Erwartungen zum Ausdruck kommen. Während die erste Ebene eine Subjektive Theorie zu potentiellen Zusammenhängen von Situation, Handlung, Ergebnis und Folgen darstellt, bringt die zweite Ebene Subjektive Theorien zu ihrer Wünschbarkeit bzw. Realisierungswahrscheinlichkeit zum Ausdruck. Mit diesem Modell wird erstmals das im FST verschiedentlich empirisch festgestellte gleichzeitige Vorliegen mehrere Subjektiver Theorien zur selben Thematik systematisch strukturiert und differenziert abgebildet.[248] Dies verdeutlicht, dass die Abbildung aller zu einem Thema gehörigen Bestandteile einer Subjektiven Theorie in einer einzigen „Wenn-Dann"-Folge den unterschiedlichen Charakter verschiedener Bestandteile nicht hinreichend berücksichtigen kann.

3.3.3 Das Volitionsmodell

Für die Phase „rechts des Rubikon" hat Schwarzer ein detaillierteres Volitionsmodell entwickelt (siehe Abb. 27).[249] Der prä-aktionalen Phase des Rubikonmodells wird der Schritt „Planung" (planning) zugeordnet, der aktionalen Phase die Schritte Initiative, Coping und Wiederherstellung (Recovery) sowie Deaktivierung (Disengage).

Dem Übergang von der Planung zur Initiative lässt sich die Initiativ-Selbstwirksamkeitserwartung (I-SWE) zuordnen, der Aufrechterhaltung die Coping Selbstwirksamkeitserwartung (C-SWE) und der Wiederherstellung die Wiederherstellungs-Selbstwirksamkeitserwartung (W-SWE) (siehe Abb. 28). Darüber hinaus ist für die Ausführung einer bestehenden Volition die Überführung einer reinen „Zielintention" in eine „Implementierungsintention" zentral. Damit ist gemeint, dass eine allgemein gehaltene In-

---

[248] Zu den Problemen, die das Fehlen einer systematischen Zuordnung parallel vorliegender Bestandteile einer Subjektiven Theorie aufwerfen kann vgl. Humpert und Dann 2001.
[249] Vgl. Schwarzer 1996; Renner und Schwarzer 2000.

tention, die auf das zu realisierende Ergebnis abzielt, um die Angabe vervollständigt werden muss, wann, wo und wie die Schritte zu ihrer Umsetzung ergriffen werden sollen.[250]
Als Subjektive Theorien können in diesem Modell sowohl die Implementierungsintention
als auch die drei spezifischen Selbstwirksamkeitserwartungen aufgefasst werden.

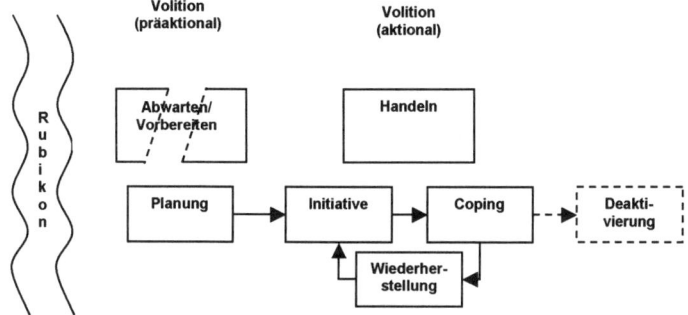

Abb. 27: Differenzierung der Volitionsphase nach Schwarzer

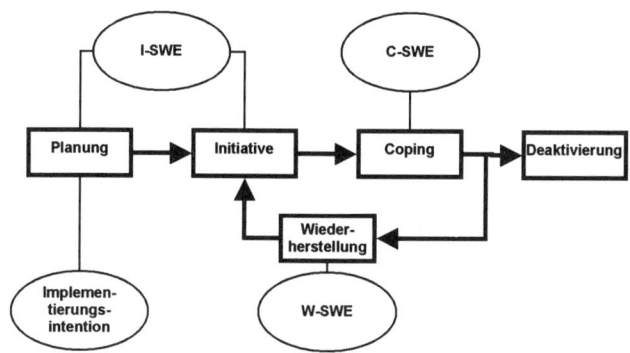

Abb. 28: Implementierungsintention und Erwartungen zu den Elementen der Volitionsphase

---

[250] Vgl. Gollwitzer 1993.

3.3.4 Kompatibilität von Motivations- und Volitionsmodellen, FST und Coaching

Die Motivations- und Volitionspsychologie bewegt sich im Paradigma traditioneller akademischer Forschung und forscht auch in experimentellen Settings. Daher kann die Kompatibilität mit dem FST und Coaching nicht einfach vorausgesetzt werden. Wie Abb. 29 zeigt, ist sie jedoch zumindest durch das Fehlen expliziter Inkompatibilitäten gegeben.

Auf der *wissenschaftstheoretischen Ebene* fehlen konkrete Aussagen über den Status der formulierten Erwartungen, auf die das Motivationsmodell rekurriert. Den konstruktivistischen Prämissen von Coaching und des FST stehen somit keine Aussagen entgegen. Auf der Ebene des *Menschenbildes* liegt eine explizite Kompatibilität vor, da die Motivations- und Volitionspsychologie, zumindest soweit sie hier verwendet werden, mit intentionalen Handlungsmodellen arbeiten. Das *Interaktionsverhältnis* von Forscher und Proband bzw. Coach und Klient in einem Beratungskontext wird in der Motivationspsychologie nicht thematisiert. Zu unterscheiden sind hier zwei Kontexte: der Erkenntnisgewinn über motivationspsychologische Zusammenhänge und die Erkenntnisverwendung. Im Kontext des Erkenntnisgewinns ist eine Kompatibilität aufgrund des Einsatzes experimenteller Untersuchungsdesigns nicht gegeben. Im Kontext der Erkenntnisverwendung, wie etwa in einem Beratungskontext, lassen sich die entwickelten Modelle jedoch verwenden, ohne dass das dialogische Prinzip hintergangen werden muss. Die empirischen Daten, die mit Hilfe der Modelle interpretiert werden sollen, müssen lediglich auf eine dem dialogischen Prinzip bzw. dem „Subjekt-Subjekt"-Verhältnis entsprechende Art und Weise erhoben werden. Hierzu stellt u.a. das FST eine entsprechende Methodologie bereit. Ohne Einschränkungen geht auch die Motivationspsychologie von einem *dynamischen Gegenstandsverständnis* aus: die Ausformulierung von Trainingsmodulen zeugt davon.[251] Das *theorieimmanente Interesse* an der weiteren Ausarbeitung von metamotivationalen und metavolitionalen Strategien zur Verbesserung des Handelns hat seine Entsprechung im Bemühen der Coaching-Theorie, die Möglichkeiten der Modifikation von Kognition und Handeln besser zu modellieren.[252]

---

[251] Vgl. Kehr 1998.
[252] Vgl. Kehr 1999.

Kriterien für Auswahl des Forschungsansatzes	Coaching	Forschungsprogramm Subjektive Theorien	Motivationspsychologie
(A) Wissenschaftstheoretische Kompatibilität	(Implizite) konstruktivistische Prämissen	Konstruktivistische Prämissen	keine explizite Reflexion, wissenschaftstheor. neutral
(B) Kompabibilität des Menschenbilds	Handlungswillige und -fähige Individuen	Reflexive, handlungsfähige Subjekte	Intentionale Handlungsstruktur
(C) Kompatibles Interaktionsverständnis Forscher-Interviewpartner/Coach-Klient	„Gleichwertigkeit" von Coach und Klient	„Subjekt-Subjekt-Relation" von „Erkenntnis-Subjekt" (Forscher) und „Erkenntnis-Objekt" (Interviewpartner)	(dialogische Interaktion nicht angelegt, aber Modelle darin verwendbar)
(D) Dynamisches Verständnis des Untersuchungsgegenstandes	Veränderungswillige Klienten	Modifikation von ST konzeptionell im FST vorgesehen	Anwendung der Modelle zur Veränderung von Handlungen in Trainings etc.
(E) Dem Praxisinteresse entsprechendes theorieimmanentes Entwicklungsinteresse	Zentrales Praxisinteresse: Besseres Verständnis der Veränderungsmechanismen	Zentrales Theorieinteresse: Weitere Ausarbeitung des Modifikationsthemas innerhalb des FST	Theorieinteresse an der Konzeption von metamotivationalen metavolitionalen Strategien zur Überwindung von Handlungskonflikten

Abb. 29: Kompatibilität der Motivationspsychologie mit Coaching und dem FST

3.3.5 Zwischenfazit: Subjektive Theorien in Motivations- und Volitionsmodellen

Die Aussagen des FST zum Wirkungszusammenhang zwischen Subjektiven Theorien und Handeln sind wenig präzise. Für die hier entwickelte Coaching-Theorie habe ich daher als zweiten Theoriebaustein das Rubikonmodell gewählt. Es unterscheidet die Handlungsphasen Motivation und Volition. Für jede der beiden Phasen habe ich ferner detailliertere motivations- und volitionspsychologische Modelle hinzugezogen. Durch die Verortung von Subjektiven Theorien in diesen Modellen kann ihre Wirkungsweise nun sehr präzise benannt werden. Damit ist die zweite Anforderung an eine Coaching-Theorie erfüllt, nämlich die Modellierung des Zusammenhangs von kognitiven Mustern und Handeln. Dies ist die Grundlage für ein präzises Verständnis der Modifikation Subjektiver Theorien und der Auswirkung, die eine Modifikation auf das Handeln haben kann. Es können daher nun die Bedingungen und Formen der Modifikation Subjektiver Theorien näher betrachtet werden.

3.4 Modifikationsansätze im FST – und ihre Grenzen

Die vorherigen Abschnitte haben gezeigt, wie kognitive Muster und ihr Einfluss auf Handeln modelliert werden können. Beim Coaching geht es aber um die *Veränderung* von Handeln. Die Diskussion um die Beschreibung des Status quo handlungsleitender Kognitionen wird daher in diesem Kapitel um die Modellierung der Veränderung dieser handlungsleitenden Kognitionen fortgeführt. Dazu kann zunächst wieder auf den Überlegungen des FST aufgesetzt werden. Über die rein (wissenschafts-)theoretische Grundlegung und empirische Analyse von Subjektiven Theorien hinaus sind im Rahmen des FST Programme zu Modifikation Subjektiver Theorien entwickelt worden.

Das Ziel der Modifikation Subjektiver Theorien im Sinne des FST ist es, „dass das Erkenntnis-Objekt (der Interviewpartner bzw. Klient, JR) in immer mehr Situationen und immer umfassender in der Lage ist, reflexiv, rational und (meta-)kommunikativ zu handeln".[253] Dies gilt allerdings nicht „in jedem Fall und um jeden Preis" und auch nicht als Selbstzweck, denn Irrationalitäten können eine Schutzfunktion für das Individuum beinhalten.[254] Die Modifikation Subjektiver Theorien soll daher nur zum Zwecke eines besseren Handelns erfolgen, wenn ein Individuum eine solche Verbesserung wünscht.

Mit der intendierten Modifikation Subjektiver Theorien überschreitet das FST die Grenze zwischen Forschung und Beratung. Anders als etwa bei naturwissenschaftlichen Experimenten, die chemische Muster von Molekülen verändern, ist eine gezielte Beeinflussung der kognitiven Muster eines Menschen rein zu Forschungszwecken nicht vertretbar. Eine Beeinflussung, die aber in Übereinstimmung mit den erklärten Interessen des Forschungs-„Objekts" erfolgt, ist nicht mehr nur Forschung, sondern stellt wie Coaching eine Beratung dar. Da das FST im Sinne einer solchen Beratung Modifikationsprogramme entwickelt hat, wird auch in Abschnitt 5.1 bei der Entwicklung eines Coaching-Ansatzes für den empirischen Teil auf diese zurückgegriffen. Im folgenden Abschnitt geht es zunächst um die theoretische Modellierung der Modifikation Subjektiver Theorien.

---

[253] Schlee 1988, 293.
[254] Vgl. Dann 1983, 83 und 90.

3.4.1 Konstanzer Trainingsmodell und KOPING

Die Modifikation Subjektiver Theorien wurde bisher v.a. im pädagogischen Bereich zur Veränderung von Lehrer-Verhalten im Rahmen dreier größerer Forschungsprojekte bzw. Gruppen von Forschungsprojekten in Deutschland in den 1980er Jahren untersucht.[255] Zwei davon steuerten Ergebnisse zum Band „Das Forschungsprogramm Subjektive Theorien"[256] bei: das DFG-Projekt „Naive Verhaltenstheorien von Lehrern" von 1978 bis 1982 an der PH Weingarten[257] und das Projekt „Aggression in der Schule" von 1982 bis 1987 an der Universität Konstanz.[258] Ein dritte Gruppe von Forschungsprojekten wurde durch das Bundesinstitut für Sportwissenschaft in Köln bis 1987 durchgeführt. Im Anschluss an diese hat Hanke im Rahmen seiner Habilitation 1991 für die Modifikation des Sportlehrer- und Trainerhandelns einen 21-Punkte-Plan erarbeitet, der aus einer Kombination von kognitions- und verhaltensbezogenen Analyse- sowie Modifikationsschritten besteht. Die Modifikation erfolgt durch die Konfrontation Subjektiver Theorien mit „wissenschaftlichen Theorien" und ergänzenden Verhaltenstrainings.[259] Aktuelle Arbeiten zur Modifikation Subjektiver Theorien finden sich in einer Untersuchung zum Gruppenunterricht in Schulen von Dann, Diegritz und Rosenbusch sowie in einem Sammelband von Mutzeck, Schlee und Wahl.[260]

Dann und Wahl als Beteiligte des Konstanzer bzw. des Weingartner Forschungsprojekts leiteten aus ihrer Forschung Modifikationsprogramme ab, die die Grundlage für ihre aktuellen Veröffentlichungen bilden: das Konstanzer Trainingsmodell (KTM) bzw. den Ansatz zur „Kommunikativen Praxisbewältigung in Gruppen" (KOPING).[261] Im folgenden werden beide verglichen und kritisiert. Vor diesem Hintergrund wird begründet, warum die bisherigen Programme auf theoretischer und praktischer Ebene ergänzt werden müssen.

---

[255] Vgl. Hanke 1991, 7-11 mit Verweisen auch auf weitere US-amerikanische Studien.
[256] Groeben et al. 1988.
[257] Vgl. Wahl et al. 1983.
[258] Vgl. Humpert und Dann 1988; Tennstädt et al. 1987; Tennstädt 1987; Tennstädt und Dann 1987.
[259] Vgl. Hanke 1991, insb. 90ff. Der 21-Punkte-Plan untergliedert sich in die fünf Abschnitte Ausgangssituation/Problembewusstsein, Deskriptionsphase 1: Analyse des Außenaspekts der Lehrer-Schüler-Interaktion, Deskriptionsphase 2: Kognitive Rekonstruktion, Interventionsphase, Alltagsintegration.
[260] Vgl. Dann, Diegritz und Rosenbusch 1999; Mutzeck, Schlee und Wahl 2002.
[261] Vgl. für das KTM Humpert und Dann 2001; Tennstädt 1987; Tennstädt und Dann 1987; Tennstädt et al. 1987 und für den KOPING-Ansatz Wahl 1991; Wahl et al. 1983. Zum KTM hat Dann über die Jahre mit wechselnden Ko-Autoren, zuletzt insbesondere mit Humpert publiziert. Zur Vereinfachung der Darstellung wird auf alle diese Arbeiten mit Verweis auf Dann Bezug genommen.

Dann[262] nennt drei Schritte, die für eine erfolgreiche Modifikation Subjektiver Theorien nötig sind: Explikation, Austausch und Bewährung. Erstens sind danach die Subjektiven Theorien sowohl des Funktions- als auch des Herstellungswissens zu *explizieren*, die Interviewpartner also bei ihren Wissensbeständen „abzuholen". Funktionswissen bezeichnet dabei abstrakt-theoretische Wissensbestände, Herstellungswissen bezeichnet konkret handlungsleitende Wissensbestände. Zweitens sind die explizierten individuellen Subjektiven Theorien mit alternativen Theorien zu *konfrontieren*, die entweder dem Wissen anderer Praktiker oder aber wissenschaftlichen Erkenntnissen entstammen. Als nicht zielführend erkannte Teile der bisherigen Subjektiven Theorien sollen mit diesen *ausgetauscht* werden.[263] Drittens soll sich die veränderte Subjektive Theorie *bewähren*. Dies muss nicht gleich in der Praxis geschehen, sondern kann zunächst in gedanklichen Simulationen, Rollenspielen und Probehandlungen geschehen. Ziel ist eine Routinisierung neu-bewährter Handlungen.

Diese so oder ähnlich in verschiedenen Beratungsansätzen auffindbare Abfolge von Veränderungsschritten ist grundsätzlich überzeugend. Allerdings ist sowohl die Konzipierung des Austauschs der Subjektiven Theorien als auch der Bewährung neuer Subjektiver Theorien m.E. auch theorieimmanent zu kritisieren. Beim *Austausch Subjektiver Theorien* hält Dann einen Input von außen für zwingend erforderlich.[264] Meines Erachtens kommt als Quelle für alternative Subjektive Theorien des Herstellungswissens aber auch der Subjektive Theoretiker, also der Coachee, selbst in Betracht. So könnte er auf Bestände seines Funktionswissens zurückgreifen oder durch den im Dialog mit dem Forscher/Berater/Coach gewonnenen neuen Blickwinkel auf seine Situation selbst alternative Theorien entwickeln. Dies gilt insbesondere für den Fall des „Tuns", also des Auseinanderfallens von subjektiver Intention und objektiver Motivation. Zum richtigen Vorgehen für diesen Fall bestehen schon in den Grundlagentexten des FST widersprüchliche Aussagen, die zu der unvollständigen Konzeption bei Dann beigetragen haben mögen. Denn einmal wird auf die Notwendigkeit betont, dass der Forscher die objektive Motivation des Tuns ermitteln muss. Andererseits wird gefordert, dass dieses durch den intensiven Dialog mit

---

[262] Vgl. Dann 1994, 174f.
[263] Vgl. hierzu auch schon Heckhausen 1976.
[264] Dann hält dagegen einen Input von außen für erforderlich (persönliches Gespräch in Nürnberg am 31.7.2001).

dem Klienten vermieden werden kann, wenn dieser dadurch doch noch selbst seine Motivation erkennt. Die Ergänzung um die „objektive Motivation" sei im Falle des Tuns, so heißt es bei Groeben, „durch den Wissenschaftler ‚von außen' vorzunehmen, da die agierende Person selbst im Fall der Rationalisierung ja gerade keinen (bewussten) Zugang zu dieser Motivationsebene besitzt (zumindest nicht zum Zeitpunkt des zu erklärenden Ereignisses bzw. der Erhebung der Subjektiven Theorie)."[265] Stellt man den Hinweis in Rechnung, dass die Rekonstruktion Subjektiver Theorien bereits zu einer Rationalitätssteigerung führen kann, erscheint diese Sichtweise nicht nur nicht plausibel. Sie unterläuft auch das in den Menschenbildannahmen des FST enthaltene Postulat der potentiellen Rationalität der Interviewpartner.[266] Daher ist die Einbeziehung des Subjektiven Theoretikers bei Subjektiven Theorien, die der „objektiven Motivation" zu widersprechen scheinen, vorzuziehen. Dieser Weg erscheint dem Grundgedanken des FST angemessener, da er die potentielle Rationalität des Interviewpartners weiter in Rechnung stellt – auch wenn dieses Potential offenbar im fraglichen Fall nicht ausgeschöpft wurde. Der Anspruch des FST, zur Rationalitätssteigerung des Handelnden beizutragen, kann hier voll zum Tragen kommen. Denn primäres Ziel für eine solche Rationalitätssteigerung sollte die Kongruenz von subjektiver Intention und objektiver Motivation sein.

Die Möglichkeit, im Dialog zwischen Forscher und Interviewpartner Tun in Handeln durch eine (Selbst-)Aufklärung über die handlungsleitenden Subjektiven Theorien zu überführen, hatte Groeben in der ursprünglichen Konzeption des Forschungsprogramms noch zugestanden: „Im konkreten Forschungsprozess sind hier Rückkoppelungsschleifen möglich, mit deren Hilfe u.U. der Übergang von der (kommunikativ-validierten) subjektiv-intentionalen Handlungs-Beschreibung auf eine motivationale Tuns-Beschreibung hinausgeschoben oder sogar vermieden werden kann." In diesem Zusammenhang räumte er auch ein, dass die hierfür erforderliche Konzeptualisierung noch zu leisten ist: „Die Ausarbeitung, welche Analysen sowie Rückkoppelungsschleifen hier sinnvoll und nötig sind, kann und muss aber m.E. einer umfassenden sozialwissenschaftlich-handlungstheoretischen

---

[265] Groeben 1988b, 83.
[266] Darüber hinaus erscheint auch fraglich, ob der Wissenschaftler überhaupt sinnvoll Subjektive Theorien formulieren kann. Sicherlich kann ein Wissenschaftler vielfältige Hypothesen darüber aufstellen, welche Motivationen eine bestimmte Tätigkeit bedingt haben können. Wie aber soll er sicherstellen, dass darunter auch die tatsächlich handlungsleitende ist? Wie soll er sicherstellen, dass er „gute Gründe" im Sinne

Psychologie-Konzeption (und deren Durchführung) überlassen bleiben."[267] Dieses Desiderat besteht bis heute. Die vorliegende Arbeit trägt dazu bei, diese Lücke zu schließen.[268]

Der zweite Kritikpunkt an Danns Modifikationskonzeption betrifft die *Einübung des neuen Verhaltens* auf Basis einer neuen Subjektiven Theorie. Die Kritik richtet sich nicht gegen die empirisch naheliegende und einsichtige Forderung, dass sich verändertes Handeln in der Praxis bewähren muss, um regelmäßig Verwendung zu finden. Allerdings ist im Kontext des Gedankengebäudes des FST zu fragen, wieso denn in das Herstellungswissen als handlungsleitend integrierte neue Bestandteile einer Subjektiven Theorie noch der Handlungsbewährung bedürfen, um handlungsleitend zu sein. Hier liegt ein Widerspruch vor, da sie nicht handlungsleitend sind oder die tatsächlich handlungsleitenden Subjektiven Theorien entgegen der Annahme gar nicht modifiziert wurden.

Dieses Problem wird noch deutlicher bei Wahl und ist daher eine genauere Betrachtung wert.[269] Wahls KOPING-Konzept unterscheidet fünf Stufen, die sich den drei Prinzipien von Dann wie in Abb. 28 gezeigt zuordnen lassen. Die Explikation bei Dann wird von Wahl unterteilt in die Stufe der Problemauswahl (1) und der Problemrekonstruktion (2). Letztere sieht neben der Rekonstruktion der Subjektiven Theorie des jeweiligen Subjektiven Theoretikers, also der Rekonstruktion der Innenperspektive auf das Problem, auch noch die Feststellung einer Außenperspektive auf das Problem mittels Beobachtung vor. Daran schließt sich die dem Austausch bei Dann entsprechende Stufe der kommunikativen Problemlösung (3) an. Die Bewährung bei Dann ist bei Wahl unterteilt in zwei Stufen, nämlich die des vorgeplanten Agierens inklusive Vorsatzbildung (4) und die des Erprobens in der Praxis (5).

---

von Apel gefunden hat, die nicht nur die Rechtfertigungs-, sondern auch die Erklärungsrolle ausfüllen? Sobald der Subjektive Theoretiker als Auskunftsgeber ausfällt, dürfte die Treffsicherheit erheblich sinken.

[267] Groeben 1986, 346.
[268] Siehe Abschnitt 3.5.
[269] Vgl. Wahl 1991, 195ff.

Dann	Wahl
1. Explikation	1. Problemauswahl
	2. Rekonstruktion der Innen- und Außenperspektive
2. Konfrontation & Austausch	3. Kommunikatives Problemlösen
3. Bewährung	4. Vorgeplantes Agieren & Vorsatz
	5. Erproben

Abb. 30: Vergleich der Modifikationskonzepte von Dann und Wahl

In der Stufe des vorgeplanten Agierens werden zusammen mit einem „Tandem-Partner" genannten Kollegen[270] künftige, veränderte Handlungen konzipiert und Vorkehrungen eingeplant, die verhindern sollen, dass das gewohnte Handeln statt des gewünschten veränderten Handelns erfolgt. Wenn ein Seminar-Vielredner also beispielsweise sein Vielreden beschränken will, soll er sich, sobald er den Impuls zum Reden spürt, einen „Stop-Befehl" geben. Dies kann durch vier Varianten von „Ersatzhandlungen" unterstützt werden: durch inneres Sprechen, lautes Sprechen, eine eingeschobene Handlung oder eine Kurzentspannung.[271] In der Praxis kann die geplante neue Handlungsweise aber auch mit Hilfe dieser Techniken oftmals nicht umgesetzt werden.[272] Vielmehr werde ein neues Handeln „in vielen Fällen" nicht erreicht, woraufhin die Motivation zur Veränderung zusammenbreche. Am ehesten könne die Umsetzung der geplanten Handlungsänderung durch die Anwesenheit des Tandem-Kollegen in der Praxis-Situation erreicht werden. Dieser wirke als „Erinnerungshilfe", denn alles entscheidend sei, „ob der Akteur sich in der betreffenden Episode tatsächlich daran erinnert, dass er eine bestimmte Handlungsweise realisieren wollte, und ob er es auch wagt, dies zu tun."[273]

---

[270] Wahl hat sein KOPING-Konzept mit einer Gruppe von Lehrern entwickelt und erprobt.
[271] Vgl. Wahl 1991, 203f.
[272] Wahl 1991, 204 (für die folgenden drei Zitate).
[273] Wahl 1991, 204. In dem KOPING verwandten Modifkationssystem „KoBeSu" von Schlee wurde aufgrund der Schwierigkeit, allein schon konkrete Handlungsmöglichkeiten zu entwickeln, diese Stufe aus dem Modifikationsprogramm sogar ganz gestrichen und dieses darauf beschränkt, dem Klienten neue Sichtweisen auf seine Problemlage zu ermöglichen und in diesem Sinne die Subjektiven Theorien zu modifizieren (vgl. Schlee 1996, 154; Neveling 2002, 145).

Diese Schwierigkeit, geplante Handlungsänderungen tatsächlich durchzuführen, verdeutlicht zweierlei: erstens wie bei der Diskussion der „Bewährung" nach Dann, dass offenbar von unmittelbarer Handlungsleitung bei den modifizierten Subjektiven Theorien keine Rede sein kann bzw. ihr handlungsleitender Einsatz offenbar von dritten Faktoren abhängt. Diese weiteren Faktoren („sich erinnern"; „es wagen") werden aber zweitens nicht in das Theoriegebäude einbezogen und angemessen modelliert, sondern als zusätzliche exogene Faktoren eingeführt. Dies reduziert den Erklärungswert des Ansatzes der Subjektiven Theorien gravierend und verweist auf die Notwendigkeit, die Gründe des Unterbleibens von Handlungsveränderungen auch theoretisch in das FST-Modell zu integrieren.[274]

Die zusätzlich genannten Faktoren „sich erinnern" und „es wagen" legen die Frage nahe, wovon es abhängt, ob man sich erinnert oder die Veränderung wagt. Dies hängt offenbar mit der Stärke der Veränderungsmotivation zusammen. Davon ausgehend ist folgende alternative Lesart der Untersuchungsergebnisse von Wahl möglich: Nicht erst das Scheitern am eigenen Vermeidungshandeln lässt die Veränderungsmotivation zusammenbrechen, sondern eine Veränderungsmotivation war nie ausreichend vorhanden. Dies führe ich im folgenden Abschnitt aus.

3.4.2   Subjektive Intention versus objektive Motivation

Die wenig erfolgreiche Umsetzung von geplanten Handlungsänderungen lässt sich m.E. durch ein Auseinanderfallen von subjektiver Intention und objektiver Motivation im Sinne des FST erklären. Der Wunsch nach Veränderung kann als subjektive Intention der Teilnehmer verstanden werden, der von ihrer objektiven Motivation abweicht. Diese könnte etwa darin bestanden haben, sich im Kollegenkreis über schwierige Arbeitssituationen auszutauschen. Eine nicht hinreichende Motivklärung führte dazu, dass Veränderungen des Handelns geplant wurden, die der objektiven Motivation der Teilnehmer nicht entsprachen und folglich in der Praxis nicht umgesetzt wurden. Der Umstand, dass die Anwesenheit

---

[274] Dies legt auch die recht heterogene empirische Befundlage zur Handlungswirksamkeit (der Modifikation) Subjektiver Theorien nahe (vgl. Dann et al. 1982; Regnet 1992, 135ff.; Lummer 1994; Dann und Humpert 1987; Krampen 1986; Dann 1994; Dann et al. 1987; Dann, Diegritz und Rosenbusch 1999). Zu Gründen der Resistenz gegenüber Veränderungen vgl. Dowd 1999.

eines Kollegen eine geplante Veränderung des Unterrichtshandelns wahrscheinlicher macht, muss dann anders als durch Wahl interpretiert werden.

Die Anwesenheit des „Tandem-Partners" bewirkt dann nämlich eine Verhaltensänderung, die vom unterrichtenden Kollegen trotz entsprechender subjektiver Intention gar nicht gewollt ist. Demnach ist die Anwesenheit keine bloß unterstützende Erinnerung für ein intraindividuell motiviertes neues Handeln, sondern verursacht ein nicht gewolltes Handeln aus Gründen, die mit der Handlungsänderung nichts zu tun haben. Zum Beispiel könnten interindividuelle, soziale Prozesse eine Rolle spielen, etwa vor dem Kollegen nicht als veränderungsunfähig oder handlungsschwach dastehen zu wollen. Dies lässt zweierlei Folgen erwarten: Erstens, dass das Wohlbefinden des nun anders Handelnden sinkt und zweitens, dass die Handlungsänderung deswegen nicht von Dauer sein wird.

Dies lässt sich anhand von McClellands Unterscheidung von expliziten Zielen („self-attributed motives") und den tatsächlichen eigenen Motiven („implicit motives") weiter verdeutlichen. Beide können voneinander abweichen, da explizite Ziele oft stark sozial (mit-)geprägt sind. Insbesondere Werte der Arbeitswelt, aber auch gesellschaftliche Trends haben einen Einfluss auf die Formulierung expliziter Ziele.[275] Brunstein, Schultheiss und Graessmann haben gezeigt, dass die Erreichung expliziter Ziele nur dann zu mehr Wohlbefinden führt, wenn diese mit den impliziten Motiven übereinstimmen (vgl. Abb. 31).[276] Übertragen auf das Unterrichtsszenario wäre zu erwarten, dass ein Erreichen des expliziten Ziels „verändertes Handeln" nur dann zu erhöhtem Wohlbefinden führt, wenn es den impliziten Motiven wirklich entspricht. Erfolgt die Veränderung nur auf sozialen Druck hin und nicht in Kongruenz mit den impliziten Motiven, wird das Wohlbefinden abnehmen. Da sein Verhalten sich ohnehin nur in Anwesenheit des Kollegen geändert hat, wird der Lehrer zu seinem alten Verhalten zurückkehren, sobald die Unterrichtsbesuche des Kollegen aufhören.

---

[275] Vgl. McClelland, Koestner und Weinberger 1989; Weinberger und McClelland 1990; Gebert und Rosenstiel 1996; Hacker 1986; King 1995; Rheinberg 2000, 187ff.
[276] Vgl. Brunstein, Schultheiss und Graessmann 1998.

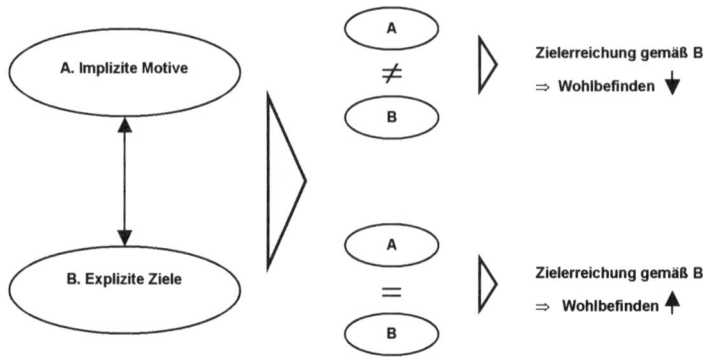

Abb. 31: Wohlbefinden und die Kongruenz von impliziten Motiven und expliziten Zielen

3.4.3   Praktische und theoretische Schlussfolgerungen

Aus diesen Überlegung lassen sich praktische und theoretische Schlüsse ziehen. Auf der *praktischen Ebene* haben sie deutlich gemacht, dass eine Veränderung des Handelns nicht per se wünschenswert ist, sondern nur, wenn dies der Klient wirklich will. Dabei ist eine einhundertprozentige Sicherheit, dass die explizite Intention zu einer Verhaltensänderung auch den impliziten Motiven des Klienten entspricht, nicht zu erreichen. Umso wichtiger ist es, die Umsetzung neuen Verhaltens bei auftretenden Schwierigkeiten nicht zu erzwingen. Vielmehr sollten solche Hemmnisse als neue Chance der Erschließung bisher noch nicht rekonstruierter Subjektiver Theorien genutzt werden. Dementsprechend wird die geplante Verhaltensänderung sukzessive bis zur Realisierung präzisiert – oder legitimerweise unterlassen. Dies wurde zwar in programmatischen Schriften zum FST betont, in den dokumentierten Modifikationsprogrammen aber zumindest nicht methodisch reflektiert. Versuche, Handlungsänderungen von außen mitzubewirken, sind daher abzulehnen. Sicherlich können Praxisbesuche im Einzelfall als hilfreich erlebt werden. Sie bergen aber immer die Gefahr (un-) gewollter Manipulation. Die von Dann zur Vorbereitung der eigentlichen Praxissituation vorgeschlagenen Rollenspiele sind daher Praxisbesuchen vorzuziehen.

Ferner erscheint es fraglich, ob von einem Kollegen die hinreichend professionelle Expertise und Erfahrung zum Umgang mit Unterschieden zwischen subjektiver Intention und objektiver Motivation erwartet werden kann. Abgesehen von der mangelnden Professionalität im Umgang mit persönlichen Veränderungsprozessen kommt bei Kollegen die Gefahr sozialen Drucks hinzu, die auch ohne Unterrichtsbesuche Veränderungen erzwingen könnte.[277] Vorzuziehen ist daher ein Berater, der mit den zu Beratenden in keinem sonstigen Verhältnis steht – so wie es im Coaching vorgesehen ist.

Auf der *theoretischen Ebene* haben diese Überlegungen die Grenzen der Modifikationsprogramme im FST aufgezeigt und insbesondere die fehlende Berücksichtigung des FST-Grundgedankens der Unterscheidung von subjektiver Intention und objektiver Motivation herausgearbeitet. Diese Unterscheidung ist im FST weder konzeptionell noch praktisch ausgearbeitet worden, sie scheint vergessen worden zu sein. Es fehlen insbesondere Überlegungen dazu, wie diese Unterscheidung für eine dialogische Modifikation Subjektiver Theorien nutzbar gemacht werden kann. Dies ist nach 25 Jahren FST[278] erstaunlich, da von Anfang an konzediert wurde, dass eine solche Diskrepanz zwischen subjektiver Intention und objektiver Motivation bei menschlichen Tätigkeiten häufiger anzutreffen sein dürfte als ein idealtypisches „Handeln". Groeben verweist darauf, dass über die Häufigkeitsverteilung menschlichen Tätigseins in die drei Einheiten Handeln, Tun und Verhalten zwar empirisch keine Untersuchungen vorliegen. Der Typus des Handelns stelle aber „den absoluten Idealfall dar, über dessen Häufigkeit [...] nicht zu optimistische Erwartungen aufgebaut werden sollten."[279]

Die Berücksichtigung des möglichen Auseinanderfallens von subjektiver Intention und objektiver Motivation erfordert die Unterscheidung der zwei entsprechenden Kategorien „Tun" und „Handeln" bei der Modifikation Subjektiver Theorien. Dies bedeutet, dass die Modifikation Subjektiver Theorien in zwei Stoßrichtungen erfolgen kann. Die fehlende Unterscheidung dieser beiden Stoßrichtungen ist der eigentliche Grund für die diskutierten Probleme der bisherigen Modifikationsprogramme im FST. Dort wird nämlich stillschwei-

---

[277] Hier bestehen offenbar Parallelen zur Diskussion um die Nachteile unternehmensinterner Coaches und insbesondere des Vorgesetzen-„Coachings" (vgl. Abschnitt 2.2.5).
[278] Gerechnet ab Erscheinen des programmatischen Bandes „Argumente für eine Psychologie des reflexiven Subjekts" (vgl. Groeben und Scheele 1977).

gend davon ausgegangen, dass die zum Zweck der Modifikation erhobenen Subjektiven Theorien i.w.S. (also noch ohne kommunikative und explanative Validierung) kommunikativ und explanativ validiert werden können, es sich also um Subjektive Theorien i.e.S. handelt. Als Gegenstand der angestrebten Modifikation wird dementsprechend ein Handeln unterstellt. In diesem Fall ist eine Modifikation einfach durch den Austausch einer Subjektiven Theorie i.e.S. durch eine andere Subjektive Theorie i.e.S. zu leisten. Die bisher durchgeführten Modifikationsstudien, wie auch die diskutierten Ansätze von Wahl und Dann lassen sich diesem Modifikationsparadigma zuordnen (II. Quadrant in Abb. 32).[280]

Ein anderes Bild ergibt sich aber, wenn es so ist, wie Groeben mit einem Zitat von Max Weber andeutet: „Das *reale* Handeln verläuft in der großen Masse aller Fälle in dumpfer Halbbewusstheit oder Unbewusstheit seines ‚gemeinten Sinns'. Der Handelnde ‚fühlt' ihn mehr unbestimmt, als dass er ihn wüsste oder ‚sich klarmachte'".[281] In so einem Fall ist davon auszugehen, dass „in der großen Masse aller Fälle" die erhobene Subjektive Theorie zumindest nicht explanativ validiert werden konnte. Der Gegenstand der angestrebten Modifikation ist in diesen Fällen zunächst ein „Tun". Damit ändert sich die Stoßrichtung einer sinnvolleren Modifikation: Zunächst muss Tun in Handeln überführt werden. Hierzu ist die Aufklärung über die eigene objektive Motivation im Sinne einer Angleichung der subjektiven Intention an die objektive Motivation erforderlich (III. Quadrant in Abb. 32).

Der vorschnelle Austausch einer vermeintlichen subjektiven Theorie i.e.S. durch eine wissenschaftlich oder zumindest praxis-gesicherte ist nicht sinnvoll, wenn eine Handlungsänderung angestrebt wird, da die handlungsleitende Subjektive Theorie noch gar nicht rekonstruiert wurde. An eine (Selbst-)Aufklärung über die handlungswirksame Subjektive Theorie kann sich natürlich ein Austausch derselben anschließen (IV. Quadrant in Abb. 32).

---

[279] Vgl. Groeben 1986, 338.
[280] Gemäß eines persönlichen Gesprächs mit Wahl am 18.9.2001 wendet er sein KOPING-Verfahren v.a. im Bereich des Handelns an, z.B. zum Austausch didaktischer Subjektiver Theorien von Lehrern, an. Im Bereich des Tuns sei die Methode nicht so erfolgreich.
[281] Max Weber 1984 [1921], 40 (Hervorh. im Original); zit. nach Groeben 1986, 169.

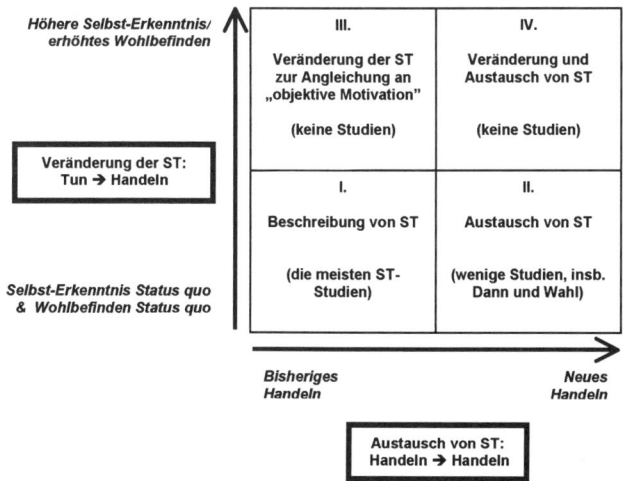

Abb. 32: Austausch und Veränderung als mögliche Modifikationsrichtungen von ST

Diese Interventionsrichtung entspricht den vom FST gesuchten „Rückkoppelungsschleifen" durch die der „Übergang von der (kommunikativ-validierten) subjektiv-intentionalen Handlungs-Beschreibung auf eine motivationale Tuns-Beschreibung hinausgeschoben oder sogar vermieden werden kann."[282] Die gezielte Überführung eines Tuns in Handeln verfolgt das Ziel einer gesteigerten Selbsterkenntnis des Klienten, was im übrigen als ein Haupthebel erfolgreichen Coachings angesehen wird.[283] Deshalb ist die Modellierung dieser Interventionsrichtung ein wesentlicher Bestandteil dieser Coaching-Theorie. Mit Hilfe der Unterscheidung zwischen Tun und Handeln lässt sich die Interventionsrichtung präzise beschreiben. Dazu, wie die ihr entsprechenden Veränderungen genauer gefasst werden können, also zu den „Rückkopplungsschleifen", bietet das FST aber keine genaueren Überlegungen. Zur Modellierung dieser Veränderungen greife ich daher auf andere Theoriebausteine zurück.

---

[282] Groeben 1986, 346.
[283] Vgl. Kilburg 2000, 112. Siehe auch die Wirkung von 360°-Feedback: vgl. hierzu Church 1997; Wohlers und London 1989; Yammarino und Atwater 1993.

Eine solche Modellierung muss die besonderen Erfordernisse der Kategorie des Tuns berücksichtigen und sinnvollerweise auf dieser Kategorie zuzuordnende Forschungsarbeiten
in der Psychologie zurückgreifen. Dies sind all solche Modelle, die ein mögliches Auseinanderfallen von subjektiver Intention und objektiver Motivation berücksichtigen.[284]

Dabei sollte im Sinne der Wissenschafts- und Menschenbildannahmen sowohl von Coaching als auch des FST eine Theorie Verwendung finden, die die prinzipielle kommunikative Einholbarkeit zunächst nicht subjektiv-intentionaler Momente der objektiven
Motivation betont und wissenschaftstheoretisch konstruktivistisch statt essentialistisch argumentiert. Ein solche Theorie stellt die *Individualpsychologie* Alfred Adlers dar. Im Mittelpunkt der individualpsychologischen Theorie steht die vermeintlich simple Frage nach
der „privaten Logik" des jeweiligen Handelns, und stehen nicht – wie in der psychoanaly-
tisch-freudianischen Tradition – Konstrukte wie „Instanzen" oder „stumme Elemente", die
der eigenen Erfahrung als solche nicht zugänglich sind. Diese „private Logik" aufzuklären
und gegebenenfalls zu ändern ist das Ziel des Beratungsgesprächs. Wie zu zeigen sein
wird, kommt das Konstrukt „private Logik" dem Konstrukt „Subjektive Theorie" sehr nahe
und kann zu der im FST fehlenden Ausarbeitung der „Rückkoppelungsschleifen" beitragen. Auch für das Themenfeld Coaching ist die Individualpsychologie einschlägig: In der
aktuellen Forschungsliteratur wird sie als „lohnender Forschungsansatz" für die Entwicklung einer bisher fehlenden „theoretischen Fundierung des Coaching" genannt.[285]

Zunächst werde ich im Folgenden die Individualpsychologie historisch und im Verhältnis
zur Ideenwelt des FST einordnen und ihre Terminologie und Grundprinzipien erläutern.
Anhand des individualpsychologischen Beratungsprozesses werde ich dann verdeutlichen,
wie die Individualpsychologie das Auseinanderfallen von subjektiver Intention und objektiver Motivation konzeptualisiert – und beide zusammenzuführen sucht. Der individualpsychologische Ansatz wird dann mit den Modifikationskonzeptionen innerhalb des FST
und dem oben entwickelten motivationspsychologischen Handlungsmodell zu einer Coaching-Theorie zusammengeführt.

---

[284] Siehe auch hierzu bereits Groeben 1986, 163ff. und 406f. mit einem Verweis auf psychoanalytische Modelle.
[285] Sobanski 2001, 420f.

3.5 Individualpsychologische Beratungstheorie: Überführung von Tun in Handeln

3.5.1 Einordnung und Grundprinzipien der Individualpsychologie

In der Anfang des 20. Jahrhunderts entwickelten Individualpsychologie Alfred Adlers stehen nicht intrapsychische Konflikte im Vordergrund, sondern die Auseinandersetzung mit der eigenen Umwelt. Diese beruht auf einem „ideosynkratischen kognitiven Schema, das der Klient benutzt, um Lebenssituationen Sinn zu verleihen."[286] Damit wird schon weit vor der Zeit des Konstruktivismus eine konstruktivistische Sichtweise hinsichtlich des Verhältnisses des Menschen zu sich selbst und zur Welt eingenommen: „Die Menschen schaffen die ‚Realität' mit, auf die sie reagieren."[287] Die Art und Weise des Mitschaffens wird bestimmt durch eine individuelle Sicht der Welt, die in Form einer „privaten Logik" handlungsleitende Annahmen über die eigene Person und die Welt enthält. Diese individuelle Weltsicht nennt Adler den „Lebensstil" einer Person. Der Lebensstil filtert die Wahrnehmung von Selbst und Umwelt. Adler nennt dies „tendenziöse Apperzeption."[288] Individualpsychologen haben dies auch in der Terminologie Kellys, auf den bekanntlich Groeben und das FST aufbauen, ausgedrückt: „Der für jede Person einzigartige Lebensstil ist in Kellys (1955) Ausdrucksweise ein *System persönlicher Konstrukte*."[289] In der Regel sind der Lebensstil, seine Kernannahmen und die daraus abgeleiteten übergreifenden Ziele den Individuen nicht bewusst.[290]

Das Ziel individualpsychologischer Interventionen besteht darin „Klienten bei der Veränderung falscher oder fehlerhafter Annahmen über das Leben und Beziehungen zu unterstützen und kontraproduktive Interaktionen mit dem Umfeld zu verändern".[291] Dies scheint der Modifikation Subjektiver Theorien im FST direkt zu entsprechen. Allerdings geht es bei der individualpsychologischen Beratung darum, zunächst nicht bewusste Anteile, „im-

---

[286] Nicoll 1999, 29; vgl. Ansbacher und Ansbacher 1995; Tymister 1990a; Watts und Carlson 1999; Mosak 1996; Seidel 1994; Mosak und Dreikurs 1973.

[287] Watts 1999, 3; vgl. Shulman und Watts 1997 und Watts 1999, 5ff. mit weiteren Literaturverweisen.

[288] Vgl. Datler 1995.

[289] Watts 1999, 2f., Hervorh. i. Orig.; mit Verweis auf Kelly 1955. Dinkmeyer und Sperry weisen ebenfalls auf die Nähe der Individualpsychologie Alfred Adlers zu Kelly hin „den viele als Krypto-Adlerianer betrachten" (Dinkmeyer und Sperry 2000, 18). Vgl. hierzu auch den Nestor der US-amerikanischen Individualpsychologie: Dreikurs 1994, 14. Jacob sieht Kelly auch als Vorläufer des Konstruktivismus (vgl. Jacob 2002).

[290] Vgl. Shulman 1985; Shulman und Watts 1997; Watts 1999.

[291] Nicoll 1999, 17.

plizite Motive" im Sinne McClellands so weit wie nötig offen zu legen und diese dann gegebenenfalls zu ändern. In der Terminologie des FST wird also zunächst die „objektive Motivation" aufgedeckt und dann die diese ausdrückende Subjektive Theorie gegebenenfalls geändert. In Abb. 32 entspricht dies einer Bewegung vom ersten in den dritten und dann weiter in den vierten Quadranten. Die Modifikationsprogramme des FST streben hingegen nur eine Bewegung vom ersten in den zweiten Quadranten an.

Die Veränderung der privaten Logik (bzw. der Subjektiven Theorien in der Terminologie des FST) wird in der individualpsychologischen Theorie durch zwei Prinzipien erklärt: die theoretische Möglichkeit der Veränderung durch das Kreativitätspotential des Menschen und konkrete Veränderungen durch sein Konsistenzstreben. Die Basis und Grundbedingung von Veränderung ist aus individualpsychologischer Sicht die kreative Fähigkeit des Klienten, sein eigenes Wahrnehmungssystem durch tiefere Einsicht neu zu strukturieren.[292] Komplementär zum eher statischen Bild des „man the scientist", auf das Groeben im Anschluss an Kelly rekurriert (und das eher den strukturiert-analytischen Umgang mit der Welt betont), beschreibt Adler den Menschen mit der dynamisch-schaffenden Metapher des Künstlers. Dabei sei „jeder Mensch Bild und Künstler zugleich. Er ist der Künstler seiner eigenen Persönlichkeit".[293]

Die Wirkung des Konsistenzstrebens wird mit einer Theorie über dysfunktionales Handeln erklärt. Sie besagt, dass auch dysfunktional erscheinendes Verhalten, also Verhalten, das als veränderungsbedürftig definiert wird, funktional ist – im Sinne der privaten Logik des Klienten. Die Abweichung dieser privaten Logik vom „Common Sense" und damit auch des veränderungsbedürftigen Verhaltens dient nach Adler dazu, das Selbstwertgefühl des Klienten zu schützen.[294] Dem auf den ersten Blick in sich logischen System der „privaten Logik" wird in der Beratung oder im Coaching durch die inkrementale Aufdeckung seiner inneren Widersprüche und dieses Mechanismus verbunden mit Ermutigung seine Funktion genommen. Das Erkennen ihrer wirklichen Intentionen macht es einer Person in der Regel unmöglich, sich im Sinne ihres bedrohten Selbstwertgefühls weiter als Opfer zu fühlen. Das Erkennen fehlerhafter Annahmen hilft der Person, effektivere Coping-Strategien zu

---

[292] Vgl. Shulman 1996, 17.
[293] Adler 1930, 7; zit. n. Ansbacher und Ansbacher 1995, 146; vgl. Groeben 1986, 62; Kelly 1955.
[294] Vgl. Dinkmeyer und Sperry 2000, 21f.

entwickeln.[295] Das „Erkennen der wirklichen Intentionen" entspricht der Überführung von Tun in Handeln (also der Bewegung vom I. in den III. Quadranten), das „Erkennen fehlerhafter Annahmen" dem Austausch der Subjektiven Theorien (also der Bewegung vom III. in den IV. Quadranten).

Das Streben nach Konsistenz kommt in dem Umstand zum Ausdruck, dass ein Erkennen der eigenen wirklichen Intentionen (bzw. der „impliziten Motive" im Sinne McClellands bzw. der „objektiven Motivation" im Sinne Groebens) die Aufrechterhaltung der bisherigen privaten Logik unmöglich macht. Ist die handlungsleitende Subjektive Theorie erst einmal aufgedeckt, erfolgt der Austausch dieser rekonstruierten Subjektiven Theorie relativ umstandslos – und zwar ohne die Vorgabe einer alternativen Subjektiven Theorie „von außen". Der Klient erkennt vielmehr seine eigene handlungsleitende Subjektive Theorie in der Regel als ihn selbst limitierend und beginnt aktiv, Alternativen zu entwickeln. Anders als bei einer „von außen" vorgegebenen alternativen Subjektiven Theorie entspricht die selbst entwickelte in der Regel genau seinem derzeitigen Veränderungsbedürfnis und wird damit auch das Handeln entsprechend verändern. Das Konsistenzstreben ist am detailliertesten vom Theorieansatz der Kognitiven Dissonanzen untersucht worden.[296] Nachdem die Theorie der Kognitiven Dissonanzen bisher in Therapie und Beratung eher vernachlässigt wurde, mehren sich die Stimmen, die auf den Nutzen einer stärkeren Verwendung in diesen Bereichen hinweisen. Besonders interessant erscheint in diesem Zusammenhang die von Draycott und Dabbs vorgelegte Verbindung mit der Technik des „Motivational Interviewing" von Miller und Rollnick.[297]

Das Erkennen der „wirklichen Intentionen" und fehlerhafter Annahmen ist jedoch nur der erste Schritt zur Veränderung. Die Bereitschaft, neue Verhaltensweisen auszuprobieren und dabei anfängliche Misserfolge und Rückschläge als normale Elemente des mit der Veränderung verbundenen Lernens in Kauf zu nehmen, ist notwendig.[298] Anders als bei Dann und Wahl wird in der individualpsychologischen Beratung aber so weit wie möglich

---

[295] Vgl. Shulman 1996, 16.

[296] Vgl. Festinger 1957; Harmon-Jones und Mills 1999a. In der Individualpsychologie besteht nach wie vor das Desiderat, die individualpsychologische Theorie der Veränderung weiter zu präzisieren (vgl. Mosak und Maniacci 1999, 166).

[297] Vgl. Grawe 1998, 421ff.; Draycott und Dabbs 1998a; Draycott und Dabbs 1998b. Vgl. Draycott und Dabbs 1998b. Vgl. William R. Miller und Rollnick 1991; Rollnick und Miller 1995.

sichergestellt, dass bei der Erprobung neuer Verhaltensweisen nicht gegen die eigenen impliziten Motive angearbeitet werden muss, da diese aufgedeckt werden und die Veränderung der handlungsleitenden Subjektiven Theorien auf den Klienten selbst zurückgeht.[299]

3.5.2 Der individualpsychologische Beratungsprozess

Der individualpsychologische Beratungsprozess besteht aus vier Schritten: Situations- und Verhaltensanalyse, Verstehen der „privaten Logik" des Klienten („wozu" und subjektive Verhaltenslogik), Neu-Orientierungprozess und Etablierung neuer Verhaltensstrategien.[300]

Bei der *Situations- und Verhaltensanalyse* werden die als problematisch empfundenen Situationen, das eigene Verhalten sowie das Verhalten anderer Beteiligter zunächst detailliert geschildert. Auch die Konsequenzen der Situation werden erfragt. Schließlich wird bei nicht nur einmaligem Auftreten der als veränderungsbedürftig empfunden Situationen eruiert, in welchen Kontexten sie auftreten. Der Berater versetzt sich in die Situation des Klienten, um dessen *private Logik* zu verstehen. Diese ist in der Regel nicht bewusst und muss folglich erst rekonstruiert werden. Bei der Suche nach der privaten Logik setzt die individualpsychologische Beratung bei den Emotionen an, die ein Klient in einer relevanten Situation hatte. Die Erinnerung an die Emotionen ermöglicht am besten die Rekonstruktion der handlungsleitenden Kognitionen und umgeht sonstige prä-, peri- und postaktionale Kognitionen:

> „Es ist die Adlerianische Sichtweise, dass Annahmen ('beliefs'), Gefühle beeinflussen. Ihre Annahme, schüchtern zu sein, bewirkt Ihre Gefühle des Unbehagens ('awkwardness'), nicht anders herum. [...] Annahmen verursachen Gefühle. Durch Empathie mit dem Klienten – genaues Zuhören, Widerspiegeln von Gefühlen – hilft der Berater dem Klienten, Gefühle, die Annahmen hinter den Gefühlen und den Zweck, dem die Gefühle dienen, zu identifizieren."[301]

---

[298] Vgl. Shulman 1996, 17.

[299] Eine präzise Erklärung der Funktion und Wirkungsweise des „Einübens" neuer Verhaltensweisen muss weiteren Forschungsarbeiten überlassen bleiben.

[300] Vgl. Nicoll 1999, 22-27. Er plädiert für ein Kurzzeit-Setting von ca. zehn Terminen.

[301] Dinkmeyer und Sperry 2000, 63. Die Erkenntnis über den engen Zusammenhang von Emotionen und Kognitionen findet sich auch in der „kognitiven Verhaltenstherapie" und in der Evolutionspsychologie: „es kann etwas wie Emotionen nicht nicht ohne Informationsverarbeitung geben", also nicht in Abwesenheit von Kognitionen. Umgekehrt ist es aber vorstellbar, Kognitionen ohne dazugehörige Emotionen zu

Nur wenn dies gelingt, ist nach individualpsychologischer Theorie eine Veränderung der tatsächlich handlungsleitenden Subjektiven Theorien erfolgversprechend. Dies gelingt in der Regel nicht mit einem rein kognitiven Vorgehen, da dadurch die tatsächlich handlungsleitenden Subjektiven Theorien nicht erreicht werden. Tymister formuliert in diesem Sinne, dass „der Erfolg handlungssteuernden Lernens an Erfahrungen und deren Gefühlskontexte gebunden ist".[302]

Bei der privaten Logik lassen sich zwei Ebenen unterscheiden: die eines übergeordneten Zwecks und die der daraus abgeleiteten Handlungsregeln. Individualpsychologische Theorie sieht Handeln als teleologisch determiniert an. Die zentrale Frage zur Aufdeckung der Regeln der privaten Logik eines bestimmten Verhaltens ist daher die nach dem „wozu" dieser Handlung.[303] Auch für zunächst scheinbar irrational anmutendes Verhalten wird i.d.R. unterstellt, dass dieses einem Zweck dient und somit zwar nicht der Logik des „Common Sense", sehr wohl aber der privaten Logik des Klienten folgt.[304] Dies lässt sich anhand des folgenden Beispiels erläutern:

> „Ein zehnjährige Junge wurde wegen aufmüpfigen und aggressiven Verhaltens im Lese-Unterricht [zur Beratung] überwiesen. Im Prozess der Kurztherapie wurde es deutlich, dass er dieses Verhalten nutzte, um aus dem Klassenzimmer herauszukommen. Durch das aufmüpfige Verhalten konnte er [das Klassenzimmer] vor seinen Mitschülern mit einem Eindruck von Macht und Stärke verlassen. Die Alternative wäre aus Sicht des Jungen gewesen, im Klassenzimmer zu bleiben und als des Lesens nicht mächtig bloßgestellt und einer sicheren Blamage ausgesetzt zu werden. Seine Verhaltenssymptome waren seine Lösung für eine soziale Bedrohung, die durch seine Lese-Schwierigkeiten verursacht war."[305]

---

entwickeln (Zinbarg 2000, 395; vgl. Greenberg und Safran 1984; Greenberg und Safran 1989; Gray 1990).

[302] Tymister 1990b, 16. Zum Zusammenspiel von Kognitionen und Emotionen vgl. auch Kilburg 2000, 149-183. Auch im FST wird die Bedeutung von Emotionen grundsätzlich anerkannt, aber nicht für den Prozess des Erschließens der handlungsleitenden Subjektiven Theorien nutzbar gemacht (vgl. Dann 1983, 85; Groeben et al. 1988, 214ff. und Scheele 1990 zu ihrer Theorie der „Emotionen als bedürfnisrelevante Bewertungszustände"). Neben den Emotionen des Klienten sind auch die Emotionen des Beraters bzw. Coaches relevant, die die Schilderungen des Klienten auslösen. Zurückgespiegelt an den Klienten können sie diesen bei der Aufklärung seiner privaten Logik unterstützen (vgl. hierzu auch die Literatur zur Gegenübertragung, beispielsweise Gelso 1996; Latts und Gelso 1995; Robbins und Jilkovski 1987.

[303] Vgl. Dinkmeyer und Sperry 2000, 65; Shulman 1985.

[304] Dieser Gedanke findet sich auch sehr ähnlich bei Rogers (vgl. Rogers 1951, 494): „Der beste Blickwinkel, um Verhalten zu verstehen, ist vom inneren Referenzrahmen des Individuums aus."

[305] Vgl. Nicoll 1999, 21.

Was nach der Logik des Common Sense unverständlich und unsinnig erscheint (Provokation eines Rauswurfs aus der Klasse) entpuppt sich aus Sicht der privaten Logik des Schülers als (zumindest kurzfristig) rationales Verhalten im Sinne des verfolgten Zwecks, eine Bloßstellung zu vermeiden. Die Unterstützung des Wandels beginnt mit einer *Neu-Orientierung* des Klienten, die es ihm ermöglichen sollte, sein Verhalten aus einer neuen Perspektive zu betrachten.[306] Erst nach einem solchen Perspektivenwechsel macht es Sinn, neue Verhaltensweisen mit dem Klienten zu suchen. Nicoll betont:

> „Ohne einen Perspektivenwechsel kann man vielleicht kurzfristige Veränderungen erzielen (mehr um dem Berater zu gefallen) oder oberflächliche Verhaltensänderungen (d.h. Veränderungen ohne Veränderung), die lediglich neue Ausdrucksformen des alten Verhaltens sind."[307]

Genau dies ist freilich die Gefahr, die oben anhand des Tandem-Modells von Wahl diskutiert wurde: Eine bloße Veränderung des Handelns/Tuns, ohne dass verstanden wurde, wozu dessen vorherige oder neue Form dient, wird entweder nicht dauerhaft sein oder aber durch die problematischen Annahmen der privaten Logik belastet bleiben. In der Fortführung des Beispiels ginge es also darum, den Schüler die Logik und die Konsequenzen des eigenen Handelns entdecken zu lassen und ihm dadurch einen Perspektivenwechsel zu ermöglichen: So kann die Strategie, um vor den Mitschülern „stark" dazustehen, zwar als kurzfristig erfolgreich gewürdigt werden. Da sie die Lese-Schwäche aber nur kaschiert und daher eine Schwäche dauerhaft zu zementieren droht, wird sie mittelfristig das Ziel, „stark dazustehen" konterkarieren. Durch die Aufdeckung der privaten Logik und der damit verbundenen ungewollten Konsequenzen wird dem Schüler deutlich, dass er eine alternative Handlungsstrategie entwickeln sollte. Diese muss sowohl handlungsleitend sein können als auch weniger konfliktträchtig sein als die bisherige Strategie. Daher muss sie dem Ziel des ursprünglichen Schülerhandelns (Bloßstellung zu vermeiden) gerecht werden, als auch die mit der bisherigen Strategie verbundenen Kosten für den Schüler (Ausschluss aus dem Unterricht, möglicher Verweis etc.) und für sein Umfeld (Störung des Unterrichts) reduzieren. Schließlich muss außerhalb des Beratungssettings eine *neue Verhaltensstrategie etabliert* werden, also in den bisher problematischen Situationen eine andere Art und Weise des Agierens verwandt werden.[308] Dieser Schritt ähnelt wiederum den genannten Ansätzen von

---

[306] Nicoll 1999, 25.
[307] Nicoll 1999, 22.
[308] Nicoll 1999, 27; vgl. Christensen et al. 1997.

Wahl und Dann. Anders als dort geht es aber vorrangig um die Veränderung der privaten Logik bzw. der gegebenenfalls zunächst nicht bewussten individuellen Interaktionsregeln, also um die in der Umorientierungsphase erreichten kognitiven Veränderungen. Nur wenn diese gelungen sind und der Klient eine neue Sichtweise einnehmen konnte, wird auch eine nachhaltige Änderung auf der Verhaltensebene möglich sein.[309] Im Schülerbeispiel könnte eine neue Verhaltensstrategie darin bestehen, dass der Schüler regelmäßig Nachhilfeunterricht besucht und mit Lehrerin vereinbart wird, dass sie ihn bis zum Erfolg des Nachlernens nicht mehr in der Klasse vorlesen lässt.

3.5.3 Vergleich der Modifikation nach FST und Individualpsychologie

Ein Vergleich des individualpsychologischen Beratungsprozesses mit den Modifikationsverfahren von Dann und Wahl macht die Ähnlichkeiten und Unterschiede deutlich (vgl. Abb. 33). Am Anfang und am Ende bestehen zumindest grobe Übereinstimmungen. Alle drei Ansätze beginnen mit der Analyse des vom Klienten benannten Anliegens („Explikation" bei Dann; „Problemauswahl und Rekonstruktion" bei Wahl, „Situations- und Verhaltensanalyse" in der Individualpsychologie). Zum Abschluss zielen alle drei Ansätze darauf ab, ein neues Verhalten zu etablieren („Bewährung" bei Dann, „Vorgeplantes Agieren & Vorsatz sowie Erproben bei Wahl" und „Etablierung neuer Verhaltensregeln" in der Individualpsychologie).

Der entscheidende Unterschied zwischen den Ansätzen liegt in der Art und Weise, wie eine neue Subjektive Theorie gefunden wird. Bei Dann und Wahl soll eine Subjektive Theorie i.e.S. durch eine andere Subjektive Theorie i.e.S. externen Ursprungs ersetzt werden. Diese neue Subjektive Theorie entstammt entweder dem Wissensarsenal des Wissenschaftlers oder, bei Wahl, dem Wissen des Tandempartners oder anderer Kollegen. Der alleinige Fokus liegt hier darauf, eine dysfunktionale Subjektive Theorie i.e.S. durch eine funktionalere zu ersetzen. Der Ansatz der Individualpsychologie ist hier langsamer, er verweilt erst noch bei der dysfunktionalen Theorie und versucht, diese in einem größeren Zusammenhang zu verstehen, insbesondere welchem Zweck, also „wozu" das korrespondierende dys-

---

[309] Nicoll 1999, 27.

funktionale Verhalten und die dysfunktionale Theorie dem Klienten dienen könnten. Eine zunächst genannte vermeintliche Subjektive Theorie wird dabei oftmals erst durch Aufklärung über die impliziten Motive in eine Subjektive Theorie i.e.S. überführt. Diese wird dann gegebenenfalls gegen eine andere ausgetauscht, die in der Regel allerdings nicht von außen vorgeschlagen, sondern vom Klienten selbst entwickelt wird. Nur wenn die objektive Motivation mit der Subjektiven Intention von vornherein zusammenfällt (also „Handeln" im Sinne des FST vorliegt), entspricht das Vorgehen der Individualpsychologie dem des FST bei der Modifikation Subjektiver Theorien. In der Regel verläuft die Formulierung einer neuen Subjektiven Theorie im Sinne der Individualpsychologie aber gemäß Abb. 32 über die Selbstaufklärung vom I. Quadranten zum III. Quadranten und weiter zum IV. Quadranten. Dann und Wahl gehen dagegen direkt vom I. Quadranten in den II. Quadranten. Erst durch die Verwendung des individualpsychologischen Vorgehens können daher bei Modifikationsrichtungen adressiert werden.

Dann		Wahl		IP	
1	Explikation	1	Problemauswahl	1	Situations- und Verhaltensanalyse
		2	Rekonstruktion der Innen- und Außenperspektive		
2	Konfrontation & Austausch	3	Kommunikatives Problemlösen	2	Verstehen der „privaten Logik" und des „Wozu"
				3	Neu-Orientierungsprozess
3	Bewährung	4	Vorgeplantes Agieren & Vorsatz	4	Etablierung neuer Verhaltensstrategien
		5	Erproben		

Abb. 33: Modifikationskonzepte des FST und der Individualpsychologie im Vergleich

3.5.4   Individualpsychologische Modifikation im Motivationsmodell

Die individualpsychologische Suche nach der privaten Logik bzw. nach dem Zweck eines Handelns lässt sich auch mit dem oben eingeführten Modell der Motivationspsychologie darstellen. Da es sich um eine Problematik im Bereich der Motivation und nicht der Volition handelt, ist das Erweiterte kognitive Motivationsmodell einschlägig. Zur Erläuterung kann das obige Beispiel des Schülers verwendet werden (siehe Abb. 34).

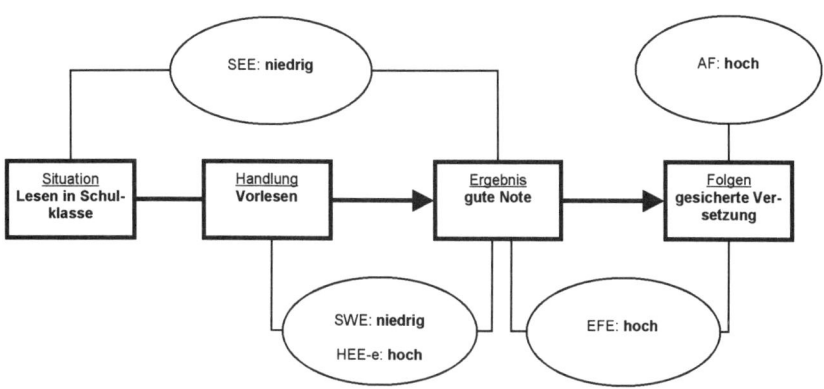

Abb. 34: Individualpsychologisches Beratungsbeispiel im Erweiterten kognitiven Motivationsmodell

Würde der Schüler nach seinem geplanten Vorgehen in der Klasse gefragt, würde er vermutlich angeben, dass Vorlesen (Handlung) gute Noten zum Ergebnis hätte und die Folge eine gesicherte Versetzung wäre. In die Richtung einer hohen Motivation für ein solches Handeln weisen die geringe Situations-Ergebnis-Erwartung (der Schüler glaubt, dass das Ergebnis sich nur das richtige Handeln einstellt), die hohe Ergebnis-Folgen-Erwartung (der Schüler glaubt, dass gute Noten tatsächlich die Versetzung sichern) und der hohe Anreizwert der Folgen (der Schüler will versetzt werden). In die Gegenrichtung weist allerdings die Handlungs-Ergebnis-Erwartung, und hierbei insbesondere niedrige Selbst-Wirksamkeits-Erwartung: der Schüler geht davon aus, dass er nicht gut lesen kann. In Summe ist die Motivation daher gering: der Schüler vermeidet es, lesen zu müssen.

Bis zu diesem Punkt hätte auch eine Analyse nach Dann oder Wahl geführt. Im Sinne ihrer Modifikationskonzepte wäre es der nächste Schritt, die Subjektive Theorie „wenn ich nicht gut lesen kann, dann ist es besser, Vorlesen zu vermeiden" auszutauschen. Im Sinne des Kommunikativen Problemlösens im Tandem im Sinne von Wahl würden beispielsweise andere Schüler Subjektive Theorien vorschlagen wie „wenn ich nicht gut lesen kann, dann lasse ich mir von der Lehrerin helfen". Das unmittelbare Ziel der Veränderung der Subjektiven Theorie wäre es, den Schüler zum Lesen zu bewegen. Ob dies tatsächlich erreicht werden würde, kann hier offen bleiben.

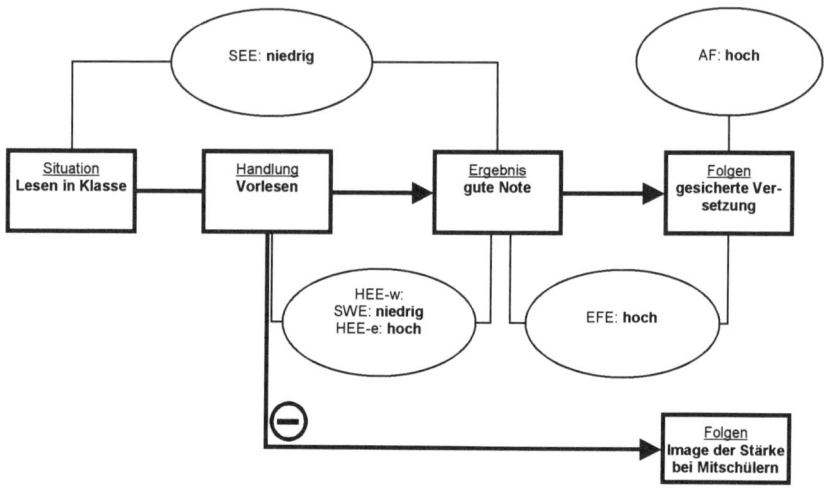

Abb. 35: Individualpsychologisches Beratungsbeispiel mit übergreifendem „Wozu"

Das individualpsychologische Vorgehen geht eine Stufe weiter, und ermittelt das „Wozu" des Verhaltens: im vorliegenden Beispiel ist es das Bemühen, sich nicht vor den Mitschülern zu blamieren. Im Bild des Erweiterten kognitiven Motivationsmodells lässt sich dies als die angestrebte Folge beschreiben, vor den Mitschülern mit einem Image der Stärke dazustehen. Diese Folge ist aber negativ mit der Handlung Vorlesen korreliert, da er sich dabei blamieren würde (siehe Abb. 35). Damit wird deutlich, dass eine alternative Verhaltensform und eine alternative Subjektive Theorie die angestrebte Folge, vor den Mitschülern stark dazustehen mit berücksichtigen muss. Alle alternativen Subjektiven Theorien, die dies nicht explizit tun, werden nur dann erfolgreich eine Verhaltensmodifikation bewirken, wenn sie zufällig auch der angestrebten Folge, vor den Mitschülern stark dazustehen, gerecht werden. Demgegenüber ist es deutlich erfolgversprechender, direkt am übergreifenden Ziel des Schülers, ein Image der Stärke zu haben, anzusetzen, und dies z.B. in einen positiven Zusammenhang mit dem Vorlesen zu bringen. Dies wird situationsgemäß zunächst hypothetisch sein müssen: „wenn ich gut lesen könnte, bräuchte ich keine Angst mehr haben, mich zu blamieren". Unter diesem Blickwinkel kann dann eine Verhaltensstrategie gesucht werden, die das Lesevermögen ohne Blamage verbessert. Oben wurde bereits eine mögliche Verhaltensstrategie genannt: nämlich Nachhilfeunterricht verbunden mit einer Vereinbarung mit der Lehrerin, dass er für einen bestimmten Zeitraum nicht mehr in der Klasse vorlesen muss. Dies wirkt sich auf die Motivation aus (siehe Abb. 36). Wesentlich ist, dass die zunächst negativ korrelierten Folgen einerseits die Versetzung zu sichern und andererseits vor den Mitschülern ein Image der Stärke zu bewahren nun miteinander in Einklang stehen. Anders als zuvor ist auch die Selbstwirksamkeits-Erwartung hoch, da die Handlung entsprechend angepasst wurde. Damit weisen alle Parameter auf eine hohe Motivation hin.

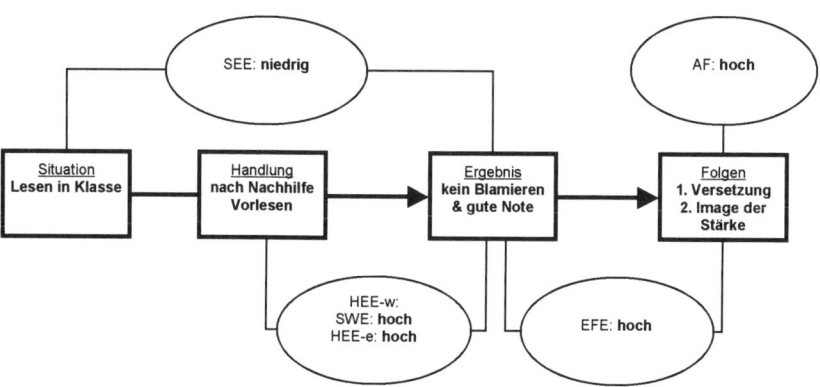

Abb. 36: Umstrukturierte Subjektive Theorie im Motivationsmodell

3.5.5 Kompatibilität von Individualpsychologie, FST und Coaching

Anhand der oben aufgestellten Kriterien kann die Kompatibilität der individualpsychologischen Theorie mit dem FST und mit der Coaching-Praxis festgestellt werden (vgl. Abb. 37).[310] Wie bei der Coaching-Praxis und dem FST lässt sich heute zeigen, dass auch der

---

[310] Vgl. Abb. 17 für die Kompatibilitätsanforderungen. Für eine Untersuchung der Kompatibilität der psychotherapeutischen Hauptrichtungen untereinander vgl. Jaeggi 1997. Im Anschluss daran scheidet beispielsweise die freudianisch-psychoanalytische Theorie als Ergänzung des FST aus, da ihr ein anderes

Individualpsychologie konstruktivistische Prämissen zu Grunde liegen. Die individualpsychologische Beratung geht gleichfalls davon aus, dass ihre Klienten handlungsfähige Individuen sind und Einsichtsfähigkeit in ihre „private Logik" besitzen. Der Beratungsdialog
ist als ein Dialog zwischen „Gleichen" angelegt. Die Veränderung des Handelns ist meistens das Ziel individualpsychologischer Beratung und als solches in das Beratungskonzept
integriert. Schließlich ist auch ein erklärtes Ziel individualpsychologischer Modellbildung,
die Veränderung insbesondere des Handelns noch besser theoretisch zu durchdringen.

Kriterien für Auswahl des Forschungsansatzes		Coaching	Forschungsprogramm Subjektive Theorien	Individualpsychologische Beratung
(A)	Wissenschaftstheo-retische Kompati-bilität	(Implizite) konstruk-tivistische Prämissen	Konstruktivistische Prä-missen	Konstruktivistische Prä-missen
(B)	Kompabitibilität des Menschenbilds	Handlungswillige und -fähige Individuen	Reflexive, handlungs-fähige Subjekte mit Zu-gang zu ST	Handlungsfähige Subjekte mit Zugang zu „privater Logik"
(C)	Kompatibles Inter-aktionsverständnis Forscher-Interview-partner / Coach-Klient	„Gleichwertigkeit" von Coach und Klient	„Subjekt-Subjekt-Relation" von „Erkenntnis-Subjekt" (Forscher) und „Erkennt-nis-Objekt" (Interview-partner)	Beratungsdialog zwischen „Gleichen"
(D)	Dynamisches Ver-ständnis des Unter-suchungs-gegenstandes	Veränderungswillige Klien-ten	Modifikation von ST kon-zeptionell im FST vorge-sehen	Veränderung meistens Ziel individualpsychologischer Beratung
(E)	Dem Praxisinteresse entsprechendes theorieimmanentes Entwicklungs-interesse	Zentrales Praxisinteresse: Besseres Verständnis der Veränderungsmecha-nismen	Zentrales Theorieinteres-se: Weitere Ausarbeitung des Modifikationsthemas innerhalb des FST	Theorieinteresse: Mechanismen des Wan-dels genauer zu verstehen

Abb. 37: Kompatibilität der Prämissen der Individualpsychologie mit Coaching und FST

3.6   Zusammenfassung des Coaching-Modells und empirische Forschungsfrage

Ziel dieses Kapitels war die Entwicklung eines Modells, mit dem die kognitiven Veränderungswirkungen von Coaching dargestellt werden können. Zu Beginn des Kapitels wurde
verlangt, dass ein Coaching-Modell dreierlei leistet: erstens differenzierte Aussagen über
die kognitiven handlungsrelevanten Muster von Menschen macht, zweitens die Zusam-

Menschenbild zugrunde liegt.

menhänge zwischen kognitiven Mustern und dem Handeln abbildet und drittens die Ein-
wirkungen von Coaching auf diese kognitiven Muster darstellt (vgl. Abb. 16). Diese drei
Anforderungen erfüllt das entwickelte Coaching-Modell unter Verwendung und Weiterentwicklung des FST, motivations- und volitionspsychologischer Modelle und individualpsychologischer Theorien.

Es modelliert erstens die *kognitiven, handlungsrelevanten Muster als Subjektive Theorien*.
Dem liegt ein Menschenbild zugrunde, dass die Möglichkeit intentionsgeleiteten „Handelns" neben Formen des Tätigseins vorsieht, die entweder von den eigenen expliziten Intentionen abweichen („Tun") oder sich ganz ohne Intentionen vollziehen („Verhalten").
Für die Möglichkeit der Rekonstruktion von Subjektiven Theorien sind die Bedingungen
der Auskunftsfähigkeit und -bereitschaft über eigene kognitive Muster expliziert worden.
Ferner sind Emotionen als Ausdruck insbesondere zunächst nicht expliziter Intentionen in
den Theorierahmen integriert worden.

Die *Zusammenhang der kognitiven Muster mit Handeln* wird zweitens als spezifische Wirkung der Subjektiven Theorien auf die Motivation bzw. Volition der Handelnden modelliert (siehe Abb. 38). Auf die Motivation wirken Subjektive Theorien erstens als Abbildung
der subjektiv wahr- bzw. vorgenommenen Elemente Situation, Handlung, Ergebnis und
Folgen und zweitens in Form der auf diese bezogenen Situations-Ergebnis-Erwartung,
Selbstwirksamkeitserwartung, Handlungs-Ergebnis-Erwartung i.e.S., Ergebnis-Folgen-
Erwartung und des Anreizwertes der Folgen. Auf die Volition wirken Subjektive Theorien
erstens als Ziel- oder als Implementierungsintention und zweitens in Form der Initiativ-
Selbstwirksamkeitserwartung, Coping-Selbstwirksamkeitserwartung oder Wiederherstel-
lungs-Selbstwirksamkeitserwartung.

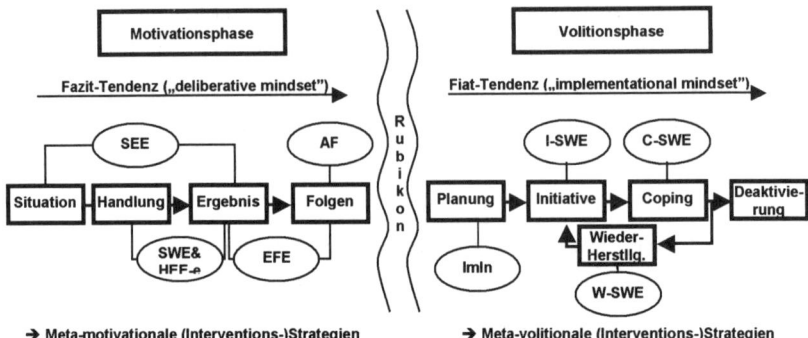

Abb. 38: Rubikon-Modell mit Motivations- und Volitionsmodellen

Die *Wirkung von Coaching auf die kognitiven Muster* wird als Modifikation der Subjektiven Theorien modelliert (siehe Abb. 39). Dabei werden unter Rückgriff auf die Unterscheidung von Handeln und Tun zwei Modifikationsrichtungen unterschieden.

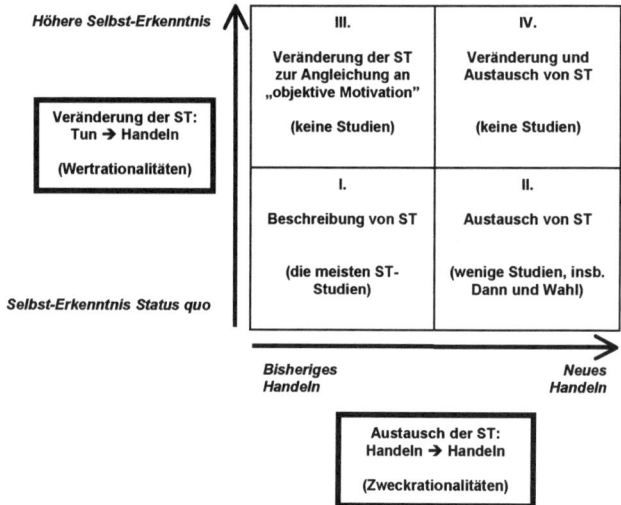

Abb. 39: Modifikationsrichtungen des Coaching-Modells

Die erste Modifikationsrichtung geht von intentionsgeleitetem „Handeln" aus und überführt dieses durch den Austausch von Subjektiven Theorien in ein besseres intentionsgeleitetes Handeln (Bewegung von Feld I in Feld II in Abb. 39). Hierdurch wird die Zweckrationalität des Handelns verbessert.[311]

Die zweite Modifikationsrichtung geht dagegen vom Vorliegen eines nur vermeintlich intentionsgeleiteten „Tuns" aus. Hier sind in einem ersten Schritt zusätzlich zur explizit genannten Intention („explizites Ziel") zunächst nicht explizit verfügbare Intentionen („implizite Motive") zu rekonstruierten. Erst aufbauend auf dieser rekonstruierten handlungsleitenden Subjektiven Theorie ist dann eine Modifikation der Kognitionen möglich, die handlungswirksam werden kann. Hier wird also zunächst die Wertrationalität adressiert und dann gegebenenfalls die Zweckrationalität in Bezug auf die im ersten Schritt geklärten Ziele verbessert.

Ein gegebenenfalls vorhandener Zielkonflikt zwischen explizitem Ziel und impliziten Motiven wird als negative Korrelation weiterer Folgen („Folgen 2") im Motivationsmodell abgebildet (siehe Abb. 40).

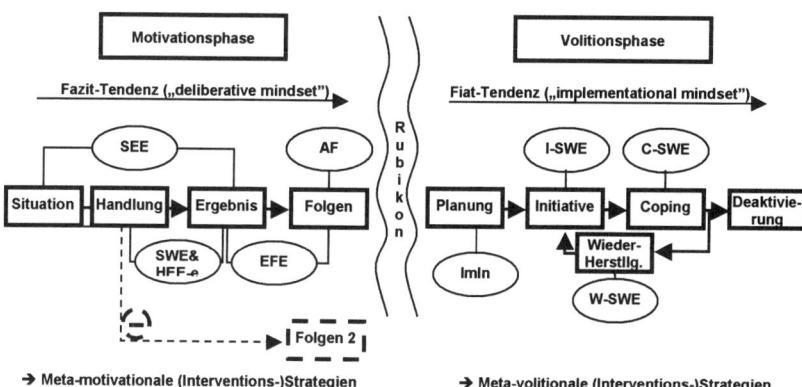

Abb. 40: Rubikon-Modell mit weiterentwickeltem Motivations- und Volitionsmodell

Für die in Abschnitt 5.1 zu entwickelnde *Coaching-Methodik* enthält die Coaching-Theorie Hinweise sowohl für die Erhebung als auch für die Modifikation Subjektiver Theorien. Bei

---

[311] Zur Unterscheidung von Wert- und Zweckrationalitäten im Kontext des FST vgl. Groeben 1988a, 21.

der Erhebung sind die Bedingungen der Auskunftsfähigkeit und -bereitschaft und die Emotionen als Zugangsweg zu impliziten Motiven zu berücksichtigen. Für die Modifikation ist die Unterscheidung von Motivation und Volition wesentlich. Im ersten Fall soll die Modifikation Ausdruck einer Zielklärung sein, im zweiten zur Implementierung beitragen. Also sind entweder die Motive zu eruieren oder konkrete Handlungsschritte zu planen und jeweils in die Subjektive Theorie zu integrieren.

Mit dem entwickelten Coaching-Modell ist die theoretische Forschungsfrage: „Wie lässt sich die Wirkung von Coaching modellieren?" beantwortet. Auf dieser Basis lässt sich jetzt die empirische Forschungsfrage adressieren, die bereits im Vorgriff auf dieses Ergebnis eingangs benannt wurde: „Wie verändert Coaching die Subjektiven Theorien von Managern?" Der Inhalt dieser Frage kann auf Basis des entwickelten Modells noch genauer benannt werden. Insbesondere beinhaltet sie die Teilfragen: 1. „Wie ändern sich die Inhalte der Subjektiven Theorien von Managern durch Coaching?", 2. „Wie verändert sich durch die Modifikation Subjektiver Theorien ihre Wirkung auf Motivation und Volition?" und 3. „Lässt sich das Vorliegen zweier Modifikationsrichtungen empirisch belegen?"

Zur Beantwortung der empirischen Forschungsfrage entwickle ich in Kapitel 4 eine Forschungsmethodik und berichte über die darauf aufbauende empirische Untersuchung und ihre Ergebnisse in Kapitel 5. An der Beantwortung der empirischen Forschungsfrage wird die empirische Relevanz des entwickelten Modells gemessen.

4 Empirische Forschungsmethodik

Qualitative Forschung verfügt über keine so standardisierten Methoden wie quantitative Forschung. Gleiches gilt für die Gütekriterien, an denen sich Forschungsmethoden und Ergebnisse messen lassen müssen: es gibt in der qualitativen Forschung keine gleichermaßen universal akzeptierten Kriterien wie etwa Objektivität, Reliabilität und Validität in der quantitativen Forschung.[312] Da also nicht auf ein standardisiertes Vorgehen zurückgegriffen werden kann, wird im Folgenden das methodologische Verständnis und Vorgehen dieser Arbeit aufgezeigt. Hierzu werde ich die Gütekriterien, denen die Studie folgt, darlegen und die Auswahl von Untersuchungsdesign, Samplingverfahren und Untersuchungsmethoden begründen.

4.1 Gütekriterien qualitativer Forschung

4.1.1 Grundpositionen

Es gibt sehr unterschiedlich Positionen dazu, ob und wie Gütekriterien für qualitative Forschung formuliert werden können und sollen. Diese werden im Folgenden kurz umrissen und bewertet, bevor die von Mayring und Steinke allgemein für qualitative Forschung, sowie die für das FST aufgestellten Gütekriterien diskutiert werden.

Einige Autoren versuchen, Gütekriterien quantitativer Forschung auf qualitative Forschung zu übertragen. Eine zweite Gruppe weist die Forderung nach Gütekriterien für qualitative Forschung generell als gegenstandsunangemessen zurück. Die dritte und größte Gruppe entwickelt eigene Gütekriterien für qualitative Forschung.[313]

Da qualitative Forschung Wert darauf legt, ihre Erkenntnisse außerhalb des Forschungslabors in Interaktion mit Menschen zu gewinnen, ist ein klassisches Kriterium wie die Re-Test-Reliabilität sinnlos. Jede Interaktion beeinflusst einen Menschen, so dass die Wieder-

---

[312] Vgl. Steinke 1999, 131-205 für eine ausführliche Diskussion dieser Kriterien. In den neueren quantitativen Testtheorien wie der probabilistischen Testtheorie haben die genannten Kriterien nicht mehr eine so große Bedeutung wie in der Klassischen Testtheorie.

holung einer Messung am gleichen Forschungsobjekt nicht möglich ist.[314] Die schlichte
Übertragung quantitativer Gütekriterien wie Validität und Reliabilität auf qualitative Forschung ist also abzulehnen.[315] Es ist genau so wenig sinnvoll, die Bezeichnungen klassi-
scher quantitativer Gütekriterien verbunden mit einer Umdeutung ihres Bedeutungsgehalts
in der qualitativen Forschung zu verwenden, da Unterschiedliches mit dem gleichen Begriff bezeichnet würde.[316]

Am anderen Ende des Meinungsspektrums weisen einige Vertreter qualitativer Forschung
jedwede Gütekriterien als Konsequenz konstruktivistischen Denkens zurück. Da es nicht
möglich sei, ein nicht-konstruiertes Referenzsystem anzugeben und Forschung selbst auch
als Konstrukt zu verstehen sei, könne nicht sinnvoll über Gütekriterien gesprochen werden.[317] Diesem Argument liegt m.E. ein Missverständnis zu Grunde: Es richtet sich offenbar gegen das Verständnis von Gütekriterien, wie es in der quantitativen Forschung
vorherrscht. In der qualitativer Forschung können Gütekriterien aber konstruktivistisches
Gedankengut durchaus aufnehmen, indem sie etwa fordern, dass die Konstruktion des jeweiligen Forschungsergebnisses nachvollziehbar sein muss.[318] Außerdem ist der Verzicht
auf jedwede Gütekriterien m.E. abzulehnen, da es wünschenswert ist, auch die Ergebnisse
qualitativer Forschung bewerten zu können. Dafür sind aber begründet ausgewählte Gütekriterien erforderlich.

Da die Übernahme quantitativer Gütekriterien wie die pauschale Zurückweisung aller Gütekriterien somit ausscheidet, müssen für die qualitative Forschung spezielle Kriterien entwickelt werden. Eigene Gütekriterien qualitativer Forschung werden meistens im Kontext
eines bestimmten Forschungsansatzes entwickelt und sind dann oft in der Terminologie
dieses Ansatzes formuliert. Im deutschsprachigen Raum haben sich Mayring und Steinke
bemüht, forschungsansatz-übergreifende Gütekriterien qualitativer Forschung zu entwickeln. Ihre Vorschläge sowie die Positionen in und zum FST werde ich im Folgenden dis-

---

[313] Vgl. Steinke 1999, 43-52; Mayring 1999; Steinke 2000.
[314] Vgl. Mayring 1999, 116f.
[315] Vgl. Flick 1987.
[316] Vgl. für dieses Vorgehen z.B. Miles und Huberman 1994, 277ff.; sowie zur Kritik an diesem Vorgehen
Steinke 1999, 44f.
[317] Vgl. Richardson 1994; Shotter 1990; John K. Smith 1984 sowie dagegen Steinke 1999, 50ff.
[318] Vgl. Steinke 2000, 322.

kutieren und vor diesem Hintergrund die für diese Arbeit relevanten Gütekriterien benennen.

4.1.2 Gütekriterien nach Mayring und Steinke

Nach Mayring ist die *Verfahrensdokumentation* als erstes von sechs Gütekriterien für qualitative Forschung besonders wichtig. Erstens kommen nur selten standardisierte Methoden zum Einsatz, und zweitens ist dies wegen der bewussten Anerkenntnis der Reaktanz der „Erkenntnisobjekte" auf den Forschungsprozess bzw. Forscher geboten. Gründlich dokumentiert werden sollten das Vorverständnis der Forschers, die Durchführung und Auswertung der Daten und die verwendeten Analyseinstrumente.[319]

Die *argumentative Interpretationsabsicherung* trägt dem besonderen Charakter der Ergebnisse qualitativer Forschung Rechnung. Da diese nicht (nur) aus Zahlenwerten, sondern vorrangig aus verbalen Interpretationen bestehen, ist auf eine besonders sorgfältige und konsistente Argumentation zu achten. Gegebenenfalls auftretende Konsistenzbrüche sind – auch mit Blick auf mögliche zusätzliche Erkenntnisse – gründlich zu diskutieren.

Regelgeleitetheit ist eine Voraussetzung für systematisches, nachvollziehbares Vorgehen, das den Anspruch wissenschaftlicher Forschung erhebt.

Gegenstandsangemessenheit wird in der Regel durch Aufsuchen der Alltagsorte bzw. der Orte des zu untersuchenden Geschehens angestrebt. Zudem soll eine Interessenübereinstimmung zwischen Forscher und Beforschtem erreicht werden.

Die *kommunikative Validierung* von Forschungsergebnissen mit den Beforschten stellt eine Möglichkeit zu ihrer Absicherung dar. Diskrepanzen zwischen Forschersicht und Beforschten-Sicht ermöglichen gegebenenfalls neue Erkenntnisse.[320]

---

[319] Vgl. hierzu auch Steinke 1999, 207-215 mit detaillierten Hinweisen zur Sicherung und Prüfung dieses Kriteriums.
[320] Vgl. Groeben et al. 1988; Heinze und Thiemann 1982; Klüver 1979. Zur spezifischen Sichtweise des FST vgl. Abschnitt 4.1.3.

Mit Hilfe der *Triangulation* auf Ebene der Datenquellen, der Interpreten, der Theorien oder der Methoden kann das Bild des Untersuchungsgegenstandes vervollständigt werden. Ziel der Triangulation in diesem Sinne ist es nicht, eine vollständige Identität der jeweils erzielten Ergebnisse zu erreichen. Dies würde ja gerade der Kritik an den klassischen Gütekriterien und den konstruktivistischen Grundannahmen qualitativer Forschung widersprechen. In diesem Sinne dient es auch nicht der Absicherung der Validität, sondern stellt eher eine Forschungsstrategie dar.[321] Auch hier gilt wiederum, dass gegebenenfalls auftretende Widersprüche zu weiteren Erkenntnissen führen können.[322]

Steinke schlägt sieben „Kernkriterien" zur Bewertung qualitativer Forschung vor.[323] Diese will sie weder als vollständigen, noch als universellen Kanon missverstanden wissen: „Letztlich muss der Forscher selbst entscheiden, welche Bewertungskriterien jeweils angemessen sind."[324]

Aufgrund der Einzigartigkeit der Erhebungssituation kann in der qualitativen Forschung die intersubjektive Überprüfbarkeit der Ergebnisse nicht wie in der quantitativen Forschung gewährleistet werden. Möglich und erforderlich ist aber eine *intersubjektive Nachvollziehbarkeit*. Diese kann auf drei Wegen erreicht werden. Am wichtigsten ist die detaillierte Dokumentation des Forschungsprozesses. Daneben sind die Arbeit in Forschergruppen sowie die Entwicklung kodifizierter Verfahren denkbar.

Bei der *Indikation des Forschungsprozesses und der Bewertungskriterien* geht es nicht nur um die Angemessenheit der Erhebungs- und Auswertungsmethoden, sondern auch um die Angemessenheit aller methodischen Entscheidungen von der Sample-Wahl bis zu den Bewertungskriterien.

In der quantitativen Forschung werden Hypothesen empirisch geprüft, die Generierung der Hypothesen bzw. der Theorien aus denen sie abgeleitet sind, ist in der Regel weder empi-

---

[321] Vgl. die schillernde Verwendung des Begriffs Triangulation bei verschiedenen Autoren sowie auch bei denselben Autoren in verschiedenen Publikationen Steinke 1999, 49, Fußn. 5.
[322] Vgl. Flick 2000c, 318. Flick nennt als mögliches Beispiel für diesen Fall die Diskrepanz zwischen einer Subjektiven Theorie und einem Handeln, das mit dieser nicht konform ist.
[323] Vgl. Steinke 1999, 205-248.
[324] Steinke 1999, 205f.

risch noch methodologisch reglementiert. Demgegenüber soll in der qualitativen Forschung die *Theoriebildung empirisch verankert* sein.

Das Kriterium der *Limitation*, also der genauen Benennung des Geltungsbereichs der Forschungsergebnisse ergibt sich aus zwei widerstrebenden Anliegen qualitativer Forschung. Einerseits wird betont, dass qualitative Ergebnisse immer kontextbezogen und nicht universal gültig sind. Andererseits beanspruchen die Ergebnisse über die einzelnen untersuchten Fälle hinaus eine Verallgemeinerbarkeit. Wo genau die Grenzen dieser Verallgemeinerbarkeit liegen, ist dann aber genau zu benennen.

Ein zentraler Ausgangspunkt qualitativer Forschung ist die Erkenntnis, dass die Subjektivität des Forschers nur scheinbar aus Forschungsprozess und Theoriebildung ausgeschlossen werden kann. Dies sollte aber nicht zu Beliebigkeit im Vorgehen führen und im Sinne der Nachvollziehbarkeit der Ergebnisse dokumentiert werden. Daraus ergibt sich die Forderung nach methodisch *reflektierter Subjektivität*.[325]

Kohärenz als selbstverständliche Forderung jeder Forschung ist im Sinne qualitativer Forschung zu ergänzen um die Forderung der Dokumentation und Diskussion möglicher Inkohärenzen des Datenmaterials. Im Sinne der empirisch verankerten Theoriebildung können gerade in solchen Inkohärenzen Ansatzpunkte für eine Weiterentwicklung der Theorie liegen.

Schließlich ist die pragmatische *Relevanz* für Steinke ein Gütekriterium qualitativer Forschung.

Mayring und Steinke adressieren mit ihren Kriterien unterschiedliche Ebenen des Forschungsprozesses. Einige betreffen den Anspruch und die Programmatik qualitativer Forschung, andere die Anlage der Forschung oder die Interpretation der Ergebnisse (vgl. Abb. 41).

---

[325] In diesem Sinne resümiert auch die AG Qualitative Methoden der Deutschen Gesellschaft für Soziologie im Jahresbericht 2000/01: „dass die genaue und durch Supervision gegebenenfalls gestützte Analyse der affektiven Reaktionen der Forschenden auf Personen und Themen der jeweiligen Untersuchungen den

Ebene im Forschungsprozess	Mayring	Steinke
Programmatik	---	Empirische Verankerung der Theoriebildung
	---	Relevanz
Anlage der Forschung	Verfahrensdokumentation Regelgeleitetheit	Intersubjektive Nachvollzieh- barkeit
	Gegenstandsangemessenheit	Indikation
	Triangulation	---
Interpretation der Ergebnisse	Argumentative Interpretati- onsabsicherung	Kohärenz
	Kommunikative Validierung	---
	---	Reflektierte Subjektivität
	---	Limitation

Abb. 41: Vergleich der Gütekriterien von Mayring und Steinke

Bei der Gegenüberstellung der beiden Kriterienlisten wird deutlich, dass zum Teil ähnliche Inhalte mit unterschiedlichen Begriffen bezeichnet werden. Mayrings „Verfahrensdokumentation" und „Regelgeleitetheit" überschneidet sich mit Steinkes „Intersubjektiver Nachvollziehbarkeit", Mayrings „Gegenstandsangemessenheit" findet sich bei Steinke unter dem Stichwort „Indikation". Die „Argumentative Absicherung" bei Mayring lässt sich der „Kohärenz" bei Steinke zuordnen. Einige Kriterien werden jedoch nur von einem der beiden Autoren genannt: dies sind die Triangulation und die Kommunikative Validierung bei Mayring und die Limitation, die Reflektierte Subjektivität und die Relevanz bei Steinke.

Die von beiden Autoren genannten Kriterien, also die vier von Mayring zuerst genannten Kriterien Verfahrensdokumentation, Argumentative Interpretationsabsicherung, Regelgeleitetheit und Gegenstandsangemessenheit in Steinkes Terminologie die Intersubjektive Nachvollziehbarkeit, die Indikation und die Kohärenz, stellen m.E. notwendige Gütekriterien für jede qualitative Forschungsarbeit dar.

Forschungsprozess erheblich unterstützen" (AG Qualitative Methoden der Deutschen Gesellschaft für Soziologie 2001).

Die übrigen Kriterien sind Kann-Kriterien, die bestimmte Aspekte qualitativer Forschung betonen und je nach der Fragestellung einer Untersuchung relevant sein können. Dies bringt Mayring implizit dadurch zum Ausdruck, dass er bei jedem seiner beiden übrigen Kriterien „Kommunikative Validierung" und „Triangulation" im Unterschied zu den anderen Kriterien davon spricht, dass es die Absicherung der Ergebnisse bzw. die Ergebnisse der Forschung verbessern „kann".[326] Steinke lehnt allgemein verbindliche Kriterien ab und gibt damit allen Kriterien den Status von Kann-Kriterien. Sie begründet dies aber gerade mit der Notwendigkeit der Gegenstandsangemessenheit, so dass sie implizit die Indikation doch zu einer notwendigen Bedingung erhebt.[327] Eine qualitative oder quantitative Untersuchung ohne intersubjektive Nachvollziehbarkeit und Kohärenz ist zudem nicht als Forschung vorstellbar. In der Tat gibt es aber „gute" qualitative Forschung, die nicht trianguliert, nicht kommunikativ validiert, nicht den Anspruch der (Praxis-)Relevanz erhebt bzw. nicht die Subjektivität des Forschungsprozesses explizit reflektiert. Die empirische Verankerung der Theoriebildung ist zweifelsohne ein übergreifendes Anliegen qualitativer Forschung und Kerngedanke insbesondere der „Grounded Theory", muss aber nicht explizit Thema jeder qualitativen Forschung sein. Und die Explizierung der immer gegebenen Limitation qualitativer Forschung wird nur dann relevant, wenn verallgemeinernde Aussagen aus ihr abgeleitet werden. Die Berücksichtigung der Kann-Kriterien Triangulation, Kommunikative Validierung, empirische Verankerung der Theoriebildung, Relevanz, Reflektierte Subjektivität und Limitation wird es aber in der Regel erlauben, die Potentiale qualitativer Forschung in höherem Maße auszuschöpfen.

4.1.3 Gütekriterien im FST

4.1.3.1 Kommunikative und explanative Validierung

Innerhalb des FST konzentriert sich die Diskussion um Gütekriterien auf die Validierung der erhobenen Subjektiven Theorien. Unterschieden wird dabei zwischen der Rekonstruktionsadäquanz, die mit der monologischen bzw. der kommunikativen Validierung geprüft wird, und der Realitätsadäquanz, die mit der explanativen Validierung überprüft wird.

---

[326] Vgl. Mayring 1999, 121.
[327] Vgl. Steinke 1999, 205.

Kommunikative und explanative Validierung stellen danach zwei Phasen eines idealtypi-schen Forschungsprozesses dar, der die Forschungstraditionen des Verstehens und Erklä-rens bzw. qualitativer und quantitativer Forschung miteinander verbinden und damit die Trennung zwischen beiden überwinden will. Die Kommunikative Validierung ist dabei als zeitlich und logisch vorgeordnet, die Explanative Validierung aber als übergeordnet im Sinne eines Entscheids über den Gültigkeitsanspruch der Subjektiven Theorien (siehe Abb. 42).[328]

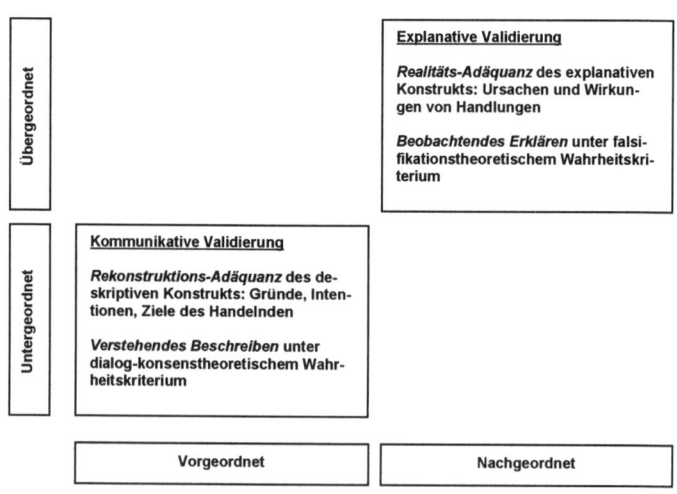

Abb. 42: Kommunikative und explanative Validierung im FST bei Groeben

Die *kommunikative Validierung* grenzt sich gegen die monologische Validierung ab, dem typischen hermeneutischen Vorgehen der „Verstehenswissenschaften" etwa in Literatur-wissenschaft oder Ethnologie. Dabei findet der angestrebte Konsens zur Validität der Re-konstruktion nicht zwischen Forscher und Interviewtem statt, sondern „monologisch" nur auf einer Seite dieser Dyade, nämlich durch den Forscher bzw. zwischen mehreren For-schern. Die kommunikative Validierung baut in Abgrenzung zu einer falsifikationstheore-tisch orientierten Interviewmethodik auf einem dialog-konsenstheoretischen

---

[328] Groeben 1986, 326; vgl. Scheele 1988, 137; Regnet 1992, 136ff.

Wahrheitsbegriff auf. In einem realen Dialog zwischen Interviewer und Interviewtem muss dabei der Interviewte der vom Interviewer rekonstruierten Subjektiven Theorie des Interviewten zustimmen. Gegebenenfalls ist diese solange zu modifizieren bis diese Zustimmung erfolgen kann. Damit der so erlangte Konsens auch möglichst genau den „tatsächlich" beim Interviewten vorhandenen Kognitionen entspricht, sind sprechakttheoretische Überlegungen anzustellen, die auf die Vermeidung kommunikationsverzerrender Einflüsse wie etwa Machtkonstellationen abzielen. Darauf, dass es sich immer nur um eine Approximation an eine ideale Sprechsituation handeln kann, hat Obliers hingewiesen.[329]

Die *explanative Validierung* will durch eine Überprüfung der ermittelten Subjektiven Theorien hinsichtlich ihrer Prognosefähigkeit für künftiges Verhalten die Grenzen der kommunikativen Validierung, die sich durch die Begrenztheit der Selbsterkenntnis der Interviewpartner ergeben, überschreiten. Solche Grenzen der Selbsterkenntnis wurden bei der Rekonstruktion Subjektiver Theorien z.B. im Vergleich unterschiedlicher Inhaltsbereiche erkennbar (Theorien zur Situation waren prognosefähiger als Theorien zur eigenen Handlung). Bei Experten ist ihr aufgabenrelevantes Wissen oft so verdichtet, dass Problemsituation und Lösung nicht getrennt oder auch die eigenen Denkprozesse gar nicht mehr detailliert nachvollzogen werden können. Die kommunikativ validierten Subjektiven Theorien können in diesen Fällen u.U. von den unzugänglichen, wirklich handlungsleitenden Theorien abweichen.[330]

Drei Wege zur explanativen Validierung, die alle auf der Annahme einer handlungsleitenden Funktion Subjektiver Theorien aufbauen, bieten sich an: Erstens Korrelationsstudien, bei denen Innen- und Außensicht zum gleichen Zeitpunkt erhoben und miteinander verglichen werden, zweitens Prognosen über das zukünftige Verhalten auf Basis der ermittelten Subjektiven Theorien und drittens eine Prognose über das zukünftige Verhalten auf Basis gezielt modifizierter Subjektiver Theorien.[331]

---

[329] Scheele und Groeben 1988, 138 mit Verweis auf Habermas 1971 zur Explikation idealer Kommunikationsbedingungen. Vgl. Obliers 1992.
[330] Vgl. Wahl 1988a, 181-182 mit weiteren Verweisen.
[331] Vgl. Scheele und Groeben 1988, 184 ff.

Die kommunikative Validierung wird auch außerhalb des FST als Gütekriterium qualitativer Forschung betrachtet und wurde daher bereits im vorherigen Abschnitt betrachtet. Die explanative Validierung ist hingegen ein Spezifikum des FST und wird außerhalb des engen Zirkels der FST-Protagonisten kontrovers diskutiert. Daher gehe ich auf sie im nächsten Abschnitt genauer ein.

4.1.3.2 Kritik an der explanativen Validierung im FST

Obwohl die explanative Validierung im FST einen theoretisch unverzichtbaren Bestandteil des zweiphasig konzipierten Forschungsprozesses darstellt, wird sie in der Forschungspraxis nur äußerst selten realisiert.[332] Hierfür werden meistens pragmatische Gründe genannt. Außerdem lässt sich theoretisch begründen, dass für die meisten rekonstruierten Subjektiven Theorien eine explanative Validierung gar nicht möglich ist.

Als *pragmatische Gründe* für den Verzicht auf die explanative Validierung führen die meisten Forschungsarbeiten entweder den großen Aufwand, also Ressourcengründe oder den Umstand an, dass in bestimmten Kontexten eine explanative Validierung nicht durchgeführt werden kann. Im Vergleich zur rein monologischen Validierung, die die Standardsituation in vielen Forschungskontexten ist, stellt aber auch eine kommunikative Validierung einen großer Fortschritt dar.[333]

Grundsätzliche *theoretische Einwände* gegen die explanative Validierung weisen darauf hin, dass eine explanative Validierung nur für bestimmte Arten von Subjektiven Theorien möglich ist: nämlich für solche kurzer Reichweite.[334] Steinke demonstriert die sehr enge Beschränkung des möglichen Anwendungsbereichs der explanativen Validierung in vier Dimensionen.[335] Erstens können nur direkt handlungsleitende Kognitionen explanativ validiert werden, die leicht zu operationalisieren sind. Zweitens sind nur solche (potentiell) handlungsleitenden Kognitionen explanativ validierbar, die auch tatsächlich handlungswirksam werden. Fälle der „Desintegration" von Kognition, Emotion und Verhalten

---

[332] Diese seltenen Fälle sind in der Regel schulpädagogische Studien, zum Beispiel Wahl et al. 1983.
[333] Vgl. Lummer 1994, 99. Für die bis 1993 erschienenen Forschungsarbeiten vgl. die von der Zentralstelle für Psychologische Information und Dokumentation an der Universität Trier erstellte Bibliographie mit einigen hundert Einträgen (Zentralstelle für Psychologische Information und Dokumentation Universität Trier 1993). Für den Anschlusszeitraum bis zum Jahr 2001 wurde im Auftrag des Autors dieser Arbeit von der Zentralstelle eine zweite Bibliographie mit 526 weiteren Einträgen erstellt.
[334] Vgl. Bovet 1993, 18f.; Weidemann 2001.
[335] Vgl. Steinke 1999, 62ff.

schließt auch Groeben explizit aus.[336] Drittens sind insbesondere sich wandelnde Subjektive Theorien, z.b. in laufenden Lernvorgängen, nicht mehr oder noch nicht handlungswirksam und als solche auch nicht explanativ zu validieren. Viertens können nur isolierte Handlungen bzw. Handlungsteile explanativ validiert werden. Miteinander verknüpfte Handlungen, Handlungshierarchien oder übergreifende Handlungskontexte können daher nicht explanativ validiert werden.[337] Viele Subjektive Theorien können also von vornherein nicht explanativ validiert werden. Dies gilt insbesondere für in sich widersprüchliche oder inkonsistente Subjektive Theorien oder auch nur Subjektive Theorien einer nicht mehr nur minimalen Komplexität. Dass die explanative Validierung so selten eingesetzt wird, liegt also auch darin begründet, dass sie für einen Großteil der erforschten Untersuchungsgegenstände nicht sinnvoll wäre.

Flick und Kallenbach halten den Fall, das Subjektive Theorien im Wandel begriffen sind, für den Standardfall. Da Subjektive Theorien nicht unabhängig von ihrer Erhebung existieren, sondern in der Erhebungssituation erst konstruiert werden, können sie nicht als statische Entität gedacht werden. Vielmehr unterliegen sie im Zuge der Rekonstruktion und fortan – dem Bewusstsein ausgesetzt – auch nach ihrer Erhebung einem andauernden Wandel. Eine Entsprechung zu einmal aufgezeichneten Subjektiven Theorien, wie sie die explanative Validierung finden will, könnte dann aber nur zufällig sein. Flick und Kallenbach halten daher die explanative Validierung grundsätzlich für gegenstandsunangemessenen und für einen Rückfall in methodische Konzeptionen der quantitativen Forschung.[338]

Anknüpfend an den Hinweis, dass sich wandelnde Subjektive Theorien nicht explanativ validierbar sind, lässt sich noch grundsätzlicher fragen, welche Ergebnisse explanative Validierung denn überhaupt liefern können. Denn weder die erfolgreiche noch die erfolglose Bemühung, etwa Prognosen zu bestätigen, ist dann eindeutig interpretierbar. Bestätigte Prognosen können so Bestätigung erfahren haben, weil die entsprechende handlungsleitende und handlungswirksame Subjektive Theorie richtig rekonstruiert wurde, aber auch weil zufällig eine andere, nicht rekonstruierte Subjektive Theorie mit demselben Ergebnis handlungsleitend und handlungswirksam war. Für nicht bestätigte Prognosen gilt, dass entweder

---

[336] Vgl. Groeben 1986, 349.
[337] Vgl. hierzu auch die entsprechenden Einschränkungen bei Wahl et al. 1983; zit. bei Steinke 1999, 65.
[338] Vgl. Flick 1987; Flick 1989; Flick 2000c; Kallenbach 1996.

nicht die handlungsleitende und handlungswirksame Subjektive Theorie rekonstruiert wurde, oder aber, dass seither ein Lernprozess eingesetzt hat, der Subjektive Theorie und Handeln verändert hat. In beiden Fällen ist letztlich eine Interpretation der erfolgreichen oder
nicht erfolgreichen Prognose ohne Rückgriff auf die Kommunikation mit dem Subjektiven
Theoretiker nicht sinnvoll möglich. Damit verliert die explanative Validierung ihre der
kommunikativen Validierung gegenüber angenommene „übergeordnete" Stellung. Vielmehr stellt sie wie die unmittelbare Prüfung der Subjektiven Theorien auf logische Konsistenz etwa durch Störfragen nur eine weitere Möglichkeit der Rationalitätssteigerung im
Austausch mit dem Subjektiven Theoretiker dar.

Das grundlegende Problem der explanativen Validierung besteht m.E. darin, dass die
explanative Validierung des Gegenstandes, der eigentlich validiert werden soll, nämlich
die handlungsleitende und handlungswirksame Subjektive Theorie, grundsätzlich nicht
möglich ist, weil nie sie selbst, sondern nur in ihre postulierten Auswirkungen im Handeln
beobachtet werden können. Dies wussten bereits die Behavioristen, weswegen sie für ihren
auf Beobachtung basierenden Ansatz die Kognitionen für irrelevant erklärten. Der interessante Versuch des FST beiden Ansprüchen gerecht zu werden – denen einer kognitiven
Psychologie, die Kognitionen ernst nimmt und denen einer traditionellen Psychologie, die
menschliches Verhalten über Beobachtung „objektiv" erklärt – scheitert wegen der irrigen
Annahme, beide Perspektiven auf denselben Gegenstand, nämlich Subjektive Theorien
anwenden zu können. Beide Ansätze können zwar durchaus sinnvoll auf ein und dasselbe
Untersuchungsfeld angewandt werden, aber nur im Sinne einer Methodentriangulation, die
die Eigenlogik jeder Perspektive bestehen und die Ergebnisse jeder Methode nebeneinan-
der stehen lässt. Eine explanative Validierung im Sinne des FST erscheint aber nicht sinnvoll und wird daher in dieser Arbeit nicht vorgenommen.

4.1.4   Gütekriterien für diese Studie

Als Gütekriterien für diese Arbeit gelten zunächst die oben als „notwendig" ausgewiesenen Gütekriterien qualitativer Forschung, nämlich die Intersubjektive Nachvollziehbarkeit, die Indikation und die Kohärenz. Von den Kann-Kriterien kommen hinzu: die Relevanz, die Triangulation, die Kommunikative Validierung, die Limitation und die Reflexion der Subjektivität. Abb. 43 stellt diese sieben Kriterien geordnet nach den Ebenen Programmatik, Anlage der Forschung und Interpretation der Forschungsergebnisse dar.

Gütekriterien für diese Arbeit

Programmatik

1. Relevanz

Anlage der Forschung

2. Intersubjektive Nachvollziehbarkeit

3. Indikation / Gegenstandsangemessenheit

4. Triangulation

Interpretation der Ergebnisse

5. Kohärenz / Argumentative Absicherung

6. Kommunikative Validierung

7. Limitation

8. Reflexion der Subjektivität

Abb. 43: Gütekriterien für diese Arbeit

Zu den Kriterien im Einzelnen: Der *intersubjektiven Nachvollziehbarkeit* der Ergebnisse dieser Arbeit wird durch die ausführliche Explizierung der gewählten Methodologie und die ausführliche Darstellung der Ergebnisse Genüge getan werden. Die *Indikation* bzw. *Gegenstandsangemessenheit* des Vorgehens wird durch die in den nächsten Abschnitten erfolgende Methodendiskussion und die Begründung ihrer Auswahl, aber auch durch die Anlage dieser Arbeit insgesamt sichergestellt werden. Das Kriterium *Kohärenz* bzw. *Argumentative Interpretationsabsicherung* benennt ein Ziel für die Darstellung der Ergebnisse und wird im Abschnitt 5.4 zu verwirklichen sein. Der *Praxis-Relevanz* ist diese Arbeit verpflichtet, da sie neben der Entwicklung einer Coaching-Theorie auch Empfehlungen für die Durchführung von Coachings geben will. Anhand dieser wird die Erfüllung des Kriteriums zu messen sein. Eine *Triangulation* erfolgt hier als Theorien-Triangulation durch die Perspektiven des FST, der Motivationspsychologie und der Individualpsychologie, die im oben entwickelten Coaching-Modell verbunden werden. Die erhobenen Subjektiven Theorien werden *kommunikativ validiert*. Dabei geht es um die Rekonstruktionsadäquanz, d.h. darum, ob die Subjektive Theorie des Klienten durch den Forscher korrekt wiedergegeben wurde. Kriterium für die kommunikative Validierung ist die Zustimmung des Klienten zur erfolgten Rekonstruktion in dem Sinne, dass seine Äußerungen korrekt wiedergegeben sind. Die Einholung dieser Zustimmung erfolgt explizit in Form der Rückfrage: „Habe ich richtig verstanden, dass ...?" bzw. in Form der Vorlage der graphisch aufbereiteten Wenn-Dann-Beziehungen der Subjektiven Theorie. Dies gilt sowohl für die zu Beginn des Coachings erhobene Subjektive Theorie wie für die (veränderte) Subjektive Theorie am Ende des Coachings.[339] Schließlich wird bei der verallgemeinernden Interpretation der Ergebnisse strikt auf eine klare *Limitation* des Geltungsanspruchs zu achten sein.

Insbesondere ein qualitativer Forschungsprozess lässt sich ebenso wenig wie Coaching ohne die Subjektivität des Forschers bzw. Coaches denken. Die *Reflexion der Subjektivität* wird im Rahmen der Interpretation der Ergebnisse erfolgen. Dabei geht es darum, die möglichen Auswirkungen der Rolle bzw. Person des Forschers auf das Forschungsergebnis zumindest kurz zu reflektieren. Da die Auswirkungen der Subjektivität des Forschers nicht selbst Gegenstand der Forschung sind, muss die Reflektion in Form von abgewogenen Hypothesen ausreichen.

Die von Steinke bzw. dem FST geforderte „empirische Verankerung der Theoriebildung" und die „explanative Validierung" bleiben unberücksichtigt. Dies geschieht aus forschungsökonomischen bzw. aus theoretischen Überlegungen.

Auf die Darstellung der *empirischen Verankerung der Theoriebildung* wird aus forschungsökonomischen Gründen verzichtet. Der Forschungsprozess zur Bildung des oben dargestellten Coaching-Modells verlief iterativ zwischen empirischer Materialerhebung und Entwicklung des theoretischen Modells. Den Prozess im Detail nachzuzeichnen würde

---

[339] Zur Validierung der Rekonstruktion der impliziten Motive vgl. Abschnitt 5.1.1.3.3.

aber den Rahmen der Arbeit sprengen, da dies letztlich nur durch die Aufzeichnungen eines Forschungstagebuchs möglich wäre. Der zusätzliche Erkenntniswert für den Leser wäre darüberhinaus gering.

Die *explanative Validierung* der Subjektiven Theorien unterbleibt aufgrund der oben formulierten theoretischen Einschränkungen ihres Anwendungsbereichs und aufgrund der grundsätzlichen Zweifel am Wert der explanativen Validierung.[340] Die im Kontext von Coachings erhobenen Subjektiven Theorien sind weder hinreichend simpel noch hinreichend stabil im Zeitverlauf, als dass sie für eine explanative Validierung geeignet wären. Coaching stellt geradezu ein Paradebeispiel für Lernvorgänge dar, die eine Veränderung der Subjektiven Theorien bewirken. Diese Veränderungen erfolgen aber nicht punktuell sondern kontinuierlich in, zwischen und auch noch nach den Coaching-Sitzungen. Insofern handelt es sich um zunächst noch nicht abgeschlossene Lernvorgänge. Wie von Steinke aufgezeigt ist aber eine explanative Validierung zu sich im Wandel befindlichen Subjektiven Theorien nicht möglich. Darüberhinaus erscheint der grundsätzliche Stellenwert der explanativen Validierung wie oben ausgeführt zweifelhaft, da die Bestätigung oder Nicht-Bestätigung etwa einer Prognose, die aufgrund einer rekonstruierten Subjektiven Theorie gemacht wird, nicht so eindeutig interpretierbar ist, wie es der Terminus „explanative Validierung" nahe legt.

---

[340] Ohne die theoretischen Einwände hätte die explanative Validierung aus pragmatischen Gründen unterbleiben müssen. Neben dem im Rahmen einer Dissertation nicht realisierbaren Ressourceneinsatz ist im Unternehmenskontext zumindest in Deutschland eine explanative Validierung von Subjektiven Theorien zu Themen, die einem Coaching-Bedürfnis entsprechen, derzeit nicht vorstellbar. Ein Teil der Coachees hatte es sogar vermieden, selbst den bloßen Umstand eines Coachings im Unternehmen publik werden zu lassen. Insofern stellt die Bereitschaft, Coachings per Tonband mitschneiden zu lassen, den äußersten Rahmen dessen dar, wozu Manager bereit sind.

4.2   Untersuchungsdesign, Sampling und Methoden

Zur methodischen Anlage einer qualitativen Forschungsarbeit sind Entscheidungen hinsichtlich des Untersuchungsdesigns, des Samplings und der Untersuchungsmethoden zu
treffen.[341] Diese stelle ich im Folgenden dar und begründe sie.

4.2.1   Untersuchungsdesign

Die vorliegende Untersuchung analysiert Einzelfälle unter Feldbedingungen, nämlich reale
Coachings.[342] Durch die enge Verflechtung von Forschungs- und Coaching-Prozess, insbesondere durch die Rückmeldung der rekonstruierten Subjektiven Theorien an den Klienten
zu ihrer kommunikativen Validierung und durch ihre Modifikation, besteht eine Nähe zu
den Ansätzen der Action Research. Diese Ansätze bieten sich immer dann an, wenn die
Wirkung spezifischer Interventionen – z.B. in Unternehmen – ermittelt werden soll. Bei
dieser Art der Forschung gehen Forschungs- und Interventionsmethoden oft ineinander ü-
ber.[343]

4.2.2   Sampling

Die Sampling-Strategie und -Größe muss zum Zweck einer Untersuchung und den Forschungsfragen, die beantwortet werden sollen, passen und die Rahmenbedingungen, die
sich aus dem Untersuchungsfeld und Untersuchungsgegenstand ergeben, sowie die zur
Verfügung stehenden Ressourcen berücksichtigen.[344]

Zweck dieser Untersuchung ist es herauszufinden, wie sich die kognitiven Strukturen von
Coachees während eines Coachings ändern. Dementsprechend ist es wesentlich, reale Coa-

---

[341] Vgl. Flick 2000b; Mayring 1999, 27ff.

[342] Im FST wird fast immer, ohne dass dies als Entscheidungsproblem diskutiert wird, eine Einzelfallanalyse
oder eine Reihe von Einzelfallanalysen als Untersuchungsdesign verwandt.

[343] Vgl. Eden und Huxham 1996; Kaplan 1998; McNiff und Whitehead 2001; Reason und Bradbury 2001;
Rosenstiel 2000b, 230ff.

[344] Vgl. Patton 1990, 181. Dies entspricht auch der Forderung des Gütekriteriums „Indikation" bei Steinke.
Vgl. generell zu den folgenden Ausführung zum Sampling Patton 1990; Flick 1999; Merkens 2000.

ching-Bedingungen zu gewährleisten. Dazu gehört, dass die Teilnehmer an der Studie ein eigenes Anliegen besitzen, das sie im Rahmen eines Coachings bearbeiten wollen. Die einzige Möglichkeit, von diesem Coaching-Interesse potentieller Studien-Teilnehmer zu erfahren, ist die Selbst-Selektion und Erklärung der künftigen Teilnehmer. Eine Primär-Selektion schied also aus, da hierfür keine bekannte Grundgesamtheit zur Verfügung stand: öffentliche Listen mit Coaching-Interessenten gibt es nicht. Also wurde der Weg einer Sekundär-Selektion gewählt.[345] In einen Artikel in der Monatszeitschrift einer Industrie- und Handelskammer wurde auf das geplante Forschungsvorhaben und auf die Möglichkeit der Teilnahme hingewiesen.[346] Die Teilnehmer wurden dann anhand der folgenden Kriterien gemäß der Fragestellung der Arbeit ausgewählt: Erstens musste es sich tatsächlich um handlungsfähige Führungskräfte mit Mitarbeiterverantwortung handeln. Zweitens mussten sie ein Anliegen als Gegenstand des Coachings benennen können und wollen. Drittens musste eine persönliche Passung mit dem Coach gegeben sein. Viertens mussten sie bereit sein, die Coachings komplett auf Tonband aufzeichnen zu lassen. Die ersten drei Kriterien gelten für jedes Coaching. Das vierte weicht von der normalen Coaching-Situation ab und stellt somit eine mögliche Quelle für systematische Verzerrungen dar. Für die Entscheidung der Interessenten spielte dies jedoch keine Rolle: Keiner sagte wegen des geplanten Tonband-Mitschnitts ab.[347]

Ressourcenseitig bestand die Beschränkung darin, dass die vorliegende Forschungsarbeit ohne Einbindung in ein größeres Forschungsprojekt erfolgte und somit in jeder Hinsicht allein vom Verfasser zu erstellen war und auch für die Transkription und Auswertung keine weiteren Ressourcen zur Verfügung standen. Dies wirkte sich auf die Sample-Größe aus. Hier wurden zehn bis 15 Fälle angestrebt. Mit 15 tatsächlich untersuchten Fällen wurde die Kapazitätsobergrenze erreicht. Damit wurde eine Vielzahl von Industrien abgedeckt und eine breite Streuung über die demographischen Merkmale der Studienteilnehmer erreicht.[348] Repräsentativität kann bei einer Samplegröße von 15 jedoch nicht beansprucht werden.

---

[345] Vgl. Patton 1990, 181ff; Morse 1997. Die sekundäre Selektion wird auch im FST häufig angewandt, z.B. über ausgeschriebene Seminare oder Fortbildungsveranstaltungen (vgl. Wahl 1991; Lehmann 1995). Allerdings wird das Sampling im FST selten explizit diskutiert (vgl. Steinke 1999, 42).

[346] Aus Anonymisierungsgründen wird die verwendete IHK nicht genannt.

[347] Vgl. Abb. 48 zu den Gründen, warum mit einem Teil der Interessenten Coachings nicht zu stande kamen.

[348] Siehe die Darstellung des Samples in Abschnitt 5.2.

4.2.3   Untersuchungsmethoden: Erhebung, Aufbereitung, Auswertung

Bei den Untersuchungsmethoden lassen sich mit Mayring Erhebung, Aufbereitung und Auswertung unterscheiden.[349] Zur *Erhebung* wurden halbstandardisierte Interviews gewählt, eine Methode, die in der qualitativen Forschung einen herausragenden Platz einnimmt.[350] Sie ist die adäquate Methode für die im Coaching interessierenden Subjektiven Theorien mittlerer Reichweite.[351] Die in Kapitel 3 identifizierten Hebel zur Steigerung der Auskunftsfähigkeit und Auskunftsbereitschaft sind bei den Interviews verwendet worden (siehe Abb. 20). Bei der Haltung des Interviewers wurde die individualpsychologische Maxime berücksichtigt, ermutigend zu wirken.

Die Interviews wurden im Sinne dieser Maximen mit einer offenen Frage begonnen („Was ist Ihr Anliegen?" oder „Worüber sollen wir heute sprechen?"). Zur Konkretisierung wurde immer nach einer markanten, möglichst zeitnahen Situation gefragt, in der dem Klienten sein Anliegen besonders deutlich wurde („critical incident"). Dabei wurde grundsätzlich auch nach den Emotionen in dieser Situation gefragt, da gemäß der individualpsychologischen Theorie über diese ein besonders direkter Zugang zu den tatsächlich handlungsleitenden Kognitionen möglich ist.[352] Im Laufe des Gesprächs wurden Stör- und Trennfragen eingesetzt, die Gelegenheit zur Präzisierung der Darstellung geben sollten. Gegebenenfalls erfolgte auch eine Metakommunikation, die auf die Notwendigkeit der Trennung von prä-, peri- und post-aktionalen Kognitionen von der handlungsleitenden Kognition hinwies.[353]

---

[349] Vgl. Mayring 1999, 48ff.

[350] Zur Verwendung narrativer Interviews in der betriebswirtschaftlichen Forschung vgl. etwa Müller und Hurter 1999, 25. Mitunter wird auch auf Interviewtechniken aus dem Bereich psychologischer Beratung bzw. Therapie Bezug genommen: Fromm verweist z.B. auf die Gesprächstechniken von Rogers Klienten-zentrierter Gesprächstherapie (vgl. Fromm 1987, 262ff.; Rogers 1983).

[351] Zur Unterscheidung der drei Reichweiten vgl. Abschnitt 3.2.2. Für Subjektive Theorien kurzer Reichweite wird das (nachträgliche) „Laute Denken" empfohlen, für Subjektive Theorien mittlerer Reichweite das halbstandardisierte Interview und für Subjektive Theorien größerer Reichweite Videoaufzeichnungen oder schriftliche Schilderungen (vgl. Scheele und Groeben 1988, 35-48; zum „Lauten Denken" vgl. auch Weidle und Wagner 1982). Zum halbstandardisierten Interview wurde von Hanke und Wahl die Methode des „standardisierten Dialogs" entwickelt (vgl. Wahl 1979; Hanke 1991, 58f.; Wahl 1991, 68ff.). Vereinzelt wurden auch Erfassungsbögen zur zeitnahen Aufzeichung der eigenen Subjektiven Theorien entwickelt (vgl. Dann und Humpert 1987; Treutlein, Janalik und Hanke 1997).

[352] Vgl. Abschnitt 3.5.2 sowie Dinkmeyer und Sperry 2000, 63; Tymister 1990b, 16. Zugleich leistet diese Methodik der Forderung von Dann und Barth an das FST nach einer „Überwindung einer einseitigen Dichotomie von Kognition und Emotion" genüge. Dann und Barth i.E. (Manuskript 1999), 19.

Das erste Interview zur Erhebung des Status quo der Subjektiven Theorien zu Beginn des Coachings diente dabei zugleich dem Zweck der Explikation des Klientenanliegens als Grundlage für das Coaching und war insofern mit der ersten Coaching-Sitzung identisch. Ein separates Interview war nicht erforderlich und forschungspraktisch nicht realisierbar, da es genau wie bei einem Interview im Sinne des FST auch in der ersten Sitzung eines Coachings um die Explikation der Sicht des Klienten auf die ihn interessierende Problemstellung geht – also um die Explikation seiner „Subjektiven Theorie" dazu. Die Identität der Inhalte von Forschungsinterview einerseits und erster Coaching-Sitzung andererseits hätte eine Wiederholung bedeutet, was den Führungskräften nicht vermittelbar gewesen wäre. Das Anliegen und damit die zu erhebenden Subjektiven Theorien der Führungskräfte stellen in der Regel persönliche Inhalte dar, die emotional belastend sind. Eine reine Wiederholung wäre den Führungskräften auch forschungsethisch nicht zumutbar gewesen, da der zusätzlichen emotionalen Belastung kein zusätzlicher Forschungsnutzen gegenübergestanden hätte.

Zur *Aufbereitung* der in den Coaching-Sitzungen gewonnenen Daten erfolgte erstens auszugsweise eine wörtliche Transkription und zweitens eine graphische Darstellung der Subjektiven Theorien in zwei Varianten: einmal als stark vereinfachte Darstellung von Wenn-Dann-Beziehungen im Sinne der Strukturlegeverfahren des FST[354] und einmal als Darstellung im Erweiterten kognitiven Motivationsmodell bzw. im Volitionsmodell. Den Klienten wurde zur kommunikativen Validierung, sofern diese nicht rein mündlich vorgenommen wurde, lediglich die vereinfachte Darstellung der Wenn-Dann-Beziehungen vorgelegt. Die

---

[353] Zu den Störfragen vgl. Scheele und Groeben 1988, 34ff. Zu der Metakommunikation über prä-, peri- und postaktionale Kognitionen vgl. Wahl 1981, 73.

[354] Für einen Überblick über die wichtigsten Verfahren vgl. Dann 1992b. Vgl. a. Mutzeck 1988 für weitere Verfahren sowie Scheele und Groeben 1988; Wahl 1991; Dann und Barth i.E. (Manuskript 1999). Aus dem engen Kreis um Groeben und Scheele stammen die „Heidelberger Strukturlegetechnik" (SLT), die „kommunikative Flußdiagramm-Beschreibung" und die „konsensuale Ziel-Mittel-Argumentation" (ZMA). Von Wahl wurde die „Weingartener Appraisal Legetechnik" (WAL) entwickelt und von Dann und Mitarbeitern die „Interview- und Legetechnik zur Rekonstruktion kognitiver Handlungsstrukturen" (ILKHA). Alle diese Verfahren zeichnen sich dadurch aus, dass sie Element- und Beziehungskategorien vorgeben, mit deren Hilfe die Subjektiven Theorien abgebildet werden. Beispielsweise sind dies bei der WAL Situations- und Handlungsklassen, die einander zugeordnet werden. WAL, ZMA und Flußdiagramm sind relativ simpel gehalten und daher eher für Subjektive Theorien kürzerer Reichweite geeignet. SLT und ILKHA zielen dagegen auf Subjektive Theorien mittlerer Reichweite ab. Insbesondere die SLT erfordert allerdings einen Regelapparat, der die Interviewpartner mitunter überfordert. In abgeschwächter Form gilt dies auch für die ILKHA. Andere Autoren haben sich auf eine einfache graphische Veranschaulichung der Zusammenhänge von Elementen der Subjektiven Theorien beschränkt, wie sie

jeweils fünf zweistündigen Coaching-Sitzungen wurden in allen 15 Fällen komplett auf Tonband aufgezeichnet. Gegebenenfalls eingetretene Veränderungen der Subjektiven Theorien wurden anhand der Tonband-Aufzeichnungen nach jeder Sitzung dokumentiert und in der Folgesitzung im Zuge des Coaching-Dialogs kommunikativ validiert, falls dies nicht schon beim Auftreten der Veränderung durch Rückfragen geschehen war. Auf diese Weise wurde eine Überforderung der Klienten vermieden, wie sie aus anderen Anwendungen der FST bzw. als Kritik an den Strukturlegetechniken berichtet wurde.[355]

Durch die Verwendung der Motivations- und Volitionsmodelle zur Darstellung der Subjektiven Theorien konnte die Veränderung der Subjektiven Theorien besonders deutlich dargestellt werden, was im FST noch ein Desiderat war.[356] Außerdem blieb die Übersichtlichkeit über die Subjektiven Theorien auch für den Leser dieser Arbeit gewahrt, was bei den sich über viele Seiten erstreckenden traditionellen Notationen im FST nicht gewährleistet ist.[357]

Die *Auswertung* der Coaching-Fallstudien sollte fallübergreifende Aussagen zu Subjektiven Theorien unterschiedlichen Inhalts ermöglichen, die die motivationspsychologische Differenzierung des Coachings-Modells berücksichtigen. Die bisher entwickelten Auswertungsmethoden des FST kamen daher nicht in Betracht.[358] Hier erfolgte zunächst eine Co-

---

von den Interviewpartnern geschildert wurden. Vgl. beispielsweise Flick 1989 oder Franz Weber 1991. Diesem letztgenannten Vorgehen folgt auch diese Arbeit.

[355] Vgl. Dann 1992b für die zusammenfassende Kritik sowie Scheele und Groeben 1979; Scheele 1992; Lummer 1994; Franz Weber 1991; Regnet 1992; Lehmann 1995. In einigen Studien wurde daher sogar ganz auf die kommunikative Validierung verzichtet. Es ist Humpert zuzustimmen, der feststellt, „dass es die Methode zur Erfassung von subjektiven Theorien wohl (vorläufig) nicht gibt. Je nach Fragestellung sind unterschiedliche Methoden zu wählen." Humpert 1984, 134, Hervorh. i. Orig. In diesem Sinne auch Lehmann 1995, 10ff.

[356] Dann 1992b, 40: „Die künftigen Entwicklungsarbeiten sollten sich u.a. auf folgende Bereiche erstrecken: [...] veränderungssensible Verfahren, die bei Fragestellungen der Entwicklung und Modifikation Subjektiver Theorien einsetzbar sind".

[357] Aus diesem Grunde werden sie in der Regel auch nur in Ausschnitten publiziert und können selbst dann auch den gutwilligen Leser überfordern (vgl. zum Beispiel die herausfaltbaren graphischen Darstellungen von Subjektiven Theorien in Dann, Diegritz und Rosenbusch 1999).

[358] Diese beschänken sich bei den meisten Autoren auf eine qualitative Auswertung im Sinne einer ausführlichen Darstellung der erhobenen Subjektiven Theorien (vgl. z.B. Lummer 1994). Differenzierte Auswertungen stellen die Aggregierung zu einem bestimmten Thema erhobener Subjektiver Theorien (vgl. Stössel und Scheele 1992; Schreier 1997), die formal-quantitative Analyse der mit dem Strukturlegeverfahren ILKHA erhobenen Subjektiven Theorien (vgl. Lehmann-Grube und Dann 1999, 163-167; Lehmann-Grube 1998b; Haag 1999a, 316f) oder die Korrelation mit Beobachtungsdaten (vgl. z.B. Lehmann 1995; Lehmann-Grube und Dann 1999, 163-167) dar. Letzterem liegt allerdings der Gedanke der explanativen Validierung zugrunde, der in Abschnitt 4.1.3.2 kritisiert wurde.

dierung der in den einzelnen Falldarstellungen mit Hilfe der Motivations- und Volitionsmodelle festgehaltenen Ausprägungen und Veränderungen der Subjektiven Theorien. Die
Codierung erfolgte so, dass beim Vorliegen einer bestimmten Ausprägung bzw. einer bestimmten Veränderung eine „1", ansonsten eine „0" vergeben wurde.

Bei der Codierung der Ausprägungen der Subjektiven Theorien zu Beginn der Coachings
wurde festgehalten, ob motivations- bzw. volitionshinderliche Ausprägungen vorlagen.
Dementsprechend wurde im Motivationsmodell eine hohe Ausprägung der Situations-
Ergebnis-Erwartung, eine maximal mittlere Ausprägung der Selbstwirksamkeitserwartung,
der Handlungs-Ergebnis-Erwartung i.e.S., der Ergebnis-Folgen-Erwartung und des Anreizwertes der Folgen und im Volitionsmodell das Fehlen einer Implementierungsintention
und maximal mittlere Ausprägungen der Initiativ-Selbstwirksamkeitserwartung, der Coping-Selbstwirksamkeitserwartung und der Wiederherstellungs-Selbstwirksamkeitserwartung notiert. Das Vorliegen einer niedrigen Situations-Ergebnis-Erwartung bzw. einer
hohen Ausprägung bei allen anderen Erwartungen wurde vermerkt, wenn sich anhand der
Aufzeichnungen der Coaching-Gespräche kein Indiz für einen Zweifel des Klienten an
dem durch die Erwartung beschriebenen Zusammenhang feststellen ließ. Die entgegenge-
setzte Ausprägung, also eine hohe Situations-Ergebnis-Erwartung bzw. eine niedrige Ausprägung bei allen anderen Erwartungen wurde vermerkt, wenn der Klient implizit oder
explizit deutliche Zweifel an dem durch die Erwartung beschriebenen Zusammenhang zum
Ausdruck brachte. Eine mittlere Ausprägung wurde vermerkt, wenn sowohl Indizien für
Zweifel als auch positive Erwartungen zum Bestehen des Zusammenhangs vorlagen. Die
Zwischenstufen „niedrig bis mittel" und „mittel bis hoch" wurden vergeben, wenn die
Zweifel bzw. die positive Erwartung deutlich überwogen, aber auch gegenteilige Äußerungen getan wurden. Analog wurde bei der Einstufung der Anreizwerte verfahren. Das Vor-
liegen einer Implementierungsintention wurde ebenfalls anhand der Tonband-
Aufzeichnungen ermittelt. Ferner wurde festgehalten, ob zu Beginn oder im Laufe des Coachings ein Zielkonflikt bekannt war oder erkannt wurde und ob dieser im Laufe des Coachings gelöst werden konnte.

Bei den Veränderungen der Subjektiven Theorien bzw. ihrer Elemente wurde festgehalten,
ob die Elemente der zunächst angenommenen Abfolge von Situation, Handlung, Ergebnis

und Folgen im Laufe des Coachings verändert wurden. Zusätzlich wurde codiert, ob die
Veränderung lediglich eine Präzisierung oder Ergänzung der Inhalte eines Elements darstellte oder ob die Veränderung im Austausch der bisherigen Inhalte des Elements durch
neue Inhalte bestand. Die Definition von Präzisierung, Ergänzung und Austausch, ist für
die Elemente Handlung, Ergebnis und Folge jeweils identisch. Die folgenden Definitionen
und Beispiele anhand einer Handlung, eines Ergebnisses und einer Folge haben also auch
für die jeweils anderen Elemente Gültigkeit. Eine Präzisierung einer Handlung liegt vor,
wenn die beabsichtigte Handlung lediglich abgewandelt und wie z.B. bei Fall P von
„Feedback-Gespräch führen" in „Ist bewerten, Ziele vorgeben" überführt wird. Eine Ergänzung der angestrebten Folge liegt vor, wenn die bisherige angestrebte Folge bestehen
bleibt und eine weitere hinzu kommt und wie z.B. im Fall G von „Unternehmens-Neu-
Ausrichtung" in „Unternehmens-Neu-Ausrichtung & Anerkennung" überführt wird. Ein
Austausch des Ergebnisses liegt vor, wenn das neue Ergebnis einen ganz anderen Inhalt hat
als das bisherige und wie z.B. im Fall J das zunächst angestrebte Ergebnis „erfolgreicher
Seminarbereich aufgebaut" ersetzt wird durch das angestrebte Ergebnis „in der Firma am
Ball bleiben".

Ferner wurde festgehalten, ob im Motivationsmodell die Situations-Ergebnis-Erwartung,
die Selbstwirksamkeitserwartung, die Handlungs-Ergebnis-Erwartung i.e.S., die Ergebnis-
Folgen-Erwartung oder der Anreizwert der Folgen und im Volitionsmodell die Initiativ-
Selbstwirksamkeitserwartung, die Coping-Selbstwirksamkeitserwartung oder die Wiederherstellungs-Selbstwirksamkeitserwartung erhöht oder verringert hatten. Außerdem
wurde im Volitionsmodell festgehalten, ob eine Implementierungsintention in den Fällen
gebildet worden war, in denen sie zu Beginn des Coachings nicht vorgelegen hatte.

Im zweiten Schritt der Auswertung wurden die Häufigkeit des Wertes „1" für jede der genannten Variablen für die Gesamtheit der 15 Fälle ermittelt. Im dritten Schritt wurde die
Gesamtheit der 15 Fälle auf Zusammenhänge zwischen den Ausprägungen der einzelnen
Variablen pro Fall und aggregiert über alle Fälle untersucht. Schließlich wurden die so
festgestellten Veränderungen in der Vier-Felder-Matrix zu den zwei Modifikationsrichtungen verortet (siehe Abb. 39).

5 Empirische Untersuchung und Auswertung

In diesem Kapitel wird die empirische Forschungsfrage: „Wie verändert Coaching die Subjektiven Theorien von Managern?" mit Hilfe des Untersuchungsdesigns, des Samplings und der Untersuchungsmethoden, die im vorherigen Kapitel begründet wurden, beantwortet.

In Folgenden wird das Sample der Untersuchung dargestellt und die Gewinnung der Ergebnisse an drei exemplarischen Fallstudien gezeigt. Die Auswertung erfolgt über einen Fallvergleich, die Zuordnung der Fälle auf die theoretisch möglichen Modifikationsrichtungen der Subjektiven Theorien und eine Interpretation dieser Ergebnisse einschließlich der Schlussfolgerungen für die Coaching-Praxis. Zuvor stelle ich die verwendete Coaching-Methode vor, die sich die Erkenntnisse der in Kapitel 3 entwickelten Coaching-Theorie zu Nutze macht.

5.1 Coaching-Ansatz

5.1.1 Techniken zur Modifikation von Kognitionen und Verhalten

In der vorliegenden Arbeit geht es nicht um die Evaluation von bestimmten Modifikationstechniken oder eines bestimmten Coaching-Verfahrens. Die in der Einleitung formulierten Forschungsfragen zielen darauf ab, wie sich die Wirkung von Coaching modellieren lässt und wie sich die Kognitionen von Coaching-Klienten ändern, nicht aber darauf, ob eine bestimmte Technik oder ein bestimmtes Verfahren diese Veränderungen verlässlicher bewirkt als eine andere. Im folgenden werden die verwendeten Modifikationstechniken und der verwendete Coaching-Prozess dennoch dokumentiert, um das benutzte Verfahren transparent zu machen und hiermit dem Gütekriterium der Intersubjektiven Nachvollziehbarkeit Genüge zu tun.[359]

---

[359] Vgl. Abschnitt 4.1.4. und Mayring 1999.

Coaching basiert auf Techniken zur Modifikation von Kognitionen und Verhalten. Ich rekapituliere daher kurz die Anforderungen an die Modifikationstechniken und die möglichen Beiträge der drei Theorien (FST, Motivationspsychologie und Individualpsychologie), die in die in Kapitel 3 entwickelte Coaching-Theorie eingeflossen sind. Außerdem gehe ich kurz auf Techniken der Kommunikationspsychologie ein, die im Coaching eingesetzt wurden.

Coaching hat eine Vergrößerung des Erlebens- und Verhaltensrepertoires des Klienten zum Ziel, um ihm zu einer besseren Praxisbewältigung zu verhelfen. Es versteht sich als Prozessberatung, bei der der Coach Erfahrung und Methodenkenntnisse zur Bearbeitung der vom Klienten definierten Probleme beisteuert. Der Klient behält aber die Verantwortung für die Entwicklung ihm gemäßer Handlungsalternativen. Dies ist nicht nur eine Feststellung eines Faktums, sondern auch ein Beratungsprinzip. Durch die klare Zuweisung der Verantwortung für das eigene Handeln inklusive dessen Veränderung wird der Klient für die eigene Sache aktiviert:

> „Von allem Anfang an muß der Berater danach trachten, die Verantwortung für die Heilung [im Kontext von Coaching: für die Problemlösung, JR] als Sache des Beratenen klarzustellen, denn wie ein englisches Sprichwort richtig sagt: ‚Du kannst ein Pferd zum Wasser führen, aber du kannst es nicht trinken machen.' [...] Der Berater kann nur die Irrtümer zeigen, der Patient [hier: Klient, JR] muß die Wahrheit lebendig machen."[360]

Daher sind Techniken erforderlich, die dem Klienten – und nicht etwa nur dem Coach – eine neue Perspektive auf sein Handeln eröffnen.[361]

Mit dem Rubikon-Modell ist eine Motivations- von einer Volitionsphase unterschieden worden. Bei *Klärungsbedarf in der Motivationsphase* ist zu klären, welche Ziele eigentlich verfolgt bzw. welche „Folgen" angestrebt werden. Dabei ist auf mögliche Zielkonflikte in Form von Diskrepanzen zwischen „impliziten Motiven" und „expliziten Zielen" zu achten. Zweitens werden sonstige motivationshinderliche Subjektive Theorien im Sinne motivationsadverser Erwartungen hinterfragt. Bei *Klärungsbedarf in der Volitionsphase* wird das

---

[360] Adler 1973 [1933], 174.
[361] Vgl. Rauen 2000, 183.

Ziel als geklärt vorausgesetzt. Hier geht es daher darum, falls erforderlich Zielintentionen in Implementierungsintentionen zu überführen. Zweitens werden sonstige volitionshinderliche Subjektive Theorien im Sinne volitionsadverser Erwartungen hinterfragt.

Aus dem bisher Gesagten folgt, dass Modifikationstechniken, die diesen Klärungsbedarfen im Setting des Coachings gerecht werden wollen, dreierlei leisten müssen: Sie müssen erstens auf einem Beratungsansatz aufbauen, der die spezielle Beziehung zwischen Coach und Klient berücksichtigt. Sie müssen zweitens geeignet sein, dem Klienten neue Perspektiven auf seine Situation und sein Handeln gewinnen zu lassen. Und sie müssen drittens auf die spezifischen Klärungsbedarfe in Motivations- und Volitionsphase eingehen können.

Im Folgenden wird geprüft, in wieweit die Theorieschulen, die für die Coaching-Theorie verwandt wurden, also FST, Motivationspsychologie und Individualpsychologie, Modifikationstechniken beisteuern können, die diesen Anforderungen genügen.

5.1.1.1 Modifikationstechniken aus dem FST

Das FST verfügt über sehr explizite Menschenbildannahmen, die denen des Coachings entsprechen. Mit seinem Menschenbild konforme Modifikationstechniken könnten also den aufgestellten Anforderungen genügen. Doch bietet das FST hinsichtlich der Modifikationstechniken wenig. Zum einen fehlt ihm, wie in Kapitel 3.2.4 gezeigt, eine differenzierte Vorstellung über die Wirkungsweise der Subjektiven Theorien auf das Handeln und trifft dementsprechend keine Unterscheidung von Motivations- und Volitionsphase. Zudem hat es erst eine Modifikationsrichtung, nämlich innerhalb der Kategorie Handeln bzw. hinsichtlich von Zweckrationalitäten berücksichtigt und seine Modifikationsprogramme allein darauf abgestellt (siehe Abb. 39).

Die wichtigsten Beiträge für diese eine Modifikationsrichtung sind die bereits diskutierten Modifikationsprogramme von Dann, das Konstanzer Trainingsmodell (KTM), und der „KOPING"-Ansatz von Wahl.[362] Diese haben aber kaum eigene Techniken zur Verände-

---

[362] Vgl. für Danns KTM Humpert und Dann 2001; Tennstädt 1987; Tennstädt und Dann 1987; Tennstädt et al. 1987 und für Wahls KOPING-Ansatz Wahl 1991; Wahl et al. 1983. Schlee, der zusammen mit Wahl die Ergebnissse des DFG-Projekts in Konstanz publiziert hat (vgl. Wahl et al. 1983) hat einen dem

rung von Kognitionen entwickelt hat, sondern greifen eklektisch auf Verfahren zurück, die sich im Kontext der Erwachsenenbildung bewährt haben. So greifen Humpert und Dann auf kommunikationspsychologische Schemata, wie die „Vier Seiten einer Nachricht" von Schulz von Thun zurück.[363] Auch die Verwendung von Gruppendiskussionen und gemeinsamem Brainstorming mit einem „Tandem-Partner" im KOPING-Ansatz ist keine Innovation. Für die Umsetzung von Modifikationen im Handeln wurden allerdings unter Mitwirkung von Wahl – dies aber unabhängig vom FST – interessante Verfahren zur Unterbrechung eingeschliffener Tätigkeitsabläufe herausgearbeitet.[364]

5.1.1.2 Modifikationstechniken aus der Motivationspsychologie

Die Motivationspsychologie liefert mit der Unterscheidung einer Motivations- von einer Volitionsphase den konzeptionellen Rahmen für eine spezifische Adressierung von Veränderungsbedarfen in der einen oder der anderen Phase. Darin integriert wurde das Konzept der Selbstwirksamkeitserwartung. Die Unterscheidung von impliziten Motiven und expliziten Zielen stellte ein weiteres Element der oben entwickelten Coaching-Theorie dar. Mit Bezug auf diese drei Ansätze sind in der Motivationspsychologie auch Ansätze zur Modifikation von Kognitionen und Verhalten entwickelt worden. Im Folgenden diskutiere ich kurz ihre Nutzbarkeit als Coaching-Techniken und ihre Verwendung in meiner Coaching-Methodik.

5.1.1.2.1 Selbstmanagementtraining nach Rosenstiel und Kehr

Rosenstiel und Kehr haben auf der Basis eines DFG-Projekts metamotivationale und metavolitionale Interventionsstrategien entwickelt bzw. gesammelt und in einem „Selbstmana-

---

KOPING-Ansatz vergleichbaren Ansatz zur Kollegialen Beratung und Supervision („KoBeSu") vorgelegt (vgl. Schlee 1992; Schlee 1994).

[363] Vgl. für die „Vier Seiten einer Nachricht" Humpert und Dann 2001, 101-118 bzw. das Original bei Schulz von Thun 1999 [1981]; sowie vgl. insgesamt Humpert und Dann 2001; Tennstädt 1987. Sehr wohl entwickelt wurden dagegen spezielle Beobachtungsverfahren für Unterrichtssituationen, zum Beispiel „BAVIS" (vgl. Humpert und Dann 1988) und eine ausführliche Typologie von Verhaltensformen von Lehrern in Unterrichtssituationen, die Lehrern Anregungen für alternative Handlungsweisen gibt (vgl. Humpert und Dann 2001, 129-150).

[364] Zum „Tandem"-Ansatz und den Verfahren zur Handlungsunterbrechung vgl. Wahl 1991, 197ff., und zu letzteren auch schon Wahl, Weinert und Huber 1984. Bei dem Verfahren handelt es sich um vier Ersatzhandlungen, nämlich inneres Sprechen, lautes Sprechen, eine eingeschobene Handlung oder eine Kurzentspannung. Sowohl das Tandem-Konzept wie die Handlungsunterbrechungen finden sich jetzt auch bei Humpert und Dann: für den „Tandem"-Ansatz vgl. Humpert und Dann 2001, 35ff.; für die Handlungsunterbrechung vgl. Humpert und Dann 2001, 119ff.

gement-Training (SMT)" zusammengefasst.[365] Insbesondere durch das Aufgreifen der Unterscheidung von impliziten Motiven und expliziten Zielen in Anlehnung an McClelland ähnelt die dort vorgeschlagene Vorgehensweise auf den ersten Blick dem in dieser Arbeit entwickelten Modell.

Bei genauerer Betrachtung wird jedoch deutlich, dass im SMT diese Diskrepanz losgelöst von konkreten Situationen bearbeitet werden soll. Zudem ist offenbar an eine Trainingssituation mit mehreren Teilnehmern gedacht. Somit bleibt es bei der Ähnlichkeit der Überlegungen auf der theoretischen Ebene. Gegen die dort vorgeschlagene Art ihrer Umsetzung sind die weiter oben genannten Einwände gegen Trainingsmaßnahmen einschlägig – insbesondere die mangelnde Individualisierung und die mangelnde Praxisbegleitung. Wenn alternativ vorgeschlagen wird, das SMT im Selbststudium einzusetzen, ist dies m.E. ein Pendelschlag ins andere Extrem.[366] Der Vorschlag, eine Maßnahme der Persönlichkeitsentwicklung im Selbststudium durchzuführen, überschätzt grundlegend die Möglichkeiten individueller Reflexion in Situationen, die ja offenbar als nicht alleine bewältigbar wahrgenommen wurden. Insbesondere ginge dabei die entscheidende Möglichkeit kritischer Rückfragen durch eine dritte Person verloren, die zumindest für einen Großteil der Führungskräfte auch nicht durch Tests zur Motivdiagnostik ausgeglichen werden kann.[367]

Anders als dem FST fehlt den motivationspsychologischen Ansätzen des SMT außerdem eine Reflexion ihres Menschenbildes und ein darauf aufbauender Beratungsansatz. In dem Moment, in dem die Motivationspsychologie den Forschungskontext verlässt und in Form von Trainings ihre Erkenntnisse nutzbringend anwenden will, wird dies besonders relevant. Mit einer Orientierung an Tests und dem völligen Fehlen von Hinweisen auf die Interaktionsgestaltung zwischen Klient und Trainer verfehlt sie den Übergang vom Denken in all-

[365] Vgl. Kehr 1998; Kehr 2001; Kehr, Bles und Rosenstiel 1999a; Kehr, Bles und Rosenstiel 1999b; Rosenstiel 2000c; Rosenstiel 2001. „Motivation" und „Volition" wird hierbei nicht im Sinne des Rubikonmodells verwendet, dessen Phasen hier Selektion und Realisation heißen. „Motivation" und „Volition" bezeichnen hingegen in Anlehnung an die konfliktorientierten Ansätze von Kuhl und Sokolowski Steuerungslagen, die jeweils im Einklang („Motivation") bzw. nicht („Volition") im Einklang mit der aktuellen Motivations- und Bedürfnislage stehen; vgl. Kehr 1999, 28f.; Kuhl 1983a; Sokolowski 1993; Sokolowski 1997. Es resultiert eine Vier-Felder-Matrix mit den Achsenbezeichnungen Selektion/Realisation sowie Motivation/Volition.
[366] Vgl. Kehr 2001, 67, Fußn. 17.
[367] Vgl. Schmalt und Sokolowski 2000 zum Stand der Motivdiagnostik, vgl. Sokolowski et al. 2000 für einen Test, der alle drei „großen" Motive: das Anschluss-, Macht- und Leistungsmotiv misst.

gemeinen Kategorien zum Eingehen auf einen konkreten Einzelfall, sprich einen individuellen Klienten. Insbesondere lässt die Motivationspsychologie eine Formulierung für die
Bedingungen des Zugangs zu den impliziten Motiven oder auch nur den expliziten Zielen
vermissen, wie dies im FST zu den Stichworten Auskunftsfähigkeit und Auskunftsbereitschaft geschehen ist.

Einer direkten Übertragung dieser Techniken auf Coaching stehen im Vergleich zum FST
also genau die umgekehrten Defizite im Wege. Während das FST keine hinreichend differenzierten und originären Modifikationstechniken zur Verfügung stellt, besitzt die Motivationspsychologie keinen umfassenden an das Coaching-Setting angepassten
Modifikationsansatz.

5.1.1.2.2 Weitere motivationspsychologische Techniken: Bandura et al.

Einzelne direkt aus motivationspsychologischen Überlegungen abgeleitete Techniken werden aber in meinen Modifikationsansatz integriert. Dies sind zunächst die von Bandura genannten Verfahren zur Steigerung der Selbstwirksamkeitserwartung. Er nennt vier
Informationsquellen zur Bildung und Erhöhung von Selbstwirksamkeitserwartungen: den
körperlichen Erregungszustand, die verbale Überzeugung, das Modelllernen durch die Beobachtung anderer und die Erfahrung des eigenen erfolgreichen Handelns.[368] Die im Coaching verwendeten Methoden zielten neben der verbalen Überzeugung in den Coaching-
Sitzungen insbesondere darauf ab, eigenes, erfolgreiches Handeln zwischen den Coaching-
Sitzungen im Arbeitskontext zu erfahren. Die Überzeugung wurde dabei vor und nach den
konkreten Handlungserfahrungen eingesetzt: vorher, um den Klienten zur Erprobung veränderten Verhaltens anzuregen und ihm auf diese Weise die Erfahrung veränderten, erfolgreichen Handelns zu ermöglichen. Hinterher wurde die verbale Überzeugung als
detaillierte Durchsprache des erfolgreichen eigenen Handelns eingesctzt. Sie verstärkte dadurch den Effekt der Erhöhung der Selbstwirksamkeitserwartung, da sie die Situation sehr
explizit ins Bewußtsein rief und diese damit deutlich mit gegebenenfalls entgegenstehenden Subjektiven Theorien kontrastierte.

---

[368] Vgl. Bandura 1977, 195: in umgekehrter Reihenfolge nennt er "performance accomplishments", „vicari-
ous experience", „verbal persuasion" und „emotional arousal".

Ferner nutzte ich für den Bereich der Motivationsphase Imaginationsübungen, die bei der Abwägung von Handlungsalternativen einen Zugang zu den impliziten Motiven ermögli-chen.[369] Im Bereich der Volitionsphase stellt Kuhls Modell der degenerierten Handlungs-absicht bzw. der Handlungs- und Lageorientierung eine Ausdifferenzierung und Präzisierung der im Volitionsmodell von Schwarzer geforderten Überführung einer Zielin-tention in eine Implementierungsintention dar.[370]

5.1.1.3 Modifikationstechniken aus der Individualpsychologie

Der individualpsychologische Beratungsprozess wurde bereits im Theoriekapitel ausführ-lich beschrieben. Es genügt daher an dieser Stelle, daran zu erinnern, dass er aus vier Pha-sen besteht: 1. Situations- und Verhaltensanalyse, 2. Verstehen der „privaten Logik" des Klienten („wozu" und subjektive Verhaltenslogik), 3. Neu-Orientierungprozess und 4. Etablierung neuer Verhaltensstrategien.

Ähnlich wie in der Coaching-Praxis und beim Vorgehen zur Erhebung Subjektiver Theo-rien hält die individualpsychologische Beratung die Beziehung zwischen Berater und Klient für wichtiger als irgendwelche Hilfsmittel. Dies werde ich anhand des individual-psychologischen Begriffs der Ermutigung erläutern.

Zur Ermittlung der privaten Logik des Klienten haben sich bestimmte Fragestellungen und Hilfsmittel als hilfreich erwiesen. Dazu gehören Fragen nach früheren Situationen oder nach Kindheitserinnerungen, die emotional oder thematisch der zu untersuchenden Situati-on oder Subjektiven Theorie ähnlich sind. Ferner können Fragen zur Familienkonstellation des Klienten, oder auch die „magische Frage", wie sich die Situation des Klienten denn ändern würde, wenn die als problematisch empfundenen Umstände nicht mehr existieren würden, zur Klärung der privaten Logik beitragen.[371] Daneben gibt es standardisierte Test-verfahren, etwa Fragebögen zur Ermittlung des „Lebensstils".[372] Ich habe einen „Prioritä-

---

[369] Vgl. Schultheiss und Brunstein 1999.

[370] Vgl. Kuhl 1983b.

[371] Diese wurde von Dreikurs eingeführt (vgl. Dreikurs 1954) und zum festen Bestandteil individualpsycho-logischer Techniken. Vgl. Nicoll 1999, 24; Tymister 1990a; Mosak 1979.

[372] Vgl. Watts 1999, 4; Shulman und Mosak 1988; Powers und Griffith 1987. Für die Messung des Lebens-stils gibt es als normierten Test die Basic Adlerian Scales for Interpersonal Success-Adult Form („BASIS-A", vgl. Wheeler, Kern und Curlette 1993 und Wheeler, Kern und Curlette 1986). Vgl. auch den „Szenen-Fragebogen" in Hugo-Becker und Becker 1997, 266-276 oder den Fragebogen zur Ermittlung

ten"-Fragebogen verwendet, der der Ermittlung der dem Klienten übergreifend wichtigen Ziele in Interaktionen mit anderen Personen dient.[373] Dieser beruht auf der sogenannten „Prioritätenlehre", die ich im Folgenden nach einer Einordnung der „Ermutigung" kurz vorstellen werde.

5.1.1.3.1 Ermutigung

Grundbedingung für ein Coaching im individualpsychologischen Sinn ist eine gleichwertige Beziehung zu einem als „Experten in eigener" Sache verstandenen Klienten. Entscheidend sowohl für die Möglichkeit, die private Logik des Klienten mit ihm zusammen zu ergründen, für seine Neuorientierung wie auch die darauf folgende Änderung des Verhaltens ist darüberhinaus die emotional-positive Unterstützung des Klienten. Adler hat dafür den Begriff „Ermutigung" geprägt, und zum Grundprinzip des beraterischen Handelns gemacht, dass „bei jedem Schritt in der Behandlung die Richtung der Ermutigung eingehalten werden muss."[374] Dieses beginnt damit, dass das problematische Verhalten des Klienten in seiner Funktionalität im Sinne der privaten Logik des Klienten positiv gewürdigt wird. Anders als die gewöhnlichen Umweltreaktionen, die dem Klienten die Nicht-Funktionalität seines Verhaltens (aus Sicht des Common Sense) vorhalten, bringt dies für den Klienten eine erste Entlastung. Darauf aufbauend kann er ermutigt werden, z.B. anhand der Umweltreaktionen zu erkunden, ob die privat-logische Funktionalität wirklich überall gegeben ist.

5.1.1.3.2 Prioritätenlehre

Grundsätzlich gilt für die Individualpsychologie, dass die private Logik jedes Menschen in der je individuellen Ausformulierung erfasst werden muss. Dennoch lassen sich zu heuristischen Zwecken Typenbildungen vornehmen. Kefir hat in diesem Sinne vier „Prioritäten"

---

der eigenen „Prägungen" in Fuchs-Brüninghoff und Gröner 1999, 69-71. Grundsätzlich besteht in der Individualpsychologie die Bereitschaft, eine Vielzahl von Verfahren einzusetzen, solange sie mit deren Grundprämissen in Einklang stehen. In Deutschland benutzen mehr als 90% aller Individualpsychologen Techniken aus anderen Ansätzen (vgl. Seidel 1994, 399). Watts 1999, 4: „Adlerianer sind Methoden-Eklektizisten."

[373] Der zur Identifikation der Prioritäten verwendete Fragebogen sowie zur Illustration der Prioritäten verwandte Verhaltensbeispiele aus dem Arbeitskontext sind im Anhang 8.4 abgedruckt. Der Fragebogen stammt aus Schoenacker 1984, 12. Die Verhaltensbeispiele sind adaptiert nach den Beispielen in Fuchs-Brüninghoff und Gröner 1999, 66f.

[374] Adler 1973 [1933], 179. Im Anschluss an Adler hat Losoncy dieses Prinzip zu einer eigenständigen „Encouragement Therapy" ausgebaut (vgl. Losoncy 1981).

(„Priority Patterns") genannte Typen von privaten Logiken identifiziert, mit denen bestimmte negative Erfahrungen („Impasses") vermieden werden sollen (siehe Abb. 44).[375]

Negative Erfahrung	Priority Pattern	Priorität
Lächerlichkeit	The Controller	Kontrolle
Bedeutungslosigkeit	The Pleaser	Gefallen
Zurückweisung	The Morally Superior	Überlegenheit
Stress	The Avoider	Bequemlichkeit

Abb. 44: Negative Erfahrungen und Prioritäten

Die einzelnen negativen Erfahrungen und ihr Zusammenhang mit den Prioritäten lassen sich wie folgt charakterisieren.[376] Die *Angst, sich lächerlich zu machen*, führt dazu Situation zu vermeiden, die man nicht kontrollieren kann. Schutz davor bietet die komplette Kontrolle über die jeweilige Situation, in die man sich begibt. Personen mit der Priorität Kontrolle sind infolgedessen sozial sehr sensibel und sehr auf die Einhaltung von Regeln bedacht. Die *Angst, wertlos und unwichtig zu sein*, keinen Einfluss auf andere zu haben, führt zu einem steten Verlangen nach positiver Rückmeldung durch andere. Personen mit der Priorität Gefallen werden alles tun, um positive Rückmeldungen zu erhalten und sind, solange sie diese erhalten, für ihre Umgebung sehr angenehm. Die *Angst, aktiv zurückgewiesen zu werden*, führt zu dem kompensatorischen Bemühen, wichtig zu sein und Einfluss auf andere ausüben zu können. Personen mit der Priorität Überlegenheit suchen das Gefühl, anderen überlegen zu sein, sei es durch besondere Leistungen, als Führer oder auch als Märtyrer. Die *Angst vor einer Bedrohung durch die Anforderungen der Umwelt* führt zu einem Vermeidungsverhalten. Personen mit der Priorität Bequemlichkeit meiden potentiell stressige Situationen so gut und solange es geht – beispielsweise durch das Auswei-

---

[375] Vgl. für die Impasse/Priority-Theorie Kefir 1981; Kefir und Corsini 1974; für eine empirische Validierungsstudie vgl. Sutton 1976 und für Implikationen für den Beratungsprozess vgl. Ward 1979. Im Folgenden „Impasses" und „Priority Patterns" nach Kefir 1981 sowie Prioritäten nach Pew 1978 in der deutschen Übersetzung von Schoenacker 1984. Zu ihrer Verwendung vgl. Ruthe 1981; Titze und Gröner 1989; Fuchs-Brüninghoff und Gröner 1999. Letztere sprechen von „Prägungen" statt von „Prioritäten". Da „Prioritäten" aber besser die damit verbundene aktive Interpretation der sozialen Umwelt und damit Wahlentscheidung seitens des damaligen Kindes und auch des heutigen Klienten zum Ausdruck bringt, wird hier die Bezeichnung „Prioritäten" weiterverwendet. Schließlich geht es im Coaching wie auch in der Individualpsychologie darum, Klienten neue Handlungsmöglichkeiten zu eröffnen, die mit einer aktiven Neu-Orientierung zu tun haben, nicht um ein passives Neu-Prägen.
[376] Vgl. Kefir 1981, 405-407.

chen vor Entscheidungen, das Aufschieben und Nicht-Erledigen von Aufgaben. Alle vier
Ängste sind Varianten eines Minderwertigkeitsgefühls und die korrespondierenden Prioritäten sind privat-logisch rationale und zumindest eine Zeit lang erfolgreiche Strategien, um
dieses Minderwertigkeitsgefühl zu vermeiden. Früher oder später können sie sich früher
oder später aber als problematisch erweisen: jede Strategie hat neben ihren intendierten,
positiven Folgen der Absicherung auch negative Folgen für einen selbst und kann adverse
Reaktionen der sozialen Umwelt bewirken (siehe Abb. 45).[377]

Priorität	Negative Folgen	Reaktion der anderen
Kontrolle	Sozialer Abstand	fühlen sich herausgefordert
Gefallen	Verzögerte Persönlichkeits-entwicklung	zeigen Akzeptanz
Überlegenheit	Überlastung, Überverant-wortung	fühlen sich unzulänglich, unterlegen
Bequemlichkeit	Verminderte Produktivität	sind irritiert, ungeduldig

Abb. 45: Prioritäten und ihre negativen Folgen nach Schoenacker

5.1.1.3.3 Aufklärung über implizite Motive

Individualpsychologische Methoden streben die Aufklärung über implizite Motive an. Diese können, wie im Abschnitt 3.5.2 bereits erläutert, gemäß der individualpsychologischen
Theorie am besten über die Gefühle, die sie bewirken, ermittelt werden.

„Durch Empathie mit dem Klienten – genaues Zuhören, Widerspiegeln von Gefühlen
– hilft der Berater dem Klienten, Gefühle, die Annahmen hinter den Gefühlen und
den Zweck, dem die Gefühle dienen, zu identifizieren."[378]

Um diesen zunächst nicht bekannten Zweck, das „implizite Motiv" eines Tuns zu identifizieren ist es also zunächst erforderlich, die in einer einschlägigen Situation (critical incident) empfundenen Gefühle möglichst präzise zu erinnern. Dem dient auch die genaue
Situations- und Verhaltensbeschreibung. Dies ist für die meisten Führungskräfte bereits ein
schwieriger Prozess, für den Empathie und Ermutigung durch den Coach erforderlich ist.
Die hinter den Gefühlen liegenden Annahmen und der Zweck, dem sie dienen, liegen für
den Klienten manchmal unmittelbar auf der Hand, sobald das Gefühl klar erinnert wurde.

---

[377] Schoenacker, zit. nach Schottky 1995, 372; vgl. auch die Übersicht über positive und negative Aspekte
der Prioritäten im Unternehmenskontext bei nach Fuchs-Brüninghoff und Gröner 1999, 55ff.

Oftmals können Annahmen und Zweck aber nicht so ohne weiteres auf den Punkt gebracht werden.

Um diese, ausgehend von dem identifizierten Gefühl, zu erschließen, kommen die genannten Fragetechniken und der Prioritäten-Fragebogen zum Einsatz. Die Fragetechniken zielen etwa darauf ab, es dem Klienten zu ermöglichen durch den Vergleich von Situationen, in denen das identifizierte Gefühl eine Rolle gespielt hat, Parallelen und die Funktion des Gefühls zu entdecken. Die Ergebnisse des Prioritäten-Fragebogens haben eine heuristische Funktion. Mit ihm werden generelle Zwecke („Prioritäten") in vier groben Kategorien (Kontrolle, Gefallen, Überlegenheit, Bequemlichkeit) ermittelt, die der Klient in Arbeitssituationen verfolgt. Die individuellen Zwecke eines jeden Klienten sind differenzierter als diese vier Kategorien. Insbesondere können sie eine Kombination mehrerer „Prioritäten" darstellen. Vielen Klienten fällt es aber leichter, ihre individuellen Zwecke zu entdecken, wenn ihnen das Ergebnis des Prioritäten-Fragebogens schon einmal die grobe Art von Zwecken vor Augen stellt, die für sie wichtig sein können. Neben den Fragebogen-Ergebnissen selbst dienen auch Verhaltensbeispiele für die einzelnen Prioritäten dazu, die Stimmigkeit des Fragebogen-Ergebnisses mit dem eigenen Verhalten zu prüfen und gegebenenfalls Auswirkungen im eigenen Arbeitsalltag zu identifizieren.

Das Erkennen der zunächst nicht bewussten individuellen Zwecke, also der wirksamen impliziten Motive im Sinne von McClelland, bewirkt oftmals eine körpersprachliche oder emotionale Reaktion des Klienten, etwa in Form des „erkennenden Lachens" oder eines besonders freudigen oder traurigen Gesichtsausdrucks. Dies ist der beste Beleg dafür, dass Adlers Anforderung an eine identifizierte Erklärung, einen identifizierten Zweck erfüllt wurde, dass der Klient „in ihr seine eigene wirkliche Erfahrung sofort erkennt und fühlt."[379] Die explizite verbale Artikulation bzw. Zustimmung des Klienten zu der erfolgten Rekonstruktion im Rahmen der kommunikativen Validierung stellt die Bestätigung dessen dar.[380]

---

[378] Dinkmeyer und Sperry 2000, 63
[379] Adler 1964 [1929], 90; zit. n. Ansbacher und Ansbacher 1995, 270.
[380] Vgl. Abschnitte 4.1.3.1 und 4.1.4 zur kommunikativen Validierung.

5.1.1.4 Modifikationstechniken aus der Kommunikationspsychologie

Für den im Coaching erforderlichen Perspektivenwechsel auf das eigene Handeln oder das Handeln anderer, ist zudem das „Wertequadrat" oder „Entwicklungsquadrat" hilfreich, das Schulz von Thun bekannt gemacht hat.[381] Es hilft, aus unproduktiven Schwarz-Weiß-Betrachtungen zu ausgewogeneren Sichtweisen zu kommen (siehe Abb. 46). Festgefahrene Denkmuster spiegeln sich oft in der Diagonalen des Wertequadrats wider. So kann beispielsweise dem Wert 1 „Kritikfähigkeit" ein Unwert 2 „Harmoniesucht" gegenübergestellt werden. Dies wird insbesondere von jemandem so artikuliert werden, der selber gerne kritisiert und kein Problem damit hat, damit auch „unharmonisch" zu werden. Das Wertequadrat legt nahe, dass diese Sicht der Welt nicht vollständig ist, vielmehr dem Wert 1 auch ein Unwert 1 als dessen Übertreibung entspricht und der Unwert 2 selbst nur eine Übertreibung eines Wertes 2 darstellt. Im gewählten Beispiel könnten dies etwa der Unwert 1 „unkonstruktive Krittelei" und der Wert 2 „Konsensfähigkeit" sein. Das Wertequadrat beschreibt damit aber nicht nur ein vervollständigtes Weltbild, sondern zeigt gleichzeitig mögliche Entwicklungsrichtungen hin zur Balance mit dem bisher vernachlässigten Wert.

Eine zweite von Schulz von Thun entwickelte im Coaching gut einsetzbare Technik zur Analyse insbesondere verbaler Interaktionen stellt das Schema der „Vier Seiten einer Nachricht" dar. Danach verfügt jede Kommunikation über vier Aspekte: nämlich den reinen Sachaspekt, den Selbstoffenbarungsaspekt, den Appelaspekt und den Beziehungsaspekt.[382] Klienten lernen mit Hilfe dieses Rasters ihre eigenen und die von ihren Interaktionspartnern gemachten Äußerungen differenzierter zu verstehen.

---

[381] Vgl. Schulz von Thun 1989, 38f. mit Verweis auf Helwig 1967. Parallel zum Entstehen dieser Arbeit ist die Verwendung des Wertequadrats in Coachings von Fischer-Epe vorgeschlagen worden (vgl. Fischer-Epe 2002). Die bisher dreibändige Ausgabe des Klassikers „Miteinander reden" von Schulz von Thun liegt mittlerweile zusammgefasst für Führungskräfte auch in einem Band vor (vgl. Schulz von Thun, Ruppel und Stratmann 2000). Vgl. auch die Strukturähnlichkeit von Modellen des organisationalen Wandels zwischen den Polen Offenheit und Geschlossenheit bei Gebert 2000; Gebert und Boerner 1999; Gebert, Boerner und Matiaske 1998.

[382] Vgl. Schulz von Thun 1999 [1981]. Dieses wird auch von Humpert und Dann in ihrem KTM benutzt (vgl. Humpert und Dann 2001, 101-118).

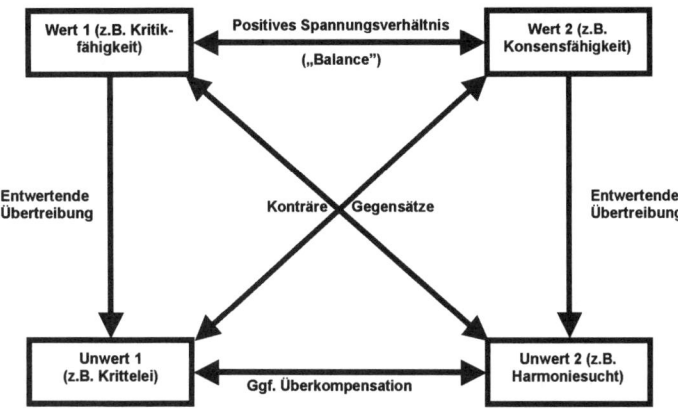

Abb. 46: Wertequadrat nach Schulz von Thun

5.1.1.5   Eklektizismus: Hilflosigkeit oder Hohe Kunst der Beratung?

Sowohl die aus dem FST abgeleiteten Modifikationsprogramme wie auch die Individualpsychologische Beratung geht eklektisch vor. Hierin unterscheiden sie sich nicht von der
generellen Coaching-Praxis[383] und der hier vorgenommenen Auswahl von Modifikationstechniken. Liegt hierin nun ein Mangel oder sogar die Kunst der Beratung und des Coachings?

Keupp, Straus und Gmür argumentieren, dass gerade in einem zunehmenden Eklektizismus
der verwandten Methoden die zunehmende Professionalisierung von Beratern zu erkennen
sei. Durch sie würde die zunächst als Praxisschock erlebte Schwierigkeit, theoretisches
Wissen für die Praxis relevant zu machen, überwunden.[384] Aus der Psychotherapieforschung sind ähnliche Einschätzungen zu vernehmen: anstatt Klienten in das konzeptionelle
oder auch nur technologische Gerüst eines Ansatzes zu pressen, sei es vorzuziehen, ausgehend vom Klienten und seinem Anliegen über unterschiedliche Vorgehensweisen zu verfügen.[385] Eklektizismus stellt demnach keinen Mangel dar – solange die verwendeten

---

[383] Einige profilierte Coaches sehen Kenntnisse oder sogar Ausbildungen in unterschiedlichen Methoden
       sogar als notwendige Voraussetzung für ein professionelles Coaching an. Vgl. z.B. die von Dorothee Ech-
       ter formulierten Anforderungen an Coaches in ihrem Netzwerk (vgl. www.dorotheeechter.de)
[384] Keupp, Straus und Gmür 1989, 173ff. mit Verweis auf Breuer 1979.
[385] Vgl. Grawe 1998, 60ff.

Methoden miteinander kompatibel sind. Dazu sollten sie in einem Rahmenmodell integriert werden können. Als ein solches Rahmenmodell steht nun die Kapitel 3 entwickelte Coaching-Theorie zur Verfügung.

5.1.1.6 Fazit: Modifikationstechniken

Oben sind drei Bedingungen an Modifikationstechniken formuliert worden, die der in Kapitel 3 entwickelten Coaching-Theorie gerecht werden. Sie müssen erstens auf einem Beratungsansatz aufbauen, der die spezielle Beziehung zwischen Coach und Klient berücksichtigt. Sie müssen zweitens auf die spezifischen Klärungsbedarfe in Motivations- und Volitionsphase eingehen können. Und sie sollten drittens einen Detaillierungsgrad aufweisen, der über generische Interaktionskategorien wie „Gespräch" oder „Interview" hinausgeht.

Der kurze Überblick über die Modifikationstechniken von FST, Motivationspsychologie, Individualpsychologie und Kommunikationspsychologie zeigt das Folgende. Sowohl das FST als auch die Individualpsychologie haben eine Konzeption für eine vertrauensvolle Beziehung zwischen Klient und Coach zu bieten, die die Auskunftsfähigkeit und insbesondere die Auskunftsbereitschaft steigert. In der Individualpsychologie wird dieser Beziehung mit dem Begriff der Ermutigung noch eine aktivere Wendung gegeben. Daher dient sie in dieser Studie als Rahmen für die Coaching-Methodik und den Coaching-Prozess.[386]

Für erforderliche Klärungen im Bereich der *Motivationsphase*, insbesondere für die Klärung über mögliche Diskrepanzen zwischen impliziten Motiven und expliziten Zielen wurden individualpsychologische Fragetechniken und der Prioritätenfragebogen verwandt. Zusätzlich wurden nach Bedarf das Wertequadrat der Kommunikationspsychologie und Imaginationsübungen zu Handlungsalternativen verwendet, die in der Motivationspsychologie entwickelt wurden.

---

[386] Der Autor und Coach ist zur Durchführung entsprechender Beratungen auch durch eine dreijährige Weiterbildung und einen Abschluss als Individualpsychologischer Berater der Deutschen Gesellschaft für Individualpsychologie befähigt.

Für erforderliche Klärungen im Bereich der *Volitionsphase* kamen Verfahren zur Überführung der Zielintention in eine Implementierungsintention unter Verwendung der Überlegungen von Kuhl zu degenerierten Handlungsabsichten zum Einsatz.[387]

5.1.2 Coaching-Prozess in sieben Phasen

Einen Überblick über die Phasen des Coaching-Prozesses, wie er in den Coachings für diese Arbeit durchlaufen wurde, gibt die Abb. 47.

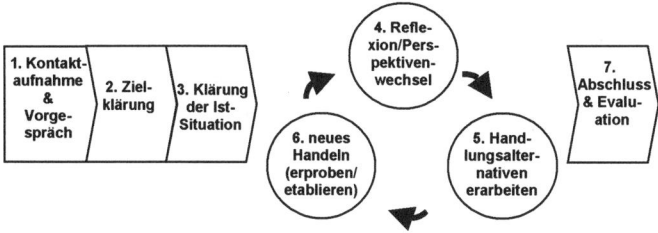

Abb. 47: Sieben Phasen des Coaching-Prozesses

Die Phasen 3. bis 6. entsprechen den vier Phasen des oben beschriebenen individualpsychologischen Beratungsprozesses. Zusätzlich werden als eigene Phasen herausgehoben: 1. Kontaktaufnahme und Vorgespräch, 2. Zieldefinition und 7. Abschluss und Evaluation. Im folgenden wird der Inhalt der einzelnen Phasen dargestellt. Dabei wird auf die im Kapitel Coaching-Theorie entwickelten Prinzipien sowie auf die soeben vorgestellten Modifikationstechniken Bezug genommen.

In der ersten Phase wurde herausgefunden, ob der potentielle Klient mit dem Coach und der Coach mit dem potentiellen Klienten zusammenarbeiten will. Die Klienten meldeten sich auf einen Artikel des Verfassers in der Monatsschrift ihrer Industrie- und Handelskammer, in dem die Teilnahme an Coachings im Rahmen eines Forschungsprojekts ange-

---

[387] Darauf basiert auch die bekannte Unterscheidung von Handlungs- und Lageorientierung. Vgl. Kuhl 1983b; Kuhl 1987.

boten wurde (siehe Anhang 8.1). Auf diese erste Kontaktaufnahme seitens der Klienten per Telefon oder Email wurde ihnen eine ausführlichere standardisierte Information über das Forschungsprojekt und den Coach per Email oder Fax übersandt (siehe Anhang 8.2). Bei beiderseitigem Fortbestehen des Interesses wurde direkt beim Erstkontakt oder in einem weiteren Telefon ein Treffen zu einem unverbindlichen Vorgespräch vereinbart.

Im Vorgespräch wurde in der Regel abgeglichen, was der Coach und was der potentielle Klient unter Coaching verstehen. Oftmals stellte der Klient bereits im Groben sein Anliegen vor. Der Coach betonte insbesondere die Abgrenzung des Coachings von Psychotherapie einerseits und Unternehmensberatung andererseits und erläuterte sonstige Rahmenbedingungen anhand eines Vertragsentwurfs (siehe Anhang 8.3). Konnten sich beide Seiten nach diesem Vorgespräch ein Coaching vorstellen, wurden entweder noch im Gespräch oder kurz darauf telefonisch Coaching-Termine und der Ort für die Coachings vereinbart. Der Vertrag über die Durchführung des Coachings wurde in der Regel von den Klienten zum ersten Coaching-Termin unterschrieben mitgebracht.[388]

Der Coach leitete die zweite Phase, die Zieldefinition, zu Beginn der ersten Coaching-Sitzung mit der Frage ein, was Gegenstand des Coachings sein solle („Was ist Ihr Anliegen?" oder „Worüber sollen wir heute sprechen?").[389] Das zu verfolgende Ziel wurde schriftlich in wenigen Stichworten festgehalten, um am Ende der Coaching-Sequenz einen Abgleich herstellen zu können. Oftmals erfolgte im Laufe des Coachings auch noch eine Modifikation des ursprünglich definierten Ziels oder es wurde ein zweites Ziel in Angriff genommen, wenn das erste erreicht war.

In der dritten Phase, der Klärung der Ist-Situation, wurde das Anliegen des Klienten von diesem zunächst oft in abstrakter Form beschrieben. Der Coach fragte dann im Sinne der „critical incident"-Technik nach einer konkreten Situation, in der sich das Anliegen manifestiert hatte. Daraufhin wurde diese Situation möglichst genau nachvollzogen und der

---

[388] In einigen Fällen unterschrieben die Klienten den Vertrag auch bereits zu Ende des Vorgesprächs. In einem Fall wurden vom Klienten klarstellende Änderungen des Vertragstexts gewünscht, denen der Coach zustimmte.

[389] Ab der zweiten Sitzung fragt der Coach auch nach, ob sich aus der vorherigen Sitzung zwischenzeitlich Fragen oder Einsichten ergeben haben bzw. wie die gegebenenfalls vereinbarten Hausaufgaben oder Praxisübungen verlaufen sind.

Klient zur Explizierung aller damit in Verbindung stehenden Gedanken und Gefühle auf-
gefordert. Im Sinne der Unterscheidung von expliziten Zielen und impliziten Motiven von
McClelland erfolgt diese Schilderung zunächst meistens auf der Ebene der expliziten Ziele.
Der Klient legt seine Gedanken und Gefühle dazu dar, was er in der Situation konkret erreichen wollte und wodurch sein konkretes Handeln aus seiner Sicht bestimmt wurde.

Die so erschlossenen Subjektiven Theorien des Klienten wurden vom Coach im Regelfall
nach der ersten, spätestens nach der zweiten Sitzung zusammengefasst und in der folgenden Sitzung mit dem Klienten kommunikativ validiert. Der Coach verortete darüberhinaus
für sich die Subjektiven Theorien im Rubikon-Modell und im Detail im Erweiterten Kognitiven Motivationsmodell bzw. im Volitionsmodell. Dies ermöglichte ihm eine genaue
Intervention in der folgenden Sitzung.

Die vierte Phase der Reflexion und des Perspektivenwechsels leitete die Kernphase des
Coachings, die aus den Phasen vier bis sechs besteht, ein. Hier kamen die oben genauer
diskutierten Modifikationstechniken für Motivations- oder Volitionsphase zum Einsatz.

Bei einem Anliegen in der Motivationsphase wurde ein individualpsychologisches Vorgehen gewählt. Entweder schon als Teil der Schilderung der Ausgangsituation, meistens aber
erst auf weitere Nachfrage hin, berichtet der Klient von seinen Gefühlen in der fraglichen
Situation und mit Blick auf sein benanntes Anliegen. Ist das dominierende Gefühl identifiziert, verwendet der Coach die oben benannten individualpsychologischen Fragetechniken
und fragt z.B. nach vergleichbaren Situationen: „Kennen Sie dieses Gefühl auch aus anderen Zusammenhängen?". Hierdurch wird die Ebene der impliziten Motive und der damit
zusammenhängenden Subjektiven Theorien des Klienten erreichbar.[390] Ergänzend kann der
individualpsychologische Prioritäten-Fragebogen helfen, übergreifende implizite Motive
zu identifizieren. Das Wertequadrat oder die „Vier Seiten einer Nachricht" helfen dabei,
die Begrenztheit von eigenen Bewertungen zu erkennen bzw. sich in die Sichtweise Ande-

---

[390] Vgl. Rheinberg 2000, 195: mit Bezug auf die zwei motivationalen Steuerungssysteme nach McClelland
schreibt er: „Auch wenn wir plausiblerweise keinen bewussten Zugriff auf die Funktionsweise unserer
basalen Motive haben, gibt es keinen Grund anzunehmen, dass wir prinzipiell unfähig wären festzustellen, wann und wobei wir uns häufig wohl gefühlt haben und welche Tätigkeitsvollzüge uns Spaß machen."

rer hineinzuversetzen. Bei Entscheidungen über Handlungsalternativen in der Zukunft sind Imaginationsübungen hilfreich.[391]

Bei einem Anliegen in der Volitionsphase, ist die vorhandene Zielintention in eine Implementierungsintention zu überführen. Hierzu sind ganz konkret die Fragen „Wann? Wo? Wie?" zu klären. Dies dient der Erhöhung der Zielbindung, aber auch ganz schlicht der schriftlichen Fixierung eines Aktionsplans. Dabei können durchaus auch implizite Motive bzw. Zielkonflikte auftauchen, die dann doch noch einmal eine Klärung auf der Ebene der Motivation erforderlich machen.[392]

In der fünften Phase wird auf die in der vierten Phase erworbenen neuen Einsichten in die eigenen Motive und Perspektiven auf das eigene Handeln aufgebaut. Jetzt geht es darum, Alternativen zu dem bisherigen eigenen Handeln zu entwickeln, die dem eingangs formulierten Anliegen besser gerecht werden. Mögliche alternative Handlungsweisen ergeben sich in aller Regel aus den neu gewonnen Perspektiven heraus. Der Klient wird aus diesen solche auswählen, die er sich zutraut. Die von ihm vorgenommenen Handlungsänderungen können zunächst so geringfügig sein, dass sie von Anderen kaum wahrgenommen werden. Entscheidend ist aber, dass der Klient die sich aus einer anderen Perspektive bzw. kognitiven Einsicht ergebenden Schlussfolgerungen für sein Handeln auch in der Praxis erprobt und bestätigt findet.

Mit dem veränderten Handeln in der sechsten Phase macht der Klient neue Erfahrungen, die wiederum im Coaching reflektiert werden können. Daraus kann sich ein mehrfacher Durchlauf der Phasen 4 bis 6 ergeben. Erlebt der Klient sein verändertes Handeln als erfolgreicher, wird er es beibehalten und die Veränderung noch stärker akzentuieren. Erlebt er es als nicht erfolgreich ist eine erneute Reflexion erforderlich, die entweder zu einer neuen Bewertung oder zur Entwicklung von Handlungsalternativen führt.

---

[391] Vgl. Schultheiss und Brunstein 1999.

[392] Vgl. Fischer-Epe 2002, 73. Sie spricht davon, dass bei der Zielfindung das „dahinter liegende Bedürfnis" oder „Motiv" bzw. ein „übergeordnetes Ziel" bewusst werden kann. Entweder erhöhe dieses dann „die motivierende Kraft eines Ziels" oder der Klient entdeckt „dass es bessere Möglichkeiten gibt, sich seine übergeordneten Wünsche und Bedürfnisse zu erfüllen".

Wenn ein Coaching von vornherein zeitlich begrenzt ist, wie im Sample für diese Arbeit, wird ein Teil des neuen Verhaltens erst nach Abschluss des Coachings etabliert. Bereits am Ende des Coachings wird aber in der Regel eine Verhaltensänderung feststellbar sein. Hierum und um den Abgleich mit dem eingangs formulierten Ziel geht es in der siebten und letzten Coaching-Phase. Ein halbstrukturiertes Feedback an den Coach steht ganz am Ende dieser Phase. Durch das Erbitten eines Feedbacks wird abschließend nochmal die Gleichwertigkeit der Beziehung zwischen Coach und Klient zum Ausdruck gebracht, indem der Coach sein Lernbedürfnis zum Ausdruck bringt.

5.2   Beschreibung des Samples

An der vorliegenden Studie haben 15 Führungskräfte teilgenommen. Diese wurden durch einen kurzen Artikel in der Zeitschrift einer Industrie- und Handelskammer[393] gewonnen, auf den sich 43 Interessenten meldeten. Mit 15 von ihnen kam ein Coaching zustande, mit 28 nicht. Fünfzehnmal sagte der Coach ab, da die Interessenten entweder nicht der Zielgruppe entsprachen oder inter-personelle Gründe dagegen sprachen. Dreizehnmal sagten die Interessenten ab, wegen mangelnden Interesses (explizit oder implizit durch keine erneute Rückmeldung nach der Übermittlung weiterer Informationen), aus finanziellen Gründen[394] oder da ein anderes Coaching begonnen worden war (siehe Abb. 48).

---

[393] Zum Schutz der Anonymität der Teilnehmer wird die Stadt nicht genannt. Zuvor waren zur Gewinnung von Teilnehmern an der Studie die Personalleiter der 15 größten Firmen derselben Stadt angeschrieben und in Telefongesprächen zur Mitarbeit an der Studie eingeladen worden. Diese schätzten Coaching ausnahmslos als wichtiges Führungskräfteentwicklungsinstrument ein. Sie sahen sich allerdings nicht in der Lage, Teilnehmer für die Studie zu vermitteln. Hierfür wurden alternativ drei Gründe angeführt: 1. alle Coaching-Bedarfe seien bereits durch eingespielte interne oder externe Coaches abgedeckt, 2. Coaching werde gerade erst eingeführt und man wolle diesen sensiblen Prozess nicht durch Forschungsaktivitäten stören, 3. das Führungs- und Selbstverständnis der Führungskräfte außerhalb des Personalbereichs sei so „konservativ", dass Coachings nicht in Betracht kämen.

[394] Um die Rahmenbedingungen möglichst realistisch zu halten wurde ein Honorar verlangt. Aufgrund der Mitwirkung der Klienten an der Studie und insbesondere ihrer Bereitschaft, die Coachings aufzeichnen zu lassen, wurde allerdings kein marktüblicher Satz, sondern nur der symbolische Beitag von €50 pro Stunde berechnet.

	Nach Telefonat	Nach Info-Mail	Nach Treffen	Gesamt
Absagen durch Coach				
• nicht im Scope				
• „Einzelkämpfer"	2	5	1	8
• nicht Führungskraft	-	2	1	3
• Training gesucht	1	-	-	1
• Psychotherapiebedarf?	-	-	1	1
• (inter)personelle Gründe				
• keine Passung	-	1	1	2
Summe	3	8	4	15
Absagen durch Interessenten				
• „Kein Interesse mehr"	-	6	2	8
• Keine Rückmeldung mehr	-	2	-	2
• Kosten	1	1	-	2
• anderes Coaching	-	1	-	1
Summe	1	10	2	13
Gesamt	4	18	6	28

Abb. 48: Sekundärselektion: warum kein Coaching zu Stande kam

In 22 Fällen bzw. bei 51% der Interessenten erfolgte die Absage bereits vor einem Treffen aufgrund des Telefonats bzw. einer standardisierten Infomail des Coaches. In sechs Fällen bzw. bei 14% der Interessenten erfolgte die Absage nach dem Vorgespräch. Also kam in 28 Fällen oder mit 65% der Interessenten kein Coaching zustande. In 15 Fällen bzw. in mit 35% der Interessenten kam ein Coaching zustande.

Alle 15 Coachings erfolgten in fünf, jeweils zweistündigen Sitzungen zwischen Dezember 2001 und August 2002. Die Coachings fanden in der Hälfte der Fälle in Räumen des Klienten (Büro oder Besprechungsraum) und in der Hälfte der Fälle in den Räumen des Coaches statt.[395] Der Zeitraum zwischen Erstkontakt und erstem Coaching, sowie die Gesamtdauer der Coachings variierte in Abhängigkeit von den verfügbaren Terminen von Klient und Coach (siehe Abb. 49). Die Dauer vom Erstkontakt per Email oder Telefon bis zum fünften Coaching variierte von 52 bis 194 Tagen bei einem Durchschnitt von 126 und einem Median von 119 Tagen. Zwischen dem Erstkontakt und dem ersten Coaching vergingen zwi-

---

[395] Von 15 Coachings fanden sieben ausschließlich in Klienten-Räumen und sieben ausschließlich in den Räumen des Coaches statt. In einem Fall fanden drei der fünf Sitzungen in den Klienten-Räumen und zwei in den Räumen des Coaches statt.

schen sechs und 103 Tagen, bei einem Durchschnitt von 26 Tagen und einem Median von 19 Tagen. Die Gesamtdauer der Coachings vom ersten bis zum fünften Termin betrug zwischen 45 und 184 Tagen bei einem Durchschnitt von 99 und einem Median von 88 Tagen. Der durchschnittliche Zeitraum zwischen zwei Coachings variierte zwischen 11 und 46 Tagen bei einem Durchschnitt von 25 und einem Median von 22 Tagen.

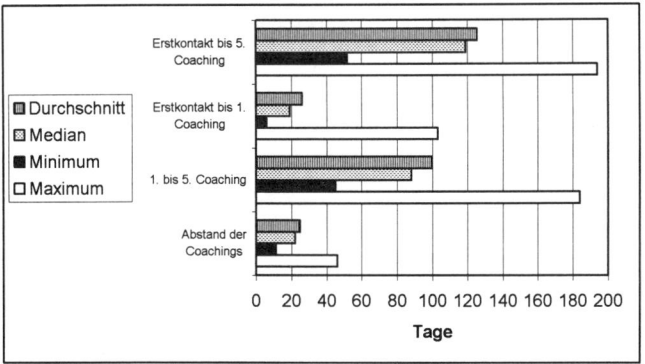

Abb. 49: Übersicht über die Dauer der 15 Coachings

Von den 15 Teilnehmern waren neun angestellte Führungskräfte. Sechs Führungskräfte leiteten ihr eigenes Unternehmen bzw. waren zugleich Gesellschafter und Geschäftsführer. Es waren also drei Fünftel angestellt, zwei Fünftel selbständig. Zehn der 15 Führungskräfte waren Männer, fünf Frauen. Ihr Alter reichte von 33 bis 55 Jahre. 60% aller Führungskräfte wie auch der Männer und der Frauen waren verheiratet.

Fast alle Teilnehmer hatten Abitur (14 Teilnehmer) und ein Studium abgeschlossen (13 Teilnehmer). Je ein Drittel hatte ein betriebswirtschaftliches bzw. ein Ingenieursstudium abgeschlossen. Drei weitere Studienteilnehmer hatten ein Lehramtsstudium abgeschlossen. Je ein Teilnehmer verfügte über eine Promotion bzw. einen MBA.

Die Studienteilnehmer waren durchschnittlich seit 16 Jahren berufstätig und davon durchschnittlich neun Jahre als Führungskraft. Im Durchschnitt hatte es also sieben Jahre bis zum Status Führungskraft gedauert, bei knapp der Hälfte der Teilnehmer hatte dies jedoch nur bis zu drei Jahre gedauert, bei vier Teilnehmern mehr als 13 Jahre.

Im Durchschnitt arbeiteten die Studienteilnehmer seit sechs Jahren für ihren derzeitigen Arbeitgeber, der im Durchschnitt ihr dritter Arbeitgeber war. Zwei Drittel waren dort auf der selben Position eingestiegen, die sie auch zum Zeitpunkt des Beginns der Coachings bekleideten, die übrigen waren bei ihrem jetzigen Arbeitgeber eine oder zwei Ebenen aufgestiegen. Neben den sechs selbständigen Studienteilnehmern bekleideten drei weitere und damit insgesamt knapp zwei Drittel Geschäftsführer- oder Vorstandspositionen, drei eine Position auf der ersten Ebene unter dem Vorstand und drei waren auf der zweiten oder dritten Ebene tätig. Die Studienteilnehmer hatten im Durchschnitt 25 Mitarbeiter (bei einem Median von 14 Mitarbeitern), wovon im Durchschnitt drei wiederum Führungskräfte waren.

Sieben Teilnehmer kamen aus Industrie- und acht aus Dienstleistungsbranchen. Es waren jeweils ein oder zwei Teilnehmer aus den folgenden Industrie- und Dienstleistungsbranchen vertreten: High-Tech-Hersteller, Elektromaschinenbau, Versorgungsbetriebe, Dienstleistung, Biotechnologie, Versicherungsverwaltung, Telekommunikation, Internet-Content-Provider, Software-Implementierung, Direktmarketing, Ingenieurbüro, Unternehmensberatung, Weiterbildungsagentur.

5.3   Fallstudien

5.3.1   Vorgehen bei Fallstudien

In den 15 Fallstudien werden Subjektive Theorien von Führungskräften und ihre Veränderung im Coaching-Prozess als Forschungsgegenstand dieser Arbeit dargestellt.

Darüberhinaus wird in den drei in diesem Abschnitt dargestellten Fallstudien die Anwendung zentraler Elemente der auf Basis der Coaching-Theorie entwickelten Coaching-Methode sowie die Anwendung der Forschungsmethodik demonstriert. Dadurch wird das Vorgehen im Coaching- und Forschungsprozess auch am empirischen Material transparent

gemacht.[396] Bei der Coaching-Methode gehe ich dazu zunächst auf die Verwendung individualpsychologischer Fragetechniken und des individualpsychologischen Prioritäten-
Fragebogens zur Aufdeckung impliziter Motive ein (Fall H). Außerdem demonstriere ich
das Vorgehen zur Erhöhung der Selbstwirksamkeitserwartung und zur Auflösung von
Zielkonflikten. Anhand der relativ komplexen Subjektiven Theorie von Fall N demonstriere ich das Vorgehen bei der kommunikativen Validierung als zentrales Element der Forschungsmethodik. Zur Vermeidung von Redundanzen wird in jedem der drei Fälle jeweils
ein Aspekt der Coaching- bzw. der Forschungsmethodik besonders hervorgehoben.

Die übrigen zwölf Fälle werden im Anhang 8.5 geschildert. Diese Fallstudien beschränken
sich auf den Forschungsgegenstand der Arbeit, die Darstellung der kommunikativ validierten Subjektiven Theorien und ihrer Veränderung im Motivations- bzw. Volitionsmodell.
Die Coaching-Methodik und die einzelnen Schritte des Coaching-Prozesses werden in diesen Fallstudien auch aus Platzgründen nicht im einzelnen geschildert, da sie nicht Gegenstand der empirischen Analyse und des Fallvergleichs sind.

In allen 15 Fallstudien wird zunächst die berufliche Situation des Klienten skizziert und
sein zu Beginn der ersten Coaching-Sitzung genanntes Anliegen für das Coaching benannt.
Es folgt eine Darstellung der einschlägigen, kommunikativ validierten Subjektiven Theorien des Klienten zu Beginn des Coachings. Diese werden entweder im Rahmen des Erweiterten kognitiven Motivationsmodells oder im Rahmen des Volitionsmodells interpretiert.
Im Anschluss werden die im Laufe des Coachings eingetretenen Veränderungen der Subjektiven Theorien dargestellt und gleichfalls im Motivations- oder Volitionsmodell interpretiert. Sofern sich die Veränderungen der Subjektiven Theorien bereits in einem
veränderten Handeln des Klienten niedergeschlagen haben, wird dies abschließend benannt.

Allen Teilnehmern der Studie wurde Anonymität zugesichert. Dementsprechend wird auf
sie nicht mit ihrem Namen Bezug genommen, sondern als Herr oder Frau A., B., C. usw.
Der gewählte Buchstabe wurde nicht nach dem Anfangsbuchstaben ihres Namens ausge-

---

[396] In generischer Form wurde die Forschungsmethodik bereits umfassend in Kapitel 4 und die Coaching-
Methode in den vorangegangenen Abschnitten dieses Kapitels dargestellt.

wählt, sondern in der Reihenfolge des jeweiligen ersten Coaching-Termins. Um aus den im Coaching geschilderten Sachverhalten keinen Rückschluss auf das fragliche Unternehmen zu ermöglichen, wurden diese Angaben so weit wie erforderlich verfremdet. Insbesondere wurden in den Zitaten Personen-, Firmen- und Produktnamen durch generische Bezeichnungen wie „Firma A" ersetzt.

Alle Zitate der Teilnehmer beziehen sich auf die Tonbandmitschnitte der Coaching-Sitzungen. Die Zitate werden durch Angabe der Nummer des Tonbandes je Klient (1 bis 5 für die erste bis fünfte Sitzung) und der Stelle auf dem Tonband gemäß Bandzählwerk (0-1500 für jeweils zwei Stunden je Sitzung) dokumentiert. Sinngemäße Ergänzungen oder zur Anonymisierung ausgetauschte Firmen- oder Personennamen stehen in eckigen Klammern.

5.3.2   Drei exemplarische Fallstudien

5.3.2.1   Herr H.: „So, wie ich es sage, ist es richtig."

Mit dieser Fallstudie wird neben der Darstellung der Subjektiven Theorien und ihrer Veränderung zusätzlich die Verwendung des individualpsychologischen Prioritäten-Fragebogens als Element der in Abschnitt 5.1 entwickelten Coaching-Methode demonstriert.

Herr H. ist seit 18 Monaten einer von zwei Geschäftsführern der ausgegründeten Internet-Tochter eines großen Konzerns, der als Gesellschafter die Mitglieder des aufsichtsführenden Beirats des Unternehmens stellt. Zusammen mit seinem Ko-Geschäftsführer hat Herr H. die heute 30 Mitarbeiter umfassende Firma aufgebaut.

Angesichts der abnehmenden Internet-Euphorie und aufgrund von Meinungsverschiedenheiten mit dem Gesellschafter über die strategischen Ziele des Unternehmens ist die künftige strategische Ausrichtung der Firma und die Besetzung der Führungspositionen ungewiss. Es kursieren Gerüchte, dass auch Herr H. abgesetzt werden soll, nachdem das Ausscheiden seines Ko-Geschäftsführers bereits terminiert wurde. Auch auf mehrmaliges

Nachfragen hin erhält er keine Auskunft über Richtigkeit oder Unwahrheit dieser Gerüchte. Schließlich deutet ihm sein Ansprechpartner im Konzern während eines Telefongesprächs an, dass er voraussichtlich noch drei Monate im Amt bleiben soll, da noch kein Nachfolger gefunden sei. Zielvorgaben für die verbleibende Zeit erfolgen nicht.

Das Anliegen des Klienten ist eine Klärung seiner Handlungsoptionen und seiner Präferenzen sowohl in der aktuellen Situation als auch im Hinblick auf den nächsten Job. Herr H. erlebt die Situation und seinen Umgang mit ihr als lähmend: „Die Situation oder die Art und Weise, wie ich damit umgehe, bremst mich im Moment, behindert mich." (2., 786) Grafisch stellt sich die Subjektive Theorie des Klienten zu seinem Empfinden wie folgt dar (siehe Abb. 50):

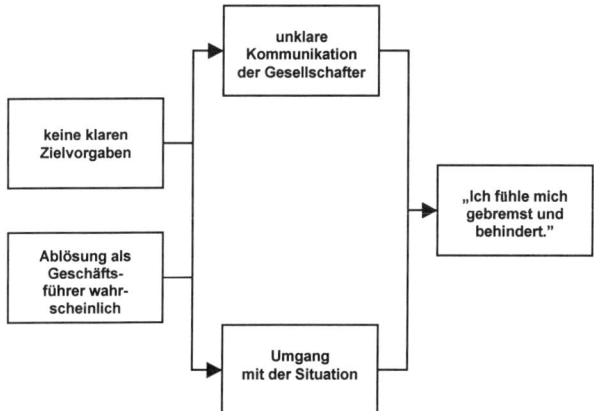

Abb. 50: ST: Als lähmend empfundene Ausgangssituation

Obwohl Herr H. die Situation als lähmend empfindet, fragt er sich, ob er nicht noch einmal versuchen soll, seinen Mutterkonzern von seinen Fähigkeiten zu überzeugen und eine Vertragsverlängerung zu erlangen. Die in Aussicht gestellte Frist von drei Monaten wirkt im ersten Moment auf ihn motivierend:

„Aha, drei Monate, da habe ich noch eine Chance – weil drei Monate, das ist schon was, da kann man schon was bewegen, da kann man bisschen was zeigen. Das war das erste Gefühl." (2., 228).

Bei Einbeziehen der Gesamtsituation erkennt er aber, dass dieser Gedanke blauäugig ist:

„Da sich die ganze Konstellation nicht ändert, [ist] es eigentlich blödsinnig, schon wieder den Aufschwung zu spüren, weil daran wird sich einfach nichts ändern, weil sie einfach die Meinung haben, ich kann's nicht – sie werden mir nicht zuhören." (2., 230)

Im Erweiterten kognitiven Motivationsmodell stellt sich mögliche Handlung „Zeigen, das ich was kann" und die an sie geknüpften Erwartungen wie folgt dar (siehe Abb. 51):

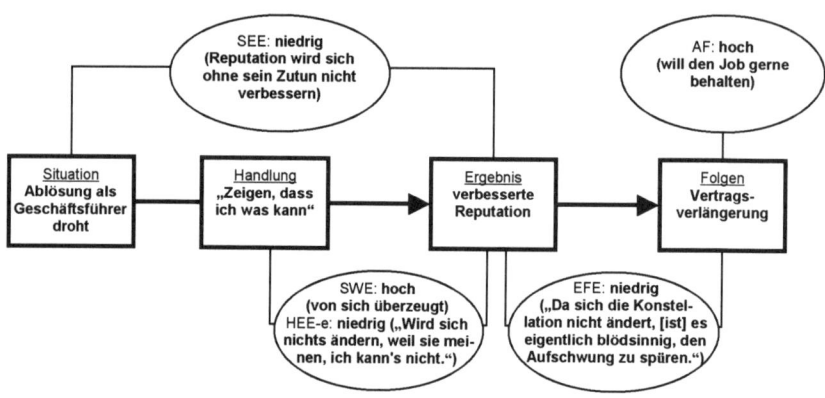

Abb. 51: Motivation, für Vertragsverlängerung zu arbeiten

Von den einzelnen Erwartungen wirken im Sinne des Erweiterten kognitiven Motivationsmodells der Anreizwert der Folgen, die Situations-Ergebnis-Erwartung und die Selbstwirksamkeitserwartung motivierend für die Handlung „zu zeigen, dass ich was kann". Denn der Anreizwert einer Vertragsverlängerung ist nach wie vor hoch (auch wenn das Eintreten der Folge unwahrscheinlich scheint) und die Situations-Ergebnis-Erwartung ist niedrig: die Situation wird sich nicht ohne Zutun von Herrn H verbessern. Auch die Selbstwirksamkeitserwartung ist hoch: Der Klient ist davon überzeugt, eine gute Leistung erbringen zu können. Dem steht jedoch prohibitiv die Handlungs-Ergebnis-Erwartung im engeren Sinne und die Ergebnis-Folgen-Erwartung gegenüber: Eine gute Leistung des Klienten würde nicht wahrgenommen und selbst wenn sie wahrgenommen würde, hätte dies nach seiner Einschätzung aufgrund des mitunter erratischen Entscheidungsverhaltens der Gesellschafter keine Vertragsverlängerung zur Folge.

Die Motivation „zu zeigen, das ich was kann" ist dementsprechend in Summe gering. Der
Klient fühlt sich von der Situation „behindert" (2., 786). Die Erkenntnis, dass er durch eigenes Zutun derzeit kaum die beabsichtige Folge „Vertragsverlängerung" bewirken kann,
lässt jedes Handeln in der Firma schon fast unsinnig erscheinen. Aus einem Verantwortungsgefühl gegenüber seinen Mitarbeitern will er ihr aber noch nicht endgültig den Rü-
cken kehren oder „Dienst nach Vorschrift" machen. Es geht ihm daher darum, eine größere
Handlungsfähigkeit wiederzuerlangen. Um das Gefühl der Lähmung zu überwinden, ist die
Fixierung auf die gewünschte, aber (subjektiv) nicht gezielt herbeiführbare Folge zu lo-
ckern. Dies ist offenbar nur möglich, wenn das unerreichbare Ziel „Vertragsverlängerung"
fallen gelassen wird.

Der Coach schlägt dem Klienten vor, die Situation neu zu definieren, als eine Lern-
Situation, in der er seine Krisen-Managementfähigkeiten auch für künftige Positionen erproben kann. Das stößt auf Resonanz beim Klienten, der sich erinnert, dass er die Berufung
zum Geschäftsführer insgesamt für sich ursprünglich als Lern-Situation definiert hatte:

> „Das ist interessant, es kommt jetzt so ein Punkt zurück: Ich hatte mir damals gesagt,
> als mir das mit dem Geschäftsführerposten angeboten wurde: ich mach' den Ge-
> schäftsführerposten nicht weil die Aufgabe, also weil mich das Thema reizt, sondern:
> ich möchte lernen, Geschäftsführer zu sein. Das war damals der Anspruch, mit dem
> ich reingegangen bin. Das schießt mir jetzt gerade durch den Kopf.
>
> Ich habe die Phase gehabt, wo wir ein Unternehmen integriert haben. Ich habe Mas-
> senentlassungen gehabt, ich habe eine komplette Restrukturierung gehabt – also ich
> habe außer IPO und Insolvenz in diesem einen Jahr schon alles miterlebt. Das heißt,
> ich habe jetzt die Phase, wie gehe ich mit meinem Gesellschafter um, wie gehe ich
> mit auf meine Person bezogenen brenzligen Situationen um." (2., 670)

Durch die Redefinition seiner Ziele stellt sich das Handeln in einer motivierenderen Sequenz dar (siehe Abb. 52). Für das Ergebnis, Erfahrungen zu sammeln, ist die Handlungs-
Ergebnis-Erwartung i.e.S. hoch, wie auch die Ergebnis-Folgen-Erwartung für die Folge,
etwas für die nächste Position zu lernen. Der Anreizwert der Folgen ist gleichfalls hoch
und die SEE niedrig: Erfahrungen zu seinem Handlungsvermögen wird er nur sammeln,
wenn er handelt.

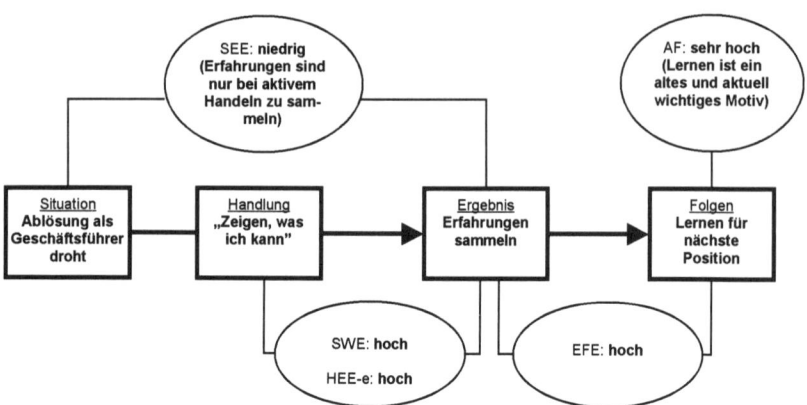

Abb. 52: Hohe Motivation fürs Lernen

In dieser Perspektive kann sich der Klient aus der erlebten Erstarrung lösen und gewinnt eine Flexibilität des Handelns zurück bzw. kann sogar mehr Flexibilität erproben, als er es sich normalerweise zugesteht: Ich „versuche auch mal anders zu reagieren, als ich es bisher getan hätte." (2., 801)

Diese Überlegung führt direkt zu dem dringendsten Interaktionsproblem, das er in seiner Tätigkeit als Geschäftsführer erlebt: dem Umgang mit ihm übergeordneten Gremien und insbesondere, dem von dem Gesellschafter bestellten Beirat.[397] Dies hatte er bereits in der ersten Sitzung erwähnt:

> „Mir hat mein Vorgesetzter [...] öfter mal zurückgespielt: Wenn ich in einer Beiratssitzung bin, und ich hab da 'ne Meinung, ich vertrete die Meinung, dann kommt das sehr überheblich rüber. Das ist die Art wohl, wie ich das wohl rüberbringe, das ist die Art anscheinend, das kann ich selber noch nicht so richtig nachvollziehen, weil mir der Außenblick fehlt in dieser Situation." (1., 345)

Herr H. greift diesen Aspekt in der zweiten Sitzung wieder auf, als es darum geht, dass er unter der Perspektive „Lernen" auch neue Verhaltensweisen ausprobieren kann:

> „Ein Punkt, wo ich immer dran stoße ist das Thema, was zum Beispiel von meiner Bezugsperson immer als Überheblichkeit bezeichnet wird. Ich werde auch bei [mei-

---

[397] In den Fallvergleich in Abschnitt 5.4 fließt das nun folgende Anliegen ein, da pro Coaching jeweils nur ein Anliegen mit den dazugehörigen Subjektiven Theorien abgebildet wird. Die Darstellung des ersten Anliegens erfolgte hier zur Illustration des Coaching-Verlaufs.

nem Gesellschafter] eher als überheblich gesehen. Das resultiert aus so'm gewissen starken Selbstbewusstsein heraus, dass wenn ich eine Meinung habe, die auch vertrete und die auch sage. Unabhängig, ob ich damit gefalle oder wie auch immer. Weil ich meistens die andern Leute eher vor den Kopf stoße. Das ist der Parameter, der mich im Moment ein bisschen behindert." (2., 850)

Herr H. berichtet ihm übergeordneten Gremien nur widerwillig über den Zwischenstand seiner Projekte: „weil die Leute es von mir fordern [...] sie bräuchten es nicht, sie könnten sich sicher sein, das nachher das richtige Produkt rauskommt." (2., 998) Er ist in den Gremien auch nicht bereit, über Inhalte zu diskutieren, die er schon selber durchdacht hat:

„Damit habe ich meine Probleme, [zu sagen:] ‚lasst uns mal gemeinsam überlegen', weil – ich weiß es ja schon." (2., 961)

„Ja, es toppt eben die Sache, dass ich der Meinung bin, dass ich sehr schnell reflektieren kann, ob ich über meine Überzeugung noch mal nachdenken muss oder nicht. Wenn nur die Argumente kommen, die ich im Vorfeld auch schon hatte, die ich alle schon kenne, dann bin ich nicht gewillt, von meiner Überzeugung abzuweichen, solange ich die Verantwortung dafür habe. Und die Verantwortung ist mir gegeben worden: Ich soll das machen. Und ich werde nichts machen, wenn ich nicht davon überzeugt bin." (2., 1070)

Aus seiner Sicht nicht nachvollziehbare Kritik erlebt Herr H. als persönlichen Angriff. Die Verteidigung gegen solche Kritik ist dann oft nicht argumentativ sondern apodiktisch:

„Ich fühle mich angegriffen, das ist die Situation, das Gefühl, was ich dann habe, wenn ich dort sitze und man kritisiert mich. Ich bin mir sicher, dass ich eigentlich kein Problem damit habe, wenn man mich kritisiert und es ist zu Recht. Also und ich bin der Meinung, es ist richtig [...] Dann bin ich mir ziemlich sicher, dass ich keine Probleme damit habe, dass ich es eingestehen kann, ‚ich habe was falsch gemacht', ‚das habe ich nicht richtig gesehen' oder ‚ich habe bestimmte Aspekte nicht beachtet'. Ich bin auch der Auffassung, dass ich das sehr schnell reflektieren kann, ob das so ist. Aber es kommt eben vor, es kommt häufig eben auch vor, dass wenn ich eine Überzeugung habe, wie von einer Sache – weil ich eigentlich meine Überzeugungen eben auch sehr stark reflektiert habe – , dann fühle ich mich angegriffen, dann verteidige ich mich. Aber ich verteidige mich leider selten - in der Hinsicht, dass ich wirklich in aller epischen Breite eben Argumente austausche, sondern dann bin ich oft in der [Stimmung:] ‚So wie ich es sage, ist es richtig'." (2., 1028)

Die Anmerkung des Coaches, dass Gremiensitzungen auch dazu dienen können, die eigenen Ideen zu verkaufen und für diese Unterstützung zu gewinnen, lässt der Klient nicht gelten:

„Es geht nicht ums Verkaufen. Das habe ich nicht nötig. Ich sehe es einfach so: Ich habe einen Auftrag bekommen: [...] Dann mache ich [den Auftrag], so wie ich fest davon überzeugt bin, dass es richtig ist." (2., 970)

In der Subjektiven Theorie von Herrn H. ist das unbedingte Ausführen eines Auftrags Teil seiner Verantwortung als Geschäftsführer:

„Das ist mir wichtig dabei. Es geht mir nicht nur darum, dass ich mir eine Meinung gebildet habe. Es ist mir ganz wichtig, dass es um meine Verantwortung geht, dass es um Themen geht, für die ich gerade stehen muss. Weil dann bin ich sofort bereit, wenn nachher rauskommt, das war Bullshit – dann habe ich die Verantwortung. Dann trage ich die auch, egal wie die aussieht." (2., 1110)

„Dieser Verantwortung stelle ich mich, aber dann möchte ich es auch so machen, wie ich meine, dass es richtig ist, weil es meine Verantwortung ist." (2., 989)

Eine Bereitschaft, andere Verhaltensmuster auszuprobieren ist aber an diesem Punkt des Coachings noch nicht gegeben. Die Anregung des Coaches, dass Herr H. auf die Interessen der Sitzungsteilnehmer seines Aufsichtsgremiums eingehen könne, bezeichnet er abwertend als „Schauspielern":

Coach: [...] Die wollen einfach ein bisschen drüber reden. Die wollen verstehen, die wollen einbezogen werden, die wollen das Gefühl haben, vielleicht einen Beitrag geleistet zu haben. Das nachher Sie es machen und Sie es ausbaden müssen ist sowieso klar. Aber das ist eine ganz andere Nummer.

Herr H.: Das bedeutet für mich – so verstehe ich das jetzt – dass ich in solchen Gremien eher spielen muss, als dass ich dort ich selber bin, schauspielern. (2., 1130)

Zusammengefasst stellt sich seine Subjektive Theorie hierzu wie folgt dar (siehe Abb. 53):

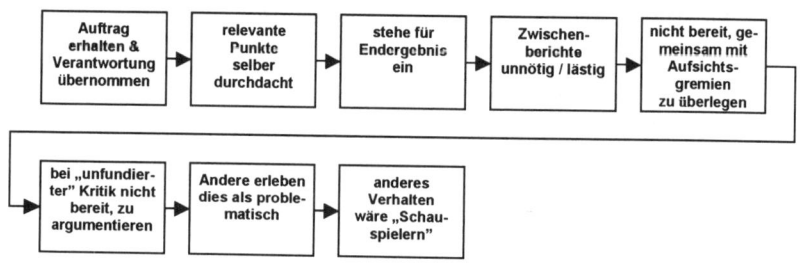

Abb. 53: Verantwortung und Überheblichkeit

Im Rahmen des Erweiterten Motivationsmodells stellt sich der Sachverhalt gemäß der Subjektiven Theorie von Herrn H. wie folgt dar (siehe Abb. 54): Durch das unbeirrte Vertreten
der eigenen Meinung (= Handlung), verhindert er, dass falsche Vorstellungen der Beiratsmitglieder in die konzeptionelle Ausrichtung seiner Firma einfließen (= Ergebnis). Damit
wird er seiner Verantwortung als Geschäftsführer gerecht, den ihm erteilten Auftrag nach
bestem Wissen und Gewissen zu erfüllen (= Folgen). Alle Erwartungen sind hier zunächst
im Sinne einer hohen Motivation gegeben. Folglich hat er auch immer wieder dementsprechend gehandelt.

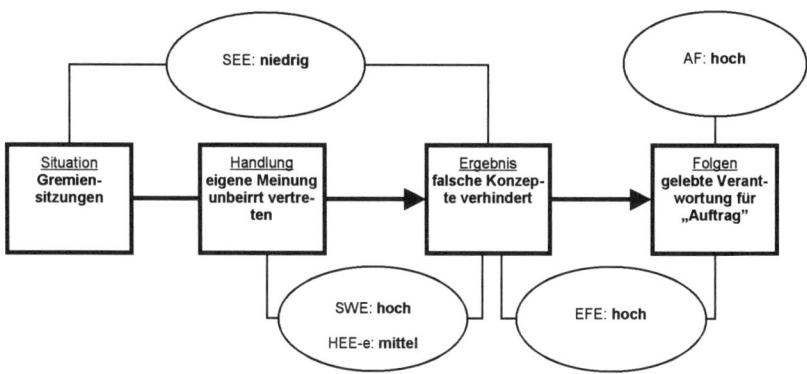

Abb. 54: Motivation, die eigene Meinung unbeirrt zu vertreten

Herr H. kann also zunächst nicht erkennen, warum sein Verhalten als überheblich wahrgenommen wurde. Er gewinnt aber in der zweiten Hälfte der zweiten Sitzung die Einsicht,
dass sein Verhalten plausiblerweise von Anderen als problematisch wahrgenommen werden konnte und nicht nur bei seinen Interaktionspartnern eine fehlgeleitete Wahrnehmung
bestand. Siehe hierzu den folgenden Auszug aus dem Coaching-Gespräch:

Coach: Wenn die anderen das Gefühl haben: ‚egal was man sagt: es ist als ob
            man gegen eine Wand redet' – das macht keine Freude.

Herr H.:   Richtig, das wurde mir auch so widergespiegelt.

Coach: Dann ist die Frage: Macht Ihnen das letztlich Freude?

Herr H.:   Überhaupt nicht!

Coach: Dann ist die Frage: Warum ist es so wichtig, das so zu machen?

Herr H.:   Das frage ich mich im Nachhinein auch wieder und trotzdem mache ich
              es wieder so. (2., 1171)

Diese Frage kann mit dem individualpsychologischen Prioritäten-Fragebogen erhellt werden.[398] Das Ergebnis des Fragebogens besagt, dass die erste Priorität von Herrn H. „Kontrolle" ist, er also in Interaktionen mit anderen vor allem anderen darauf achtet, die
Kontrolle zu behalten. In den dieser Priorität zugeschriebenen Verhaltensbeispielen[399] erkennt Herr H. sein eigenes Verhalten wieder, insbesondere in den folgenden Punkten: „Ich
arbeite gerne mit System und Einteilung", „ich mag klare Zuständigkeiten und Verantwortlichkeiten,", „ich lege Wert auf Absprachen, Vereinbarungen", „ich drücke mich vor langatmigen Besprechungen", „ich lehne unsinnige, unklare Anweisungen ab". Die für ihn
überraschend genaue Abbildung von wesentlichen Aspekten seines Verhaltens in den Verhaltensbeispielen macht Herrn H. deutlich, dass seine Interaktionen mit den Beiratsmitgliedern seines Unternehmens auch stark von seinem persönlichen Stil geprägt sind – und
er mit diesem Stil ein persönliches Ziel, ein implizites Motiv verfolgt: die Kontrolle zu behalten. Damit wird für ihn aber auch deutlich, dass seine bisherige Sichtweise, die Ursache
für die unbefriedigenden Interaktionen mit den Beiratsmitgliedern nur bei diesen zu suchen, zu einseitig sein dürfte. Ausdrücklich will er daher an diesem Thema weiterarbeiten,
was er am Ende der Sitzung zum Ausdruck bringt: „Mit diesem, nennen wir es ‚überheblich', da würde ich gerne weitermachen. Weil, das ist ein Punkt, der nagt an mir." (2.,
1318)

In der dritten Sitzung weißt Herr H. zunächst darauf hin, dass sich die Neudefinition seiner
Situation als Lernchance in den gut drei Wochen seit der letzten Sitzung bewährt habe:

> „Letzte Runde hier [d.h. die letzte Sitzung], war für mich sehr erfreulich und positiv:
> Meine Aufgabe ist das Projekt Geschäftsführer. Wie bin ich ein guter Geschäftsfüh-
> rer, wie komme ich mit diesen Situationen klar aus meiner Sicht heraus. War für
> mich sehr positiv, habe auch eine sehr gute Zeit gehabt, bin auch mit allem ganz gut
> klar gekommen – bis auf heute morgen, dass ärgert mich, das mich das wieder so aus
> der Bahn geworfen hat." (3., 110)

---

[398] Der verwendete Prioritäten-Fragebogen ist in Anhang 8.4.1 abgedruckt. Zum Inhalts des Instruments siehe Abschnitt 5.1.1.3.2.

[399] Die verwendeten Verhaltensbeispiele für alle vier Prioritäten sind in Anhang 8.4.2 abgedruckt.

Die Frage der Überheblichkeit formuliert er dann mit einem Schmunzeln als Thema für die Sitzung:

> „Wir hatten ja letztes Mal noch diesen Punkt hinsichtlich meiner Überheblichkeit – hatten wir noch nicht bis zu Ende, wir hatten nur festgestellt, dass es nicht nur eine einfache Überheblichkeit ist, sondern schon eine extreme Überheblichkeit ist oder anders rum gesagt: Ich kann das ja gar nicht so stehen lassen, weil ich seh' es ja gar nicht so – sondern, dass es von außen so wirkt." (3., 196)

Mittlerweile ist Herr H. alleiniger Geschäftsführer, da die Abberufung seines Ko-Geschäftsführers bereits stattgefunden hat. Eine klare Aussage seitens des Gesellschafters zu seiner Zukunft im Unternehmen hat es zwischenzeitlich aber nicht gegeben. In dieser Situation sieht er sich nun Reporting-Aufgaben gegenüber, die bisher von seinem Ko-Geschäftsführer erledigt wurden und deren Sinn er teilweise anzweifelt. Konkret wurde ein Monatsbericht im SAP-Format bis zum folgenden Freitag angefordert, dessen Erstellung einen Ressourcen-Engpass verursachen würde. Herr H. hat daraufhin entschieden, dass andere Themen wichtiger seien:

> „Die Prioritäten habe ich gesetzt: Die sind jetzt leider gegen den Gesellschafter ausgefallen. Weil da noch ein Aspekt mit rein kommt: Ich bin der festen Überzeugung, dass die Berichte für das Unternehmen nicht wertvoll sind und dass ich schon wenig Ressourcen habe und dass mir bisher niemand erklären konnte, warum ich diese Berichte ständig machen muss und dass ich mich dann eben frage, warum muss ich diese Berichte ständig machen, warum muss ich die Ressourcen dafür einbinden – nur damit [der Gesellschafter] in irgendwelchen Megasystemen ein Unternehmen, das in der Gesamtbilanz nicht auftaucht, weil es zu klein ist, da immer so zu haben, wie [der Gesellschafter] das gerne hätte. [...] Bei mir schoss gerade durch den Kopf: Familieninstinkt. Ich beschütze meine Familie, ich beschütze mein Unternehmen." (3., 562)

Herrn H. ist es so wichtig, die Prioritäten selbst zu setzen und in diesem Sinne Verantwortung für sein Unternehmen zu übernehmen, dass er es auch in Kauf nehmen würde, dafür seinen Job zu verlieren: „Wenn das wirklich so ein entscheidender Punkt für den Gesellschafter ist, dann soll er mich selber kündigen – das wäre schon ein Armutszeugnis." (3., 484)

In dem betonten Verantwortungsgefühl für die Firma konkretisiert sich auch das in der vorherigen Sitzung ermittelte persönliche Ziel und implizite Motiv, die Kontrolle über die

Situation zu behalten. Beidem widerspricht die starre Haltung in der Berichtsfrage, wie der Coach Herrn H. in der folgenden Coaching-Sequenz vor Augen führt:

Herr H.:	Bei mir schoss gerade durch den Kopf: Familieninstinkt. Ich beschütze meine Familie, ich beschütze mein Unternehmen.
Coach:	Das machen Sie ja nicht. So wie ich es jetzt verstanden habe.
Herr H.:	Doch. Ich mache es so weit, wie ich es beeinflussen kann. Mir liegt ja was an dem Unternehmen. Und ich bin der Meinung, dass ich in der Lage bin, [...] dem Unternehmen eine sinnvolle Richtung zu geben. Ich weiß aber auch, dass ich nicht derjenige bin, der entscheidet, ob ich das in Zukunft mache. Das entzieht sich vollkommen meiner Entscheidung. Ich kann es beeinflussen und das möchte ich gerne tun. Die Entscheidung habe ich ja getroffen: Das heißt ich möchte es gerne tun. Nur, für mich liegt die Entwicklung des Unternehmens nicht darin, den Monatsbericht am Freitag zu haben.
Coach :	Aber sie werden dem Unternehmen nicht mehr vorstehen, wenn er erst später kommt und damit beschützen sie ihr Unternehmen nicht.
Herr H.:	Darin sehe ich dann nicht meine Schuld, sondern die Schuld des Gesellschafters.
Coach:	Was heißt jetzt Schuld oder nicht Schuld? Jedenfalls, durch ihr Verhalten tragen sie dazu bei, dass Sie das Unternehmen nicht mehr beschützen können, [und keine Kontrolle mehr haben ...] weil sie sich selber in den Fuß schießen.
Herr H.:	(mit gespielter Empörung) Das ist jetzt aber gemein! (längere Pause) Iss was dran: ja. (3., 595)

Im Rahmen des Erweiterten Motivationsmodells stellt sich der neue Sachverhalt wie folgt dar: Zunächst wird deutlich, dass das „unbeirrte" Vertreten der eigenen Meinung nicht nur überhrcblich erscheint, sondern auch negative Folgen für das Unternehmen hat (siehe Abb. 55).

Der Hinweis darauf, dass seine Weigerung, die Berichte zu erstellen, mit der er sich auch gegen die empfundene Willkür und Ungerechtigkeit seiner Gesellschafter zu Wehr setzte, durch seine potentielle Ablösung dem Unternehmen schaden könnte und nur sehr kurzfristig seinem Ziel dienen würde die Kontrolle zu behalten, ermöglicht es dem Klienten andere Handlungsmuster gegenüber dem Gesellschafter-Beirat ernsthaft in Erwägung zu ziehen.

Denn er sieht nun, dass ein verändertes Handeln seinem Ziel dient, die Kontrolle zu behalten, und nicht nur eine Reaktion auf die Anforderung ist, weniger überheblich zu sein. Ein
Abbau der Überheblichkeit dient ihm in diesem Sinne als Mittel zum Zweck des Kontrol-
lerhalts.

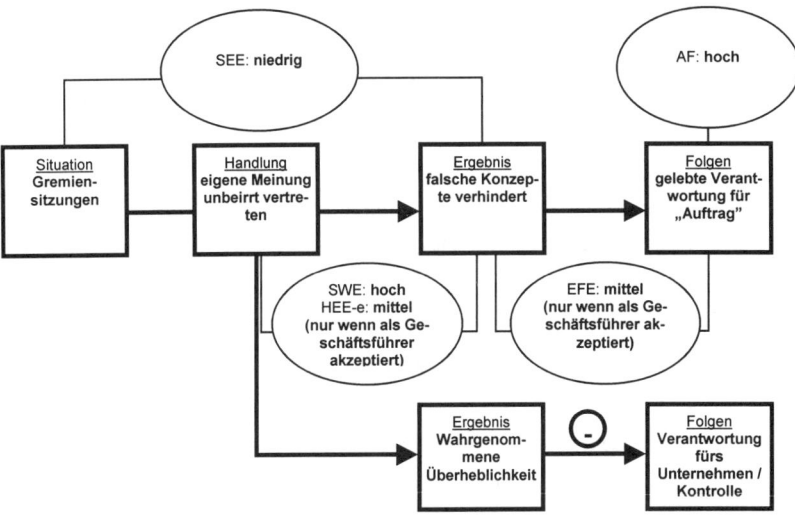

Abb. 55: Vertreten eigener Meinung: Ausdruck oder Vernachlässigung von Verantwortung

Möglichkeiten für ein verändertes Handeln hat er sich grundsätzlich auch schon nach der
vorangegangenen Coaching-Sitzung überlegt, aber nicht den Bezug zu seinem aktuellen
Handeln gesehen, bzw. sich von der Situationsdynamik in gewohnte Muster ziehen lassen:

> „Ich wollte ja schon im Gegensatz zu den bisherigen Beiratsterminen, jetzt am Mitt-
> woch anders dort auftreten [...] auch von der Art her anders reagieren: Und eben
> nicht, wenn sie zum dritten mal auf irgendwas rumreiten, dann pampig zu reagieren
> nach dem Motto ‚ihr habt keine Ahnung, lasst mich in Ruhe', sondern dann mehr po-
> sitiv das aufnehmen, das mitnehmen. [Pause] Wenn ich mir gerade überlege, welche
> Folien ich heute rausgeschickt habe, habe ich wahrscheinlich wieder ein paar Fehler
> gemacht. Wieder mehr Eigentore geschossen. Weil ich einfach in der Stimmung in
> der ich war, Äußerungen getätigt habe, die ich vielleicht nicht hätte tätigen sollen.
> Muss mal schau'n." (3., 790)

Er beschließt die Coaching-Sitzung mit dem Vorhaben, einen für den folgenden Mittwoch geplanten Vortrag im Beirat noch einmal speziell daraufhin zu überarbeiten, möglichst alle überheblichen Untertöne zu eliminieren.

Mit dem Ziel, Verantwortung gegenüber dem Unternehmen zu zeigen und negative Folgen für seine Ziele durch die eigene Überheblichkeit zu vermeiden, ergibt sich ein neuer Handlungsstrang (siehe Abb. 56): Er setzt sich zum Ziel („Folgen"), sowohl für den ihm erteilten Auftrag als auch für das Unternehmen als ganzes Verantwortung zu übernehmen und damit die Kontrolle zu behalten. Dies erfordert es, falsche Entscheidungen zu verhindern, aber auch Akzeptanz für die besseren eigenen Ideen zu gewinnen. Dementsprechend muss sein Handeln eine Balance finden zwischen dem Vertreten der eigenen Meinung und dem Aufnehmen der Meinungen Anderer, insbesondere anderer Beiratsmitglieder.

Der einzige Wert, der einer hohen Motivation hier entgegenstehen könnte, ist die zunächst nur noch niedrig-mittlere Selbstwirksamkeitserwartung, also die Erwartung auch entsprechend balanciert handeln zu können. Hier ist dem Klienten klar, dass in mühsamen kleinen Schritten umlernen muss. Dies mindert aber nicht seinen Entschluss, dieses neue Handeln zu realisieren.

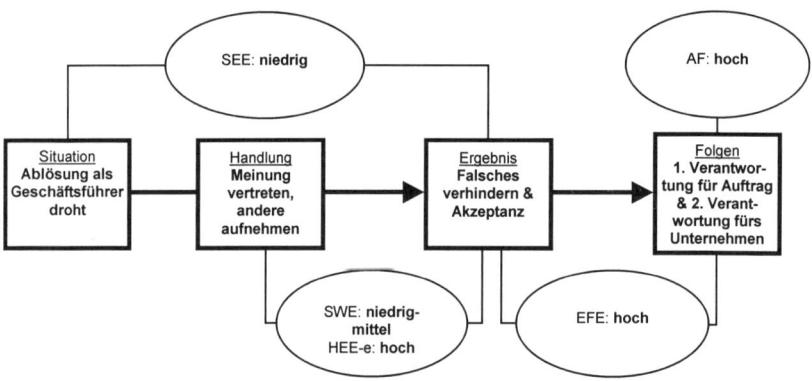

Abb. 56: Verantwortung für Auftrag und Unternehmen

Am Ende der fünften Sitzung berichtet er, dass er Fortschritte gemacht habe: „ich habe das Kämpfen gegen die [Beiratsmitglieder] aufgehört und [... angefangen,] den anderen Gesprächspartner vorher zu reflektieren" (5., 1340). Diese positive Erfahrung erhöht die Selbstwirksamkeitserwartung noch nicht wieder auf ein hohes, aber auf ein mittleres Niveau. Bei weiteren positiven Erfahrungen wäre hier mit einem Anstieg auf ein hohes Niveau zu rechnen.

In den Fallvergleich fließt aus dieser Fallstudie der Teil, in dem es um das Thema Überheblichkeit gegenüber dem Gesellschafter-Beirat geht, mit den folgenden Ausprägungen der Subjektiven Theorien ein. In der Ausgangslage bestand hier als motivationshinderliche Erwartung eine nur mittlere Handlungs-Ergebnis-Erwartung i.e.S., ein Zielkonflikt war nicht bekannt. Im Laufe des Coachings wurde ein Zielkonflikt identifiziert und gelöst. Die vorgenommene Handlung, das Ergebnis und die Folge wurden ergänzt. Die Handlungs-Ergebnis-Erwartung i.e.S. wurde erhöht und – als Besonderheit dieses Falls – die Selbstwirksamkeitserwartung verringert.

Zusätzlich zur Darstellung der Subjektiven Theorie des Klienten und ihrer Veränderung wurde mit dieser Fallstudie die Verwendung des individualpsychologischen Prioritäten-Fragebogens demonstriert. Es wurde deutlich, dass die Identifikation der „Priorität" eines Klienten zur Reflexion über eigene Handlungsmuster anregen kann. Außerdem ermöglicht die Identifikation der Priorität die Formulierung von Handlungsalternativen, die im Einklang mit der Prioriät stehen und damit eine Chance auf Akzeptanz und Realisierung durch den Klienten haben.

5.3.2.2 Herr G.: „Anerkennung ist, wenn jemand zustimmt"

Mit dieser Fallstudie wird neben der Darstellung der Subjektiven Theorien und ihrer Veränderung zusätzlich die Verwendung individualpsychologischer Fragetechniken, das Vorgehen zur Erhöhung der Selbstwirksamkeitserwartung und das Auflösen eines Zielkonflikts demonstriert, da diese Modifikationen in den 15 Fällen sehr häufig aufgetreten sind.[400]

---

[400] Vgl. auch Abschnitt 5.1.1.2.2 sowie Bandura 1977, 195 zur generischen Beschreibung der Ansatzpunkte zur Erhöhung der Selbstwirksamkeitserwartung.

Herr G. ist Vorstandsmitglied eines Biotech-Unternehmens. Er ist für die Bereiche Strategie und Finanzen zuständig. Als Anliegen formuliert er am Beginn der ersten Coaching-
Sitzung die Überwindung eines empfundenen Mangels: „Mir fehlt aus diesen Ideen, die
Strategien, die ich im Kopf habe, dieses kleine Bisschen, dieses so darzustellen, so [zu] fokussieren, das man es auch anderen begreiflich machen kann." (1., 190)

Anlass für dieses Anliegen ist eine grundlegende strategische Neuausrichtung des Unternehmens, die der CEO ohne die Mitwirkung des Klienten verkündet hatte. Die für das
Einwerben von Folgefinanzierungen und damit für das Überleben des Unternehmens dringend notwendige Neuausrichtung habe dem entsprochen, was auch der Klient im Kopf ge-
habt habe. Herr G. hat eine differenzierte Subjektive Theorie dafür, warum nicht er, als der
für Strategie und Finanzen zuständige Vorstand, die neue Strategie formuliert oder zumindest eine Vorlage dafür präsentiert hat:

> Erstens „hatte [ich] es selber noch nicht so stark auf den Punkt gebracht, wobei
> [zweitens] der andere Punkt [ist]: ich wär' gar nicht so durchgekommen, weil [drit-
> tens] der [CEO] im Grunde sich als der Hauptmacher des Unternehmens [sieht], er
> ist der Eigner des Unternehmens." (1., 310)

Grafisch lässt sich diese Subjektive Theorie wie folgt darstellen (siehe Abb. 57):

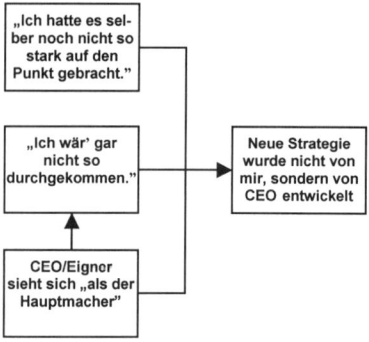

Abb. 57: ST: Weshalb die Strategie nicht vom Klienten formuliert wurde

Im Erweiterten kognitiven Motivationsmodell stellt sich diese Subjektive Theorie als eine
niedrige Selbstwirksamkeits- und eine hohe Situations-Ergebnis-Erwartung bei einer hohen

Handlungs-Ergebnis-Erwartung i.e.S., einer hohen Ergebnis-Folgen-Erwartung und einem hohen Anreizwert der Folgen dar (siehe Abb. 58).

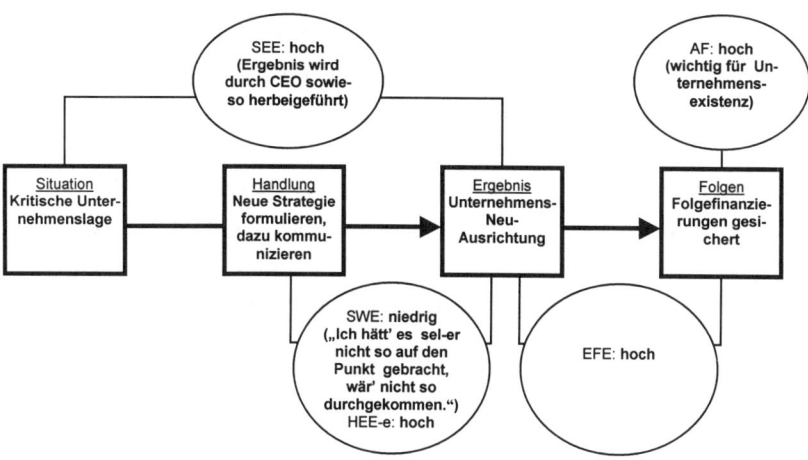

Abb. 58: Niedrige SWE für eigene Formulierung der Strategie

Die Selbstwirksamkeitserwartung war niedrig: „Ich hätte es selber noch nicht so stark auf den Punkt gebracht." (1., 310) Und: „Mir fehlt: [...] die Strategien [...] so darzustellen, so [zu] fokussieren, ich wär' nicht so durchgekommen." (1., 190) Teil der Subjektiven Theorie des Klienten ist, dass er strategische Optionen nicht gut formulieren und darstellen kann. Zugleich ist die Situations-Ergebnis-Erwartung motivationsabträglich hoch, da der Klient davon ausgeht, dass auch ohne sein Zutun die notwendige Neu-Ausrichtung des Unternehmens vom CEO und „Hauptmacher" vorgenommen wird. Seine Handlungs-Ergebnis-Erwartung i.e.S. und die Ergebnis-Folgen-Erwartung sind hingegen hoch: Der Klient geht davon aus, dass eine formulierte und kommunizierte Strategie zu einer Neu-Ausrichtung des Unternehmens führt und damit auch eine Folgefinanzierung gesichert werden kann. Dieser Folge misst er einen hohen Wert bei, da nur dadurch der Fortbestand des Unternehmens gesichert ist.

In Summe überwogen offenbar mit Blick auf die Handlung, eine neue Strategie zu formulieren und zu kommunizieren, die motivationshinderlichen Selbstwirksamkeits- und Situations-Ergebnis-Erwartungen. Da der Klient auf den Coach zugleich einen aktiven Eindruck macht und auch bereits Geschäftsführer einer anderen Gesellschaft gewesen ist, überrascht die niedrige Handlungsmotivierung in einem seiner zentralen Aufgabenfelder. Es stellt sich die Frage, welchem impliziten Motiv das Verhalten des Klienten dienen mag. Zur Klärung dieser Frage wird der Emotionsgehalt der fraglichen Situation(en) mit Hilfe individualpsychologischer Fragetechniken ergründet.

Als Einstieg hierzu wurde die hypothetische Frage gestellt, was denn die konkrete Reaktion des CEO gewesen wäre, wenn der Klient ihm eine formulierte Strategie vorgelegt hätte. Der Klient präzisiert daraufhin seine niedrige Selbstwirksamkeitserwartung hinsichtlich des „Durchkommen-Könnens" mit Verweis auf erlebte Situationen: „Mein Gefühl ist immer [...] er muss es immer noch mal von außen hören [... von mir] das kam einfach nicht an, wollte er nicht hören." (1., 420)

Um weiter zu dem emotionalen Gehalt der Situation vorzudringen, fragt der Coach, was daran, dass der Chef es nicht von ihm hören will, denn eigentlich schlimm sei. Daraufhin ergibt sich der folgende Dialog (1., 440):

Klient:	Gar nichts!
Coach:	Wirklich?
Klient:	Nicht ernst genommen zu werden.

Damit ist ein implizites Ziel des Klienten benannt: ernst genommen zu werden bzw. Anerkennung zu finden, wie er im weiteren Verlauf präzisiert:

„Was mir jetzt kommt bei [dem CEO ist mein Ziel]: Anerkennung suchen – und dafür auch einen Teil meiner Position aufzugeben; nicht so vorzutragen, so durchsetzen zu wollen." (1., 810)

Offenbar hat er also eine Subjektive Theorie, die besagt, dass Anerkennung durch die Aufgabe der eigenen Position erzielt werden kann. Auf weitere Nachfrage definiert er Anerkennung folgendermaßen (1., 1120): „Ich beschreibe eine Position und jemand erkennt an, dass diese Position mit seinem eigenen Denken übereinstimmt" bzw. „Anerkennung ist dann, wenn jemand zustimmt und achtet, was ich sage." (siehe Abb. 59)

Abb. 59: Subjektive Theorie zu Anerkennung in der 1. Coaching-Sitzung

Das Kriterium für Anerkennung ist demnach die Zustimmung des Anderen, wofür die eigene Position gegebenenfalls bis dahin relativiert werden muss, „sie nicht so durchsetzen
zu wollen" (1. 1200).

Gemäß der Subjektiven Theorie des Klienten dient so die an sich negativ erlebte Erfahrung
bei seinen expliziten Zielen „nicht durchzudringen" dem impliziten Motiv, Anerkennung
zu finden. Während er gemäß seines expliziten Ziels „durchdringen" wollte, wollte er es
gemäß seines impliziten Motivs gerade nicht. Offenbar behielt das implizite Motiv gegenüber dem expliziten Ziel die Oberhand.

Im Erweiterten kognitiven Motivationsmodell stellt sich dies wie folgt dar (siehe Abb. 60):
Die angestrebte Folge „Anerkennung" steht in einem negativen Zusammenhang zur aktiven Formulierung einer neuen Unternehmensstrategie. Grund ist die Subjektive Theorie,
dass es zum Finden von Anerkennung erforderlich ist, seine Meinung nicht so durchzusetzen. Damit wurde ein Zielkonflikt identifiziert zwischen der angestrebten Folge, die Folgefinanzierung zu sichern, und der Folge, Anerkennung zu bekommen. Der einen Folge hätte
es gedient, eine neue Strategie zu formulieren, der anderen wäre es gemäß der Subjektiven
Theorie des Klienten gerade abträglich gewesen.

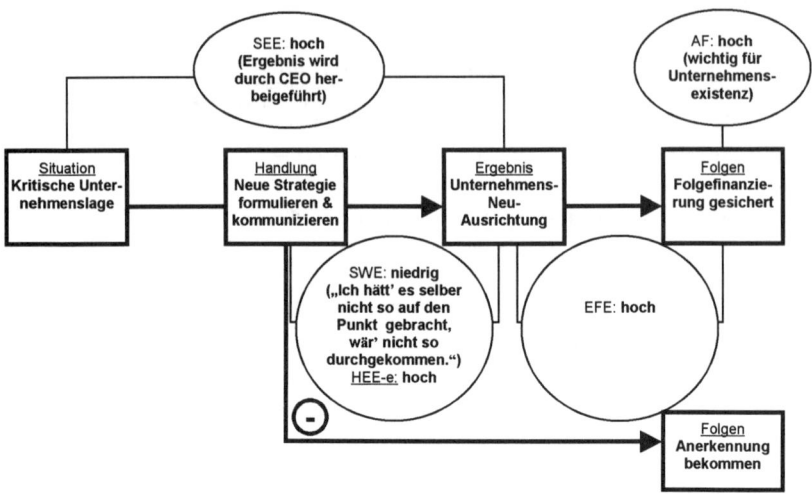

Abb. 60: Zielkonflikt zwischen „Folgefinanzierung sichern" und „Anerkennung bekommen"

Die Subjektive Theorie des Klienten zur Anerkennung schien in individualpsychologischer Terminologie seiner „privaten Logik", nicht dem „Common Sense" zu entstammen. Im Folgenden wurde im Coaching untersucht, ob die vom Klienten formulierte Subjektive Theorie und die ihr entsprechenden Handlungen wirklich die einzige Möglichkeit sind, Anerkennung zu suchen und zu finden. Hierzu wird in der individualpsychologischen Methodik zunächst ermittelt, warum die „private Logik" für den Klienten plausibel ist. Hierzu dient die Frage nach möglichst weit zurückliegenden Situationen, die die Subjektive Theorie des Klienten belegen.

Die Kombination des Eindrucks, „nicht durchzudringen", mit dem Gefühl, nicht ernst genommen zu werden bzw. nicht anerkannt zu werden, ist ihm aus vielen Situationen des bisherigen Berufs- aber auch des Privatlebens geläufig, wie ein entsprechendes Nachfragen ergibt. Insbesondere erinnert er sich an die

> „Situation mit meinem Vater. Meine Ideen werden nicht akzeptiert, während die von meinem Bruder, zwei Jahre jünger, akzeptiert werden. Das war immer der Grundkonflikt." (1., 705)

Nach Einschätzung des Klienten hat sein Vater seine Entscheidungen – im beruflichen wie im privaten Bereich, insbesondere wenn diese gegen den Rat des Vaters getroffen wurden – „bis heute nicht verstanden" und ihm auch für seine beruflichen Erfolge keine Anerkennung zuteil werden lassen. Seine eigene Position durchzusetzen und seinen eigenen Weg zu gehen hat ihm damit zwar beruflichen Erfolg gebracht, aber die gewünschte Anerkennung durch den Vater verhindert. Durch Übertragung der Erfahrungen mit dem Vater auf den beruflichen Kontext, folgerte er offenbar, eigene Entscheidungen möglichst zu vermeiden, und eher „auch einen Teil meiner Position aufzugeben; nicht so vorzutragen, so durchsetzen zu wollen" (1., 1200) – um eine Chance auf Anerkennung zu haben. Im beruflichen Kontext führt dieses Verhalten aber gerade nicht zur angestrebten Anerkennung.

Dieser Zusammenhang ist, sobald er im Coaching-Gespräch explizit gemacht wurde, für Herrn G. kognitiv sofort einsichtig. Daher ist er bereit, zu erproben, ob er nicht im Gegensatz zu seinem bisherigen Verhalten gerade durch aktive Beiträge zur Unternehmensgestaltung Anerkennung erlangen könnte. Dazu waren zunächst das vermeintlich Unvermögen zu adressieren, strategische Überlegungen prägnant zu Papier zu bringen und dann die Schwierigkeit, mit den eigenen Standpunkten „durchzudringen". Als „Hausaufgabe" formuliert er zunächst die aktuellen strategischen Erfordernisse seines Unternehmens in einigen Kernaussagen. Dies fiel ihm schwer:

> „Ich sollte mir ja was überlegen, habe auch 'nen bisschen geschrieben, bin nicht zum Ende gekommen. Das ist mir sehr, sehr schwer gefallen, weil das etwas ist, wo es schwer ist, mich an etwas festzuhalten." (4., 5)

Trotz dieser Schwierigkeiten gelang es Herrn G. jedoch, klar Alternativen aufzuzeigen und sehr konkrete Schlussfolgerungen „auf den Punkt zu bringen":

> „Bei den anderen [kleineren] Projekten ist es so: [...] Entweder man hat bis Ende des Jahres für die zwei anderen Produktgruppen einen Partner gefunden oder man lässt es sein. Aber [so oder so ...] würde einen das finanziell nicht so weit bringen, das man das Hauptprojekt bis zur nächsten Phase [...] bringen könnte. D.h. man ist gezwungen, sowieso noch einen anderen Investor [für das Hauptprojekt] zu finden." (4., 10)

Strategische Schlussfolgerungen so klar formulieren und zu Papier bringen zu können, war für Herrn G. eine positive Erfahrung. Dementsprechend stieg die Selbstwirksamkeitserwartung hinsichtlich seiner Fähigkeit, eine neue Strategie formulieren und auf den Punkt bringen zu können.[401]

Der zweite Teil seiner motivationshinderlichen Selbstwirksamkeitserwartung besagte, dass er mit einer neuen Strategie nicht „durchgekommen" wäre, also kein Gehör dafür gefunden hätte. Auf weiteres Nachfragen des Coaches, wodurch er denn eher Gehör beim Vorstandsvorsitzenden finden könnte, erinnert der Klient eine kurz zurückliegende, von ihm bisher nicht weiter beachtete Situation:

Coach: Was könnte denn bei [dem Vorstandsvorsitzenden] besser ankommen?

Herr G.:   Ich glaube, es kommt besser an, wenn man seine eigene Position so vertritt.

Coach: Hm? D.h. es kommt besser an, d.h. es könnte sein, dass er das dann auch honoriert. – Gibt es da Beispiele? [...]

Herr G.:   Ja, ich selber hab das jetzt erlebt [...] und ist natürlich immer positiv angekommen. Eine Situation aus letzter Woche: Für das kleinere Projekt [habe ich] zufällig einen Kontakt aufgetan, die waren vorletzte Woche da. Hörte sich alles ganz interessant an [...]

              [Der Vorstandsvorsitzende] versuchte im Grunde jetzt unheimlich zu pushen, gleich ein Konzept zu machen, was wir ihnen anbieten, wie wir Geld verdienen.

              Irgendwann habe ich dann gesagt: ‚Stop! Wir sind viel zu vorschnell. Wir wissen gar nicht richtig, was die wirklich wollen. Aus meiner Sicht wäre es richtig [...] erstmal zuzuhören, was die wirklich wollen.'

              Das hat er dann auch akzeptiert. Er hat dann auch gesehen: ‚Ja, vielleicht ist das der richtige Weg. Machen wir das so.'

Coach: Spannende Erfahrung!

Herr G.:   Ja! (4., 235)

Zur Überraschung des Klienten erfuhr er nicht nur Anerkennung durch seinen Vorstandsvorsitzenden dafür, dass er eigene Positionen klar formulierte, sondern drang mit dieser auch durch. Die bewusste Rekapitulation dieser positiven Erfahrung steigerte seine Selbst-

---

[401] Vgl. Abschnitt 5.1.1.2.2 sowie Bandura 1977, 195.

wirksamkeitserwartung bezüglich seiner Fähigkeit „durchzukommen" noch einmal zusätzlich zu der beinahe vergessenen Erfahrung selbst.

Mit dem Anstieg der Selbstwirksamkeitserwartung ging eine Abnahme der Situations-
Ergebnis-Erwartung einher, da offenbar geworden ist, dass Herr G. Einfluss auf die Handlungen des CEOs nehmen kann und somit kein Automatismus von der Situation zum Ergebnis unabhängig von Herr G. vorliegt (siehe Abb. 61).

Auf Basis der Erfahrung, dass ihm Anerkennung gerade für sein ohnehin angestrebtes
Handeln zu Teil wurde, ließen sich das explizite, auf das Unternehmen bezogene Ziel, die
Folgefinanzierungen zu sichern, und das implizite, persönliche Motiv, Anerkennung zu erlangen, miteinander positiv verknüpfen. Diese Ziele stellten nun keinen Zielkonflikt mehr
dar, sondern ließen sich in dem Ziel „Folgefinanzierungen sichern & Anerkennung bekommen" verbinden. Die vorgenommene Handlung sieht er nun auch stärker als seinen
persönlichen Beitrag zur Strategieentwicklung, nämlich als Formulierung und Kommunikation seiner persönlichen Sicht der strategischen Weiterentwicklung. Das angestrebte Ergebnis ist damit auch keine einmalige Neuausrichtung mehr, sondern die kontinuierliche
Weiterentwicklung (siehe Abb. 61).

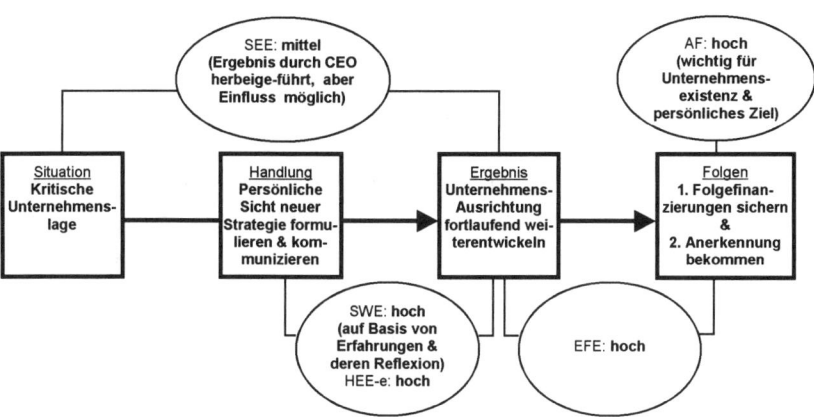

Abb. 61: Unternehmens-Ziele und persönliche Motive integriert

Die neue Subjektive Theorie des Klienten zur Erlangung von Anerkennung stellt sich wie folgt dar und hat sich also in der Praxis bewährt (siehe Abb. 62):

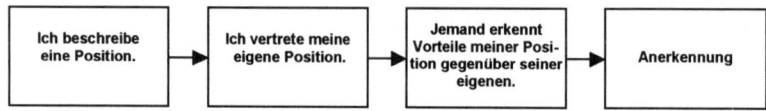

Abb. 62: Subjektive Theorie zur Anerkennung in der 4. Coaching-Sitzung

Durch die veränderten Erwartungen und die Auflösung des Zielkonflikts ist die Motivation von Herrn G. für die vorgenommene Handlung gestiegen, was sich auch im Handeln beim Verfassen von Konzepten und Strategien ausgewirkt hat. Am Ende der fünften Sitzung stellt er fest, „dass ich stärker, schneller aufschreibe, was ich denke, zum Beispiel das Strategiepapier" (5., 1350).

In den Fallvergleich fließt diese Fallstudie mit den folgenden Ausprägungen ein. In der Ausgangssituation lagen als motivationshinderliche Erwartungen eine hohe Situations-Ergebnis-Erwartung und eine niedrige Selbstwirksamkeitserwartung vor. Ein Zielkonflikt war nicht bekannt. Im Laufe des Coachings wurde ein Zielkonflikt identifiziert und gelöst. Die vorgenommene Handlung und das Ergebnis wurden präzisiert, die Folge ergänzt. Die Situations-Ergebnis-Erwartung wurde verringert und die Selbstwirksamkeitserwartung erhöht.

Zusätzlich zur Darstellung der Subjektiven Theorie und ihrer Veränderung ist mit dieser Fallstudie ist deutlich geworden, wie die Selbstwirksamkeitserwartung durch positive Erfahrungen bei „Hausaufgaben" aus dem Coaching, aber auch durch das Gespräch über frühere Erfahrungen gesteigert werden kann. Außerdem wurde gezeigt, wie ein vermeintlicher Zielkonflikt durch die Reflexion der diesem zugrunde liegenden Subjektiven Theorien – hier zur Anerkennung – aufgelöst werden kann, wenn die Subjektive Theorie geändert wird. Dies wurde wiederum durch individualpsychologische Fragetechniken möglich, die die kontextuelle Entstehung der Subjektiven Theorie und ihre bestenfalls auch für diesen Kontext bestehende Gültigkeit erkennen ließ.

5.3.2.3   Frau N.: „Wenn der Sündenbock wegfällt"

Mit dieser Fallstudie soll zusätzlich zur Darstellung der Subjektiven Theorie und ihrer Veränderung in einfacher grafischer Form und im Erweiterten kognitiven Motivationsmodell das Vorgehen bei der kommunikativen Validierung der Subjektiven Theorie exemplarisch gezeigt werden.

Frau N. ist Mit-Inhaberin und Mit-Geschäftsführerin einer Unternehmensberatung. In diesem Unternehmen waren zwischenzeitlich bis zu zwölf Mitarbeiter beschäftigt. Derzeit wird es nur noch von ihr, ihrer Mitgesellschafterin und fünf Angestellten betrieben. Während des telefonischen Erstkontakts sagt sie, dass die Firma entweder wieder wachsen oder geschlossen werden müsse.

Ihr Anliegen ist es zu klären, ob sie sich zur Revitalisierung des Unternehmens von ihrer Mitgesellschafterin trennen will oder nicht, und wie sie gegebenenfalls eine Trennung herbeiführen könnte.

Zu diesem Thema äußert sie zunächst eine Reihe von unverbundenen Bestandteilen ihrer Subjektiven Theorie: 1. die „Partnerin hängt durch" und sie wolle, dass diese „mehr macht"; 2. „ich weiß nicht, warum ich mit der Partnerin weitermachen sollte" und 3. geht sie davon aus, dass die Partnerin von einer Trennung „schwer getroffen" wäre und dies ihr selbst das unangenehm wäre (siehe Abb. 63).

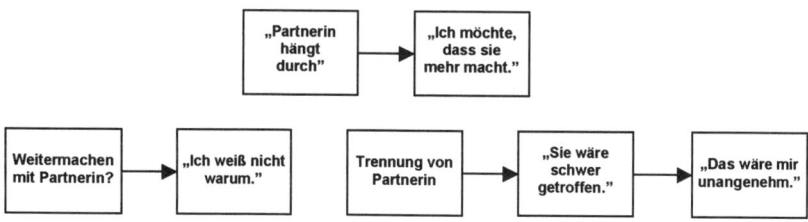

Abb. 63: Bestandteile einer Subjektiven Theorie zur Trennung von der Partnerin

Offenbar sind hier erst einmal die Motive des Für und Widers der Fortführung der Partnerschaft und damit der Anreizwert der Folgen einer Trennung genauer zu bestimmen.

In den ersten beiden Sitzungen benennt die Klientin weitere Bestandteile ihrer Subjektiven Theorie zu einer möglichen Trennung aus vier verschiedenen Bereichen. Für eine Trennung sprechen dabei 1. Aspekte der unbefriedigenden Ist-Situation, die im wesentlichen mit der Partnerin in Verbindung stehen sowie 2. Faktoren, die für die Klientin generell motivationssteigernd wirken, wie der Wunsch, wirtschaftlich alleine zu arbeiten, etwas Neues zu beginnen und Andere anzuleiten. Gegen eine Trennung sprechen 3. Aspekte der gemeinsamen Geschichte mit der Mit-Gesellschafterin und 4. konkrete praktische Vorteile, die mit der bestehenden Konstellation verbunden sind. Die Details der Subjektiven Theorie zum Für und Wider einer Trennung zeichnete der Forscher und Coach vor der kommunikativen Validierung mit der Klientin wie in Abb. 64 dargestellt auf.

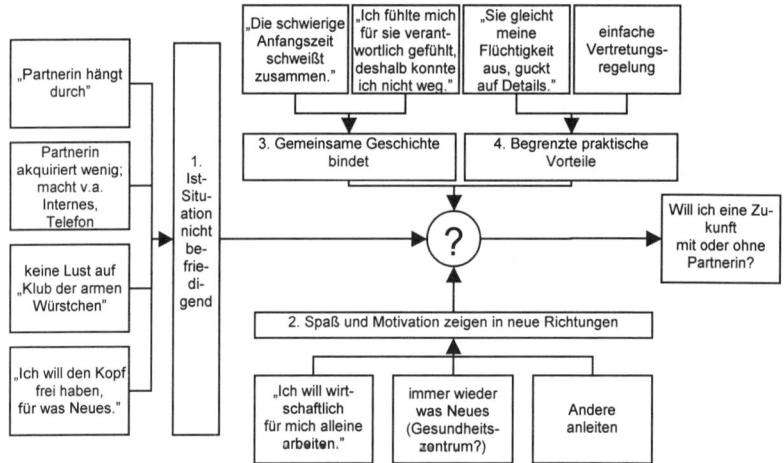

Abb. 64: Für und Wider einer Trennung vor kommunikativer Validierung

Die Situation stellt sich im Erweiterten kognitiven Motivationsmodell wie folgt dar (siehe Abb. 65): Ein konsequentes Trennungsgespräch mit der Mit-Gesellschafterin (Handlung) hätte tatsächlich eine Trennung zur Folge (Ergebnis). Dieses Ergebnis hätte für Frau N. die Folge, mehr Spaß und Erfolg bei der Arbeit zu haben. Ihre Situations-Ergebnis-Erwartung ist hierbei gering: Der Klientin ist bewusst, dass sich eine Veränderung der Gesellschafts-konstellation nicht ohne ihr Zutun einstellen wird. Ihre Ergebnis-Folgen-Erwartung ist hoch: Sie ist sich sicher, dass sie nach einer Trennung motivierter und mit mehr Spaß arbeiten und auch wirtschaftlich mehr Erfolg haben würde. Der Verlust der genannten, begrenzten praktischen Vorteile der Zusammenarbeit fiele demgegenüber kaum ins Gewicht. Diese beiden Erwartungen deuten in Richtung einer hohen Handlungsmotivation. Auch der Anreizwert der Folgen ist positiv besetzt: Mehr Spaß und Erfolg stellen für Frau N. deutlich positive Anreize dar. Die Selbstwirksamkeitserwartung ist für die Handlung „Trennungsgespräch führen" jedoch nur niedrig. Zwar glaubt Frau N., dass sie in der Lage sein würde, ein solches Gespräch mit der Kollegin zu terminieren und zu beginnen. Sie hat jedoch starke Zweifel daran, ob sie es konsequent zu Ende bzw. zu einem späteren Termin fortsetzen würde, wenn sich die Kollegin wie schon einmal in der Vergangenheit durch Weinen und Verlassen des Raumes dem Gespräch entzieht. Aufgrund der empfundenen Bindung durch die gemeinsame Geschichte könnte eine solche Reaktion bei Frau N. ein Abrücken von ihrem Handlungsziel und den Verzicht auf die Vereinbarung der Trennung bewirken. Die Handlungs-Ergebnis-Erwartung i.e.S. ist hingegen hoch: Wenn das Gespräch bis zum Ende geführt werden würde, hätte dies die Trennung zur Folge.

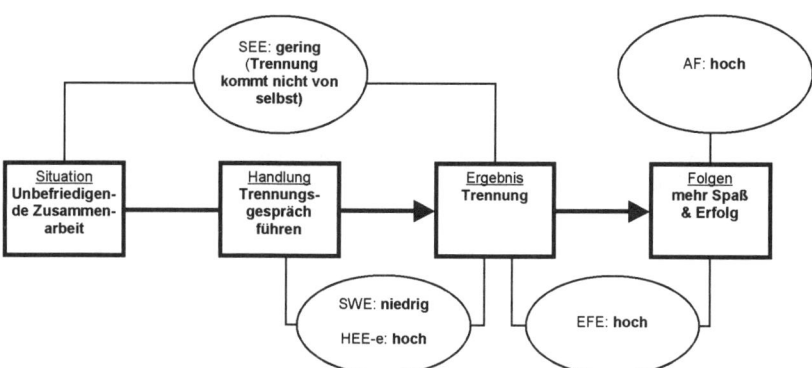

Abb. 65: Mehr Spaß und Erfolg durch Trennung

Trotz der motivationsförderlichen Ausprägung der meisten Erwartungen, zögert die Klientin, die Trennung wirklich herbeizuführen. Ausschlaggebend ist hierfür die geringe Selbstwirksamkeitserwartung. Die „gemeinsame Geschichte" erscheint als einziger Grund dafür, einem ausweichenden Verhalten der Mit-Gesellschafterin nachzugeben, jedoch nicht zwingend. Dies lässt vermuten, dass noch weitere Faktoren relevant sind, die bisher nicht erwähnt wurden. Diese Suche nach solchen Faktoren nimmt Frau N. mit in einen Urlaub, der nach der zweiten Coaching-Sitzung bei ihr ansteht. Sie will sich überlegen: „Welche Vorteile habe ich von Konstellation, was fällt mir so schwer, mich zu verabschieden?" (2., 1280).

Bei der kommunikativen Validierung in der dritten Sitzung wurde die vom Coach aufgezeichnete Subjektiven Theorie der Klientin vorgelegt und gemeinsam Element für Element überprüft. In einigen Punkten wurde sie von der Klientin ergänzt und um einige Elemente erweitert. Frau N. fügt eine weitere Kategorie ein, die gegen eine Trennung spricht: nämlich den Stress, den ihr ein Trennungsprozess bereiten würde. Außerdem ergänzt sie die Subjektive Theorie um weitere Facetten in der Ist-Situation und in der Kategorie „Spaß und Motivation" (siehe Abb. 66).

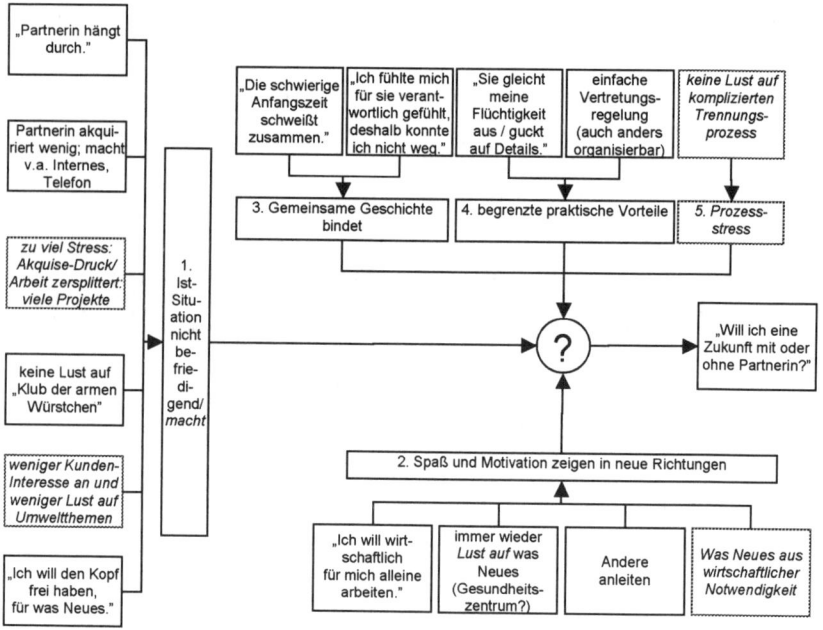

Abb. 66: **Für und Wider einer Trennung nach kommunikativer Validierung (neue Teile kursiv)**

Im einzelnen nimmt sie die folgenden Ergänzungen vor. Bei der Zusammenfassung der Ist-Situation fügt sie hinzu, dass diese nicht nur unbefriedigend ist, sondern sie auch „krank macht". Die Unzufriedenheit mit der Ist-Situation äußere sich bereits in körperlichen Krankheitsphänomenen:

> „Starke körperliche Auswirkungen hat die Unzufriedenheit, die ich jetzt spüre [...
> Das] ist mir heute wieder so klar geworden – mir ist heiß geworden und ich hatte das
> Gefühl, ich kriege dann wieder Fieber – mein Körper hat sich schlichtweg gewei-
> gert." (3., 710)

Als weitere Detailgründe für die unbefriedigende Ist-Situation ergänzt sie den Stress, der aus dem empfundenen Druck resultiert, für die ganze Firma die Akquise-Leistung erbringen zu müssen und die Notwendigkeit, zersplittert an vielen Einzelprojekten zu arbeiten. Außerdem sei die Nachfrage am Markt nach dem bisherigen Beratungsangebot der Firma gesunken. Dies führt neben dem Wunsch nach einem höheren Einkommen auch zur wirtschaftlichen Notwendigkeit, neue Projektinhalte anzubieten: ein weiterer Aspekt der Kategorie „Spaß und Motivation".

Die zusätzliche Kategorie „Prozessstress" drückt die sehr deutlich empfundene Abneigung von Frau N. aus, die mit einer Trennung voraussichtlich verbundenen Auseinandersetzungen einzugehen und die zusätzliche Arbeit, die eine Aufteilung der Firma bedeuten würde, auf sich zu nehmen.

Von den zusätzlichen Details war der Punkt „Prozessstress" vom Forscher und Coach in den ersten beiden Sitzungen nicht als eigenständige Kategorie verstanden und deshalb nicht in die erste Version der Darstellung aufgenommen worden. Die übrigen Details waren in den ersten beiden Sitzungen nicht explizit genannt worden. Da sie der Klientin aber als wesentlich zur Beschreibung der Ausgangssituation schienen und sie auch den Charakter einer Ergänzung und nicht einer Weiterentwicklung der Subjektiven Theorie hatten, wurden sie in die Darstellung aufgenommen. Die so kommunikativ validierte Darstellung gemäß Abb. 66 stellt die Basis der weiteren Auswertungen dar.

Mit dem „Prozessstress" ist ein weiterer Faktor genannt, der für eine niedrige Motivation für ein Trennungsgespräch spricht. Im Verlauf des Coachings wird auch deutlich, dass der

Versuch diesen „Prozessstress" zu vermeiden, ein typisches Verhalten der Klientin bei der Trennung von anderen Personen im privaten oder beruflichen Bereich ist. Mehrfach hat sie sich erst nach ernsthaften körperlichen Symptomen zu einer schon länger anvisierten Trennung entschlossen. Ihr Gefühl, dass die jetzige Situation sie krank macht, gilt ihr somit als Zeichen, dass die Zeit für eine Veränderung reif ist: „Ich denke schon: Trennungen fallen mir schwer. [...] [Aber jetzt] ist eigentlich genug Druck da." (3., 960).

Im Erweiterten kognitiven Motivationsmodell führt dies aber zu keiner Veränderung. Denn der konstatierte „hohe Druck" bestätigt nur den bereits vorher so eingeschätzten hohen Anreizwert der angestrebten Folgen und die Sorge vor dem „Prozessstress" bestätigt lediglich die bereits so eingeschätzte niedrige Selbstwirksamkeitserwartung (siehe Abb. 65). Es bleibt für den Coach aber weiterhin unklar, warum diese eigentlich so niedrig ist. Der Coach fragt daraufhin direkt nach, ob sie so weit ist, sich klar für oder gegen eine Trennung zu entscheiden: „Besteht wirklich Entscheidungsbedarf und Entscheidungswilligkeit bei Ihnen?" (3., 1135) Die Klientin reagiert auf diese Frage zunächst überrascht, kommt nach längeren Denkpausen dann aber dem Hauptgrund für ihr Zögern auf die Spur:

> „Entscheidungsbedarf (lacht) besteht, glaube ich, schon (Pause) und Entscheidungswilligkeit besteht schon auch, aber ich bin nicht sicher (Pause) es ist so 'ne schöne Konstruktion: man kann dem anderen Schuld zuschieben, wenn man zu zweit ist. [...] Ich mach auch nicht alles hundertprozentig. Es gibt Sachen die verschlamp ich mal, oder es gibt Sachen, da drücke ich mich 'nen bißchen vor. [...] Ich habe natürlich Sorge, wenn der Sündenbock jetzt wegfällt, mir dann selber eingestehen zu müssen: Oh, ich bin ja doch schlampiger als ich dachte. Das ist vielleicht noch der Punkt, der mich daran hindert, jetzt wirklich zu entscheiden. [...] So ein bisschen im Hinterkopf, so'n bisschen Angst davor, dass dann offensichtlich werden würde, dass ich doch nicht so toll bin, wie ich immer denke." (3., 1140)

Frau N. zieht also den psychischen Nutzen aus der gegenwärtigen Situation, über einen „Sündenbock" zu verfügen und sich dadurch mit eigenen Unzulänglichkeiten weniger stark konfrontieren zu müssen. Damit liegt also ein Zielkonflikt zwischen dem Erhalt des „Sündenbocks", was den Verzicht auf eine Trennung bedeuten würde, und dem „Spaß und Erfolg" vor, den sich Frau N. von einer Trennung verspricht. Jetzt ist auch die niedrige Selbstwirksamkeitserwartung plausibel: Frau N. fühlt sich zwischen beiden Zielen hin und her gerissen und ergo ist die Erwartung an ihre Fähigkeit, eindeutig im Sinne einer der bei-

den Ziele handeln zu können, niedrig. Dies lässt sich im Erweiterten kognitiven Motivationsmodell wie folgt abbilden (siehe Abb. 67):

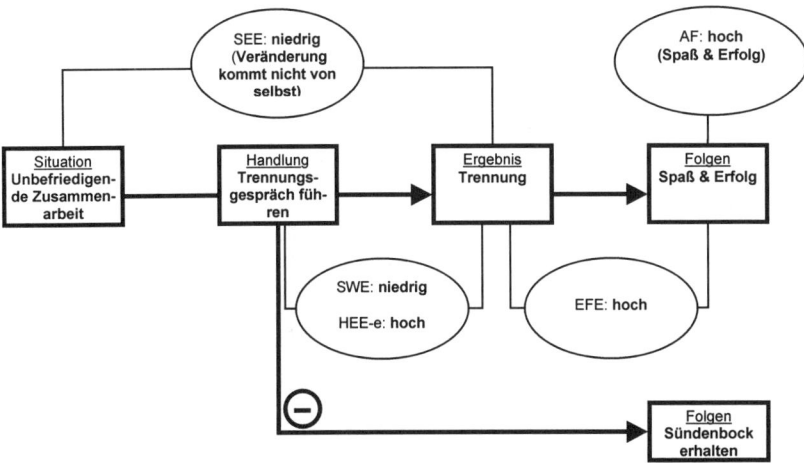

Abb. 67: Zielkonflikt zwischen „Spaß und Erfolg" und „Sündenbock"-Erhalt

Damit stellte sich die Frage, ob Frau N. am besten eine Trennung von der Kollegin anstreben sollte, um ihre konfligierenden Ziele zu erreichen – oder lediglich eine Veränderung
der Zusammenarbeit, die idealerweise beiden konfligierenden Zielen (zunächst) gerecht
werden würde. In diesem Sinne veränderte Frau N. die resümierende Frage ihrer Subjektiven Theorie von „Will ich eine Zukunft mit oder ohne Partnerin?" in „Welche Veränderung will ich in der Zusammenarbeit mit meiner Partnerin?" Die konkreten Möglichkeiten
einer solchen Veränderung der Zusammenarbeit – etwa als Bürogemeinschaft – wurden im
Coaching expliziert. Sie würden es teilweise auch ermöglichen, einige der übrigen Vorteile
der bestehenden Konstellation zu erhalten, wie z.B. Vertretungsmöglichkeiten.

Damit veränderte sich die Subjektive Theorie der Klientin (siehe Abb. 68). Als zusätzliche
Kategorie fügte der Forscher und Coach die „psychischen Vorteile" hinzu. Diese Vorteile
bestehen darin, einen „Sündenbock" zum Schutz des positiven Selbstbildes zu haben. Außerdem ist die resümierende Fragestellung nun eine andere. Beide Änderungen wurden direkt mit der Klientin kommunikativ validiert und so von ihr bestätigt.

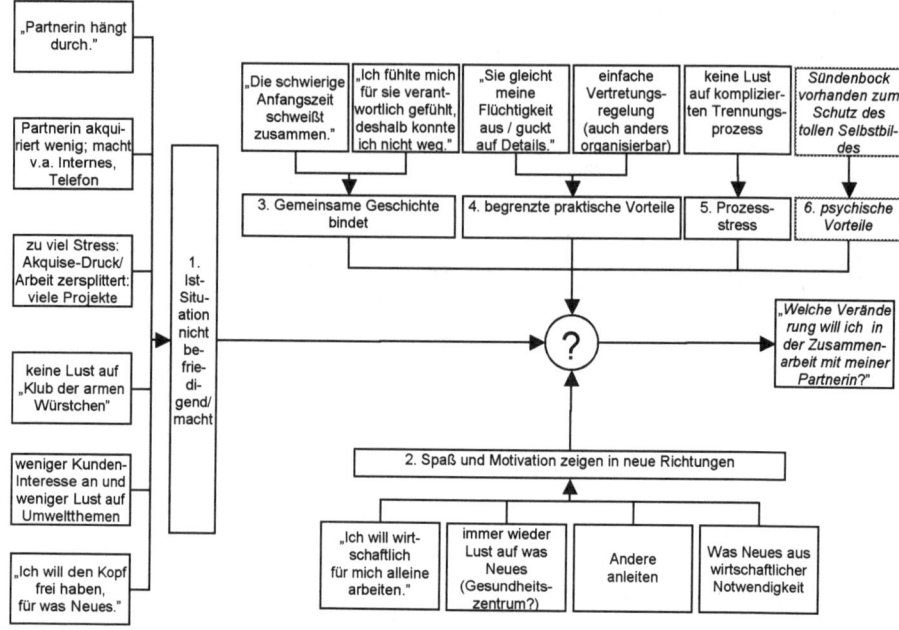

Abb. 68: Für und Wider einer Veränderung der Zusammenarbeit (neue Teile kursiv)

Damit verändert Frau N. zugleich die anstehende Handlung vom Führen eines Trennungs-
gesprächs zum Führen eines Veränderungsgesprächs. Eine signifikante Veränderung der
Zusammenarbeit ermöglicht zwar auch nur sehr begrenzt den Erhalt der (vermeintlichen!)
psychischen Vorteile, in der Kollegin einen „Sündenbock" für die eigene Versäumnisse
oder Unzulänglichkeiten zu haben. Der Zielkonflikt blieb also bestehen und wurde allenfalls ein wenig entschärft. Die Klientin gewann im Coaching-Gespräch aber den Eindruck,
dass es ihr leichter fallen würde, ein Gespräch über eine Veränderung der Zusammenarbeit
als ein Trennungsgespräch zu führen. Die Selbstwirksamkeitserwartung erhöhte sich dementsprechend auf einen mittleren Wert (vgl. Abb. 69).

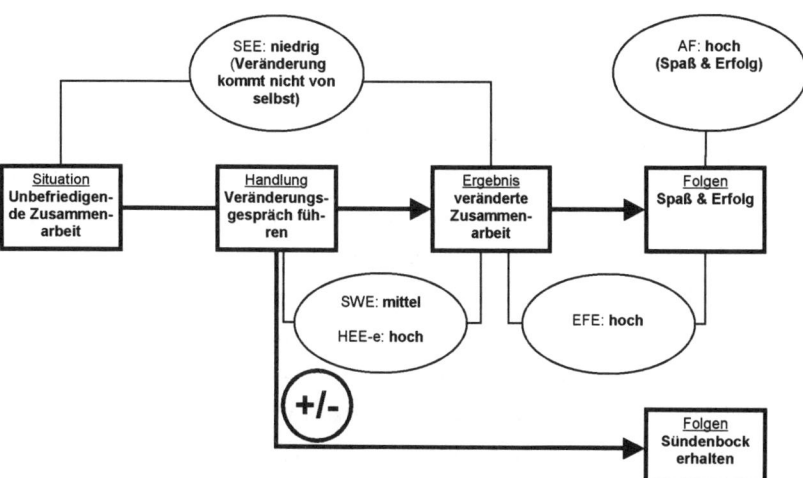

Abb. 69: Ziel des „Sündenbock"-Erhalts steht auch Veränderungsgespräch entgegen

Mit der spürbar leicht erhöhten Gesamtmotivation verlässt Frau N. die dritte Sitzung einige Minuten früher, da sie mit ihrer Partnerin einen Termin für ein Gespräch vereinbaren will: „Ich würde gern anrufen, bin jetzt eigentlich gerade wild entschlossen." Es sei „irgendwie wie ein innerer Beschluss [...] es hängt und hängt. Nee, dann will ich das jetzt anpacken!" (3., 1210). In dem Telefonat kommt es dann aber doch nicht zur Vereinbarung eines grundlegenden Veränderungsgesprächs, da operative Themen plötzlich wieder im Vordergrund standen, wie sie in der folgenden Sitzung berichtet. Aber sie vereinbart mit ihrer Kollegin eine Auswertung aller Projektergebnisse nach Gesellschaftern. Damit war ein erster Schritt getan zur Vorbereitung einer Veränderung getan.

In den Fallvergleich fließt diese Fallstudie mit den folgenden Ausprägungen ein. In der Ausgangssituation lag als motivationshinderliche Erwartung eine niedrige Selbstwirksamkeitserwartung vor. Ein Zielkonflikt war nicht bekannt. Im Laufe des Coachings wurde ein Zielkonflikt identifiziert – aber nicht gelöst. Die vorgenommene Handlung wurde ergänzt („Veränderungsgespräch" beinhaltet als Möglichkeit neben anderen nach wie vor ein Trennungsgespräch) und die Selbstwirksamkeitserwartung erhöht.

Zusätzlich ist an diesem Fall die kommunikative Validierung sowohl der ursprünglichen als auch der durch das Coaching veränderten Subjektiven Theorie demonstriert worden. Dabei ist auch deutlich geworden, dass die kommunikative Validierung zu einer Veränderung der grafisch dargestellten ursprünglichen Subjektiven Theorie führen kann. Grundlage für die weitere Auswertung stellen in allen Fallstudien die auf diese Weise mit dem Klienten oder der Klientin abgestimmten Subjektiven Theorien dar. In den übrigen Fallstudien sind daher nur die kommunikativ validierten Subjektiven Theorien dargestellt worden. Die kommunikative Validierung stellt als zentrales Element der Forschungsmethodik wie gezeigt sicher, dass der Forscher die Daten richtig interpretiert und dokumentiert hat. Die erneute Beschäftigung der Klienten mit den eigenen Aussagen führt jedoch mitunter, wie auch in dieser Fallstudie, zu Ergänzungen der Subjektiven Theorie durch den Klienten, die über seine Aussagen bei der ersten Erfassung der Subjektiven Theorie hinausgehen. Dies illustriert die für die qualitative Forschung im allgemeinen und die Erhebung Subjektiver Theorien im besonderen charakteristische Reaktanz, also die Veränderung des Forschungsgegenstandes durch den Forschungsprozess.[402]

5.4   Fallvergleich, Fallverteilung und Interpretation

Die empirische Forschungsfrage lautete: „Wie verändert Coaching die Subjektiven Theorien von Managern?" Eine Beschreibung der inhaltlichen Veränderungen ist für jede einzelne der 15 Fallstudien in der Darstellung der einzelnen Fälle erfolgt. Die Ausgangshypothese, dass Coaching die kognitiven Strukturen der Coaching-Klienten verändert, ist damit belegt.

Eine fallübergreifende Analyse der Veränderungen der Subjektiven Theorien kann jedoch nicht bei einer Analyse der Inhalte stehen bleiben, da im Coaching die Inhalte zwischen verschiedenen Klienten notwendigerweise stark variieren. Sie muss sich auf etwas Vergleichbares zwischen den Fällen beziehen. Diese Vergleichbarkeit wurde durch die Inter-

---

[402] Vgl. hierzu die Diskussion in den Abschnitten zum FST (3.2.2) und zu den Gütekriterien qualitativer Forschung (4.1.2).

pretation der Fallstudien mit Hilfe der weiterentwickelten Motivations- und Volitionsmodelle erreicht.

Die fallübergreifende Betrachtung besteht daher erstens in einer Analyse, ob sich Muster erkennen lassen, an welchen Stellen der Modelle sich Subjektive Theorien geändert haben. Für das Motivationsmodell wird beispielsweise geprüft, ob Muster einerseits in der Veränderung der Elemente Situation, Handlung, Ergebnis, Folgen (1. Ebene) und andererseits in der Veränderung der Erwartungen bzw. beim Anreizwert der Folgen (2. Ebene) erkannt werden können. Auf dieser Basis kann die fallübergreifende Analyse zweitens prüfen, ob die im Modell der oben entwickelten Coaching-Theorie postulierten zwei Modifikationsrichtungen in der Praxis beide relevant sind und eine Fallverteilung auf die beiden Richtungen vornehmen. Dazu wird auf die oben entwickelte Vier-Felder-Matrix (siehe Abb. 39) zur Einordnung der einzelnen Fälle zurückgegriffen.

5.4.1 Fallvergleich im Rubikon-, Motivations- und Volitionsmodell

Die Darstellung der Subjektiven Theorien der Klienten und ihrer Veränderung erfolgte im Rahmen des Rubikonmodells mit dem Erweiterten kognitiven Motivationsmodell für die Seite der Motivation und mit dem Volitionsmodell für die Seite der Volition. Durch dieses Interpretationsschema kann genau benannt werden, in welcher Weise eine Subjektive Theorie das Handeln eines Klienten eingeschränkt hat. Einen Überblick über die Ausgangssituation und die Veränderung in den einzelnen Fällen gibt Abb. 70.

Fall:	A	B	C	D	E	F	G	H	J	K	L	M	N	O	P	Anzahl	%
Ausgangssituation																	
Zielkonflikt bekannt								ja								1	7%
hohe SEE							ja									1	7%
maximal mittlere SWE			ja	ja	ja	ja	ja		ja	ja		ja	ja		ja	10	67%
maximal mittlere HEE-e	ja			ja		ja		ja	ja	ja	ja		ja	ja		9	60%
maximal mittlere EFE		ja														1	7%
maximal mittlere AF			ja	ja												2	13%
Implementierungs-Intention fehlt												ja				1	7%
Veränderung																	
Ziel-Konflikt neu erkannt	ja		ja	ja	ja	ja	ja	ja		ja			ja		ja	10	67%
Ziel-Konflikt gelöst	ja		ja	ja	ja		ja	ja	ja	ja					ja	9	60%

Fall:	A	B	C	D	E	F	G	H	J	K	L	M	N	O	P	Anzahl	%
Ziel-Konflikt nicht gelöst						ja						ja				2	13%
Situation verändert																0	0%
Handlung präzisiert oder ergänzt	ja	ja	ja	ja	ja		ja	ja	ja	ja		ja		ja		11	73%
Handlung ausgetauscht											ja		ja			2	13%
Handlung präz., erg., od. ausgetauscht	ja	ja	ja	ja	ja		ja	ja	ja	ja	ja		ja	ja	ja	13	87%
Ergebnis präzisiert oder ergänzt		ja	ja	ja			ja	ja		ja						6	40%
Ergebnis ausgetauscht											ja		ja		ja	3	20%
Ergebnis präz., erg., od. ausgetauscht		ja	ja	ja			ja	ja	ja	ja	ja			ja		9	60%
Folge präzisiert oder ergänzt		ja					ja	ja		ja						4	27%
Folge ausgetauscht				ja												1	7%
Folge präz., erg., od. ausgetauscht		ja	ja				ja	ja		ja						5	33%
SEE verringert							ja									1	7%
SWE erhöht		ja	ja	ja	ja	ja		ja	ja		ja	ja			ja	10	67%
SWE verringert	ja							ja								2	13%
HEE-e erhöht	ja		ja				ja	ja	ja	ja			ja	ja		8	53%
EFE erhöht	ja															1	7%
EFE verringert																0	0%
AF erhöht		ja	ja													2	13%
Implementierungs-Intention gebildet												ja				1	7%

Abb. 70: Übersicht über Ausgangssituation und Veränderung der Subjektiven Theorien für alle Fälle

Für die Ausgangssituation wird ausgewiesen, ob ein Zielkonflikt oder motivationshinderliche Erwartungen bzw. Anreizwerte vorlagen und ob (für Anliegen in der Volitionsphase) die Implementierungs-Intention fehlte. Die dargestellten Veränderungen im Laufe des Coaching-Prozesses betreffen die Identifikation und Auflösung von Zielkonflikten, die Veränderung der Elemente Situation, Handlung, Ergebnis und Folge bzw. der Situations-Ergebnis-, Selbstwirksamkeits-, Handlungsergebnis- oder Ergebnis-Folgen-Erwartung oder des Anreizwertes der Folgen im Erweiterten kognitiven Motivationsmodell und die Bildung einer Implementierungs-Intention im Volitionsmodell. Zusätzlich zum Vorliegen dieser einzelnen Ausprägungen für jeden der 15 Fälle wird die Anzahl des Auftretens der einzelnen Ausprägungen und ihre Häufigkeit als Prozentsatz aller Fälle aufgeführt. Die detaillierte Auswertung und Interpretation dieser Ergebnisse erfolgt in den nächsten Abschnitten.

5.4.1.1 Zuordnung der Fälle im Rubikon-Modell

Durch die Zuordnung zur Motivations- oder Volitionsphase wurde präzisiert, ob die fragliche Subjektive Theorie des Klienten Unklarheiten hinsichtlich seiner Motivation, also seines Wollens beinhaltet, oder ob sie ihn bei der Umsetzung eines klaren Ziels behindert (siehe Abb. 38).

In allen 15 Fällen[403] lag zu den angestrebten Handlungen eine motivationshinderliche, maximal mittlere Ausprägung bei der Selbstwirksamkeitserwartung (SWE), der Handlungs-Ergebnis-Erwartung i.e.S. (HEE-e), der Ergebnis-Folgen-Erwartung (EFE) oder mehreren der genannten Erwartungen vor (vgl. Abb. 75). In allen 15 Fällen wurde daher zunächst die Motivation geklärt. Wie sich im weiteren Coaching-Verlauf herausstellte, war ein Anliegen in der Motivationsphase nur bei 14 der 15 Teilnehmer tatsächlich gegeben. Bei einer Teilnehmerin (M) handelte es sich hingegen um ein Anliegen in der Volitionsphase: Bei näherer Betrachtung der zunächst berichteten motivationshinderlichen Erwartung stellte sich schnell heraus, dass diese für die Klientin keine wesentliche Rolle spielte.

Innerhalb der beiden Phasen erlaubt die weitere Detaillierung des verwendeten Motivations- bzw. Volitionsmodells, die Problematik der Klienten noch präziser zu beschreiben.

5.4.1.2 Fallvergleich in der Motivationsphase

Im *Motivationsmodell* lassen sich drei Bereiche abbilden. Erstens können Unklarheiten darüber bestehen, welche Folgen angestrebt werden und welche Zielkonflikte hier gegebenenfalls bestehen. Zweitens können motivations- und damit handlungshinderliche Einschätzungen über Zusammenhänge in der Unternehmenswelt bestehen, die sich in einer hohen Situations-Ergebnis-Erwartung oder einer niedrigen Ergebnis-Folgen-Erwartung ausdrücken. Drittens können motivations- und damit handlungshinderliche Einschätzungen hinsichtlich der persönlichen Handlungsmöglichkeiten der Klienten bestehen, die sich in einer niedrigen Selbstwirksamkeitserwartung oder einer niedrigen Handlungs-Ergebnis-Erwartung i.e.S.[404] ausdrücken (siehe Abb. 71).

---

[403] Im Fall H wurden zwei Themenkomplexe im Coaching behandelt und in der Fallstudie dargestellt. Um eine Übergewichtung dieses Falls im Fallvergleich und damit eine Verfälschung der Ergebnisse zu vermeiden, fließt in den Fallvergleich nur einer der beiden Themenkomplexe ein. Hierfür wurde der Themenkomplex ausgewählt, der zeitlich den größeren Umfang hatte. Dieser wurde in der Fallstudie entsprechend gekennzeichnet.

[404] Die Handlungs-Ergebnis-Erwartung i.e.S. nimmt eine mittlere Stellung zwischen den Annahmen über die persönlichen Handlungsmöglichkeiten und die Annahmen über Zusammenhänge in der Welt ein, da sie die Schnittstelle des eigenen Handelns in der Welt abbildet.

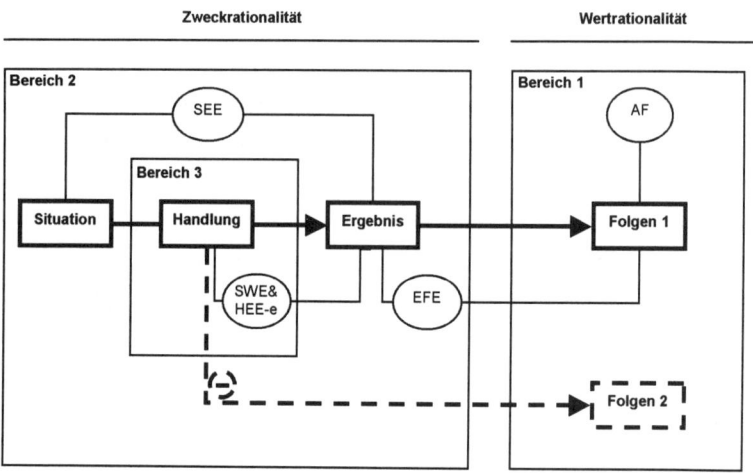

Abb. 71: Drei Bereiche von Anliegen im Motivationsmodell

Klärungen im ersten Bereich der *Wertrationalität* können durch die Auflösung von Ziel-konflikten herbeigeführt werden. Dies geschieht durch eine Neubewertung des Anreizwertes der Folgen bzw. durch eine Integration der zunächst konfligierend erscheinenden Ziele oder die Eliminierung eines der beiden Ziele. Klärungen im zweiten Bereich, der *unternehmensweltbezogenen Zweckrationalität*, können durch eine Verringerung der Situations-Ergebnis-Erwartung, eine der Erhöhung der Ergebnis-Folgen-Erwartung der angestrebten Ergebnisse oder eine Veränderung der Situationsinterpretation bzw. des angestrebten Ergebnisses erreicht werden. Klärungen im dritten Bereich der *persönlichen Handlungsmöglichkeiten* zielen schließlich auf eine Erhöhung der Selbstwirksamkeitserwartung, der Handlungs-Ergebnis Erwartung i.e.S. oder eine Veränderung der vorgenommenen Handlung ab (siehe Abb. 72).

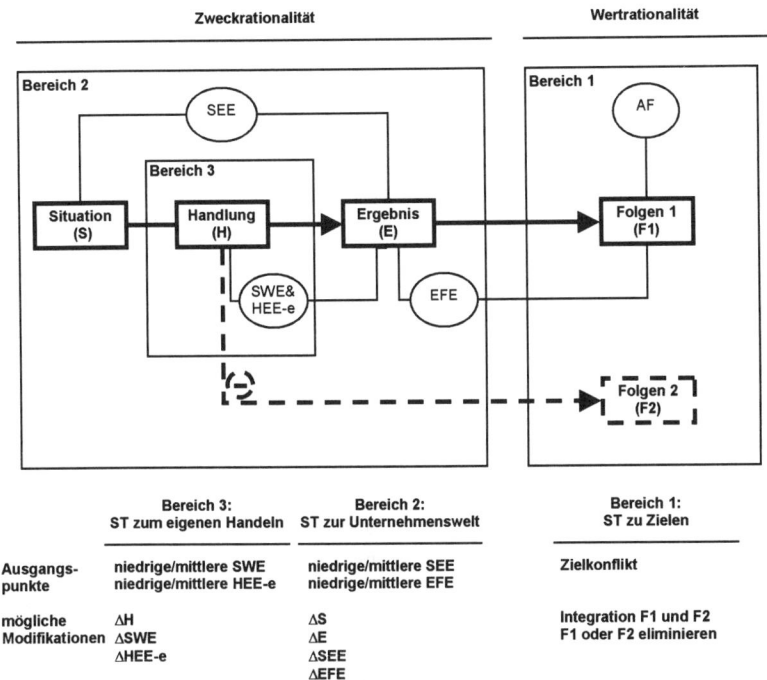

Abb. 72: Ausgangspunkte und Modifikationsmöglichkeiten für drei Bereiche

Bei den meisten Studienteilnehmern, nämlich in elf Fällen bzw. in 73% aller Fälle lagen *Unklarheiten im ersten Bereich*, also Zielkonflikte vor. Diese waren dem Klienten J, also in einem Fall, bereits zu Beginn des Coachings deutlich; in weiteren zehn Fällen bzw. in 67% der Fälle wurden sie erst im Laufe des Coachings herausgearbeitet (A, C, D, E, F, G, H, K, N, P).

Die Zielkonflikte zwischen zunächst benannten Zielen („Folgen 1") und weiteren Zielen („Folgen 2") traten überwiegend zwischen explizit artikulierten im Firmeninteresse liegenden Zielen und erst im Laufe des Coachings erkannten persönlichen Zielen auf. Letztere hatten teilweise etwa in Form von Karrierezielen einen Bezug zum Unternehmen, teilweise waren sie rein privat. Diese Konstellation machte 64% aller Fälle (C, D, E, F, G, K, P) mit Zielkonflikt aus (siehe Abb. 73).

Folgen 2

		Persönliches Ziel	Ziel im Firmen- interesse	Gesamt
	Persönliches Ziel	3 (27%) A, J, N	0	3 (27%) A, J, N
Folgen 1	Ziel im Firmen- interesse	7 (64%) C, D, E, F, G, K, P	1 (9%) H	8 (73%) C, D, E, F, G, H, K, P
	Gesamt	10 (91%) A, C, D, E, F, G, J, K, N, P	1 (9%) H	11 (100%) A, C, D, E, F, G, H, J, K, N, P

Anzahl Fälle (in % der 11 Fälle mit Zielkonflikt)

Abb. 73: Persönliche Ziele und Ziele im Firmeninteresse

In 27% der Fälle mit Zielkonflikt (A, J, N) lag dieser zwischen zwei persönlichen Zielen vor. Hierzu gehörte auch der eine bereits zu Beginn des Coachings bekannte Zielkonflikt (J). In einem Fall war es ein Zielkonflikt zwischen zwei im Firmeninteresse liegenden Zielen (H). Insgesamt waren nur 27% der zunächst artikulierten Ziele (Folgen 1) persönliche Ziele, aber 91% der damit in Konflikt stehenden Ziele (Folgen 2).

Die Zielkonflikte konnten in neun von den elf Fällen, also in 82% der Fälle in denen ein Zielkonflikt identifiziert worden war, gelöst werden (siehe Abb. 74). Bei fünf dieser acht Fälle (C, D, G, H, K) ging damit eine Veränderung der angestrebten Folgen einher. In vier Fällen (A, E, J, P) war dies nicht der Fall. In den zwei Fällen (F, N), in denen keine Auflösung des Zielkonflikts gelang, veränderten sich auch die angestrebten Folgen nicht. In keinem Fall änderten sich die angestrebten Folgen, ohne dass ein Zielkonflikt identifiziert worden war.

Zielkonflikte entstehen aus der Bewertung von (zukünftigen) Folgen aus Handlungen durch die Klienten. Diese Konflikte entstehen somit aus einem Zusammenwirken von subjektiven und objektiven Faktoren, wobei mal die subjektive und mal die objektive Seite überwiegt. Ein eher objektiver Zielkonflikt ist etwa bei den Zielen „wenig zu arbeiten" und „viel Geld zu verdienen" gegeben, ein eher subjektiver bei den Zielen „ganztags zu arbeiten" und „ein guter Vater / eine gute Mutter zu sein". Coaching versucht im Rahmen ge-

gebener situativer Bedingungen den Klienten Perspektiven zu eröffnen, subjektiv empfundene und objektiv mehr oder weniger gegebene Zielkonflikte durch eine Reflektion und gegebenenfalls Neuinterpretation der Situation, der eigenen Handlungsmöglichkeiten (inklusive einer Neudefinition der objektiven Bedingungen wie zum Beispiel einen Arbeitgeberwechsel) oder der Bewertung der angestrebten Ziele zu lösen.

Im vorliegenden Sample gibt es sowohl Fälle, bei denen eine Auflösung des Zielkonflikts in eine neue Zieldefinition mündete, als auch solche, in denen die Auflösung des Zielkonflikts nicht dazu führte. In der ersten Gruppe von Fällen (C, G, H, K)[405] wurde der Zielkonflikt dadurch aufgelöst, dass nach näherer Beschäftigung mit ihm eine Sicht- und Handlungsweise gefunden wurde, mit der die zunächst widersprüchlich erscheinenden Ziele dies nicht mehr waren. Sie konnten miteinander in Einklang gebracht werden im Rahmen eines neuen Ziels, das beide Ziele umfasste. Beispielsweise wurde im Fall H die Sichtweise entwickelt, dass – anders als zunächst angenommen – die Verantwortung als GmbH-Geschäftsführer nicht mit der übergreifenden Verantwortung für das Unternehmen und seine Mitarbeiter in Widerspruch stehen muss. Dieser Zielkonflikt war nur durch eine spezifische Interpretation der Verantwortung des Geschäftsführers entstanden, nach der dieser keine inhaltliche Detail-Abstimmung mit den Aufsichtsratsgremien durchzuführen bräuchte. Die auf dieser Interpretation basierenden Handlungen des Geschäftsführers hatten die dadurch irritierten Aufsichtsratsgremien zu Reaktionen veranlasst, die dem Unternehmen und seinen Mitarbeitern zu schaden drohten und somit einen Zielkonflikt zwischen der (bisherigen Definition der) Verantwortung eines GmbH-Geschäftsführes (mit der Konsequenz keine Detail-Abstimmungen durchzuführen) und seiner Verantwortung für das Wohl des Unternehmens und seiner Mitarbeiter (die durch seine Ablehnung von Detail-Abstimmungen gefährdet waren) heraufbeschworen. Ein Abrücken von der Sichtweise, dass die Verantwortung als Geschäftsführer einen Verzicht auf Detail-Abstimmungen mit den Aufsichtsratsgremien verlangt, konnte diesen Zielkonflikt auflösen. Die neu definierte Verantwortung als Geschäftsführer und die Verantwortung gegenüber dem Unternehmen und seinen Mitarbeitern erschienen nun kompatibel und in ein neues Gesamtziel integrierbar, das beide Ebenen der Verantwortung umfasst.

---

[405] Im Fall D hatte die Veränderung der Folgen nichts mit dem Zielkonflikt zu tun.

Bei der zweiten Gruppe von Fällen (A, E, J, P) wurde der Zielkonflikt dadurch gelöst, dass das mit den explizit angestrebten Folgen konkurrierende Ziel bei näherer Betrachtung als nicht mehr verfolgenswert bewertet und aufgegeben bzw. als für die fragliche Handlung nicht relevant erkannt wurde. Beispielsweise wurde im Fall P zunächst ein Konflikt zwischen dem Ziel bessere Arbeitsergebnisse der Mitarbeiter zu erreichen und dem Ziel, sich keines Machtmissbrauchs schuldig zu machen, angenommen. Während die Handlung, Mitarbeitern ein klares Feedback mit klaren Anforderungen an die künftige Arbeitsleistung zu geben, das erste Ziel zu befördern schien, schien es dem zweiten Ziel genau zu widersprechen. Eine detaillierte Reflexion der Vorgesetzten-Rolle und die Identifikation von Ursachen für die Angst vor Machtmissbrauch, lösten diesen Zielkonflikt auf. Es wurde deutlich, dass das zweite Ziel, sich keines Machtmissbrauchs schuldig zu machen, mit der aktuellen Arbeitssituation nichts zu tun hatte und insofern für die Klientin in der Feedback-Situation keine Rolle zu spielen brauchte.[406]

In zwei Fällen (F, N), konnte der Zielkonflikt nicht auf eine dieser beiden Weisen gelöst werden, da die verfolgten Ziele im gegebenen Kontext nicht vereinbar waren und die Klienten auch keines der beiden Ziele aufgeben wollten bzw. eine sehr grundsätzliche Veränderung ihres Handlungskontextes etwa durch einen Arbeitgeberwechsel nicht opportun erschien. Im Fall F stand so dem Ziel, einen guten Job als Controlling-Leiter zu machen, das Ziel, ein gutes Auskommen mit den Vorgesetzten und Kollegen zu bewahren, objektiv recht unvereinbar gegenüber, da die Vorgesetzten die Einführung eines konsequenten Controllings ablehnten.

---

[406] Damit ist natürlich nicht gesagt, dass in Feedback-Situation grundsätzlich kein Machtmissbrauch möglich ist. Lediglich für diese Klientin in diesem konkreten Fall war das ihr generell wichtige Ziel der Vermeidung von Machtmissbrauch im Feedback keine relevante Zielgröße.

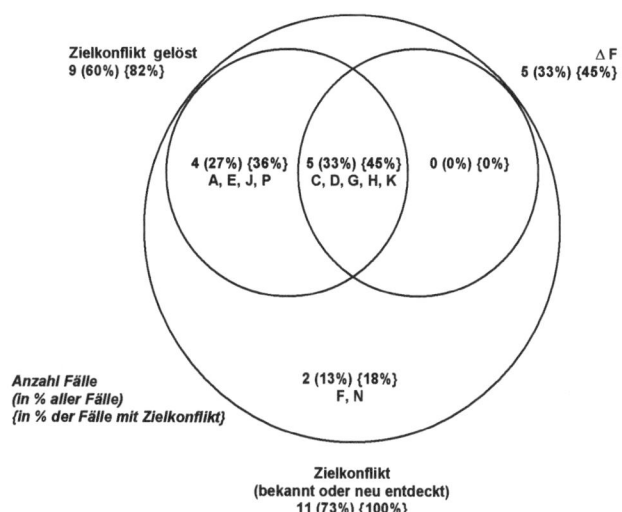

Zielkonflikt gelöst
9 (60%) {82%}

Δ F
5 (33%) {45%}

4 (27%) {36%}
A, E, J, P

5 (33%) {45%}
C, D, G, H, K

0 (0%) {0%}

Anzahl Fälle
(in % aller Fälle)
{in % der Fälle mit Zielkonflikt}

2 (13%) {18%}
F, N

Zielkonflikt
(bekannt oder neu entdeckt)
11 (73%) {100%}

Abb. 74: Fälle, bei denen Zielkonflikte gelöst bzw. angestrebte Folgen verändert wurden

Nur bei einem kleinen Teil der Studienteilnehmer lagen *motivationshinderliche Erwartungen im zweiten Bereich* hinsichtlich von Erwartungen über Zusammenhänge in der Unternehmenswelt vor. Einmal (G) wies die Situations-Ergebnis-Erwartung eine hohe Ausprägung auf, bestand also die Erwartung, dass das angestrebte Ergebnis auch ohne eigenes Handeln eintreten würde. Einmal (B) wies die Ergebnis-Folgen-Erwartung eine niedrige Ausprägung auf, bestand also nicht die uneingeschränkte Erwartung, dass die Folgen bei Eintreten des angestrebten Ergebnisses realisiert würden. Insgesamt lagen also lediglich in zwei Fällen bzw. 13% der Fälle (B, G) motivationshinderliche Erwartungen hinsichtlich von Zusammenhängen in der Unternehmenswelt vor. In beiden Fällen konnten die Erwartungen im Laufe des Coachings motivationssteigernd verändert werden.

Bei fast allen Teilnehmern lagen *motivationshinderliche Erwartungen im dritten Bereich* hinsichtlich der auf ihr persönliches Handeln bezogenen Erwartungen vor. Diese zeigten sich in Form einer maximal mittleren Ausprägung der Selbstwirksamkeitserwartung, der Handlungs-Ergebnis-Erwartung i.e.S., oder von beiden in 14 Fällen bzw. in 93% aller Fäl-

le. Eine maximal mittlere Ausprägung wurde für die Selbstwirksamkeitserwartung zehn-
mal bzw. in zwei Drittel der Fälle (C, D, E, F, G, J, K, M, N, P), bei der Handlungs-
Ergebnis-Erwartung i.e.S. neunmal bzw. in 60% der Fälle (A, D, F, H, J, K, L, O, P) festgestellt. In allen 14 Fällen wurde wenigsten eine der beiden Erwartungen im Laufe des Coachings erhöht und zwar die Selbstwirksamkeitserwartung in allen zehn Fällen mit zuvor
maximal mittlerer Selbstwirksamkeitserwartung, und die Handlungs-Ergebnis-Erwartung
i.e.S. in acht von den neun Fällen mit zuvor maximal mittlerer Handlungs-Ergebnis-
Erwartung i.e.S. (siehe Abb. 76). In zwei Fällen (A, H) war zwar die Handlungs-Ergebnis-
Erwartung i.e.S. am Ende des Coachings höher als zu Beginn, die zu Beginn hohe Selbstwirksamkeitserwartung war hinterher aber niedriger als zuvor. Dies lag daran, dass die in
beiden Fällen im Laufe des Coachings definierten Handlungen für den Klienten an-
spruchsvoller waren, als die zu Beginn des Coachings geplanten Handlungen.

Wie in Abschnitt 5.1.1.2.2 dargelegt, wurde zur Erhöhung der Selbstwirksamkeitserwartung im Anschluss an Bandura insbesondere auf die Ermöglichung positiver Erfahrungen
im Handeln und auf die verbale Überzeugung zurückgegriffen.[407] Beispielsweise erhöhte
sich die Selbstwirksamkeitserwartung von Herrn G., eigene Positionen erfolgreich vertreten zu können, deutlich durch die für ihn unerwartete, positive Erfahrung, von seinem Vorgesetzten Anerkennung das Vertreten einer diesem widersprechenden Meinung erhalten zu
haben.

In dreizehn Fällen bzw. in 87% aller Fälle (A, B, C, D, E, G, H, J, K, L, N, O, P) wurde die
vorgenommene Handlung verändert. In neun von diesen dreizehn Fällen (B, C, D, G, H, J,
K, L, O) wurde auch das angestrebte Ergebnis verändert. In fünf von diesen neun Fällen
bzw. in 33% aller Fälle (C, D, G, H, K) wurden auch die angestrebten Folgen verändert
(siehe Abb. 79).

Zusammenhänge zwischen den drei Bereiche bestanden im gemeinsamen Auftreten von
motivationshinderlichen Erwartungen aus unterschiedlichen (Bereich 2 und 3), im gemeinsamen Auftreten einer motivationshinderlichen Selbstwirksamkeitserwartung mit Zielkon-

---

[407] Vgl. Bandura 1977, 195. Als weitere Informationsquellen zur Erhöhung der Selbstwirksamkeitserwartung, die nicht explizit im Coaching zum Einsatz kamen, nennt er den körperlichen Erregungszustand und
das Modelllernen.

flikten (Bereich 1 und 3) sowie im gemeinsamen Auftreten von Veränderungen von Handlung, Ergebnis und Folgen (Bereich 1, 2 und 3).

Das gemeinsame oder nur einzelne Auftreten motivationshinderlicher Erwartungen ist in Abb. 75 dargestellt. Einmal tritt eine maximal mittlere Selbstwirksamkeitserwartung zusammen mit einer hohen Situations-Ergebnis-Erwartung auf (G). In einem Fall (B) liegt eine niedrige Ergebnis-Folgen-Erwartung bei einer motivationsförderlichen Ausprägung aller anderen Erwartungen vor. Eine maximal mittlere Selbstwirksamkeitserwartung sowie eine maximal mittlere Handlungs-Ergebnis-Erwartung i.e.s. liegen allein jeweils in vier Fällen bzw. 27% der Fälle vor. In fünf Fällen bzw. 33% der Fälle treten beide Ausprägungen gemeinsam auf. Das seltene Vorliegen motivationshinderlicher Erwartungen aus dem 2. Bereich (Situations-Ergebnis-Erwartung oder Ergebnis-Folgen-Erwartung) lässt keine Aussagen zum Zusammenhang mit den motivationshinderlichen Erwartungen des 3. Bereichs zu. Hinsichtlich des gemeinsamen Auftretens einer maximal mittleren Selbstwirksamkeitserwartung und einer maximal mittleren Handlungs-Ergebnis-Erwartung i.e.s. lässt sich aber feststellen, dass diese jeweils etwa gleich häufig allein und zusammen auftreten. Damit lassen sich anhand der motivationshinderlichen Erwartungen drei Haupttypen an Fällen bilden: nämlich 1. solche mit ausschließlich motivationshinderlicher Selbstwirksamkeitserwartung, 2. solche mit ausschließlich motivationshinderlicher Handlungs-Ergebnis-Erwartung i.e.S. und 3. solche mit motivationshinderlicher Selbstwirksamkeitserwartung und motivationshinderlicher Handlungs-Ergebnis-Erwartung i.e.S.

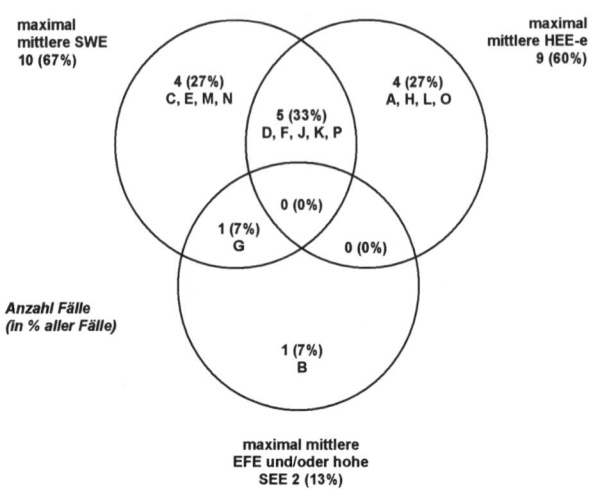

Abb. 75: Alle 15 Fälle mit maximal mittlerer SWE, HEE-e oder EFE oder hoher SEE

In allen 15 Fällen wurde durch das Coaching mindestens eine der zuvor maximal mittleren Erwartungen erhöht. Die einzelnen Werte und das gemeinsame und einzelne Auftreten der Erhöhung von Selbstwirksamkeitserwartung, Handlungs-Ergebnis-Erwartung i.e.S. und Ergebnis-Folgen-Erwartung bzw. der verringerten Situations-Ergebnis-Erwartung sind Abb. 76 zu entnehmen, die mit Abb. 75 fast identisch ist. Danach wurde in fünf Fällen (C, E, F, M, N) bzw. in 33% aller Fälle im Laufe des Coachings allein die Selbstwirksamkeitserwartung erhöht, in vier Fällen (A, H, L, O) bzw. 27% aller Fälle allein die Handlungs-Ergebnis-Erwartung i.e.S. und in einem Fall (B) allein die Ergebnis-Folgen-Erwartung. Die Selbstwirksamkeitserwartung, die Handlungs-Ergebnis-Erwartung i.e.S. und die Ergebnis-Folgen-Erwartung wurden in keinem Fall alle drei erhöht. Hingegen gab es fünf Fälle bzw. 33% aller Fälle, bei denen zwei der drei Erwartungen motivationssteigernd verändert wurden. In einem Fall (G) betraf dies die Selbstwirksamkeitserwartung und die Situations-Ergebnis-Erwartung, in vier Fällen (D, J, K, P) die Selbstwirksamkeitserwartung und die Handlungs-Ergebnis-Erwartung i.e.S..

Ein Vergleich von Abb. 76 mit Abb. 75 zeigt, dass lediglich in einem Fall (F) nicht alle motivationshinderlichen Erwartungen verändert wurden: zwar wurde hier die Selbstwirksamkeitserwartung, aber nicht die Handlungs-Ergebnis-Erwartung i.e.S. erhöht.

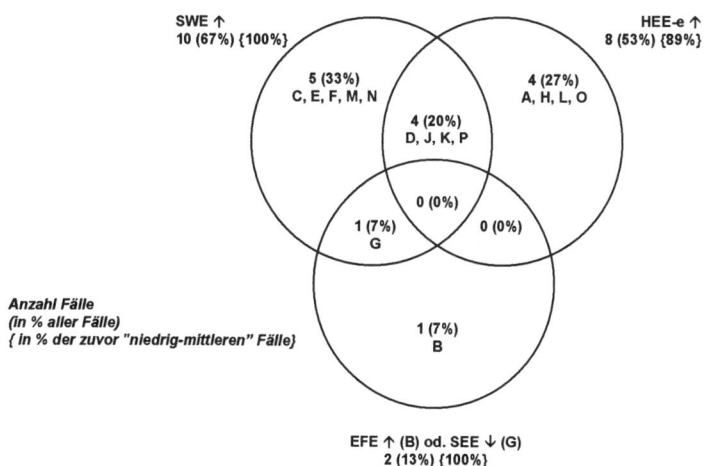

Abb. 76: Fälle, bei denen die SWE, die HEE-e bzw. die EFE erhöht oder die SEE verringert wurden

Ein besonders interessanter Zusammenhang besteht zwischen einer maximal mittleren Ausprägung der Selbstwirksamkeitserwartung zu Coaching-Beginn und dem Vorliegen eines Zielkonflikts (siehe

Abb. 77). Von den zehn Fällen mit maximal mittlerer Selbstwirksamkeitserwartung wiesen 90% auch einen Zielkonflikt auf (C, D, E, F, G, J, K, N, P). Bei dem einen Fall (M) mit niedriger Selbstwirksamkeitserwartung, aber ohne Zielkonflikt stellte sich heraus, dass gar kein Anliegen in der Motivationsphase, sondern ein Anliegen aus der Volitionsphase vorlag. Also lag bei 100% der Fälle mit einem Anliegen in der Motivationsphase, die eine motivationshinderliche Selbstwirksamkeitserwartung hatte, auch ein Zielkonflikt vor. Umgekehrt wiesen von den elf Fällen mit Zielkonflikt die genannten neun bzw. 82% eine maximal mittlere Selbstwirksamkeitserwartung zu Coaching-Beginn auf. In den zwei übrigen Fällen (A, H) war die Selbstwirksamkeitserwartung zu Coaching-Beginn hoch.

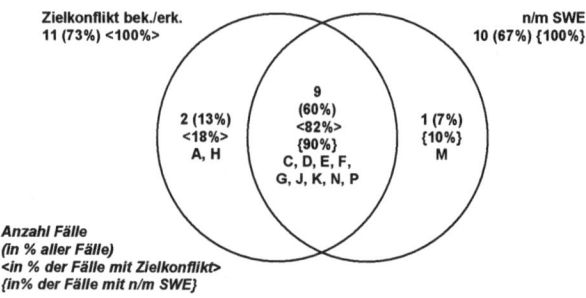

Abb. 77: Maximal mittlere SWE und Zielkonflikt

Der enge Zusammenhang zwischen Zielkonflikt und Selbstwirksamkeitserwartung zeigt sich auch bei den Veränderungen von beiden im Laufe des Coachings (siehe Abb. 78). In sieben von elf Fällen liegt eine gleichsinnige Veränderung vor: der Zielkonflikt wird gelöst und die Selbstwirksamkeitserwartung erhöht sich. Lediglich in zwei Fällen (F, N) erhöht sich die Selbstwirksamkeitserwartung obwohl der Zielkonflikt nicht gelöst wird. In den zwei übrigen Fällen (A, H) wird der Zielkonflikt gelöst, aber die Selbstwirksamkeitserwartung kann gar nicht mehr erhöht werden, da sie schon zu Beginn hoch war.

	SWE ↑	SWE nicht ↑	Gesamt
ZK gelöst	7 C, D, E, G, J, K, P	2 A, H	9
ZK nicht gelöst	2 F, N	0	2
Gesamt	9	2	11

Abb. 78: (Nicht) gelöster Zielkonflikt und (nicht) erhöhte SWE

Die einzelnen Werte für eine gemeinsame und einzelne Veränderung der Elemente Handlung, Ergebnis oder Folgen sind Abb. 79 zu entnehmen. Danach erfolgte eine Veränderung von Handlung, Ergebnis und Folgen in fünf Fällen (C, D, G, H, K) bzw. in 33% aller Fälle. Eine Veränderung von Handlung und Ergebnis erfolgte in weiteren vier Fällen (B, J, L, O) bzw. in 27% aller Fälle. In vier weiteren Fällen (A, E, N, P) bzw. in 27% aller Fälle wurde ausschließlich die Handlung verändert. Klarer Schwerpunkt der Veränderung ist also die vorgenommene Handlung, zu der in etwa je einem Drittel auch die Veränderung des angestrebten Ergebnisses bzw. die Veränderung des Ergebnisses und der Folgen hinzukommt. Dass weder Ergebnisse noch Folgen ohne Veränderung der Handlung verändert wurden, reflektiert die (zumindest) in der Subjektiven Theorie angenommene kausale Verknüpfung von Handlung, Ergebnis und Folgen.

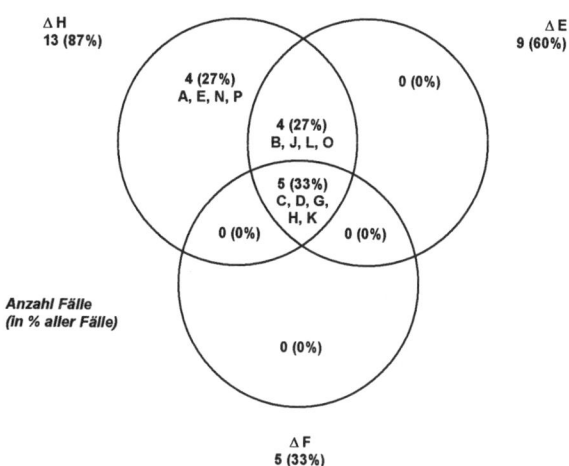

Abb. 79: Fälle, bei denen Handlung, Ergebnis oder Folgen verändert wurden

Bei den Veränderungen der Handlung, des Ergebnisses und der Folgen lässt sich jeweils unterscheiden, ob die Modifikation nur in einer Präzisierung bzw. Ergänzung bestand oder ob ein Austausch mit einer anderen Handlung, einem anderen Ergebnis oder anderen Folgen vorgenommen wurde (siehe Abb. 80).[408]

	Präzisierung / Ergänzung	Austausch	Gesamt
Handlung	11 (73%) A, B, C, D, E, G, H, J, K, N, P	2 (13%) L, O	13 (87%) A, B, C, D, E, G, H, J, K, L, N, O, P
Ergebnis	6 (60%) B, C, D, G, H, K	3 (20%) J, L, O	9 (60%) B, C, D, G, H, J, K, L, O
Folgen	4 (273%) C, G, H, K	1 (7%) D	5 (33%) C, D, G, H, K
Gesamt	11 (73%) A, B, C, D, E, G, H, J, K, N, P	4 (27%) D, J, L, O	13 (87%) A, B, C, D, E, G, H, J, K, L, N, O, P

Anzahl Fälle (in % aller Fälle)

Abb. 80: Zwei Modifikationstypen bei Handlung, Ergebnis, Folgen

Ganz überwiegend, nämlich in elf Fällen (A, B, C, D, E, G, H, J, K, N, P) bzw. in 73% der Fälle sind Präzisierungen oder Ergänzungen vorgenommen worden, lediglich in vier Fällen bzw. in 27% der Fälle sind ein oder mehrere Elemente ausgetauscht worden (D, J, L, O). In zwei von diesen drei Fällen (D und J) ging der Austausch eines Elements mit der Präzisierung bzw. Ergänzung anderer Elemente einher.

5.4.1.3 Fallvergleich in der Volitionsphase

Im *Volitionsmodell* lassen sich zwei Bereiche abbilden. Erstens kann eine Implementierungsintention fehlen, wenn eine bestehende Zielintention nicht in eine Implementierungsintention überführt wurde. Zweitens können die Selbstwirksamkeitserwartungen zu den einzelnen Phasen des Handlungsablaufs, nämlich Initiative, Coping und Wiederherstellung nur maximal mittel ausgeprägt sein. Eine erfolgreiche Intervention führt hier zu einer Konkretisierung der Zielintention in eine Implementierungsintention („wann, wo, wie") und zu einer Erhöhung der jeweils einschlägigen Selbstwirksamkeitserwartungen. Da die Ziele für

---

[408] Zur Definition der Kategorien Präzisierung, Ergänzung und Austausch siehe Abschnitt 4.2.3.

die Volitionsphase definitionsgemäß als gegeben angenommen werden, betreffen alle Veränderungen eine Verbesserung der Zweckrationalität (siehe Abb. 81).

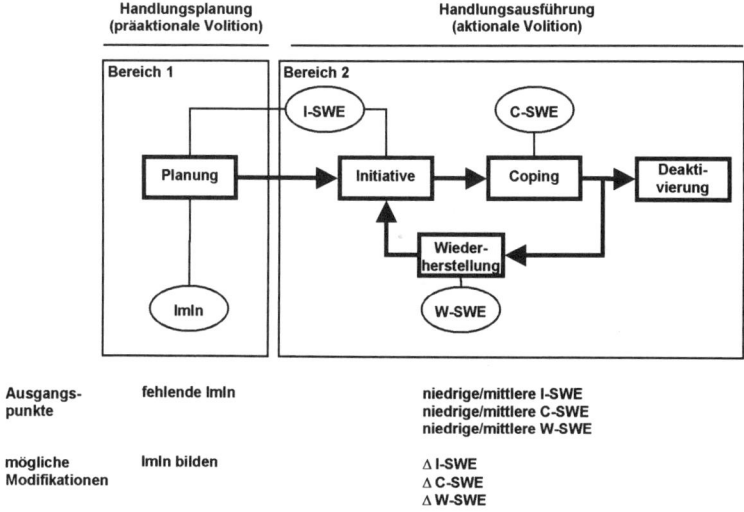

Abb. 81: Ausgangspunkte und mögliche Modifikationen im Volitionsmodell

Da lediglich ein Fall (M) ein Anliegen in der Volitionsphase hatte, ist kein Fallvergleich möglich. Es kann aber festgehalten werden, dass die Veränderung in dem einen Fall beide Bereiche umfasste: die Bildung einer Implementierungs-Intention (ImIn) und die Erhöhung der Initiativ-Selbstwirksamkeitserwartung (I-SWE).[409]

---

[409] Es wäre interessant, anhand einer größeren Fallzahl zu prüfen, ob dieser Zusammenhang von fehlender Implementierungs-Intention und niedriger I-SWE systematisch vorliegt.

5.4.2   Fallverteilung auf die zwei Modifikationsrichtungen

Im Abschnitt 3.6 waren zwei Modifikationsrichtungen unterschieden worden, nämlich die Überführung von „Handeln" in „Handeln" und die Überführung von „Tun" in „Handeln". Diese beiden Modifikationsrichtungen können allein oder in Kombination vorliegen. Dementsprechend sind drei Modifikationsergebnisse denkbar. Bei der ausschließlichen Überführung von Handeln in Handeln wird eine handlungsleitende Subjektive Theorie durch eine andere ausgetauscht. Dem entspricht die Bewegung von Feld I nach Feld II in der Matrix in Abb. 82. Bei der ausschließlichen Überführung von Tun in Handeln erfolgt lediglich eine Selbstaufklärung über die handlungswirksame Subjektive Theorie. Dem entspricht die Bewegung von Feld I nach Feld III. Der Kombination aus Selbstaufklärung und Austausch entspricht schließlich die Bewegung von Feld I über Feld III nach Feld IV der Matrix. Bezüglich der Modifikation der Subjektiven Theorie hinsichtlich der vorgenommenen Handlung (H), ihrer Ergebnisse (E) und deren Folgen (F), lassen sich die einzelnen Fälle wie folgt in die Matrix einordnen. Zunächst werden die der Motivationsphase zuzuordnenden Modifikationen betrachtet.

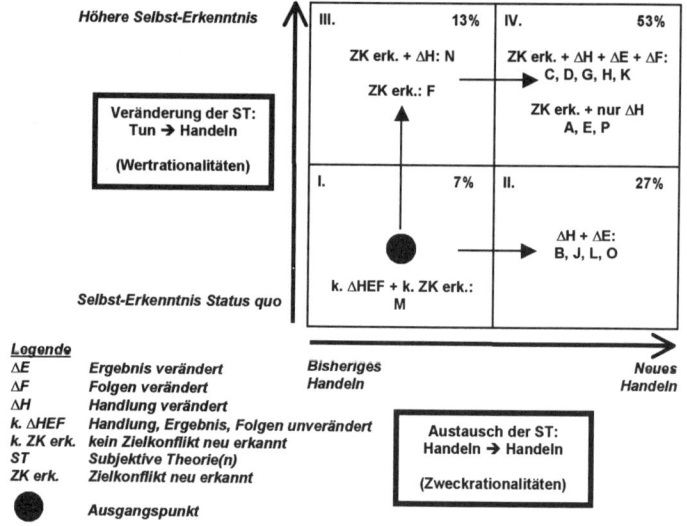

Abb. 82: Modifikationen im Motivationsmodell nach Modifikationsrichtungen

Ausgangspunkt für alle Fälle war das Feld I: die zunächst nur erhobenen Subjektiven Theorien zu Beginn des Coachings sind hier anzusiedeln. Veränderungen sind dann zunächst in zwei Richtungen möglich: ins Feld II oder ins Feld III. Die Bewegung ins Feld III wurde immer daran deutlich, dass im Coaching Konflikte zwischen den zunächst benannten Zielen („Folgen" in der Terminologie des Motivationsmodells) und weiteren, bislang impliziten Zielen erkannt wurden. An diese Selbstaufklärung kann sich der Schritt von Feld III nach Feld IV anschließen. Dem entspricht genau wie bei dem Schritt von Feld I nach Feld II der Austausch von Subjektiven Theorien. Allerdings werden hier nicht die zunächst genannten Subjektiven Theorien bzw. Elemente von ihnen ausgetauscht, sondern die durch die Einsicht in einen bestehenden Zielkonflikt bereits stärker an die „objektive Motivation" angenäherten Subjektiven Theorien.

Von den 14 Fällen, in denen ein Anliegen in der Motivationsphase vorlag, wurde in vier Fällen bzw. in 27% aller Fälle die Subjektive Theorie hinsichtlich der vorgenommenen Handlung und ihres Ergebnis direkt verändert, ohne dass eine Selbstaufklärung über gegebenenfalls noch alternativ wirksame Ziele erforderlich gewesen wäre (Bewegung von Feld I nach Feld II). In diesen vier Fällen (B, J, L, O) wurden die Handlung und das angezielte Ergebnis angepasst, die angestrebten Folgen blieben aber unverändert. Mit Blick auf diese wurde also lediglich die unmittelbare Zweckrationalität der Ergebnisse bzw. die mittelbare der Handlung verbessert.

In den übrigen zehn Fällen bzw. in zwei Drittel aller Fälle fand zunächst eine Bewegung von Feld I nach Feld III statt: motivationshinderliche Zielkonflikte wurden aufgedeckt. In zwei Fällen (F, N) bzw. in 13% aller Fälle blieb es bei dieser Aufdeckung, ohne dass der Zielkonflikt gelöst werden konnte. Nur bei N wurde auch die angestrebte Handlung verändert („ΔH").

In acht von den zehn Fällen, die sich zunächst von Feld I nach Feld III bewegt hatten, bzw. in 53% aller Fälle schloss sich die Bewegung von Feld III nach Feld IV an. Die Subjektive Theorie wurde entweder in den drei Elementen Handlung, Ergebnis und Folgen oder nur im Element Handlung verändert. Außer im Fall D ging damit immer eine Auflösung des Zielkonflikts einher. Dies geschah auf zwei unterschiedliche Arten: entweder wurden die konkurrierenden Ziele in ein neues Ziel integriert oder aber das konkurrierende Ziel konnte im Zuge des Coachings entkräftet bzw. aufgegeben werden. Durch die Integration der beiden Ziele änderten sich in den Fällen C, G, H, K neben der geplanten Handlung und den anvisierten Ergebnissen auch die angestrebten Folgen („ΔH + ΔE + ΔF"). In den übrigen drei Fällen (A, E, P), bei denen das alternative Ziel nicht integriert wurde, änderte sich lediglich die geplante Handlung („ΔH").

Nimmt man nun noch die der Volitionsphase zuzuordnende Modifikation hinzu, die beim Fall M vorlag, ergibt sich das folgende Bild (siehe Abb. 83).

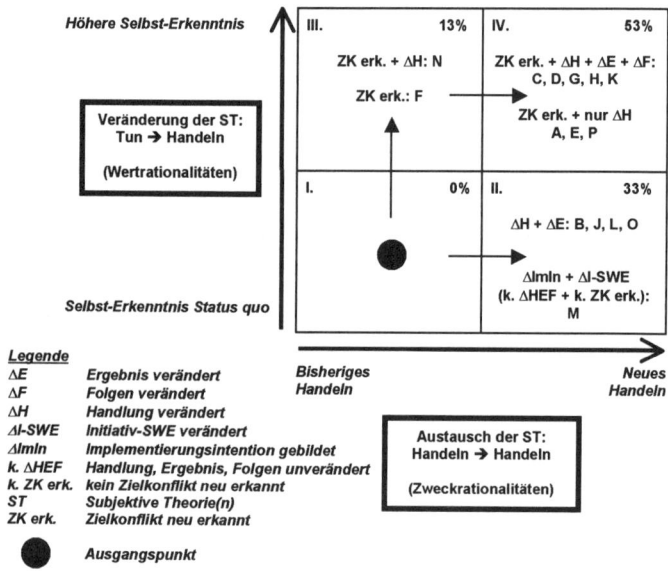

Abb. 83: Modifikation im Modifikations- und Volitionsmodell nach Modifikationsrichtungen

Da das Anliegen im Fall M nicht in der Motivationsphase lag, war keine Veränderung der Subjektiven Theorien erfolgt, die der Motivationsphase zuzuordnen sind. Die der Volitionsphase zuzuordnenden Subjektiven Theorien wurden jedoch sehr wohl verändert, nämlich durch die Bildung einer Implementierungsintention (ImIn) und die Erhöhung der Initiativ-Selbstwirksamkeitserwartung (I-SWE). Dies entspricht einer Bewegung von Feld

I in Feld II in Abb. 83: die Subjektive Theorie für ein gegebenes Handeln wurde durch die Subjektive Theorie für ein besseres Handeln im Sinne der Steigerung seiner Zweckrationalität überführt.

Damit kann als Ergebnis der 15 Coachings festgehalten werden, dass in allen Fällen der Ausgangsquadrant (Feld I) verlassen wurde. In allen Fällen erfolgte eine Veränderung der Subjektiven Theorie im Sinne der Überführung von Tun in Handeln (F, N) oder des Austauschs der Subjektiven Theorie des bestehenden Handelns durch die Subjektive Theorie eines besseren Handelns (B, J, L, M, O) oder beides (A, C, D, E, G, H, K, P).

5.4.3   Zusammenfassung und Interpretation

Der Fallvergleich hat interessante Muster sowohl hinsichtlich der Ausgangssituation wie hinsichtlich der Coaching-Wirkung aufgezeigt. Vier Punkte sind für die *Ausgangssituation* hervorzuheben. In 14 von 15 Fällen lag erstens das Anliegen in der Motivationsphase und nur in einem Fall in der Volitionsphase lag. Zweitens betrafen motivationsadverse Erwartungen in 93% der Fälle das eigene Können (Selbstwirksamkeitserwartung und Handlungs-Ergebnis-Erwartung i.e.S., Bereich 3) und nur in 13% der Fälle Annahmen über die Unternehmenswelt (Situations-Ergebnis-Erwartung, Ergebnis-Folgen-Erwartung). Drittens bestanden in 73% der Fälle Zielkonflikte. Viertens lag in 82% der Fälle, bei denen später ein Zielkonflikt festgestellt wurde, auch eine motivationshinderliche Ausprägung der Selbstwirksamkeitserwartung vor. Die Führungskräfte im Sample hatten also ganz überwiegend einen Klärungsbedarf hinsichtlich der Definition ihrer Ziele, nicht zu deren Umsetzung. Unklarheiten betrafen sowohl ihr Können wie ihr Wollen. Die Unklarheiten über das eigene Können kamen darin zum Ausdruck, dass die Studienteilnehmer motivationshemmende Zweifel bei den Erwartungen hatten, die sich auf ihre persönlichen Fähigkeiten beziehen, also bei der Selbstwirksamkeitserwartung oder der Handlungs-Ergebnis-Erwartung i.e.S.. Der Unsicherheit über das eigene Wollen lag meistens ein Zielkonflikt zwischen den artikulierten, im Firmeninteresse liegenden Zielen und persönlichen Zielen mit oder ohne Bezug zum Unternehmen zugrunde. Zielkonflikte und eine motivationshinderliche Selbstwirksamkeitserwartung traten meistens zusammen auf.

Auffällig an den empirischen Ergebnissen ist das häufige Auftreten von Coaching-Anliegen in der Motivationsphase und dabei im Bereich 1 (Zielkonflikte) und im Bereich 3 (Selbstwirksamkeitserwartung und Handlungs-Ergebnis-Erwartung i.e.S.). Über die Gründe dafür können hier nur Hypothesen gebildet werden, die in weiteren Forschungsarbeiten zu untersuchen wären.[410] Grundsätzlich könnten hiermit entweder Besonderheiten der Coaching-Theorie, der Coaching-Methodik oder des Samples abgebildet worden sein. Da weder die entwickelte Coaching-Theorie noch die Coaching-Methodik eine Präferenz für die Motivations- oder Volitionsphase bzw. die einzelnen Bereiche dieser Phasen hat, sind Hypothesen zu Besonderheiten des Samples zu bilden. Das Sample bestand aus Führungskräften in Unternehmen. Mit Blick auf die Häufung von Anliegen in der Motivationsphase lässt sich für dieses Sample die Hypothese formulieren, dass eine ausgeprägte Implementierungsfähigkeit eine in der Regel vorhandene Kernkompetenz von Führungskräften ist und somit in der Regel kein oder nur geringer Coaching-Bedarf für den Bereich der Implementierung von Zielen, also die Volitionsphase zu erwarten ist. Diese Hypothese wäre durch den Vergleich mit einem Sample von Coachees ohne Führungsverantwortung, etwa solchen, die an einem „Personal Coaching" zu privaten Anliegen teilnehmen, zu untersuchen. Mit Blick auf die nur geringen oder mittleren Ausprägungen der Selbstwirksamkeits- und Handlungs-Ergebnis-Erwartung bei beruflich erfolgreichen Sample-Teilnehmern lässt sich die Hypothese bilden, dass diese Ausprägungen die Arbeitscharakteristika von Führungskräften in Unternehmen reflektieren, insbesondere die permanente Notwendigkeit, Entscheidungen unter Unsicherheit zu treffen und sich Aufgaben zu stellen, für die es keine Routine-Lösungen gibt. Geringe oder mittlere Ausprägungen der Selbstwirksamkeits- und der Handlungs-Ergebnis-Erwartung wären dann schlicht eine realistische Einschätzung.[411] Diese Hypothese könnte durch einen Vergleich mit Samples von Führungskräften aus anderen gesellschaftlichen Bereichen, insbesondere aus Behörden aber auch aus Non-Profit-Organisationen und Politik geprüft werden. Alternativ wäre die Hypothese zu prüfen, inwiefern die geringe oder mittlere Ausprägung der Selbstwirksamkeits- und der Handlungs-Ergebnis-Erwartung charakteristisch für Führungskräfte ist, die ein Coaching in Anspruch nehmen im Unterschied zu Führungskräften, die dies nicht tun. Diese Hypothese wäre durch Tests der Selbstwirksamkeits- und Handlungs-Ergebnis-Erwartung in Form ei-

---

[410] Siehe hierzu auch die sich aus dieser Arbeit ergebenden Forschungsdesiderate in Abschnitt 6.2.
[411] Vgl. Gebert 1981, 157ff. zum Handeln unter Ungewissheit von Führungskräften.

ner quantitativen Untersuchung von Führungskräften mit und ohne subjektiven Coaching-Bedarf bzw. Coaching-Erfahrung zu untersuchen. Mit Blick auf das häufige Vorliegen von (zunächst nicht erkannten) Zielkonflikten zwischen Unternehmenszielen und persönlichen Zielen lässt sich die Hypothese formulieren, dass hierin die in den letzten Jahren zunehmend als problematisch thematisierte „Work-Life-Balance" von Führungskräften zum Ausdruck kommt.[412] Diese Hypothese wäre bei einer künftigen Studie etwa durch einen begleitenden Fragebogen zur Work-Life-Balance zu prüfen.

Die *Coaching-Wirkung* drückte sich zunächst darin aus, dass erstens in zwei Drittel der Fälle zuvor nicht erkannte Zielkonflikte aufgedeckt wurden und zweitens in 82% der Fälle mit Zielkonflikt dieser aufgelöst werden konnte. Dies geschah drittens etwa zur Hälfte durch die Integration der zunächst als konfligierend erscheinenden Ziele und zur Hälfte durch die Eliminierung eines zunächst bestehenden Ziels. Eine Veränderung der angestrebten Folgen, also eine Veränderung der Wertrationalität, erfolgte viertens in einem Drittel der Fälle. Fünftens wurde in weiteren 53% der Fälle bei beibehaltenen angestrebten Folgen die vorgenommene Handlung verändert, also die Zweckrationalität verbessert. Sechstens bestand die Veränderung von Handlung, Ergebnis und Folgen zu drei Vierteln in einer Präzisierung oder Ergänzung, nur zu einem Viertel in einem kompletten Austausch. Siebtens wurde in allen Fällen zumindest eine Erwartung motivationsfördernd verändert. Hierfür war es insbesondere bei der Selbstwirksamkeitserwartung wesentlich, dass die Klienten neben der Entwicklung neuer Sichtweisen und neuer Handlungsmöglichkeiten in den Coaching-Sitzungen mit diesen neuen Handlungen zwischen den Coaching-Sitzungen positive Erfahrungen in der Praxis machten.

Mit diesen Ergebnissen wird differenziert aufgezeigt, wie Coaching Subjektive Theorien verändert. Außerdem kann empirisch belegt werden, dass es die in der Coaching-Theorie postulierten zwei Modifikationsrichtungen tatsächlich gibt.[413] Die oben als verkürzt kritisierten Modifikationsprogramme von Dann und Wahl hätten nur die Bewegung von Feld I nach Feld II und damit nur fünf von 15 Fällen bzw. 33% der Fälle richtig adressiert, da die zur Ermittlung der tatsächlich handlungsleitenden Subjektiven Theorien erforderliche

---

[412] Vgl. Guest 2002; Greenblatt 2002.
[413] Vgl. Abschnitt 3.6.

Selbstaufklärung über die impliziten Motive in ihren Modellen nicht vorkommt. Sie hätten auf einem vermeintlichen „Handeln" aufgesetzt, das tatsächlich nur ein „Tun" war.

5.4.4 Schlussfolgerungen für die Coaching-Praxis

In der Coaching-Praxis sollten insbesondere die folgenden theoretischen und empirischen Ergebnisse berücksichtigt werden. Das *theoretische Modell* stellt erstens einen Orientierungsrahmen dar, der es ermöglicht, Coaching-Interventionen präzise auf die Art des Anliegens des Klienten auszurichten. Hierzu dient die Zuordnung von Anliegen zur Motivations- oder Volitionsphase, und die präzise Verortung Subjektiver Theorien in den Modellen der jeweiligen Phase (vgl. Abb. 38). Zweitens hilft die Unterscheidung der beiden Modifikationsrichtungen, Schnellschüsse bei der Modifikation zu vermeiden. Sie zeigt einen Weg auf, wie das Aufsetzen auf nicht handlungsleitenden Subjektiven Theorien vermieden werden kann, indem bei Bedarf erst an der Selbstaufklärung gearbeitet wird. Durch die Berücksichtigung dieser Unterscheidung steigt die Wirksamkeit von Coaching. Außerdem wird drittens ein Raster bereit gestellt, das es erlaubt die Kompatibilität von verwendeten Ansätzen und Methoden zu prüfen (vgl. Abb. 17). Diese theoretischen Ergebnisse machen für die Coaching-Praxis auch deutlich, dass jeder Coach über ein differenziertes theoretisches Fundament für seine Tätigkeit verfügen sollte, das eine anliegenspezifische Intervention erst ermöglicht. Die Tätigkeit von Coaches, die allein auf ihre Praxiserfahrungen bauen, ist dementsprechend kritisch zu beurteilen.

Die *empirischen Befunde* weisen deutlich daraufhin, dass bei einem Klärungsbedarf in der Motivationsphase zwei Aspekte in der Regel einer genaueren Prüfung bedürfen: nämlich die Frage, ob ein Zielkonflikt vorliegt, und die Frage, ob eine hinreichende Selbstwirksamkeitserwartung des Klienten besteht. Da die Zielkonflikte dem Klienten oftmals zunächst nicht bewusst sind, ist zudem wie im Rahmen dieser Arbeit eine Coaching-Methodik zu wählen, die in der Lage ist, solche Zielkonflikte aufzudecken, da sonst keine andauernde Veränderung des Handelns des Klienten zu erwarten ist. Bei der Identifikation von Zielkonflikten wie auch bei der Betrachtung motivationshinderlicher Erwartungen sind Praxiserfahrungen des Coaches in Unternehmen erforderlich. Erst diese machen eine dem

Umfeld des Klienten adäquate Hypothesenbildung möglich, ob etwa konfligierende Ziele verknüpft werden könnten oder niedrige Erwartungswerte realitätsangemessen sein dürften. Genau davon hängt aber eine produktive Entwicklung des Coaching-Gesprächs ab. Folglich ist auch die Tätigkeit von Coaches, die allein auf ihre theoretischen Kenntnisse aufbauen, kritisch zu beurteilen.

5.5   Reflexion der Gütekriterien

Die acht im Methodikkapitel definierten Gütekriterien für diese Arbeit sind abschließend zu prüfen. Die *Relevanz* der vorgelegten Forschungsarbeit wurde in theoretischer wie praktischer Hinsicht in den vorherigen Abschnitten detailliert dargelegt. Der *Intersubjektiven Nachvollziehbarkeit* des Forschungsprozesses wie auch der Darstellung der Ergebnisse ist durch eine besonders ausführliche Diskussion der Methoden Rechnung getragen worden. Die *Indikation* bzw. *Gegenstandsangemessenheit* des Vorgehens ergibt sich aus der Entwicklung der Forschungsfragen und dem sich im Nachhinein als zielführend erwiesenen Weg zu ihrer Beantwortung. Mayring fordert darüberhinaus eine Interessenübereinstimmung zwischen Forscher und Beforschtem. Diesem Ziel entspricht die Verschmelzung von Forschungs- und Coaching-Situation. Die möglichst genau Explikation der Subjektiven Theorien des Beforschten entspricht in dieser Situation sowohl den Interessen des Forschers wie denen des Klienten. Der Forscher gelangt darüber so gut wie irgend möglich zu den handlungsleitenden Subjektiven Theorien und der Beforschte erlangt eine Selbstaufklärung, die ihm künftig ein besseres Handeln ermöglicht. Die *Triangulation* findet sich in dieser Arbeit auf der Theorieebene durch das Zusammenführen des Forschungsprogramms Subjektive Theorien mit motivations- und individualpsychologischen Theorien sowie in der Ergänzung der im FST entwickelten Methodik durch die der Individualpsychologie. Die empirische Untersuchung selbst wurde dann aber nur mit der einen, neu entwickelten Methodik durchgeführt. Der *Kohärenz* und der *argumentativen Absicherung* diente zum einen die ausführliche Schilderung der einzelnen Fälle und die Zusammenfassung ihrer Ergebnisse, zum anderen die hypothetische Plausibilisierung dieser Ergebnisse im vorherigen Abschnitt. Die *Kommunikative Validierung* der Subjektiven Theorien war ein zentrales Element der verwandten Methodik und wurde anhand von Fall N. demonstriert. Die notwendige *Limitation* der aus den Ergebnissen abzuleitenden Empfehlungen für Forschung und Praxis ergibt sich aus der geringen Fallzahl. Sowohl dem qualitativen Forscher wie auch dem coachenden Praktiker sind damit Hinweise für weitere eigene Forschungs- oder Praxisbemühungen an die Hand gegeben, aber keine universal gültigen Gesetzmäßigkeiten, die ohnehin niemand von (qualitativer) sozialwissenschaftlicher Forschung erwarten würde. Zur *Reflexion der Subjektivität* des Forschers und Coaches ist schließlich zu sagen, dass angenommen werden muss, dass sowohl seine Wahrnehmung der von den Klienten berichteten Anliegen und Situationen als auch die Wahrnehmung des Coaches durch die Klienten von dessen doppeltem Hintergrund geprägt worden sind. Einerseits von dem beruflichen Hintergrund einer mehrjährigen Erfahrung in Linienfunktionen und Unternehmensberatung und andererseits von der Qualifikation als Individidualpsychologischer Berater. Auf Klientenseite kann dies die Selbstselektion für eine Teilnahme an der Studie beeinflusst und insbesondere solche Klienten zur Selbstselektion bewegt haben, die einerseits klar ihre berufliche Situation klären wollten und dafür auch „psychologischen" Zugängen dazu offen gegenüberstanden. Auf der Seite des Coaches hat es neben dem individualpsychologischen Interesse an der Exploration der Situation des Klienten sicherlich auch eine Erwartungshaltung nach konkreten, beruflich verwertbaren Ergebnissen der Klienten befördert.

6 Zusammenfassung und Forschungsdesiderate

6.1 Zusammenfassung der Ergebnisse

Die Frage „Wie wirkt Coaching?" war der Ausgangspunkt dieser Arbeit. Sie wurde in der theoretischen Forschungsfrage „Wie lässt sich die Wirkung von Coaching modellieren?" und in der empirischen Forschungsfrage „Wie verändert Coaching die Subjektiven Theorien von Managern?" konkretisiert. Diese Fragen wurden durch die Entwicklung einer Coaching-Theorie und die erste empirische Studie überhaupt, die komplette Coachings im Wortlaut analysieren konnte, beantwortet.

Mit der vorliegenden *Coaching-Theorie* wird zum ersten Mal ein Modell zu den Wirkungsmechanismen von Coaching entwickelt und einer empirischen Überprüfung zugänglich gemacht. Anders als in den Theorien von Orenstein, Kilburg und Laske[414] geschieht dies ohne den Import substantieller Prämissen freudianischer oder sonstiger Prägung. Dadurch wurde eine phänomennahe Theoriebildung möglich. Durch die Integration bisher unverbundener Theorien, nämlich des Forschungsprogramms Subjektive Theorien, motivations- und volitionspsychologischer Modelle sowie individualpsychologischer Theorie wurden Schwächen oder Lücken der einzelnen Modelle ausgeglichen und eine Theorie entwickelt, die die Erklärungskraft jedes einzelnen der verwandten Modelle deutlich übertrifft.

Durch die Integration von FST, motivations- und volitionspsychologischen Modellen wird eine genaue Beschreibung von Inhalten und Funktionen handlungsleitender wie handlungsbehindernder Kognitionen möglich (siehe Abb. 38). Das Verständnis der Modifikation Subjektiver Theorien und damit der Veränderung handlungsleitender Kognitionen wurde durch die Entwicklung eines Modells, das zwei Modifikationsrichtungen statt bisher nur eine vorsieht, deutlich erweitert (siehe Abb. 39).

Nachdem Geßner eine Arbeit vorgelegt hat, die mit der Angebots- und Nachfrageseite und der Verbreitung von Coaching die äußeren Aspekte von Coaching modelliert, liegt mit die-

---

[414] Vgl. Orenstein 2000; Kilburg 2000; Laske 1999a.

ser Studie eine Arbeit vor, die das eigentliche Coaching-Geschehen bzw. die kognitiven Wirkungen von Coaching in einem Modell erfasst.[415] Damit ist das Phänomen Coaching vollständig modelliert. Mit diesen beiden Modellen steht ein umfassender Rahmen für die weitere Coaching-Forschung zur Verfügung.

Die *empirischen Ergebnisse* bestätigen die Inhalte und die Struktur der entwickelten Coaching-Theorie. In allen 15 untersuchten Coaching-Fällen konnten modellgemäße kognitive Veränderungen empirisch belegt werden. Zum Verständnis der einzelnen Fälle erwies sich die Abbildung in den motivations- und volitionspsychologischen Modellen als sehr hilfreich. Anders als bei einer Betrachtung aller erfassten Kognitionen eines Klienten als eine aggregierte „Subjektive Theorie" in der Form einer unüberschaubaren Kette von Wenn-Dann-Beziehungen, konnten so von vornherein die motivations- und damit handlungsrelevanten Zusammenhänge der einzelnen Bestandteile präzise identifiziert werden. Durch eine Ergänzung des Modells konnten auch intra-individuelle Zielkonflikte abgebildet werden. Die Unterscheidung von zwei Modifikationsrichtungen wurde gleichfalls empirisch bestätigt: bei einem Drittel der Klienten ging es um eine unmittelbare Verbesserung des Handelns, bei zwei Dritteln aber zunächst um eine Erhöhung der Selbsterkenntnis, um das Handeln fundiert und nachhaltig verbessern zu können. Identifiziert wurden zudem zwei Treiber des Coaching-Bedarfs und Ansatzpunkte der Veränderung: eine geringe Selbstwirksamkeitserwartung und das Vorliegen von Zielkonflikten.

Über die Erklärung ihres unmittelbaren Gegenstandes hinaus stiftet die hier entwickelte Coaching-Theorie weiteren theoretischen Nutzen. Dieser besteht in der Weiterentwicklung der als Bausteine für die Coaching-Theorie verwendeten Ausgangstheorien. Für das Forschungsprogramm Subjektive Theorien als Basismodell dieser Coaching-Theorie fallen die meisten Erträge an: Erstens wurde die bisherige Verengung der Modifikationsprogramme des FST auf eine Modifikationsrichtung überwunden, in dem nun auch die in der theoretischen Unterscheidung von Tun und Handeln bereits angelegte zweite Modifikationsrichtung zur Überführung von Tun in Handeln entwickelt wurde. Zweitens wurde durch die Verbindung mit dem Rubikon-Modell und weiteren Modellen der Motivations- und Volitionspsychologie die gravierende handlungstheoretische Lücke des FST gefüllt. Drittens

---

[415] Vgl. Geßner 2000.

konnten durch die Übertragung der entsprechenden individualpsychologischen Theorie Emotionen als Ausdruck der sie bedingenden Subjektiven Theorien in die Gesamtkonzeption integriert und damit für die Erfassung und Modifikation Subjektiver Theorien systematisch fruchtbar gemacht werden. Diese drei Punkte erfüllen zugleich innerhalb des FST formulierte Forschungsdesiderate.

Der Ertrag für die Motivationspsychologie besteht darin, dass ihre Modelle und insbesondere die darin verwendeten Erwartungen sowie die Elemente „Situation", „Handlung", „Ergebnis" und „Folgen" durch das Konstrukt der Subjektiven Theorie eine wissenschaftstheoretische Fundierung erfahren haben. Zugleich ermöglicht diese Fundierung methodologisch in Beratungskontexten einen unmittelbaren Zugang zu den Erwartungen durch die Erhebung der Subjektiven Theorien. Hinsichtlich des Erweiterten kognitiven Motivationsmodells wurde eine Ergänzung von Rheinberg, nämlich die der Selbstwirksamkeitserwartung, bestätigt und der Bedarf für eine weitere Ergänzung zur Abbildung von Zielkonflikten gleichfalls empirisch belegt. So konnte zum einen die von Bandura benannte und seither in einer Reihe von Studien empirisch belegte Bedeutung der Selbstwirksamkeitserwartung mit dieser Studie auch für das Coaching von Führungskräften bestätigt werden. Zum anderen wurde deutlich, dass die Differenz zwischen impliziten Motiven und expliziten Zielen und die individualpsychologische Frage nach dem „Wozu" in das Erweiterte kognitive Motivationsmodell integriert werden sollte. Damit stellt das Erweiterte kognitive Motivationsmodell weiterhin einen guten Rahmen dar, die empirischen Ergebnisse weisen jedoch darauf hin, dass die im Modell zunächst gleichwertig dargestellten vier Elemente der Situations-Ergebnis-Erwartung, der Handlungs-Ergebnis-Erwartung i.w.S., der Ergebnis-Folgen-Erwartung und des Anreizwertes der Folgen, einer unterschiedlich ausgeprägten weiteren Differenzierung bedürfen. Rheinbergs Integration des Konzepts der Selbstwirksamkeitserwartung von Bandura durch eine Ausdifferenzierung der Handlungs-Ergebnis-Erwartung i.w.S. in die Selbstwirksamkeitserwartung und die Handlungs-Ergebnis-Erwartung i.e.S. hat dies bereits hinsichtlich der Selbstwirksamkeitserwartung geleistet.[416] Hinsichtlich der Folgen legen die Ergebnisse dieser Arbeit eine vergleichbare Ausdifferenzierung nahe. Hierfür sind die Elemente „Situation", „Handlung", „Ergebnis" und „Folgen" (siehe Abb.25, Abb. 38) um das Element „Negativ korrelierte Folgen" zu

---

[416] Vgl. Rheinberg 2000; Bandura 1977.

ergänzen (siehe Abb. 84). Dies überwindet die bisherige isolierte Darstellung einer Handlung mit ihren explizit angestrebten Ergebnissen und Folgen („Folgen 1") zugunsten einer
praxisnäheren Verknüpfung mit den mit ihr unmittelbar verbundenen weiteren Folgen
(„Folgen 2"). Es erweitert zudem die Logik der Erklärung von Motivation, indem es nicht
nur die niedrige bis starke Ausprägung von motivationsförderlichen Elementen, sondern
auch die in der Realität ständig vorhandenen Zielkonflikte in ihrer motivationsbeeinflus-
senden Wirkung abbildet.

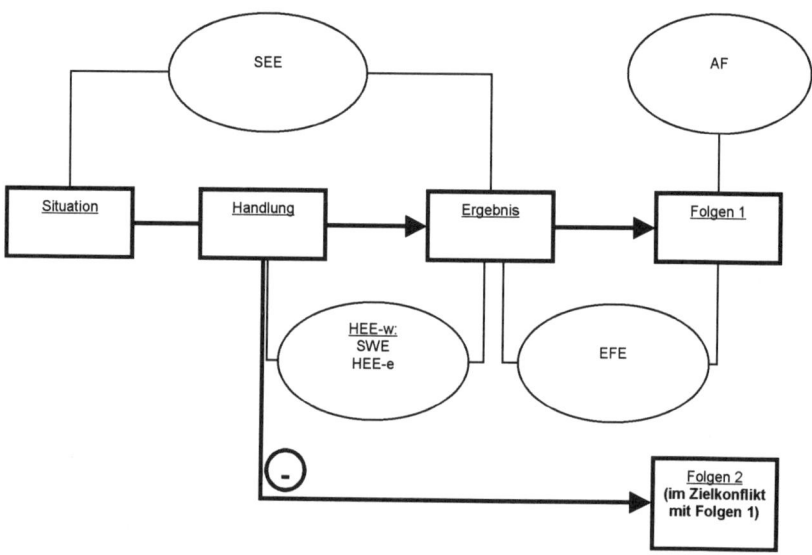

Abb. 84: Erweitertes kognitives Motivationsmodell mit potentiellem Zielkonflikt

Der Ertrag für die Individualpsychologie besteht schließlich darin, dass das Konstrukt der
„privaten Logik" durch das äquivalente Konstrukt der „Subjektiven Theorie" wissenschaftstheoretisch stärker fundiert werden konnte. Die Integration der Frage nach dem

„Wozu" bzw. des dadurch aufgedeckten Zielkonflikts in das motivationspsychologische Modell erlaubt ein besseres Verständnis der Rolle von Zielkonflikten im Verhältnis zu anderen Kognitionen.

6.2 Desiderate für die weitere Coaching-Forschung

Die Desiderate für die weitere Coaching-Forschung ergeben sich erstens aus der Anlage und den Beschränkungen dieser Studie, zweitens aus den im Theorieteil benannten weiter zu vertiefenden theoretischen Fragen und drittens aus den Auffälligkeiten der empirischen Befunde und den Hypothesen, die sich hierzu bilden lassen. Die erste und die dritte Gruppe der Forschungsdesiderate setzen voraus, dass in den kommenden Jahren die Bereitschaft von Coaching-Klienten an Forschungsarbeiten teilzunehmen, weiter steigen wird und das mit dieser Arbeit beschrittene empirische Neuland so von weiteren Forschungsarbeiten bearbeitet werden kann.

Zur ersten Gruppe gehört die Absicherung der Befunde mit einer deutlich größeren Stichprobe, die statistisch signifikante Ergebnisse zulässt. Dabei wäre die Verwendung unterschiedlicher Coaching-Methoden und der Einbezug unterschiedlicher Coaches wünschenswert sowie ein Vergleich verschiedener Kulturräume.

Zur zweiten Gruppe von Desideraten gehört eine genauere Modellierung der Rolle von Gewohnheiten bzw. der Notwendigkeit des Einübens auch solcher neuer Verhaltensweisen, die mit dem Bestreben einhergehen, kognitive Dissonanzen zu vermeiden. Hier wäre insbesondere an die Arbeiten zur Stärke von Gewohnheiten („Habit Strength") und zum Rückfall („Relapse") in Gewohnheiten im Kontext des „Transtheoretical Models of Change" anzuschließen und diesen bisher vor allem im Bereich der Gesundheitspsychologie entwickelten Forschungsansatz auf Coaching anzuwenden.[417]

---

[417] Vgl. zur Bedeutung der „Habit Strength" im Kontext des „Transtheoretical Model of Change (TTM)" Velicer et al. 1990; Velicer, Rossi und Prochaska 1996; Velicer et al. 1999. Die Forderung, diesen Forschungsansatz auch für die Coaching-Forschung nutzbar zu machen, findet sich auch bei Grant 2001.

Zur dritten und größten Gruppe der Forschungsdesiderate gehört die hypothesengeleitete Klärung, ob bestimmte empirische Befunde dieser Studie charakteristisch für an Coaching teilnehmende Führungskräfte in Unternehmen sind oder auch für Führungskräfte in anderen Organisationen bzw. für jedwede Coaching-Teilnehmer belegt werden können.[418] Mit Hilfe eines Vergleichs-Samples von Coachees ohne Führungsverantwortung mit privaten Anliegen aus dem Bereich „Personal Coaching" ließe sich die Hypothese testen, dass Führungskräfte in Unternehmen (aufgrund ihres Fähigkeitenprofils) einen geringeren Coaching-Bedarf im Bereich der Volitionsphase haben als der Bevölkerungsdurchschnitt. Mit Hilfe eines Vergleich-Samples von Führungskräften aus dem Bereich der öffentlichen Verwaltung und eventuell auch aus Non-Profit-Organisationen und Politik ließe sich die Hypothese testen, dass Führungskräfte in Unternehmen (aufgrund ihres Aufgabenprofils) geringere Ausprägungen der Selbstwirksamkeits- und der Handlungs-Ergebnis-Erwartung haben als Führungskräfte aus anderen Organisationen. Mit Hilfe einer quantitativen Vergleichsstudie zwischen Führungskräften, die Coaching in Anspruch nehmen und solchen, die dies nicht tun, ließe sich die Hypothese testen, ob erstere eine geringere Selbstwirksamkeits- und Handlungs-Ergebnis-Erwartung haben als letztere. Mit Hilfe einer gleitenden Befragung von Teilnehmern einer vergleichbaren Coaching-Studie ließe sich die Hypothese testen, dass das Auftreten von Zielkonflikten bei Coachees mit einer als problematisch empfundenen Work-Life-Balance korreliert.

Bisher liegen lediglich zwei Studien vor, die den TTM-Ansatz auf organisationspsychologische Fragestellungen angewendet haben: vgl. Levesque, Prochaska und Prochaska 1999; Prochaska 2000.
[418] Siehe zur Herleitung dieser Hypothesen Abschnitt 5.4.4.

7 Literaturverzeichnis

Ach, Narziß. 1905. *Über die Willenstätigkeit und das Denken.* Göttingen: Vandenhoeck & Ruprecht.

Ach, Narziß. 1910. *Über den Willensakt und das Temperament.* Leipzig: Quelle & Meyer.

Adair, John G. und Barry Spinner. 1981. Subject's access to cognitive processes: Demand characteristics and verbal reports. *Journal for the Theory of Social Behavior* 11 (1):31-52.

Adler, Alfred. 1930. *The education of children.* Transl. of the lost original by E. and F. Jensen. New York: Greenberg.

Adler, Alfred. 1964 [1929]. *Problems of Neurosis.* New York, NY: Harper & Row.

Adler, Alfred. 1973 [1933]. *Der Sinn des Lebens.* Frankfurt/Main: Fischer.

AG Qualitative Methoden der Deutschen Gesellschaft für Soziologie. 2001. Jahresbericht 2000/2001: Die Jahrestagung der Arbeitsgruppe am 4. und 5. Mai 2001 in Greifswald. Zugriff über http://www.soziologie.de/sektionen/m04/index.htm am 11.7.2001.

Alderfer, Clayton P. 1986. An intergroup perspective on group dynamics. In *Handbook of organizational behavior*, hg. v. J. Lorsch. Englewood Cliffs, NJ: Prentice-Hall, 190-222.

Anderson, Craig A. 1995. Implicit theories in broad perspective. *Psychological Inquiry* 6:286-290.

Angermeyer, Hans-Christoph. 1997. Coaching - eine spezielle Form der Beratung. *Zeitschrift Führung + Organisation* 66 (2):105-109.

Ansbacher, Heinz L. und Rowena R. Ansbacher, Hg. 1995. *Alfred Adlers Individualpsychologie: eine systematische Darstellung seiner Lehre in Auszügen aus seinen Schriften.* 4. erg. Aufl. München: Reinhardt.

Argyris, Chris. 1993. *Knowledge for action: A guide to overcoming barriers to organizational change.* San Francisco: Jossey-Bass.

Axelrod, Robert und Michael D. Cohen. 1999. *Harnessing Complexity.* New York: The Free Press.

Ballinger, Marcia Stevens. 2000. Participant self-perceptions about the causes of behavior change from a program of executive coaching. Doctoral Diss., School of Business, Capella University, Minneapolis, MN.

Bandler, Richard und John Grinder. 1981. *Metasprache und Psychotherapie. Übers. d. amerik. Orig. (1975).* Paderborn: Junfermann.

Bandura, Albert. 1977. Self-efficacy: Toward a Unifying Theory of Behavioral Change. *Psychological Review* 84 (2):191-215.

Bandura, Albert. 1982. Self-efficacy mechanisms in human agency. *American Psychologist* 37:122-147.

Bangerter, Adrian und Mario von Cranach. 1998. Soziale Repräsentationen und Reduktionismus: Eine mehrstufige handlungsbezogene Perspektive. In *Sozialpsychologie der Kognition: Soziale Repräsentationen, subjektive Theorien, soziale Einstellungen: Beiträge des 13. Hamburger Symposiums zur Methodologie der Sozialpsychologie*, hg. v. E. H. Witte. Lengerich: Pabst, 11-25.

Bargh, John A. 1990. Auto-Motives: Preconscious determinants of social interaction. In *Handbook of motivation and cognition: Foundations of Social Behavior, 2 Volumes*, hg. v. E. T. Higgins und R. M. Sorrentino. New York, NY: Guilford, Vol. 2, 93-130.

Bargh, John A. und Peter M. Gollwitzer. 1994. Environmental control of goal-directed action: Automatic and strategic contingencies between situations and behavior. In *Nebraska Symposium on Motivation, Cognition, and Emotion. Vol. 41*, hg. v. W. D. Spaulding. Lincoln, NE: University of Nebraska Press, 71-124.

Barthe, Oliver. 1996. Coaching. Eine empirische Studie im Raum Aachen und Düren und Darstellung moderner Einsatzfelder. Unveröff. Diplomarbeit, Fachhochschule Aachen.

Bass, Bernard M. und Bruce J. Avolio. 1995. *The Multifactor Leadership Questionnaire*. Palo Alto, CA: Mind Garden.

Bayer, Hermann. 1995. *Coaching Kompetenz: Persönlichkeit und Führungspsychologie*. München: Reinhardt.

Bayer, Hermann. 2000. *Coaching Kompetenz. Persönlichkeit und Führungspsychologie, 2. Aufl*. München: Reinhardt.

Beck, Ulrich. 1986. *Risikogesellschaft. Auf dem Weg in eine andere Moderne*. Frankfurt/Main: Suhrkamp.

Beck, Ulrich, Hg. 1997. *Kinder der Freiheit*. Frankfurt/Main: Suhrkamp.

Beck, Ulrich und Elisabeth Beck-Gernsheim, Hg. 1994. *Riskante Freiheiten*. Frankfurt/Main: Suhrkamp.

Beck, Ulrich und Wolfgang Bonß, Hg. 1989a. *Weder Sozialtechnologie noch Aufklärung?* Frankfurt/Main: Suhrkamp.

Beck, Ulrich und Wolfgang Bonß. 1989b. Verwissenschaftlichung ohne Aufklärung? Zum Strukturwandel von Sozialwissenschaft und Praxis. In *Weder Sozialtechnologie noch Aufklärung?*, hg. v. U. Beck und W. Bonß. Frankfurt/Main: Suhrkamp, 7-45.

Beckermann, Ansgar. 1979. Intentionale vs. kausale Handlungserklärungen. In *Handlungstheorien - interdisziplinär, Bd. II.2*, hg. v. H. Lenk. München, 7-84.

Bergsch, Daniela. 1997. Zum Einsatz von Supervision in der Personalentwicklung von Unternehmen. Entwicklung, Ausprägungen, Evaluation. Unveröff. Diplomarbeit, Universität zu Köln.

Berthold, Hans-Joachim, Diether Gebert, Barbara Rehmann und Lutz von Rosenstiel. 1980. Schulung von Führungskräften - eine empirische Untersuchung über Bedingungen und Effizienz. *Zeitschrift für Organisation* 49:221-229.

Biedermann, Christof. 1989. *Subjektive Führungstheorien: Die Bedeutung guter Führung für Schweizer Führungskräfte*. Bern u.a.: Haupt.

Birkhan, Georg. 1995. Rekonstruktion Persönlicher Theorien. In *Management-Diagnostik. 2., vollst. überarb. u. erw. Aufl*, hg. v. W. Sarges. Göttingen: Hogrefe, 497-515.

Böning, Uwe. 1989. Coaching: Zur Rezeption eines Führungsinstruments in der Praxis. *Personalführung* (12):1149-1151.

Böning, Uwe. 2000. Coaching: Siegeszug eines Personalentwicklungs-Instruments. Eine 10-Jahres Bilanz. In *Handbuch Coaching*, hg. v. C. Rauen. Göttingen: Verlag für Angewandte Psychologie, 17-39.

Böning, Uwe und Brigitte Fritschle. 1997. *Veränderungsmanagement auf dem Prüfstand*. Freiburg/Breisgau: Haufe.

Böswetter, Susann. 1996. Mitarbeitercoaching als Instrument der PE - Evaluation von Coaching-Maßnahmen in der Sparkasse Leipzig: Unveröff. Diplomarbeit, Universität Leipzig.

Bovet, Gislinde. 1993. *Wie sieht guter Psychologieunterricht aus?* Frankfurt/Main: Lang.

Brehm, Jack W. und Arthur R. Cohen. 1962. *Explorations in cognitive dissonance.* New York: Wiley.

Breuer, Franz. 1979. *Psychologische Beratung und Therapie in der Praxis.* Heidelberg: Quelle & Meyer.

Breuer, Franz. 1991. *Analyse beraterisch-therapeutischer Tätigkeit. Methoden zur Untersuchung individueller Handlungssysteme klinisch-psychologischer Praktiker. Arbeiten zur sozialwissenschaftlichen Psychologie, Heft 22.* Münster: Aschendorff.

Brinkmann, Ralf D. 1994. *Mitarbeiter-Coaching: Der Vorgesetzte als Coach seiner Mitarbeiter. (Arbeitshefte Führungspsychologie, Band 22).* Heidelberg: Sauer.

Brinkmann, Ralf D. 1997. *Mitarbeiter-Coaching: Der Vorgesetzte als Coach seiner Mitarbeiter. (Arbeitshefte Führungspsychologie, Band 22) 2. Aufl.* Heidelberg: Sauer.

Bronner, Rolf, Wolfgang Appel und Torsten Wulf. 1998. Deutschsprachige und amerikanische Organisationsforschung - Ziele, Themen und Methoden im empirischen Vergleich. Arbeitspapier zur empirischen Organisationsforschung Nr. 11. Mainz: Johannes Gutenberg-Universität Mainz, Lehrstuhl für ABWL und Organisation.

Brotman, Lloyd E., William P. Liberi und Karol M. Waslyshyn. 1998. Executive Coaching: The need for standards of competence. *Consulting Psychology Journal: Practice & Research* 50 (1):40-46.

Brüning, Marietta. 1994. Coaching - Möglichkeiten und Grenzen eines individualistischen Personalentwicklungsinstruments. Unveröff. Diplomarbeit, Universität Trier.

Brunstein, Joachim C., Oliver C. Schultheiss und Ruth Graessmann. 1998. Personal Goals and Emotional Well-Being: The Moderating Role of Motive Dispositions. *Journal of Personality and Social Psychology* 75 (2):494-508.

Bülow, Marion. 1999. Qualitätsmanagement bei Bildungsträgern durch einrichtungsbezogene Beratung, Qualifizierung und Coaching. Unveröff. Diplomarbeit, Universität Hamburg.

Burla, Stephan, Andres Alioth, Felix Frei und Werner R. Müller. 1995. *Die Erfindung von Führung. Vom Mythos der Machbarkeit in der Führungsausbildung.* Zürich: Verlag der Fachvereine.

Campbell, Jennifer D. 1986. Similarity and uniqueness: The effects of attribute type, relevance, and individual differences in self-esteem and depression. *Journal of Personality and Social Psychology* 50:281-294.

Carlsmith, J. Merrill, Barry E. Collins und Robert L. Helmreich. 1966. Studies in forced compliance: I. The effect of pressure for compliance on attitude change produced by face-to-face role playing and anonymous essay writing. *Journal of Personality and Social Psychology* 4:1-13.

Christensen, Oscar C., James R. Bitter, Clair Hawes und William G. Nicoll. 1997. *Strategies & techniques in brief therapy: Individuals, couples and families.* Boca Raton, FL: Adlerian Training Institute.

Christmann, Ursula und Norbert Groeben. 1996. Reflexivity and Learning: Problems, Perspectives, and Solutions. In *The Structure of the Learning Process,* hg. v. J. Valsiner und H.-G. Voss. Norwood, NJ: Ablex, 45-85.

Church, Allan H. 1997. Managerial Self-Awareness in High-Performing Individuals in Organizations. *Journal of applied psychology* 82 (2):281-292.

Cohn, Ruth C. 1983 [1975]. *Von der Psychoanalyse zur themenzentrierten Interaktion.* Stuttgart: Klett-Cotta.

Collins, Sharon. 2001. Coaching: Preliminary survey findings. *Selection and Development Review* 17 (1):3-7.

Corsini, Raymond J. 1981. Preface. In *Handbook of Innovative Psychotherapies*, hg. v. R. J. Corsini. New York: Wiley, ix-xiii.

Cranach, Mario von. 1983. Über die bewußte Repräsentation handlungsbezogener Kognitionen. In *Kognition und Handeln*, hg. v. L. Montada, K. Reusser und G. Steiner. Stuttgart: Klett-Cotta, 64-76.

Cranach, Mario von. 1994. Die Unterscheidung von Handlungstypen. Ein Vorschlag zur Weiterentwicklung der Handlungspsychologie. In *Die Handlungsregulationstheorie. Von der Praxis einer Theorie*, hg. v. B. Bergmann und P. Richter. Göttingen: Hogrefe, 69-88.

Cranach, Mario von. 1997. Handlungstypen als soziale Prototypen: eine Rahmentheorie. In *Bericht über den 40. Kongreß der DGfPs, München 1996*, hg. v. H. Mandl. Göttingen: Hogrefe, 559-565.

Cranach, Mario von und Adrian Bangerter. 2000. Wissen und Handeln in systemischer Perspektive: Ein komplexes Problem. In *Die Kluft zwischen Wissen und Handeln. Empirische und theoretische Lösungsansätze*, hg. v. H. Mandl und J. Gerstenmaier. Göttingen: Hogrefe, 221-252.

Cranach, Mario von, Willem Doise und Gabriel Mugny, Hg. 1992. *Social representations and the social bases of knowledge.* Göttingen: Hogrefe.

Cromwell, Susan E. 2000. Examining the effect of organizational support, management support, and peer support on transfer of training. Doctoral Diss., The Pennsylvania State University.

Csikszentmihalyi, Mihaly. 1975. *Beyond boredom and anxiety.* San Francisco: Jossey-Bass.

Csikszentmihalyi, Mihaly. 1990. *Flow: The psychology of optimal experience.* New York, NY: Harper Perennial.

Dachler, H. Peter. 1988. Führungsstil Schweiz. Erfahrungen und Konsequenzen für die Praxis. *Die Unternehmung* 42 (4):297-307.

Dann, Hanns-Dietrich. 1983. Subjektive Theorien: Irrweg oder Forschungsprogramm? Zwischenbilanz eines kognitiven Konstrukts. In *Kognition und Handeln*, hg. v. L. Montada, K. Reusser und G. Steiner. Stuttgart: Klett-Cotta, 77-92.

Dann, Hanns-Dietrich. 1992a. Subjective theories and their social foundation in education. In *Social representations and the social bases of knowledge*, hg. v. M. v. Cranach, W. Doise und G. Mugny. Göttingen: Hogrefe, 161-168.

Dann, Hanns-Dietrich. 1992b. Variation von Lege-Strukturen zur Wissensrepräsentation. In *Struktur-Lege-Verfahren als Dialog-Konsens-Methodik*, hg. v. B. Scheele. Münster: Aschendorff, 2-41.

Dann, Hanns-Dietrich. 1994. Pädagogisches Verstehen: Subjektive Theorien und erfolgreiches Handeln von Lehrkräften. In *Verstehen. Psychologischer Prozeß und didaktische Aufgabe*, hg. v. K. Reusser und M. Reusser-Weyeneth. Bern: Huber, 163-182.

Dann, Hanns-Dietrich und Anne-Rose Barth. i.E. (Manuskript 1999). Die Interview- und Legetechnik zur Rekonstruktion kognitiver Handlungsstrukturen (ILKHA). In *Bilanz qualitativer Forschung. Band II: Methoden, 2. Aufl.*, hg. v. E. König und P. Zedler. Weinheim: Deutscher Studien Verlag.

Dann, Hanns-Dietrich, Theodor Diegritz und Heinz S. Rosenbusch, Hg. 1999. *Gruppenunterricht im Schulalltag. Realität und Chancen.* Erlangen: Universitätsbund Erlangen-Nürnberg.

Dann, Hanns-Dietrich und Winfried Humpert. 1987. Eine empirische Analyse der Handlungswirksamkeit Subjektiver Theorien von Lehrern in aggressionshaltigen Unterrichtssituationen. *Zeitschrift für Sozialpsychologie* 18:40-49.

Dann, Hanns-Dietrich, Winfried Humpert, Frank Krause und Kurt-Christian Tennstädt, Hg. 1982. *Analyse und Modifikation subjektiver Theorien von Lehrern. Zentrum I Bildungsforschung/SFB 23, Forschungsbericht 43.* Konstanz: Universität Konstanz.

Dann, Hanns-Dietrich, Kurt-Christian Tennstädt, Winfried Humpert und Frank Krause. 1987. Subjektive Theorien und erfolgreiches Handeln von Lehrern/-innen bei Unterrichtskonflikten. *Unterrichtswissenschaft* 15:306-320.

Datler, Wilfried. 1995. Apperzeption, tendenziöse. In *Wörterbuch der Individualpsychologie, 2. Aufl.,* hg. v. R. Brunner und M. Titze. München/Basel: Reinhardt, 37-39.

Diedrich, Richard C. 1996. An iterative approach to executive coaching. *Consulting Psychology Journal: Practice & Research* 48 (2):61-66.

Digenti, Dori. 2001. Building a Learning Strategy for Leaders. *LineZine - e-magazine* (Fall):verfügbar über http://www.linezine.com/, Zugriff am 31.10.2001.

Dinkmeyer, Don Jr. und Len Sperry. 2000. *Counseling and Psychotherapy: An Integrated, Individual Psychology Approach, 3rd ed.* Upper Saddle River: Prentice-Hall.

Douglas, Christina A. und William H. Morley. 2000. *Executive coaching: An annotated bibliography.* Greensboro, NC: Center for Creative Leadership.

Dowd, E. Thomas. 1999. Why Don't People Change? What Stops Them From Changing? An Integrative Commentary on the Special Issue on Resistance. *Journal of Psychotherapy Integration* 9 (1):119-131.

Draycott, Simon und Alan Dabbs. 1998a. Cognitive dissonance 1: An overview of the literature and its integration into theory and practice in clinical psychology. *British Journal of Clinical Psychology* 37:341-353.

Draycott, Simon und Alan Dabbs. 1998b. Cognitive dissonance 2: A theoretical grounding of motivational interviewing. *British Journal of Clinical Psychology* 37:355-364.

Dreikurs, Rudolf. 1954. The psychological interview in medicine. *American Journal of Individual Psychology* 10:98-122.

Dreikurs, Rudolf. 1994. *Grundbegriffe der Individualpsychologie, 7. Aufl.* Stuttgart: Klett-Cotta.

Duffy, E.M. 1984. A feedback-coaching intervention and selected predictors in out placement. Doctoral Diss., Universtity of Oregon.

Dweck, Carol S., Chi yue Chiu und Ying yi Hong. 1995. Implicit theories: Elaboration and extension of the model. *Psychological Inquiry* 6 (4):322-333.

Dweck, Carol S. und Ellen L. Leggett. 1988. A social-cognitive approach to motivation and personality. *Psychological Review* 95 (2):256-273.

Eden, Colin und Chris Huxham. 1996. Action Research for Management Research. *British Journal of Management* 7:75-86.

Elfgen, Ralph und Beatrice Klaile. 1987. *Unternehmensberatung. Angebot, Nachfrage, Zusammenarbeit.* Stuttgart: Poeschel.

Epstein, Seymour und Edward J. O'Brian. 1973. The self-concept revisited. *American Psychologist* 28:404-416.

Ericsson, K. Anders und Herbert Alexander Simon. 1980. Verbal Reports as Data. *Psychological Review* 87 (3):215-251.

Ericsson, K. Anders und Herbert Alexander Simon. 1984. *Protocol Analysis*. Cambridge, MA: MIT Press.

Farr, Rob. 1987. Social representations: A French tradition of research. *Journal for the Theory of Social Behaviour* 17 (4):343-369.

Fengler, Jörg. 1997. Coaching im Kontext industrieller Produktion. Eine Falldarstellung. In *Die Kraft des personenzentrierten Ansatzes*, hg. v. D. Deter, K. Sander und B. Terjung. Köln: GwG-Verlag, 171-181.

Ferry, Luc. 2002. *Qu'est-ce qu'une vie réussie?* Paris: Grasset.

Festinger, Leon. 1957. *A theory of cognitive dissonance*. Stanford, CA: Stanford University Press.

Festinger, Leon und James M. Carlsmith. 1959. Cognitive consequences of forced compliance. *Journal of Abnormal and Social Psychology* 58:203-210.

Fiedler, Peter. 1996. Verhaltenstherapeutische Beratung. In *Lehrbuch der Verhaltenstherapie. Band 1: Grundlagen, Diagnostik, Verfahren, Rahmenbedingungen*, hg. v. J. Margraf. Berlin: Springer, 423-433.

Filipczak, Bob. 1998. The executive coach: Helper or healer? *Training* 35 (3):30-36.

Fischer-Epe, Marion. 2002. *Coaching: miteinander Ziele erreichen*. Reinbek: Rowohlt.

Flanagan, John C. 1954. The critical incident technique. *Psychological Bulletin* 51 (4):327-358.

Flick, Uwe. 1987. Methodenangemessene Gütekriterien in der qualitativ-interpretativen Forschung. In *Ein-Sichten. Zugänge zur Sicht des Subjekts mittels qualitativer Forschung*, hg. v. J. B. Bergold und U. Flick. Tübingen: DGVT, 247-262.

Flick, Uwe. 1989. *Vertrauen, Verwalten, Einweisen. Subjektive Vertrauenstheorien in sozialpsychiatrischer Beratung*. Wiesbaden: Deutscher Universitäts-Verlag.

Flick, Uwe, Hg. 1991a. *Alltagswissen über Gesundheit und Krankheit - Subjektive Theorien und soziale Repräsentation*. Heidelberg: Asanger.

Flick, Uwe. 1991b. Stationen des qualitativen Forschungsprozesses. In *Handbuch qualitative Sozialforschung*, hg. v. U. Flick, E. v. Kardorff, H. Keupp, L. v. Rosenstiel und S. Wolff. München: Psychologie Verlags Union, 148-175.

Flick, Uwe. 1999. *Qualitative Forschung, 4. Aufl.* Reinbek: Rowohlt.

Flick, Uwe. 2000a. Konstruktivismus. In *Qualitative Forschung. Ein Handbuch*, hg. v. U. Flick, E. v. Kardorff und I. Steinke. Reinbek: Rowohlt, 150-164.

Flick, Uwe. 2000b. Design und Prozess qualitativer Forschung. In *Qualitative Forschung. Ein Handbuch*, hg. v. U. Flick, E. v. Kardorff und I. Steinke. Reinbek: Rowohlt, 252-265.

Flick, Uwe. 2000c. Trinangulation in der qualitativen Forschung. In *Qualitative Forschung. Ein Handbuch*, hg. v. U. Flick, E. v. Kardorff und I. Steinke. Reinbek: Rowohlt, 309-318.

Foster, Sandra und Jennifer Lendl. 1996. Eye movement de-sensitization and reprocessing: Four case studies of a new tool for executive coaching and restoring employee performance after set-backs. *Consulting Psychology Journal: Practice & Research* 52:201-205.

Frankfurt, Harry G. 1981. Willensfreiheit und der Begriff der Person. In *Analytische Philosophie des Geistes*, hg. v. P. Bieri. Königstein/Taunus: Hain, 287-302.

Frei, Felix. 1985. *Im Kopf des Managers ... Zur Untersuchung Subjektiver Organisationstheorien von betrieblichen Führungskräften. Eine Skizze. Bremer Beiträge zur Psychologie Nr. 44.* Bremen: Universität Bremen.

Frisch, Michael H. 2001. The Emerging Role of the Internal Coach. *Consulting Psychology Journal: Practice & Research* 53 (4):240-250.

Fromm, Martin. 1987. *Die Sicht der Schüler in der Pädagogik: Untersuchung zur Behandlung der Sicht von Schüler in der pädagogischen Theoriebildung und in der quantitativen und qualitativen empirischen Forschung.* Weinheim: Beltz.

Fuchs, Matthias. 2001b. *Coaching als Integrationsinstrument bei Mergers and Acquisitions, Ebs-Forschung, Bd. 28.* Wiesbaden: Deutscher Universitäts-Verlag.

Fuchs-Brüninghoff, Elisabeth und Horst Gröner. 1999. *Zusammenarbeit erfolgreich gestalten. Eine Anleitung mit Praxisbeispielen.* München: dtv.

Furnham, Adrian. 1988. *Lay theories: everyday understanding of problems in the social sciences.* Oxford/New York: Pergamon Press.

Gale, Jonathan, Anne Liljenstrand, Joyce Pardieu und Delbert Nebeker. 2002. Coaching Survey: An In-Depth Analysis of Coaching Practices: From Background Information to Outcome Evaluation. San Diego, CA: California School of Organizational Studies at Alliant International University.

Garman, Andrew N., Deborah L. Whiston und Kenneth W. Zlatoper. 2000. Media Perceptions of Executive Coaching and the Formal Preparation of Coaches. *Consulting Psychology Journal: Practice & Research* 52:201-205.

Gebert, Diether. 1974. *Organisationsentwicklung. Probleme des geplanten organisatorischen Wandels.* Stuttgart: Kohlhammer.

Gebert, Diether. 1981. *Belastung und Beanspruchung in Organisationen.* Stuttgart: Poeschel.

Gebert, Diether. 2000. Zwischen Freiheit und Reglementierung - Widersprüchlichkeiten als Motor inkrementalen und transformationalen Wandels in Organisationen - eine Kritik des punctuated equilibrium-Modells. In *Organisatorischer Wandel und Transformation. Managementforschung 10,* hg. v. G. Schreyögg und P. Conrad. Wiesbaden: Gabler, 1-32.

Gebert, Diether und Sabine Boerner. 1999. The Open and Closed Corporation as Conflicting Forms of Organization. *The Journal of Applied Behavioral Science* 35 (3):341-359.

Gebert, Diether, Sabine Boerner und Wenzel Matiaske. 1998. Offenheit und Geschlossenheit in Organisationen: Zur Validierung eines Meßinstruments (FOGO: Fragebogen zur Offenheit/Geschlossenheit in Organisationen). *Zeitschrift für Arbeits- und Organisationspsychologie* 42 (N.F. 15) (1):15-26.

Gebert, Diether und Lutz von Rosenstiel. 1996. *Organisationspsychologie: Person und Organisation. 4. Aufl.* Stuttgart: Kohlhammer.

Gegner, Carol. 1997. Coaching: Theory and practice. Unpublished MA thesis, University of San Francisco, CA.

Geißler, Harald. 2000. *Organisationspädagogik.* München: Vahlen.

Gelso, Charles J. 1996. Applying theories in research: The interplay of theory and research in science. In *The Psychology Research Handbook,* hg. v. F. T. L. Leong und J. T. Austin. Thousand Oaks, CA: Sage, 359-368.

Gerstenmaier, Jochen und Heinz Mandl. 2000. Wissensanwendung im Handlungskontext: Die Bedeutung intentionaler und funktionaler Perspektiven für den Zusammenhang von Wissen und Handeln. In *Die Kluft zwischen Wissen und Handeln. Empirische und theoretische Lösungsansätze*, hg. v. H. Mandl und J. Gerstenmaier. Göttingen: Hogrefe, 290-321.

Geßner, Andreas. 2000. *Coaching - Modelle zur Diffusion einer sozialen Innovation in der Personalentwicklung*. Frankfurt/Main: Lang.

Gollwitzer, Peter M. 1993. Goal achievement: The role of intentions. *European Review of Social Psychology* 4:141-185.

Grant, Anthony M. 2000. Coaching psychology comes of age. *PsychNews* 4 (4):12-14.

Grant, Anthony M. 2001. Towards a Psychology of Coaching. Working paper. Sydney: Coaching Psychology Unit, School of Psychology, University of Sydney.

Grant, Anthony M. und J. Greene. 2001. *Coach Yourself: Make real change in your life*. London: Momentum Press.

Grawe, Klaus. 1998. *Psychologische Therapie*. Göttingen: Hogrefe.

Grawe, Klaus, Ruth Donati und Friederike Bernauer. 1995. *Psychotherapie im Wandel. Von der Konfession zur Profession*. 4. Aufl. Göttingen: Hogrefe.

Gray, Jeffrey A. 1990. Brain systems that mediate both emotion and cognition. *Cognition and Emotion* 4:269-288.

Greenberg, Leslie S. und Jeremy D. Safran. 1984. Integrating affect and cognition: A perspective on the process of therapeutic change. *Cognitive Therapy and Research* 8:559-578.

Greenberg, Leslie S. und Jeremy D. Safran. 1989. Emotion in Psychotherapy. *American Psychologist* 44:19-29.

Greenblatt, Edy. 2002. Work/Life Balance: Wisdom or Whining. *Organizational Dynamics* 31 (2):177-193.

Greif, Siegfried. 1999. Zukunftsaufgaben der Arbeits- und Organisationspsychologie zwischen Theorie und Praxis. In *Arbeits- und Organisationspsychologie*, hg. v. C. G. Hoyos und D. Frey. Weinheim: Psychologie Verlags Union, 672-686.

Greve, Werner. 1994. *Handlungserklärung. Die psychologische Erklärung menschlicher Handlungen*. Bern: Huber.

Groeben, Norbert. 1986. *Handeln, Tun, Verhalten als Einheiten einer verstehend-erklärenden Psychologie. Wissenschaftstheoretischer Überblick und Programmentwurf zur Integration von Hermeneutik und Empirismus*. Tübingen: Francke.

Groeben, Norbert. 1988a. Explikation des Konstrukts 'Subjektive Theorie'. In *Das Forschungsprogramm Subjektive Theorien. Eine Einführung in die Psychologie des reflexiven Subjekts*, hg. v. N. Groeben, D. Wahl, J. Schlee und B. Scheele. Tübingen: Francke, 17-24.

Groeben, Norbert. 1988b. (Wissenschaftliche) Erklärungsmöglichkeiten unter Rückgriff auf Subjektive Theorien. In *Das Forschungsprogramm Subjektive Theorien. Eine Einführung in die Psychologie des reflexiven Subjekts*, hg. v. N. Groeben, D. Wahl, J. Schlee und B. Scheele. Tübingen: Francke, 70-97.

Groeben, Norbert und Brigitte Scheele. 1977. *Argumente für eine Psychologie des reflexiven Subjekts*. Darmstadt: Steinkopff.

Groeben, Norbert und Brigitte Scheele. 2000. Dialog-Konsens-Methodik im Forschungsprogramm Subjektive Theorien / Dialogue-Hermeneutic Method and the "Research Program Subjective Theories". *Forum Qualitative Sozialforschung, Online-Journal* 1 (2):9 Absätze, verfügbar über http://www.qualitative-research.net/fqs-texte/2-00/2-00groebenscheele-d.htm, Zugriff am 20.1.2001.

Groeben, Norbert und Brigitte Scheele. 2002. Das epistemologische Subjektmodell als theorieintegrativer Rahmen - am Beispiel der Theorie persönlicher Konstrukte und der Attributionstheorie. In *Psychologie der Veränderung. Subjektive Theorien als Zentrum nachhaltiger Modifikationsprozesse*, hg. v. W. Mutzeck, J. Schlee und D. Wahl. Weinheim/Basel: Beltz, 191-201.

Groeben, Norbert, Diethelm Wahl, Jörg Schlee und Brigitte Scheele. 1988. *Das Forschungsprogramm Subjektive Theorien. Eine Einführung in die Psychologie des reflexiven Subjekts*. Tübingen: Francke.

Grün, Josef und Max Dorando. 1993. Coaching mit Meistern. Personalentwicklung konkret vor Ort. *Personalführung* 11:930-936.

Guest, David E. 2002. Perspectives on the study of work-life balance. *Social Science Information* 41:255-280.

Haag, Ludwig. 1999a. Die Qualität des Gruppenunterrichts im Lehrerwissen und Lehrerhandeln. In *Gruppenunterricht im Schulalltag. Realität und Chancen*, hg. v. H.-D. Dann, T. Diegritz und H. S. Rosenbusch. Erlangen: Universitätsbund Erlangen-Nürnberg, 301-330.

Habermas, Jürgen. 1971. Vorbereitende Bemerkungen zu einer Theorie der kommunikativen Kompetenz. In *Theorie der Gesellschaft oder Sozialtechnologie*, hg. v. J. Habermas und N. Luhmann. Frankfurt/Main: Suhrkamp, 101-140.

Häcker, Thomas H. 1999. *Widerstände in Lehr-Lern-Prozessen. Eine explorative Studie zur pädagogischen Weiterbildung von Lehrkräften*. Frankfurt/Main: Lang.

Hacker, Winfried. 1986. *Arbeitspsychologie. Psychische Regulation von Arbeitstätigkeiten*. Bern: Huber.

Hackett, Wanda L. 2000. Exploring the sense of self in the workplace. Doctoral Diss., The Fielding Institute, Santa Barbara, CA.

Hall, Douglas T., Karen L. Otazo und George P. Hollenbeck. 1999. Behind Closed Doors: What Really Happens in Executive Coaching. *Organizational Dynamics* 27 (3):39-53.

Hamann, Angelika und Johann J. Huber. 1991. *Coaching: Der Vorgesetzte als Trainer*. Darmstadt: Hoppenstedt.

Hancyk, Peggy. 2000. Coaching in the Corporate Environment. Unpubl. M.A. thesis, Department of Leadership and Training, Royal Roads University, Victoria, BC, Canada.

Hanke, Udo. 1991. *Analyse und Modifikation des Sportlehrer- und Trainerhandelns. Ein Integrationsentwurf*. Göttingen: Hogrefe.

Harmon-Jones, Eddie und Judson Mills, Hg. 1999a. *Cognitive Dissonance. Progress on a pivotal theory in social psychology*. Washington, DC: APA.

Harris, Michael. 1999. Look, it's an I-O psychologist ... no, it's a trainer ... no, it's an executive coach. *TIP* 36 (3):1-5.

Hart, Vicki, John Blattner und Staci Leipsic. 2001. Coaching Versus Therapy: A Perspective. *Consulting Psychology Journal: Practice & Research* 53 (4):229-237.

Hartmann-Kottek-Schroeder, Lotte. 1994. Gestalttherapie. In *Handbuch der Psychotherapie, 2 Bde., 3. Aufl.*, hg. v. R. J. Corsini und G. Wenninger. Weinheim: Psychologie Verlags Union, Bd. 1, 281-320.

Harvard Business Review. o.A. (1999). *Harvard Business Review on Change*. Boston: Harvard Business School Press.

Heckhausen, Heinz. 1976. Relevanz der Psychologie als Austausch zwischen naiver und wissenschaftlicher Verhaltenstheorie. *Psychologische Rundschau* 27:1-11.

Heckhausen, Heinz. 1977. Achievement motivation and its constructs: A cognitive model. *Motivation and Emotion* 1:283-329.

Heckhausen, Heinz. 1980. *Motivation und Handeln*. Berlin: Springer.

Heckhausen, Heinz. 1987a. Wünschen-Wählen-Wollen. In *Jenseits des Rubikon: Der Wille in den Humanwissenschaften*, hg. v. H. Heckhausen, P. M. Gollwitzer und F. E. Weinert. Berlin: Springer, 3-9.

Heckhausen, Heinz. 1987b. Vorsatz, Wille und Bedürfnis: Lewins frühes Vermächtnis und ein zugeschütteter Rubikon. In *Jenseits des Rubikon: Der Wille in den Humanwissenschaften*, hg. v. H. Heckhausen, P. M. Gollwitzer und F. E. Weinert. Berlin: Springer, 86-96.

Heckhausen, Heinz. 1989. *Motivation und Handeln. 2., völlig überarb. u. erg. Aufl.* Berlin: Springer.

Heckhausen, Heinz, Peter M. Gollwitzer und Franz E. Weinert, Hg. 1987. *Jenseits des Rubikon: Der Wille in den Humanwissenschaften*. Berlin: Springer.

Heckhausen, Heinz und Julius Kuhl. 1985. From wishes to action: The dead ends and short cuts on the long way to action. In *Goal-directed behavior: The concept of action in psychology*, hg. v. M. Frese und J. Sabini. Hillsdale, NJ: Erlbaum, 134-159.

Heckhausen, Heinz und Falko Rheinberg. 1980. Lernmotivation im Unterricht, erneut betrachtet. *Unterrichtswissenschaft* 8:7-47.

Heckhausen, Heinz und Bernard Weiner. 1972. The emergence of a cognitive psychology of motivation. In *New Horizons in Psychology 2*, hg. v. P. C. Dodwell. Harmondsworth: Penguin Books, 126-147.

Heinze, Thomas und Friedrich Thiemann. 1982. Kommunikative Validierung und das Problem der Geltungsbegründung. *Zeitschrift für Pädagogik* 28:635-642.

Helmke, Andreas und Falko Rheinberg. 1996. Anstrengungsvermeidung - Morphologie eines Konstruktes. In *Motivation und Lernen aus der Perspektive lebenslanger Entwicklung: Festschrift für Brigitte Rollett*, hg. v. C. Spiel, U. Kastner-Koller und P. Deimann. Münster: Waxmann, 207-224.

Helwig, Paul. 1967. *Charakterologie*. Freiburg/Breisgau: Herder.

Hofer, Manfred. 1986. *Sozialpsychologie erzieherischen Handelns. Wie das Denken und Verhalten von Lehrern organisiert ist*. Göttingen: Hogrefe.

Hohmann, Dirk. 1991. Coaching - Aufgabe der Personalentwicklung. Unveröff. Diplomarbeit, Fachhochschule Wilhelmshaven.

Holm-Hadulla, Rainer M. 2002. Coaching. *Psychotherapeut* 47:241-248.

Holtbernd, Thomas und Bernd Kochanek. 1999. *Coaching: Die zehn Schritte der erfolgreichen Managementbegleitung*. Köln: Bachem.

Hong, Ying yi, Chi yue Chiu, Carol S. Dweck, Derrick M. S. Lin und Wendy Wan. 1999. Implicit theories, attributions, and coping: A meaning system approach. *Journal of Personality & Social Psychology* 77 (3):588-599.

Hong, Ying-yi, Chi-yue Chiu, Carol S. Dweck und Russell Sacks. 1997. Implicit Theories and Evaluative Processes in Person Cognition. *Journal of Experimental Social Psychology* 33:296-323.

Hopf, Christel. 1991. Qualitative Interviews in der Sozialforschung. Ein Überblick. In *Handbuch qualitative Sozialforschung*, hg. v. U. Flick, E. v. Kardorff, H. Keupp, L. v. Rosenstiel und S. Wolff. München: Psychologie Verlags Union, 177-182.

Huber, Günter L. und Heinz Mandl, Hg. 1982. *Verbale Daten. Eine Einführung in die Grundlagen und Methoden der Erhebung und Auswertung.* Weinheim/Basel: Beltz.

Huber, Günter L. und Heinz Mandl. 1994. Verbalisationsmethoden zur Erfassung von Kognitionen im Handlungszusammenhang. In *Verbale Daten. Eine Einführung in die Grundlagen und Methoden der Erhebung und Auswertung.* 2., bearb. Aufl., hg. v. G. L. Huber und H. Mandl. Weinheim/Basel: Beltz, 11-42.

Huck, Heide H. 1989. Coaching. In *Handbuch Personalmarketing*, hg. v. H. Strutz. Wiesbaden: Gabler, 413-420.

Hudson, Frederic M. 1999. *The Handbook of Coaching.* San Francisco: Jossey-Bass.

Hugo-Becker, Annegret und Henning Becker. 1997. *Motivation. Neue Wege zum Erfolg.* München: Beck/dtv.

Humpert, Winfried. 1984. Gesagt - Getan? In *Analyse und Modifikation Subjektiver Theorien von Lehrern. Zentrum I Bildungsforschung/SFB 23, Forschungsberichte 43.* 3., korr. Aufl., hg. v. H.-D. Dann, W. Humpert, F. Krause und K.-C. Tennstädt. Konstanz: Universität Konstanz, 132-143.

Humpert, Winfried und Hanns-Dietrich Dann. 1988. *Das Beobachtungssystem BAVIS. Ein Beobachtungsverfahren zur Analyse von aggressionsbezogenen Interaktionen im Schulunterricht.* Göttingen: Hogrefe.

Humpert, Winfried und Hanns-Dietrich Dann. 2001. *KTM kompakt. Basistraining zur Störungsreduktion und Gewaltprävention.* Bern: Huber.

Innerhofer, Christian, Paul Innerhofer und Ewald Lang. 1999. *Leadership Coaching - Führen durch Analyse, Zielvereinbarung und Feedback.* Neuwied: Luchterhand.

Jacob, Daniel. 2002. Bedingungsfaktoren der Erhebung und Veränderung Persönlicher Konstrukte. In *Psychologie der Veränderung. Subjektive Theorien als Zentrum nachhaltiger Modifikationsprozesse*, hg. v. W. Mutzeck, J. Schlee und D. Wahl. Weinheim/Basel: Beltz, 202-215.

Jaeggi, Eva. 1997. *Zu heilen die zerstoßenen Herzen. Die Hauptrichtungen der Psychotherapie und ihre Menschenbilder.* Reinbek: Rowohlt.

Jones, Edward E., Harold H. Kelley und David E. Kanouse. 1971. *Atrribution. Perceiving the Causes of Behavior.* Morristown, NJ: General Learning Press.

Judge, William Q. und Jeffrey Cowell. 1997. The Brave New World of Executive Coaching. *Business Horizons* 40 (4):71-77.

Kallenbach, Christiane. 1996. *Subjektive Theorien: was Schüler und Schülerinnen über Fremdsprachenlernen denken.* Tübingen: Narr.

Kampa-Kokesch, Sheila. 2001. Executive coaching as an individually tailored consultation intervention: Does it increase leadership? Doctoral Diss., Western Michigan University.

Kampa-Kokesch, Sheila und Mary Z. Anderson. 2001. Executive Coaching A Comprehensive Review of the Literature. *Consulting Psychology Journal: Practice & Research* 53 (4):205-228.

Kaplan, Robert S. 1998. Innovation Action Research: Creating New Management Theory and Practice. *Journal of Management Accounting Research* 10:89-118.

Katz, Judith H. und Frederick A. Miller. 1996. Coaching leaders through cultural change. *Consulting Psychology Journal: Practice & Research* 48 (2):104-114.

Kefir, Nira. 1981. Impasse/priority therapy. In *Handbook of Innovative Psychotherapies*, hg. v. R. J. Corsini. New York: Wiley, 401-415.

Kefir, Nira und Raymond J. Corsini. 1974. Dispositional sets: A contribution to typology. *Journal of Individual Psychology* 30 (2):163-178.

Kegan, Robert. 1982. *The evolving self.* Cambridge: Harvard University Press.

Kegan, Robert. 1994. *Die Entwicklungsstufen des Selbst.* München: Kindt.

Kegan, Robert und Lisa Laskow Lahey. 2001. The Real Reason People Won't Change. *Harvard Business Review* (November):85-92.

Kehr, Hugo M. 1998. Strategien der Selbstüberlistung: Motivation und Willen trainieren. *Personalführung* 12:52-58.

Kehr, Hugo M. 1999. Entwurf eines konfliktorientierten Prozeßmodells von Motivation und Volition. *Psychologische Beiträge* 41 (1/2):20-43.

Kehr, Hugo M. 2001. Volition und Motivation: Zwischen impliziten Motiven und expliziten Zielen. *Personalführung* 15 (4):20-28.

Kehr, Hugo M., Petra Bles und Lutz von Rosenstiel. 1999a. Motivation von Führungskräften: Wirkungen, Defizite, Methoden. *Zeitschrift Führung + Organisation* 68 (1):4-9.

Kehr, Hugo M., Petra Bles und Lutz von Rosenstiel. 1999b. Self-regulation, self-Control, and management training transfer - The influence of training fulfillment on the development of commitment, self-efficacy, and motivation. *International Journal of Educational Research* 31 (6):487-498.

Kelly, George A. 1955. *The Psychology of Personal Constructs, 2 vols.* New York: Norton.

Kendall, Philip C. und Steven D. Hollon. 1981. Assessing self-referent speech: Methods in the measurement of self-statements. In *Assessment strategies for cognitive-behavioral interventions*, hg. v. P. C. Kendall und S. D. Hollon. New York: Academic Press, 85-118.

Keupp, Heiner, Hg. 1994. *Zugänge zum Subjekt. Perspektiven einer reflexiven Sozialpsychologie.* Frankfurt/Main: Suhrkamp.

Keupp, Heiner, Florian Straus und Wolfgang Gmür. 1989. Verwissenschaftlichung und Professionalisierung. Zum Verhältnis von technokratischer und reflexiver Verwendung am Beispiel psychosozialer Praxis. In *Weder Sozialtechnologie noch Aufklärung?*, hg. v. U. Beck und W. Bonß. Frankfurt/Main: Suhrkamp, 149-195.

Kiel, Frederick, Eric Rimmer, Kathryn Williams und Marilyn Doyle. 1996. Coaching at the top. *Consulting Psychology Journal: Practice & Research* 48 (2):67-77.

Kilburg, Richard R., Hg. 1996a. *Executive Coaching, Special Issue of Consulting Psychology Journal: Practice & Research, 48 (2).*

Kilburg, Richard R. 1996b. Executive coaching as an emerging competency in the practice of consultation. *Consulting Psychology Journal: Practice & Research* 48 (2):59-60.

Kilburg, Richard R. 1996c. Toward a conceptual understanding and definition of executive coaching. *Consulting Psychology Journal: Practice & Research* 48 (2):134-144.

Kilburg, Richard R. 2000. *Executive Coaching.* Washington, D.C.: American Psychological Association.

Kilburg, Richard R. 2001. Facilitating Intervention Adherence in Executive Coaching: A Model and Methods. *Consulting Psychology Journal: Practice & Research* 53 (4):251-267.

King, Laura A. 1995. Wishes, motives, goals and personal memories: Relations of measures of human motivation. *Journal of Personality* 63:985-1007.

Kleinberg, Jeffry A. 2001. A scholar-practitioner model for executive coaching: Applying theory and application within the emergent field of executive coaching. Doctoral Diss., The Fielding Institute, Santa Barbara, CA.

Klüver, Jürgen. 1979. Kommunikative Validierung - einige vorbereitende Bemerkungen zum Projekt 'Lebensweltanalyse von Fernstudenten'. In *Theoretische und methodologische Überlegungen zum Typus hermeneutisch-lebensgeschichtlicher Forschung. Werkstattbericht*, hg. v. T. Heinze. Hagen: FernUniversität, 69-84.

Knall, Hannelore. 1995. Coaching und Supervision. Instrumente der Personalentwicklung in Profit und Non-Profit Organisationen. Unveröff. Diplomarbeit, Universität-GSH Kassel.

König, Eckard. 1995b. Qualitative Forschung subjektiver Theorien. In *Bilanz qualitativer Forschung, Bd. 2: Methoden*, hg. v. P. Zedler. Weinheim: Deutscher Studien Verlag, 1-29.

König, Eckard und Gerda Volmer. 1994. *Systemische Organisationsberatung: Grundlagen und Methoden*. 3. Aufl. Weinheim: Deutscher Studien Verlag.

König, Eckard und Peter Zedler, Hg. 1995a. *Bilanz qualitativer Forschung, Bd. 1: Grundlagen qualitativer Forschung*. Weinheim: Deutscher Studienverlag.

Koonce, Richard. 1994. One on one. *Training and development* 48 (2):34-40.

Koreng, M. 1992. Coaching als Bestandteil der Personalentwicklung. Unveröffentl. Diplomarbeit, Universität Koblenz-Landau.

Kotter, John P. 1996. *Leading Change*. Boston: Harvard Business School Press.

Kotter, John P. 1999. *John P. Kotter on What leaders really do*. Boston: Harvard Business School Press.

Krampen, Günter. 1986. *Handlungsleitende Kognitionen von Lehrern*. Göttingen: Hogrefe.

Krummel, Kerstin. 2001. Coaching - ein neues Instrument der Personalentwicklung. Unveröff. Diplomarbeit, Fachhochschule Wilhelmshaven.

Kuhl, Julius. 1983a. *Motivation, Konflikt und Handlungskontrolle*. Berlin: Springer.

Kuhl, Julius. 1983b. Handlungs- und Lageorientierung als Vermittler zwischen Intention und Handeln. In *Kognitive und motivationale Aspekte der Handlung*, hg. v. W. Hacker, W. Volpert und M. v. Cranach. Berlin: VEB Deutscher Verlag der Wissenschaften, 76-95.

Kuhl, Julius. 1987. Motivations- und Handlungskontrolle: Ohne guten Willen geht es nicht. In *Jenseits des Rubikon: Der Wille in den Humanwissenschaften*, hg. v. H. Heckhausen, P. M. Gollwitzer und F. E. Weinert. Berlin: Springer, 101-120.

Laske, Otto E. 1999a. Transformative effects of coaching on executives' professional agenda. Doctoral Diss., Massachusetts School of Professional Psychology, Boston.

Laske, Otto E. 1999b. An Integrated Model of Developmental Coaching. *Consulting Psychology Journal: Practice & Research* 51 (3):139-159.

Latts, Mara G. und Charles J. Gelso. 1995. Countertransference behavior and management with survivors of sexual assault. *Psychotherapy* 32:405-415.

Laucken, Uwe. 1974. *Naive Verhaltenstheorie*. Stuttgart: Klett.

Lehmann, Winfried. 1995. Subjektive Theorien zur Gesprächsführung: Diagnose, Handlungswirksamkeit und Veränderbarkeit. Dissertation, Universität Heidelberg.

Lehmann-Grube, Sabine K. 1998a. Soziale Repräsentationen in Subjektiven Theorien von Lehrkräften über Unterrichtshandeln. In *Sozialpsychologie der Kognition: Soziale Repräsentationen, subjektive Theorien, soziale Einstellungen: Beiträge des 13. Hamburger Symposiums zur Methodologie der Sozialpsychologie*, hg. v. E. H. Witte. Lengerich: Pabst, 94-119.

Lehmann-Grube, Sabine K. 1998b. Wenn alle Gruppen arbeiten, dann ziehe ich mich zurück. Elemente Sozialer Repräsentationen in Subjektiven Theorien von Lehrkräften über ihren eigenen Gruppenunterricht. Dissertation, Institut für Psychologie II, Friedrich-Alexander-Universität, Erlangen-Nürnberg.

Lehmann-Grube, Sabine K. und Hanns-Dietrich Dann. 1999. Methodische Rekonstruktion der Innensicht. In *Gruppenunterricht im Schulalltag. Realität und Chancen*, hg. v. H.-D. Dann, T. Diegritz und H. S. Rosenbusch. Erlangen: Universitätsbund Erlangen-Nürnberg, 151-175.

Leleu, Pascal. 1995. *Le développement du potentiel des managers: la dynamique du coaching*. Paris: L'Harmattan.

Leutz, Grete Anna und Ernst Engelke. 1994. Psychodrama. In *Handbuch der Psychotherapie, 2 Bde., 3. Aufl.*, hg. v. R. J. Corsini und G. Wenninger. Weinheim: Psychologie Verlags Union, Bd. 2, 1008-1031.

Levesque, D. A., Janice M. Prochaska und James O. Prochaska. 1999. Stages of change and integrated service delivery. *Consulting Psychology Journal: Practice & Research* 51 (4):226-241.

Levinson, Daniel P. 1959. Role, personality and social structure in the organizational setting. *Journal of Abnormal and Social Psychology* 58:170-180.

Levinson, Harry. 1996. Executive coaching. *Consulting Psychology Journal: Practice & Research* 48 (2):115-123.

Looss, Wolfgang. 1991. *Coaching für Manager - Problembewältigung unter vier Augen*. Landsberg/Lech: verlag moderne industrie.

Looss, Wolfgang. 1997. *Unter vier Augen: Coaching für Manager. 4., völlig überarb. Aufl.* Landsberg/Lech: verlag moderne industrie.

Losoncy, Lew. 1981. Encouragement therapy. In *Handbook of Innovative Psychotherapies*, hg. v. R. J. Corsini. New York: Wiley, 286-298.

Lummer, Christian. 1994. *Subjektive Theorien und Integration*. Weinheim: Deutscher Studien Verlag.

Lyons, Denise. 1999. Freer to be me: The development of executives at midlife. Doctoral Diss., Kaplan.

Machan, Dyan. 1988. Sigmund Freud meets Henry Ford. *Forbes* (June 13, 1988):120.

Markus, Hazel und Elissa Wurf. 1987. The dynamic self-concept: A social psychological perspective. *Annual Review of Psychology* 38:299-337.

Marlinghaus, Robert. 1995. Coaching als Instrument der Führungskräfteentwicklung. Eine empirische Untersuchung bei Unternehmen und Coaches. Unveröff. Diplomarbeit, Universität Bayreuth.

Matzner, Klaus Uwe. 1996. Coaching im Outplacement. Unveröff. Diplomarbeit, FB11, Fachhochschule München.

Mayring, Philipp. 1989. Die qualitative Wende. Grundlagen, Techniken und Integrationsmöglichkeiten qualitativer Forschung in der Psychologie. In *Bericht über den 36. Kongreß der DGfPs in Berlin*, hg. v. W. Schönpflug. Göttingen: Hogrefe, 306-313.

Mayring, Philipp. 1999. *Einführung in die qualitative Sozialforschung. Eine Anleitung zu qualitativem Denken, 4. Aufl.* Weinheim: Beltz.

Mayring, Philipp. 2000. *Qualitative Inhaltsanalyse. Grundlagen und Techniken, 7. Aufl.* Weinheim: Deutscher Studien Verlag.

McClelland, David C., Richard Koestner und Joel Weinberger. 1989. How do self-attributed and implicit motives differ? *Psychlogical Review* 96:690-702.

McConnell, Allen R. 2001. Implicit theories: Consequences for social judgments of individuals. *Journal of Experimental Social Psychology* 37:215-227.

McGovern, Joy, Michael Lindemann, Monica Vergara, Stacey Murphy, Linda Barker und Rodney Warrenfeltz. 2001. Maximizing the Impact of Executive Coaching: Behavioral Change, Organizational Outcomes, and Return on Investment. *The Manchester Review* 6 (1):3-11.

McNiff, Jean und Jack Whitehead 2001. *Action Research in Organisations.* London/New York: Routledge.

Meißner, Daniela. 1998. Coaching. Ein neues Instrument der Personalentwicklung. Unveröff. Diplomarbeit, Universität Augsburg.

Merkens, Hans. 2000. Auswahlverfahren, Sampling, Fallkonstruktion. In *Qualitative Forschung. Ein Handbuch*, hg. v. U. Flick, E. v. Kardorff und I. Steinke. Reinbek: Rowohlt, 286-299.

Merton, Robert K. und Patricia L. Kendall. 1979 [1945/46]. Das Fokussierte Interview (Übersetzung des amerik. Originals). In *Qualitative Sozialforschung*, hg. v. C. Hopf und J. Weingarten. Stuttgart: Klett-Cotta, 171-204.

Michel, Kathrin. 1996. Benchmarking-Studie zum Thema "Coaching als innovatives Instrument der Personalentwicklung" im Auftrag der Volkswagen Coaching GmbH und unter Beteiligung von 20 Unternehmen. Unveröff. Diplomarbeit, Universität Witten/Herdecke.

Miles, Matthew B. und A. Michael Huberman. 1994. *Qualitative data analysis: an expanded sourcebook, 2nd ed.* Thousand Oaks, CA: Sage.

Miller, Dale T. 1976. Ego involvement and attribution for success and failure. *Journal of Personality and Social Psychology* 34:901-906.

Miller, David J. 1990. The effect of managerial coaching on transfer of training. Doctoral Diss., United States International University.

Miller, George A., Eugene Galanter und Karl H. Pribram. 1973 [1960]. *Strategien des Handelns. Pläne und Strukturen des Verhaltens. Übers. d. amerik. Orig. "Plans and the structure of behavior" (New York: Holt).* Stuttgart: Klett.

Miller, William R. und Stephen Rollnick. 1991. *Motivational interviewing: Preparing people for change.* New York: Guilford.

Mohr, David C. 1995. Negative outcome in psychotherapy: A critical review. *Clinical Psychology: Science and Practice* 2 (1):1-27.

Moreno, Jakob L. 1934. *Who shall survive? A New Approach to the Problems of Human Interrelations.* Washington, DC: Nervous and mental disease Publishing Company.

Morse, Janice M., Hg. 1997. *Completing a qualitative project. Details and Dialogue.* Thousand Oaks, CA: Sage.

Mosak, Harold H. 1979. Adlerian psychotherapy. In *Current psychotherapies, 2nd ed.*, hg. v. R. J. Corsini. Itasca, IL.: Peacock, 44-94.

Mosak, Harold H. 1996. Adlerian Psychology. In *Concise Encyclopedia of psychology, 2nd ed.*, hg. v. R. J. Corsini und A. J. Auerbach. New York: Wiley, 13-15.

Mosak, Harold H. und Rudolf Dreikurs. 1973. Adlerian psychotherapy. In *Current psychotherapies, 1st ed.*, hg. v. R. J. Corsini. Itasca, IL.: Peacock, 35-83.

Mosak, Harold H. und Michael P. Maniacci. 1999. *A Primer of Adlerian Psychology.* Philadelphia, PA: Brunner/Mazel.

Moscovici, Serge und Gerard Duveen. 1998. The history and actuality of social representations. In *The psychology of the social*, hg. v. U. Flick. New York, NY: Cambridge University Press, 209-247.

Müller, Werner R. und Martin Hurter. 1999. Führung als Schlüssel zur organisationalen Lernfähigkeit. In *Führung - neu gesehen. Managementforschung 9*, hg. v. G. Schreyögg und J. Sydow. Berlin/New York: de Gruyter, 1-54.

Mutzeck, Wolfgang. 1988. *Von der Absicht zum Handeln: Rekonstruktion und Analyse Subjektiver Theorien zum Transfer von Fortbildungsinhalten in den Berufsalltag.* Weinheim: Deutscher Studien Verlag.

Mutzeck, Wolfgang, Jörg Schlee und Diethelm Wahl, Hg. 2002. *Psychologie der Veränderung. Subjektive Theorien als Zentrum nachhaltiger Modifikationsprozesse.* Weinheim/Basel: Beltz.

Naegele, Wolfgang. 1995. *Beratungsverträge: kompakte Informationen und Formulierungshilfen für verschiedene Beratungsanlässe. 2. Aufl.* Planegg/München: WRS, Verlag Wirtschaft, Recht und Steuern.

Neisser, Ulric. 1974. *Kognitive Psychologie. Übersetzung des amerikan. Originals "Cognitive Psychology" (New York, 1967).* Stuttgart.

Neisser, Ulric. 1979. *Kognition und Wirklichkeit. Übersetzung des amerikan. Originals "Cognition and Reality" (San Francisco, 1977).* Stuttgart: Klett.

Neveling, Alexander. 2002. Theorie und Praxis der Kollegialen Handlungsplanung (KoHaPla). In *Psychologie der Veränderung. Subjektive Theorien als Zentrum nachhaltiger Modifikationsprozesse*, hg. v. W. Mutzeck, J. Schlee und D. Wahl. Weinheim/Basel: Beltz, 144-189.

Nicoll, William G. 1999. Brief Therapy Strategies and Techniques. In *Internventions and Strategies in Counseling and Psychotherapy*, hg. v. R. E. Watts und J. Carlson. Philadelphia: Accelerated Development. Taylor & Francis Group, 15-30.

Nieder, Peter. 1997a. Auch Vorgesetzte müssen lernen: Instrumente der Personalführung. *Personalführung* 30 (9):882-891.

Nisbett, Richard E. und Nancy Bellows. 1977. Verbal Reports about Causal influences on social judgements: Private access versus public theories. *Journal of Personality and Social Psychology* 35 (9):613-624.

Nisbett, Richard E. und Timothy D. Wilson. 1977a. Telling More than We Can Know: Verbal Reports on Mental Processes. *Psychological Review* 84 (3):231-259.

Nisbett, Richard E. und Timothy D. Wilson. 1977b. The halo effect: Evidence for unconcious alterations of judgements. *Journal of Personality and Social Psychology* 35 (4):250-256.

Obliers, Rainer. 1992. Die programmimmanente Güte der Dialog-Konsens-Methodik: Approximation an die ideale Sprechsituation. In *Struktur-Lege-Verfahren als Dialog-Konsens-Methodik. Ein Zwischenfazit zur Forschungsentwicklung bei der Erhebung Subjektiver Theorien*, hg. v. B. Scheele. Münster: Aschendorff

O'Hefferman, Patrick. 1986. Silicon Valley's Success Coach. *Santa Clara County Business* (Apr 86):23.

Okken, H. 2000. Coaching als Methode der Personalentwicklung. Eine empirische Untersuchung zur Verbreitung unterschiedlicher Methoden der Personalentwicklung in mittelständischen Unternehmen. Unveröff. Diplomarbeit, Fachhochschule Münster.

Olivero, Gerald, K. Denise Bane und Richard E. Kopelman. 1997. Executive Coaching as a transfer of training tool: Effects on productivity in a public agency. *Public Personnel Management* 26 (4):461-469.

Orenstein, Ruth L. 2000. Executive coaching: An integrative model. Doctoral Diss., G.S.A.P.P., Rutgers The State University of New Jersey.

Orpen, Christopher. 1999. The coaching role of managers in developing competencies. *Competency* 6 (33):32-35.

Osterloh, Margit. 1993. *Interpretative Organisations- und Mitbestimmungsforschung: eine methodologische Standortbestimmung.* Stuttgart: Schäffer-Poeschel.

Ostheider, Doris. 1998. Coaching - Theoretische Grundlagen und praktischer Ansatz am Beispiel der CoachingAkademie Bielefeld. Unveröff. Diplomarbeit, Universität Bielefeld.

Paetsch, Gert-Holger und Georg Birkhan. 1990. Das subjektive Konstrukt "Vertrauen" in der Therapeut-Patient-Beziehung - untersucht mit Hilfe der Struktur-Lege-Technik (SLT). In *Ein-Sichten. Zugänge zur Sicht des Subjekts mittels qualitativer Forschung,* 2. Aufl., hg. v. J. B. Bergold und U. Flick. Tübingen: DGVT, 71-84.

Patton, Michael Q. 1990. *Qualitative evaluation and research methods, 2nd print., 2nd ed.* Newbury Park, CA: Sage.

Perls, Frederick. 1974 [1969]. *Gestalttherapie in Aktion. Übers. d. amerik. Orig. (1969).* Stuttgart: Klett-Cotta.

Peterson, David B. 1993. Skill learning and behavior change in an individually tailored management coaching and training program. Doctoral Diss., University of Minnesota.

Peterson, David B. 1996. Executive coaching at work: The art of one-on-one change. *Consulting Psychology Journal: Practice & Research* 48 (2):78-86.

Pew, Wilmer L. 1978. Die Priorität Nummer eins. In *Bericht über den 13. Kongreß der Internationalen Vereinigung für Individualpsychologie in München 1976. Beiträge zur Individualpsychologie, Bd. 1,* hg. v. R. Kausen und F. Mohr. München: Reinhardt, 124-131.

Pfeffer, Jeffrey und Robert I. Sutton. 2000. *The Knowing-Doing Gap: How Smart Companies Turn Knowledge into Action.* Boston: Harvard Business School Press.

Phillips, Jack J. 1997. *Return on Investment in Training and Performance Improvement Programs.* Houston: Gulf Publishing Company.

Porep, Rüdiger. 1983. Rechtliche Fragen und Probleme in der Psychotherapie und Beratung. *Mitteilungen der DGIP e.V., DGIP - intern extra 1983.*

Powers, Robert L. und Jane Griffith. 1987. *Understanding life-style: the psycho-clarity process.* Chicago: The Americas Institute of Adlerian Studies.

Prochaska, Janice M. 2000. A transtheoretical model for assessing organizational change: A study of family service agencies' movement to time-limited therapy. *Families in Society* 81 (1):76-84.

Pühl, Harald. 2000b. Einzel-Supervision - Coaching - Leistungsberatung: Drei Begriffe für dieselbe Sache? In *Handbuch der Supervision, 2., überarb. Aufl.,* hg. v. H. Pühl. Berlin: Edition Marhold im Wissenschaftsverlag Spiess, 100-111.

Rauen, Christopher. 1999. *Coaching.* Göttingen: Verlag für angewandte Psychologie.

Rauen, Christopher, Hg. 2000a. *Handbuch Coaching.* Göttingen: Verlag für Angewandte Psychologie.

Rauen, Christopher. 2000b. Der Ablauf eines Coaching-Prozesses. In *Handbuch Coaching,* hg. v. C. Rauen. Göttingen: Verlag für Angewandte Psychologie, 171-187.

Reason, Peter und Hilary Bradbury, Hg. 2001. *Handbook of Action Research.* Thousand Oaks, CA: Sage.

Rechtien, Wolfgang. 1997. *Paradigmen, Modelle und Methoden der Beratung - einführender Überblick. Doppelkurseinheit.* Hagen: FernUniversität.

Regnet, Erika. 1992. *Konflikte in Organisationen. Formen, Funktion und Bewältigung.* Göttingen: Verlag für Angewandte Psychologie.

Reiß, Michael, Lutz von Rosenstiel und Anette Lanz, Hg. 1997. *Change Management.* Stuttgart: Schäffer-Poeschel.

Renner, Britta und Ralf Schwarzer. 2000. Gesundheit: Selbstschädigendes Verhalten trotz Wissen. In *Die Kluft zwischen Wissen und Handeln. Empirische und theoretische Lösungsansätze,* hg. v. H. Mandl und J. Gerstenmaier. Göttingen: Hogrefe, 25-50.

Rex, Carmen-Maja. 1998. Coaching durch den Vorgesetzten - Determinanten für den Erfolg im Vertrieb am Beispiel einer Großbank. Unveröff. Diplomarbeit, Fakultät für Psychologie, Universität Bochum.

Rheinberg, Falko. 2000. *Motivation, 3. Aufl.* Stuttgart: Kohlhammer.

Richardson, Laurel. 1994. Writing. A Method of Inquiry. In *Handbook of qualitative research,* hg. v. N. K. Denzin und Y. S. Lincoln. Thousand Oaks, CA: Sage, 516-529.

Richter, Carina. 1997. Coaching - eine Untersuchung zur Analyse und Implementierung geeigneter Konzepte zu Veränderungsprozessen im Handlungsrepertoire von Managern. Unveröff. Diplomarbeit, Universität Hildesheim.

Robbins, Steven B. und Michael P. Jilkovski. 1987. Managing countertransference: An interactional model using awareness of feeling and theoretical framework. *Journal of Counseling Psychology* 34:276-282.

Rogers, Carl R. 1942. *Counseling and Psychotherapy.* Cambridge, Mass.

Rogers, Carl R. 1951. *Client-centered therapy: Its current practice, implications, and theory.* Boston: Houghton Mifflin.

Rogers, Carl R. 1973 [1961]. *Entwicklung der Persönlichkeit. Übers. d. amerik. Originals (1961).* Stuttgart: Klett-Cotta.

Rogers, Carl R. 1983. *Die klientenzentrierte Gesprächspsychotherapie.* Frankfurt/Main: Fischer.

Rollnick, Stephen und William R. Miller. 1995. What is Motivational Interviewing? *Behavioral and Cognitive Psychotherapy* 23 (4):325-334.

Rorty, Richard. 1989. *Kontingenz, Ironie und Solidarität. Übers. des amerik. Originals Contingency, Irony and Solidarity (Cambridge: Cambridge University Press 1989).* Frankfurt/Main: Suhrkamp.

Rosenstiel, Lutz von. 1993. Entwicklung und Training von Führungskräften. In *Führung von Mitarbeitern. Handbuch für erfolgreiches Personalmanagement, 2. überarb. u. erw. Aufl,* hg. v. L. v. Rosenstiel, E. Regnet und M. Domsch. Stuttgart: Schäffer-Poeschel, 59-75.

Rosenstiel, Lutz von. 2000a. *Grundlagen der Organisationspsychologie, 4. überarb. u. erw. Aufl.* Stuttgart: Schäffer-Poeschel.

Rosenstiel, Lutz von. 2000b. Organisationsanalyse. In *Qualitative Forschung. Ein Handbuch,* hg. v. U. Flick, E. v. Kardorff und I. Steinke. Reinbek: Rowohlt, 224-238.

Rosenstiel, Lutz von. 2000c. Wissen und Handeln in Organisationen. In *Die Kluft zwischen Wissen und Handeln. Empirische und theoretische Lösungsansätze,* hg. v. H. Mandl und J. Gerstenmaier. Göttingen: Hogrefe, 96-138.

Rosenstiel, Lutz von. 2001. Motivation - kein Thema von gestern. *Personalführung* 15 (4):1-2.

Roth, Wolfgang L., Marietta Brüning und Joachim Edler. 1999 [1995]. Coaching - Reflexionen und empirische Daten zu einem neuen Personalentwicklungsinstrument. In *Supervision und Coaching, 5. unveränd. Aufl.*, hg. v. F.-W. Wilker. Bonn: Deutscher Psychologen Verlag, 201-224.

Rückerl, Thomas. 1990. Psychologische Grundlagen des Coaching. Unveröff. Diplomarbeit, FB Psychologie, Universität Hamburg.

Rückle, Horst. 1992. *Coaching*. Düsseldorf: Econ.

Rückle, Horst. 1999. Coaching. In *Handbuch der Personalberatung. Realität und Mythos einer Profession*, hg. v. T. Sattelberger. München: Beck, 311-326.

Rückle, Horst. 2000. *Coaching: so spornen Manager sich und andere zu Spitzenleistungen an*. Landsberg/Lech: verlag moderne industrie.

Rüegg-Stürm, Johannes. 2000. Jenseits der Machbarkeit - Idealtypische Herausforderungen tiefgreifender Wandelprozesse aus einer systemisch-relational-konstruktivistischen Perspektive. In *Organisatorischer Wandel und Transformation. Managementforschung 10*, hg. v. G. Schreyögg und P. Conrad. Wiesbaden: Gabler, 195-237.

Ruthe, Reinhold. 1981. Die Priorität Nummer Eins in der Paar-Therapie. *Zeitschrift für Individualpsychologie* 6:152-158.

Saporito, Thomas J. 1996. Business-linked executive development. *Consulting Psychology Journal: Practice & Research* 48 (2):96-103.

Sawczuk, Michael P. 1991. Transfer-of-training: Reported perceptions of participants of a coaching study in six organizations. Doctoral Diss., University of Minnesota.

Scheele, Brigitte. 1988. Rekonstruktionsadäquanz: Dialog-Hermeneutik. In *Das Forschungsprogramm Subjektive Theorien. Eine Einführung in die Psychologie des reflexiven Subjekts*, hg. v. N. Groeben, D. Wahl, J. Schlee und B. Scheele. Tübingen: Francke, 126-179.

Scheele, Brigitte. 1990. *Emotionen als bedürfnisrelevante Bewertungszustände. Grundriß einer epistemologischen Emotionstheorie*. Tübingen: Francke.

Scheele, Brigitte, Hg. 1992. *Struktur-Lege-Verfahren als Dialog-Konsens-Methodik*. Münster: Aschendorff.

Scheele, Brigitte und Norbert Groeben. 1979. *Zur Rekonstruktion von subjektiven Theorien mittlerer Reichweite. Bericht Nr. 18 aus dem Psychologischen Institut der Universität Heidelberg*. Heidelberg: Psychologisches Institut der Universität Heidelberg.

Scheele, Brigitte und Norbert Groeben. 1988. *Dialog-Konsens-Methoden zur Rekonstruktion Subjektiver Theorien: die Heidelberger Struktur-Lege-Technik (SLT), konsensuale Ziel-Mittel- Argumentation und kommunikative Flussdiagramm-Beschreibung von Handlungen*. Tübingen: Francke.

Schein, Edgar H. 1969. *Process Consultation*. Reading, MA: Addison-Wesley.

Schein, Edgar H. 1990. Organisationsberatung: Wissenschaft, Technologie oder Philosophie. In *Supervision und Beratung*, hg. v. G. Fatzer und C. Eck. Köln: Edition Humanistische Psychologie, 409-419.

Schlee, Jörg. 1992. Beratung und Supervision in kollegialen Unterstützungsgruppen. In *Beratung-Training-Supervision*, hg. v. W. Pallasch, W. Mutzeck und H. Reimers. Weinheim: Juventa, 188-199.

Schlee, Jörg. 1994. Kollegiale Beratung und Supervision. *Die deutsche Schule* 86:496-505.

Schlee, Jörg. 1996. Veränderung Subjektiver Theorien durch Kollegiale Beratung und Supervision (KoBeSu). In *Kollegiale Supervision. Modelle zur Selbsthilfe für Lehrerinnen und Lehrer*, hg. v. J. Schlee und W. Mutzeck. Heidelberg: Edition Schindele, 149-167.

Schlegel, Cris E. 2000. Drei Expertenstrategien des Konfliktmanagements: Coaching, Supervision und Organisationsberatung im Vergleich. Unveröff. Diplomarbeit, Fachbereich Umwelt und Gesellschaft, Technische Universität Berlin.

Schlippe, Arist von und Jochen Schweitzer. 1996. *Lehrbuch der systemischen Therapie*. Göttingen: Vandenhoeck & Ruprecht.

Schmalt, Heinz-Dieter und Kurt Sokolowski. 2000. Zum gegenwärtigen Stand der Motivdiagnostik. *Diagnostica* 46 (3):115-123.

Schmidt, Bärbel. 1999. Coaching in der Führungskräfteentwicklung: eine qualitative Studie zur Einsetzung des Instruments Coaching aus Sicht von Personalentwicklern. Unveröff. Diplomarbeit, Universität Hamburg.

Schmidt, Gregor. 1995. *Business Coaching. Mehr Erfolg als Mensch und Macher*. Wiesbaden: Gabler.

Schmidt-Tanger, Martina. 1998. *Veränderungscoaching - kompetent verändern. NLP im Changemanagement, im Einzel- & Teamcoaching. Reihe Pragmatismus & Tradition, Bd. 60*. Paderborn: Junfermann.

Schmitz, Enno, Heinz Bude und Claus Otto. 1989. Beratung als Praxisform 'angewandter Aufklärung'. In *Weder Sozialtechnologie noch Aufklärung?*, hg. v. U. Beck und W. Bonß. Frankfurt/Main: Suhrkamp, 122-148.

Schoenacker, T. 1984. Wertskala zur Messung der Priorität und ihrer Probleme. *Sprache-Stimme-Gehör* 8:11-15.

Scholz, Christian. 2000. *Personalmanagement. Informationsorientierte und verhaltenstheoretische Grundlagen. 5. neubearb. u. erw. Aufl.* München: Vahlen.

Schottky, Albrecht. 1995. Prioritäten. In *Wörterbuch der Individualpsychologie, 2. Aufl.*, hg. v. R. Brunner und M. Titze. München/Basel: Reinhardt, 371-374.

Schreier, Margrit. 1997. Die Aggregierung Subjektiver Theorien: Vorgehensweise, Probleme, Perspektiven. *Kölner Psychologische Studien. Beiträge zur natur-, kultur-, sozialwissenschaftlichen Psychologie II* 1:37-71.

Schreyögg, Astrid. 1994. *Supervision: Didaktik & Evaluation. Integrative Supervision in der Praxis*. Paderborn: Junfermann.

Schreyögg, Astrid. 1999. *Coaching: eine Einführung für Praxis und Ausbildung, 4. Aufl.* Frankfurt/Main: Campus.

Schultheiss, Oliver C. und Joachim C. Brunstein. 1999. Goal Imagery: Bridging the Gap Between Implicit Motives and Explicit Goals. *Journal of Personality* 67 (1):1-38.

Schulz von Thun, Friedemann. 1989. *Miteinander Reden 2. Stile, Werte und Persönlichkeitsentwicklung. Differentielle Psychologie der Kommunikation*. Reinbek: Rowohlt.

Schulz von Thun, Friedemann. 1999 [1981]. *Miteinander Reden 1. Störungen und Klärungen. Allgemeine Psychologie der Kommunikation*. Reinbek: Rowohlt.

Schulz von Thun, Friedemann, Johannes Ruppel und Roswitha Stratmann. 2000. *Miteinander reden: Kommunikationspsychologie für Führungskräfte*. Reinbek: Rowohlt.

Schumpeter, Joseph A. 1942. *Capitalism, Socialism and Democracy*. New York, NY: Harper & Row.

Schütz, Alfred. 1953/54. Common Sense and scientific interpretation of human action. *Philosophy and Phenomenological Research* 16:1-37.

Schwarzer, Ralf. 1996. *Psychologie des Gesundheitsverhaltens, 2. Aufl.* Göttingen: Hogrefe.

Seidel, Ulrich. 1994. Individualpsychologie. In *Handbuch der Psychotherapie, 2 Bde., 3. Aufl.*, hg. v. R. J. Corsini und G. Wenninger. Weinheim: Psychologie Verlags Union, Bd. 1, 390-413.

Semin, Gün R. und Kenneth J. Gergen, Hg. 1990. *Everyday Understanding. Social and scientific implications.* London: Sage.

Sennett, Richard. 2000. *Der flexible Mensch. Die Kultur des neuen Kapitalismus. Übers. des amerik. Originals The Corrosion of Character (Norton, New York 1998).* München: Goldmann/Siedler.

Shavelson, Richard J. 1988. Contributions of educational research to policy and practice: constructing, challenging, changing cognition. *Educational Researcher* 17 (10):4-22.

Shotter, John. 1990. *Knowing of the third kind: Selected writings on psychology, rhetoric and culture of everyday social life.* Utrecht: ISOR.

Shulman, Bernard H. 1985. Cognitive therapy and the individual psychology of Alfred Adler. In *Cognition and psychotherapy*, hg. v. M. J. Mahoney und A. Freeman. New York: Plenum, 46-62.

Shulman, Bernard H. 1996. Adlerian Psychotherapy. In *Concise Encyclopedia of psychology, 2nd ed.*, hg. v. R. J. Corsini und A. J. Auerbach. New York: Wiley, 15-17.

Shulman, Bernard H. und Harold H. Mosak. 1988. *Manual for life style assessment.* Muncie, IN: Accelerated Development.

Shulman, Bernard H. und Richard E. Watts. 1997. Adlerian and constructivist psychotherapies: An Adlerian perspective. *Journal of Cognitive Psychotherapy* 11:181-193.

Smith, Eliot R. und Frederick A. Miller. 1978. Limits on the Perception of Cognitive Processes: A reply to Nisbett and Wilson. *Psychological Review* 85 (4):355-362.

Smith, John K. 1984. The problem of criteria for judging interpretive inquiry. *Educational Evaluation and Policy Analysis* 6:379-391.

Sobanski, Holger. 2001. *Coaching von internationalen Führungskräften: Betreuungsbedürfnisse und Möglichkeiten der professionellen Laufbahnbegleitung.* Marburg: Tectum.

Sokolowski, Kurt. 1993. *Emotion und Volition.* Göttingen: Hogrefe.

Sokolowski, Kurt. 1997. Sequentielle und imperative Konzepte des Willens. *Psychologische Beiträge* 39:346-369.

Sokolowski, Kurt, Heinz-Dieter Schmalt, Thomas A. Langens und Rosa M. Puca. 2000. Assessing achievement, affiliation, and power motives all at once: The Multi-Motive Grid (MMG). *Journal of Personality Assessment* 74 (1):126-145.

Staehle, Wolfgang H. 1999. *Management. Eine verhaltenswissenschaftliche Perspektive. 8. Aufl.*, überarb. von Peter Conrad und Jörg Sydow. München: Vahlen.

Stahl, Günter K. und Robert Marlinghaus. 2000. Coaching von Führungskräften: Anlässe, Methoden, Erfolg. Ergebnisse einer Befragung von Coaches und Personalverantwortlichen. *Zeitschrift Führung + Organisation* (4):199-207.

Steinke, Ines. 1998. Validierung: Ansprüche und deren Einlösung im Forschungsprogramm Subjektive Theorien. In *Sozialpsychologie der Kognition: Soziale Repräsentationen, subjektive Theorien, soziale Einstellungen: Beiträge des 13. Hamburger Symposiums zur Methodologie der Sozialpsychologie*, hg. v. E. H. Witte. Lengerich: Pabst, 120-148.

Steinke, Ines. 1999. *Kriterien qualitativer Forschung: Ansätze zur Bewertung qualitativ-empirischer Sozialforschung.* Weinheim/München: Juventa.

Steinke, Ines. 2000. Gütekriterien qualitativer Forschung. In *Qualitative Forschung. Ein Handbuch,* hg. v. U. Flick, E. v. Kardorff und I. Steinke. Reinbek: Rowohlt, 319-331.

Stocker-Kreichgauer, Gisela H. 1978. Ausbildung und Training in der Unternehmung. In *Organisationspsychologie,* hg. v. A. Mayer. Stuttgart: Schäffer-Poeschel, 170-200.

Stössel, Angelika und Brigitte Scheele. 1992. Interindividuelle Integration Subjektiver Theorien zu Modalstrukturen. In *Struktur-Lege-Verfahren als Dialog-Konsens-Methodik. Ein Zwischenfazit zur Forschungsentwicklung bei der Erhebung Subjektiver Theorien,* hg. v. B. Scheele. Münster: Aschendorff, 333-385.

Sutton, Jeffrey M. 1976. A validity study of Kefir's priorities: A theory of maladaptive behavior and psychotherapy. Ed.D. thesis, University of Maine at Orno.

Szodruch, Marja. 1998. Die Erfassung der persönlichen Konstruktwelten und ihre Beziehung zur beruflichen Lebenswelt im Hinblick auf unternehmenskulturelle Aspekte. Dissertation, Universität Bremen.

Szodruch, Marja. 2000. *Repertory Grids als Analyse- und Beratungsinstrument: Coaching, Teamentwicklung, Organisationsentwicklung, Harburger Beiträge zur Psychologie und Soziologie der Arbeit; Bd. 20.* Hamburg: Technische Universität Hamburg-Harburg.

Tausch, Reinhard. 1973. *Gesprächspsychotherapie, 5. Aufl.* Göttingen: Hogrefe.

Tennstädt, Kurt-Christian. 1987. *Das Konstanzer Trainingsmodell (KTM), Bd. 2: Theoretische Grundlagen, Beschreibung der Trainingsinhalte und erste empirische Überprüfung.* Bern: Huber.

Tennstädt, Kurt-Christian und Hanns-Dietrich Dann. 1987. *Das Konstanzer Trainingsmodell (KTM), Bd. 3: Evaluation des Trainingserfolgs im empirischen Vergleich.* Bern: Huber.

Tennstädt, Kurt-Christian, Frank Krause, Winfried Humpert und Hanns-Dietrich Dann. 1987. *Das Konstanzer Trainingsmodell (KTM), Bd. 1: Trainingshandbuch.* Bern: Huber.

Tennstädt, Kurt-Christian und Hartmut Thiele. 1982. Modifikation subjektiver Theorien. Zum Stand der Diskussion. In *Analyse und Modifikation subjektiver Theorien von Lehrern. Zentrum I Bildungsforschung/SFB 23, Forschungsbericht 43,* hg. v. H.-D. Dann, W. Humpert, F. Krause und K.-C. Tennstädt. Konstanz: Universität Konstanz, 207-212.

Tessin, Torsten. 1998. Coaching-Praxis im Grenzbereich esoterischer Methoden. Unveröff. Diplomarbeit, Fachhochschule München.

Thomas, Angela M. 1998. *Coaching in der Personalentwicklung. Übers. d. engl. Orig. Coaching for Staff Development (Leicester, UK: The British Psychological Society, 1995).* Bern: Huber.

Thommen, Beat, Mario von Cranach und Rolf Ammann. 1988. *Handlungsorganisation durch soziale Repräsentation.* Bern: Huber.

Thommen, Beat, Mario von Cranach und Rolf Ammann. 1992. The organization of individual action through social representations: A comparative study of two therapeutic schools. In *Social representations and the social bases of knowledge. Swiss monographs in psychology, Vol. 1,* hg. v. G. Mugny. Kirkland, WA: Hogrefe & Huber, 194-201.

Thompson, Allan D. 1987. A Formative Evaluation of an Individualized Coaching Program for Business Managers and Professionals. Doctoral Diss., University of Minnesota.

Tinnefeld, Gerhard. 1997. Wer die Wahl hat, die Qual! Coaching als Entscheidungshilfe. Eine Fallstudie. *ABOaktuell* 4 (3):5-8.

Titze, Michael. 1995. Logik, private. In *Wörterbuch der Individualpsychologie, 2. Aufl.*, hg. v. R. Brunner und M. Titze. München/Basel: Reinhardt, 306-307.

Titze, Michael und Horst Gröner. 1989. *Was bin ich für ein Mensch? Anleitung zur Menschenkenntnis.* Freiburg/Breisgau: Herder.

Tobias, Lester L. 1996. Coaching executives. *Consulting Psychology Journal: Practice & Research* 48:87-95.

tp. 1998. Coaching: Gemeinsam aktiv. *Lebensmittel Praxis* (9):14.

Traynor, Stephanie J. 2000. The role of psychologist in leadership development: Training, coaching, mentoring, and therapy. Doctoral Diss., Institute for Graduate Clinical Psychology, Widener University, Chester, PA.

Treutlein, Gerhard, Heinz Janalik und Udo Hanke. 1997. The Heidelberg Procedure for Diagnosing and Modifying Coaches' Behavior (HDVT). *International Journal of Physical Education* 34 (1):9-16.

Tymister, Hans Josef. 1986. Gefährdungen individualpsychologisch-pädagogischer Beratung durch Psychotherapie? - Gedanken und Erfahrungen zur Abgrenzung der Beratung von der Therapie. In *Zur Patienten-Therapeuten-Beziehung. V. Delmenhorster Fortbildungstage für Individualpsychologie 1985. (= Beiträge zur Individualpsychologie, 7)*, hg. v. F. Mohr. München/Basel: Reinhardt, 84-96.

Tymister, Hans Josef, Hg. 1990a. *Individualpsychologisch-pädagogische Beratung: Grundlagen und Praxis. Beiträge zur Individualpsychologie, Bd. 13.* München/Basel: Reinhardt.

Tymister, Hans Josef. 1990b. Individualpsychologisch-pädagogische Beratung: Begründung - Funktionen - Methoden. In *Individualpsychologisch-pädagogische Beratung: Grundlagen und Praxis. Beiträge zur Individualpsychologie, Bd. 13*, hg. v. H. J. Tymister. München/Basel: Reinhardt, 9-26.

Tymister, Hans Josef. 1993. Kriterien und Probleme beim Übergang von Beratung in Therapie. II. Teil. In *Verlaufsanalysen von Therapien und Beratungen (= Beiträge zur Individualpsychologie, 18)*, hg. v. U. Lehmkuhl. München/Basel: Reinhardt, 145-150.

Tymister, Hans Josef. 1995a. Berater, individualpsychologischer. In *Wörterbuch der Individualpsychologie, 2. Aufl.*, hg. v. R. Brunner und M. Titze. München/Basel: Reinhardt, 57-58.

Tymister, Hans Josef. 1995b. Beratung. In *Wörterbuch der Individualpsychologie, 2. Aufl.*, hg. v. R. Brunner und M. Titze. München/Basel: Reinhardt, 59-63.

Valsiner, Jaan. 1991. Construction of the mental: From the "cognitive revolution" to the study of development. *Theory and Psychology* 1 (4):474-494.

Valsiner, Jaan. 1994. Co-constructionism: What is (and is not) in an name. Reply to commentaries. In *Annals of theoretical psychology, vol. 10*, hg. v. P. van Geert, C. P. Mos und W. J. Baker. New York, NY: Plenum, 343-368.

Velicer, Wayne F., Carlo C. DiClemente, Joseph S. Rossi und James O. Prochaska. 1990. Relapse situations and self-efficacy: An integrative model. *Addictive Behaviors* 15 (3):271-283.

Velicer, Wayne F., Gregory J. Norman, Joseph L. Fava und James O. Prochaska. 1999. Testing 40 predictions from the transtheoretical model. *Addictive Behaviors* 24 (4):455-469.

Velicer, Wayne F., Joseph S. Rossi und James O. Prochaska. 1996. A criterion measurement model for health behavior change. *Addictive Behaviors* 21 (5):555-584.

Vogelauer, Werner, Hg. 2000a. *Coaching Praxis. 3. Aufl.* Neuwied: Luchterhand.

Vogelauer, Werner. 2000b. Der Coachingprozeß. Die Phasen und ihre praktische Umsetzung. In *Coaching Praxis. 3. Aufl.*, hg. v. W. Vogelauer, 41-55.

Vogelauer, Werner. 2000c. Wie wird Coaching vom Kunden gesehen? Eine Befragung von deutschen, österreichischen und Schweizer Führungskräften und Personalentwicklern. In *Coaching Praxis. 3. Aufl.*, hg. v. W. Vogelauer, 133-150.

Volberda, Henk W. 1996. Toward the Flexible Form: How to Remain Vital in Hypercompetitive Environments. *Organization Science* 7 (4):359-374.

Wachholz, Patricia O. 2000. Investigating a corporate coaching event: Focusing on collaborative reflective practice and the use of displayed emotions to enhance the supervisory coaching process. Doctoral Diss., Graduate School of Education, University of Pennsylvania, Philadelphia, PA.

Wahl, Diethelm. 1979. Methodische Probleme bei der Erfassung handlungsleitender und handlungsrechtfertigender subjektiver psychologischer Theorien von Lehrern. *Zeitschrift für Entwicklungspsychologie und Pädagogische Psychologie* 11:208-217.

Wahl, Diethelm. 1981. Methode zur Erfassung handlungssteuernder Kognitionen von Lehrern. In *Informationsverarbeitung und Entscheidungsverhalten von Lehrern*, hg. v. M. Hofer. München: Urban & Schwarzenberg, 49-77.

Wahl, Diethelm. 1988a. Realitätsadäquanz: Falsifikationskriterium. In *Das Forschungsprogramm Subjektive Theorien. Eine Einführung in die Psychologie des reflexiven Subjekts*, hg. v. N. Groeben, D. Wahl, J. Schlee und B. Scheele. Tübingen: Francke, 170-205.

Wahl, Diethelm. 1988b. Die bisherige Entwicklung des FST. In *Das Forschungsprogramm Subjektive Theorien. Eine Einführung in die Psychologie des reflexiven Subjekts*, hg. v. N. Groeben, D. Wahl, J. Schlee und B. Scheele. Tübingen: Francke, 254-291.

Wahl, Diethelm. 1991. *Handeln unter Druck. Der weite Weg vom Wissen zum Handeln bei Lehrern, Hochschullehrern und Erwachsenenbildnern.* Weinheim: Deutscher Studienverlag.

Wahl, Diethelm, Jörg Schlee, Josef Krauth und Jürgen Murbeck. 1983. *Naive Verhaltenstheorien von Lehrern. Abschlußbericht eines Forschungsvorhabens zur Rekonstruktion und Validierung Subjektiver psychologischer Theorien.* Oldenburg: Universität Oldenburg, Zentrum für pädagogische Berufspraxis.

Wahl, Diethelm, Franz E. Weinert und Günter L. Huber. 1984. *Psychologie für die Schulpraxis.* München: Kösel.

Wang, Libin. 2000. The relationship between distance coaching and the transfer of training. Doctoral Diss., University of Illinois at Urbana-Champaign.

Ward, Donald E. 1979. Implications of personality priority assessment for the counseling process. *Individual Psychologist* 16 (2):12-16.

Watts, Richard E. 1999. The Vision of Adler: An Introduction. In *Interventions and Strategies in Counseling and Psychotherapy*, hg. v. R. E. Watts und J. Carlson. Philadelphia, PA: Accelerated Development. Taylor & Francis Group, 1-13.

Watts, Richard E. und Jon Carlson, Hg. 1999. *Interventions and Strategies in Counseling and Psychotherapy*. Philadelphia: Accelerated Development. Taylor & Francis Group.

Watzlawik, Paul, Janet H. Beavin und Don D. Jackson. 1969. *Menschliche Kommunikation. Formen, Störungen, Paradoxien. Übers. d. amerik. Originals (1966)*. Bern/Stuttgart/Wien: Huber.

Weber, Franz. 1991. *Subjektive Organisationstheorien*. Wiesbaden: DUV.

Weber, Max. 1984 [1921]. *Soziologische Grundbegriffe*. Tübingen: Mohr.

Weidemann, Doris. 2001. Learning About "Face"—"Subjective Theories" as a Construct in Analysing Intercultural Learning Processes of Germans in Taiwan. *Forum Qualitative Sozialforschung / Forum Qualitative Social Research (Online-Journal)* 2 (3):37 Absätze, verfügbar über http://www.qualitative-research.net/fqs-engl.htm, Zugriff am 8. November 2001.

Weidle, Renate und Angelika C. Wagner. 1982. Die Methode des Lauten Denkens. In *Verbale Daten. Eine Einführung in die Grundlagen und Methoden der Erhebung und Auswertung*, hg. v. G. L. Huber und H. Mandl. Weinheim/Basel: Beltz, 81-103.

Weinberger, Joel und David C. McClelland. 1990. Cognitive vs. traditional motivational models. Irreconcilable or Complementary? In *Handbook of motivation and cognition: Foundations of Social Behavior, 2 Volumes*, hg. v. E. T. Higgins und R. M. Sorrentino. New York: Guilford, Vol. 2, 562-597.

Weiß, Josef. 1993. *Selbst-Coaching - Persönliche Power und Kompetenz gewinnen, 4. Aufl.* Paderborn: Junfermann.

Wenzel, Lucy H. 2000. Understanding managerial coaching: The role of manager attributes and skills in effective coaching. Doctoral Diss., Colorado State University.

Wheeler, Mary S., Roy M. Kern und William L. Curlette. 1986. Factor analytic scales designed to measure Adlerian life style themes. *Individual Psychology* 42:1-16.

Wheeler, Mary S., Roy M. Kern und William L. Curlette. 1993. *BASIS-A inventory*. Vol. 42. Highlands, NC: TRT.

Whitmore, John. 1994a. *Coaching für die Praxis - Eine klare, prägnante und praktische Anleitung für Manager, Trainer, Eltern und Gruppen. Übers. des amerik. Orginals Coaching for Performance (1992)*. Frankfurt/Main: Campus.

Whitmore, John. 1994b. *Coaching für die Praxis - Eine klare, prägnante und praktische Anleitung für Manager, Trainer, Eltern und Gruppen. Übers. des amerik. Orginals Coaching for Performance (1992)*. Frankfurt/Main: Campus.

Wilker, Friedrich-W., Hg. 1999 [1995]. *Supervision und Coaching, 5. unveränd. Aufl.* Bonn: Deutscher Psychologen Verlag.

Wilkins, Brenda M. 2000a. A grounded theory study of personal coaching. Doctoral Diss., University of Montana.

Witherspoon, Robert und Randall P. White. 1996a. A continuum of roles. *Consulting Psychology Journal: Practice & Research* 48 (2):124-133.

Witherspoon, Robert und Randall P. White. 1996b. Executive Coaching: What's in it for you? *Training and development* 50:14-15.

Witte, Erich H. 1998. *Sozialpsychologie der Kognition: soziale Repräsentationen, subjektive Theorien, soziale Einstellungen; Beiträge des 13. Hamburger Symposions zur Methodologie der Sozialpsychologie*. Lengerich: Pabst.

Wohlers, Arthur J. und Manuel London. 1989. Ratings of managerial characteristics: Evaluation difficulty, co-worker agreement, and self-awareness. *Personnel Psychology* 42:235-261.

Wrede, Britt A. 2000. *So finden Sie den richtigen Coach*. Frankfurt/Main: Campus.

Yammarino, Francis J. und Leanne E. Atwater. 1993. Understanding self-perception accuracy: Implications for human resource management. *Human Resource Management* 32 (2-3):231-247.

Zahn, Erich. 1996. Führungskonzepte im Wandel. In *Neue Organisationsformen in Unternehmen: ein Handbuch für das moderne Management*, hg. v. H.-J. Bullinger und H. J. Warnecke. Berlin: Springer, 279-296.

Zentralstelle für Psychologische Information und Dokumentation Universität Trier, ZPID, Hg. 1993. *Subjektive Theorien: eine Spezialbibliographie deutschsprachiger psychologischer Literatur*. Trier: Universität Trier.

Zimmermann, Thomas. 2000. Coaching: Motivationsgekreisch für Manager - oder mehr? *Psychologie heute* (7):40-45.

Zinbarg, Richard E. 2000. Comment on "Role of Emotion in Cognitive-Behavior Therapy": Some Quibbles, a Call for Greater Attention to Patient Motivation for Change, and Implications of Adopting a Hierarchial Model of Emotion. *Clinical Psychology* 7 (4):394-399.

8 Anhang

8.1 Artikel in der Zeitschrift der Industrie- und Handelskammer

Coaching für Führungskräfte
Teilnehmer für Studie an TU Berlin gesucht

Coaching ist weiter auf dem Vormarsch – auch in Deutschland. In den USA greifen erfolgreiche Manager längst routinemäßig auf diese individuelle Beratung zurück. Die Gründe dafür, Coaching zu nutzen, sind hier wie dort extrem gestiegene Anforderungen – nicht nur an die fachliche Kompetenz, sondern gerade an die Person der Führungskraft. Schnellerer Wandel der Kundenbedürfnisse, härterer Wettbewerb, kürzere Innovationszyklen und häufige Umstrukturierungen des eigenen Unternehmens fordern Flexibilität, kontinuierliches Lernen, den Mut zu Entscheidungen unter Unsicherheit und zu persönlicher Führung.

Hier setzt Coaching an: Im Gespräch mit einem erfahrenen Berater wird das eigene Handeln reflektiert, schwierige Situationen und der Umgang damit werden beleuchtet, neue Handlungsoptionen erarbeitet und erprobt.

Obwohl Coaching auf dem Vormarsch ist, fehlen bislang wissenschaftliche Erkenntnisse, was es genau bewirkt und welche Kriterien für Erfolg und Qualität des Coachings entscheidend sind. Eine Forschungsstudie der TU Berlin (Lehrstuhl Prof. Gebert) untersucht diese Prozesse. Interessierte Führungskräfte können in diesem Rahmen an einem vollwertigen Coaching mit wissenschaftlicher Begleitung teilnehmen.

Kontakt: Jens Riedel, Tel. 030-8322 0966, jensriedel@t-online.de

8.2 Informations-Mail des Coaches

Die folgende dreiseitige Information über das Coaching und den persönlichen Hintergrund des Coaches wurde an die Coaching-Interessenten gemailt bzw. in Einzelfällen gefaxt.

Jens Riedel

Anschrift

Datum

„Coaching for Change"-Angebot im Rahmen einer Coaching-Studie an der TU Berlin

Sehr geehrte(r) *Name*,

wie besprochen übersende ich Ihnen anbei eine Kurzinformation zu dem Coaching-Angebot im Rahmen des Forschungsprojekts "Coaching for Change" sowie meinen Kurz-Lebenslauf.

Es würde mich sehr freuen, wenn es zu einer Zusammenarbeit käme und ich in Ihrem Hause Coachings durchführen und wissenschaftlich auswerten könnte.

Bei Rückfragen oder für Terminabsprachen erreichen Sie mich jederzeit über die u.g. Nummern.

Mit freundlichen Grüßen,

Jens Riedel

Schloßstr. 68 – 12165 Berlin – Tel 030-8322 0966 – Fax 030-8322 0967
Email: jensriedel@t-online.de

Jens Riedel

Executive Coaching for Change (ECC)
Coaching-Angebot im Rahmen einer Studie an der TU Berlin

Coaching-Studie

Change-Projekte gehören zum Arbeitsalltag jeder Führungskraft – egal ob Veränderungen der Organisation im Rahmen von M&As, eine neue strategische Ausrichtung oder die Steigerung der Effizienz durch Restrukturierung anstehen.

Manager bewältigen diese Herausforderungen in der Regel mit Bravour – obwohl sich die Veränderungen in ihrem Umfeld in den letzten Jahren extrem beschleunigt haben. Immer mehr Führungskräfte machen dafür aber Gebrauch von einer persönlichen Beratung: Executive Coaching bietet Gelegenheit zum Dialog mit einem kompetenten Partner außerhalb des Unternehmens und erleichtert die Selbstreflexion jenseits der Alltagshektik. Besprochen werden unmittelbare oder mittelfristige persönliche Anliegen aus dem Arbeitskontext, konkrete Handlungsmöglichkeiten werden erarbeitet und erprobt.

Trotz des Coaching-Booms der vergangenen Jahre fehlen jedoch Qualitätsstandards oder auch nur ein genaues Wissen darum, was im Coaching-Prozess passiert. Mit diesem Manko räumt eine wissenschaftliche Untersuchung im Fachbereich Wirtschaft und Management der Technischen Universität Berlin auf.

Coaching-Kompetenz

Im Rahmen der Promotionsstudie von Jens Riedel werden Coachings daraufhin untersucht, ob bzw. welche Veränderungen sie bei den gecoachten Managern bewirken. Jens Riedel bringt für diese Studie eine doppelte Qualifikation mit. Als Manager der Boston Consulting Group verfügt er über ausgewiesenes betriebswirtschaftliches Know-How sowie praktische Coaching-Erfahrung im Kontext umfangreicher Change-Prozesse. Als Individualpsychologischer Berater (DGIP) verfügt er über fundierte Kenntnisse und Erfahrung zu Chancen und Problemen der persönlichen Entwicklung.

Coaching-Angebot

Die im Rahmen der Studie durchgeführten Coachings werden unter voller Zusicherung der Anonymität audio-technisch aufgezeichnet und im Anschluss wissenschaftlich ausgewertet. Für die wissenschaftliche Studie ist ein Kurz-Coaching von zehn Zeit-Stunden vorgesehen. Diese können in zehn einstündigen oder fünf zweistündigen Sitzungen absolviert werden. Die Ergebnisse der wissenschaftlichen Studie werden den Teilnehmern bei Interesse gerne zur Verfügung gestellt.

Aufgrund der Bereitschaft zur Mitarbeit an dieser Studie ist für die zehn Coaching-Stunden kein marktübliches Honorar zu entrichten. Um jedoch das für den Coaching-Erfolg notwendige Commitment des gecoachten Managers sicherzustellen, wird ein symbolischer Beitrag von €50 pro Stunde berechnet.

Schloßstr. 68 – 12165 Berlin – Tel 030-8322 0966 – Fax 030-8322 0967
Email: jensriedel@t-online.de

Jens Riedel

Persönlicher Hintergrund

Jens Riedel ist Manager der **Boston Consulting Group**. In den fünf Jahren seiner Zugehörigkeit zu BCG hat er u.a. folgende Unternehmen beraten: einen weltweit führenden Hersteller von Medizintechnik zur Vertriebsstrategie und Vertriebseffizienz, eine führende deutsche Versicherung zur Reorganisation der Fach- und Vertriebsunterstützung, eine weltweit führende Rückversicherung zu ihrer E-commerce-Strategie sowie eine weltweit führende Bank zur Definition ihrer Personal-Kompetenzprofile. Jens Riedel ist BCG-intern Mitglied der Praxisgruppen Financial Services und Organization/Human Resources sowie aktiv im Recruiting von Beratern. Für seine **Promotion** "Executive Coaching for Change" an der TU Berlin ist er derzeit teilweise freigestellt.

Vor seiner Zeit bei BCG war Jens Riedel drei Jahre für die damalige **Daimler-Benz AG** tätig. Für die Bereiche Öffentlichkeitsarbeit und Vertriebsstrategie Pkw sowie in JV-Verhandlungen wirkte er an den Standorten Stuttgart, Montvale, NJ und Schanghai.

Jens Riedel hat **Wirtschaftswissenschaften, Politikwissenschaft, Soziologie und Philosophie** an der Fernuniversität Hagen, der Universität Tübingen, der SUNY-Stony Brook, New York und der Graduate Faculty of the New School for Social Research in New York studiert. Seine dreijährige Weiterbildung zum **Individualpsychologischen Berater** hat er am Alfred-Adler-Institut der Deutschen Gesellschaft für Individualpsychologie in Delmenhorst absolviert. Durch entsprechende Aufenthalte verfügt er über **interkulturelles Know-How** insbesondere zu den USA, China und Frankreich.

Schloßstr. 68 – 12165 Berlin – Tel 030-8322 0966 – Fax 030-8322 0967
Email: jensriedel@t-online.de

8.3 Coaching-Vertrag

Der folgende dreiseitige Vertrag wurde zwischen Coach und Klient geschlossen. In diesem erteilt der Klient auch die Erlaubnis zur wissenschaftlichen Auswertung der Tonbandmitschnitte (siehe § 8).

Vertrag über die Durchführung von Coachings

§ 1 Vertragsparteien

Jens Riedel
Individualpsychologischer Berater (DGIP)
Schloßstr. 68, 12165 Berlin
F 030-8322 0967, T 030-8322 0966, E jensriedel@t-online.de
(in folgenden "Coach" genannt)

und

...
(im Folgenden "Klient" genannt)

und ggf.

...
(im Folgenden "Unternehmen des Klienten" genannt)

§ 2 Leistunggegenstand und -erbringung

1. Gegenstand des Vertrages ist die Beratungstätigkeit des Coachings, nicht die Erstellung eines Gutachtens, anderer Werke oder die Erzielung eines bestimmten wirtschaftlichen Erfolgs.
2. Der Coach verpflichtet sich, Coachings zu den vom Klienten zu benennenden Themen durchzuführen. Hierzu dient in erster Linie das Gespräch zwischen beiden, ggf. bringt der Coach aber auch weitere Techniken wie Rollenspiele, graphische Übungen o.ä. zum Einsatz.

§ 3 Ort

1. Die Coachings finden in den Räumen des Coaches statt.
2. In beiderseitigem Einvernehmen können auch andere Orte, ggf. auch ein telefonisches Coaching vereinbart werden.

§ 4 Zeitlicher Rahmen

1. Der Umfang des Coachings wird zunächst auf 10 Zeit-Stunden festgelegt. Diese Coachings sollen innerhalb von drei Monaten abgeschlossen sein.
2. Es werden 5 Sitzungen à 2 Zeit-Stunden mit einem Abstand von möglichst nicht weniger als sieben und nicht mehr als 21 Tagen zu den folgenden Terminen vereinbart:

....

3. Bei einer ggf. gewünschten Verlängerung über zehn Stunden hinaus sind Frequenz und Dauer neu festzulegen.

§ 5 Vertraulichkeit

1. Der Coach verpflichtet sich, gegenüber jedermann und insbesondere gegenüber Vorgesetzten, Kollegen, Mitarbeitern oder sonstigen Vertretern des Unternehmens des Klienten Stillschweigen über die Inhalte der Coaching-Sitzungen zu wahren.
2. Der Coach verpflichtet sich, Informationen über Betriebs- und Geschäftsgeheimnisse des Unternehmens des Klienten vertraulich zu behandeln.
3. Die Verpflichtung zur Vertraulichkeit gilt auch über die Vertragslaufzeit hinaus.

§ 6 Haftung

1. Coaching ist keine Therapie. Es richtet sich an Führungskräfte, die willens und in der Lage sind, selbständig und verantwortungsbewusst zu handeln. Dementsprechend trägt der Klient die volle, alleinige Verantwortung für seine körperliche und geistige Gesundheit sowie für die Schlussfolgerungen im Denken und Handeln, die er aus dem Coachings zieht.
2. Der Coach haftet für von ihm vorsätzlich oder grob fahrlässig zu vertretende Schäden - gleich aus welchem Rechtsgrund - einmalig bis zu einem Gesamtbetrag in Höhe des Gesamthonorars, höchstens jedoch insgesamt bis zu einem Betrag von € 5.000,00. Eine weitergehende Haftung ist ausgeschlossen.

§ 7 Honorar und Kostenerstattung

1. Für die zur wissenschaftlichen Auswertung aufgezeichneten 10 Stunden Coaching wird das symbolische Honorar von €50 pro Coaching-Stunde, also insgesamt €500 vereinbart.
2. Wird ein vereinbarter Termin durch den Klienten mehr als zwei Wochen im voraus abgesagt, entstehen keine Kosten. Wird ein Termin durch den Klienten weniger als zwei Wochen im voraus abgesagt, ist das Honorar voll zu zahlen.
3. Zur Zahlung von Honorar und Kostenerstattung verpflichtet sich, sofern es Vertragspartner ist, das Unternehmen des Klienten, ansonsten der Klient selbst.

§ 8 Wissenschaftliche Auswertung

1. Zum Zwecke der wissenschaftlichen Auswertung der Coachings werden 10 Stunden Coaching audiotechnisch aufgezeichnet und im Anschluss ganz oder teilweise transkribiert.
2. Die wissenschaftliche Auswertung der Coaching-Sitzungen erfolgt in anonymisierter Form.
3. Der Klient stimmt der Aufzeichnung, Transkription und wissenschaftlichen, anonymisierten Auswertung zu. Er erhält auf seinen Wunsch hin ein Exemplar der wissenschaftlichen Arbeit nach deren Fertigstellung.

§ 9 Schlussbestimmungen, Kündigung und Gerichtsstand

1. Soweit anwendbar finden die Bestimmungen dieses Vertrags auch Anwendung auf Coachings, die über den in § 4 (1) definierten zeitlichen Rahmen hinausgehen.
2. Sollten einzelne Vorschriften dieses Vertrages unwirksam sein oder unwirksam werden, werden die übrigen Bestimmungen hierdurch nicht berührt. In diesem Fall sind die Vertragspartner verpflichtet, die ungültigen Bestimmungen durch entsprechende rechtlich wirksame Bestimmungen zu ersetzen. Das gleiche gilt, falls der Vertrag eine ergänzungsbedürftige Lücke enthalten sollte.
3. Der Vertrag kann jederzeit von den Vertragsparteien unter Beachtung von § 7 (2) fristlos gekündigt werden.
4. Gerichtsstand ist Berlin.

....................., den ...., den ...., den ....

....
Klient   Unternehmen des Klienten   Coach

8.4 Individualpsychologischer Prioritäten-Fragebogen und Verhaltensbeispiele

8.4.1 Prioritäten-Fragebogen[419]

		stimmt genau	stimmt in etwa	stimmt nicht	Priorität
1	Ich habe Angst, bedeutungslos zu sein.				Überlegenheit
2	Ich erlebe mich oft in einem Abstand von anderen Menschen.				Kontrolle
3	Ich strenge mich an, damit ich von möglichst vielen akzeptiert werde.				Gefallen
4	Ich lasse mir gern helfen.				Bequemlichkeit
5	Weil ich nicht eine(r) unter vielen sein will, ist es mir wichtig, aus der Masse herauszuragen.				Überlegenheit
6	Mit meinen Gefühlen bin ich ziemlich zurückhaltend, d.h. ich sage lieber was ich denke, als was ich fühle.				Kontrolle
7	Mir geht oft die Frage durch den Kopf, ob die Leute mich wohl mögen, und ob ich willkommen bin.				Gefallen
8	Unruhe, Hast, Störungen und Veränderungen können mich derart stören, dass ich mich ganz unwohl fühle.				Bequemlichkeit
9	Ich spüre in mir ein Streben nach „besser sein" als andere. Dafür strenge ich mich auch an.				Überlegenheit
10	Ich glaube, ich kann mich nicht gut anvertrauen, nicht „fallen lassen".				Kontrolle
11	Ich glaube, die Angst abgelehnt zu werden, ist bei mir sehr stark.				Gefallen
12	Ich möchte in Ruhe gelassen werden.				Bequemlichkeit
13	Für meine Art zu leben bezahle ich den Preis, dass ich zu viel Verantwortung tragen muss.				Überlegenheit
14	Es ist mir sehr wichtig, meiner Sache sicher zu sein.				Kontrolle
15	Ich wage es nicht gerne, meine Meinung zu sagen, wenn sie von der der anderen abweicht.				Gefallen
16	Ich stehe ungern unter Leistungsdruck.				Bequemlichkeit
17	Wichtig ist für mich nicht, ob eine Sache gut läuft, sondern ob die entscheidenden Anstöße von mir kamen.				Überlegenheit
18	Ich fürchte, dass meine spontanen Äußerungen später wieder gegen mich verwendet werden können.				Kontrolle
19	Ich kann nicht gut „nein" sagen.				Gefallen
20	Ich leiste vielleicht nicht ganz so viel wie andere, aber meine Ruhe und die Gemütlichkeit sind mir wichtiger.				Bequemlichkeit

[419] Aus Schoenacker 1984, 12.

21	Ich kann mir denken, dass manche Leute sich klein und verlegen fühlen, wenn sie sehen, was ich so aus meinem Leben mache.				Überlegenheit
22	Halb vorbereitet in eine Situation hineinzuspringen, das liegt mir gar nicht.				Kontrolle
23	Ich versuche festzustellen, was andere von mir erwarten, damit ich diese Erwartungen möglichst erfüllen kann.				Gefallen
24	Körperlichen Schmerzen, auch wenn sie nur kurz dauern, gehe ich grundsätzlich aus dem Wege.				Bequemlichkeit
25	Wenn ich mein Leben so betrachte, kommt es mir vor, als ob ich gut mit Leuten umgehen kann, die mir unterlegen sind, und auch mit solchen Leuten, die ich als Autorität akzeptiere, aber Freundschaften kann ich offensichtlich auf Dauer nicht halten.				Überlegenheit
26	Es ist mir sehr wichtig, die Übersicht zu behalten.				Kontrolle
27	Wenn ich den Erwartungen anderer zuwiderhandeln muss, fühle ich mich wie gelähmt und entscheidungsunfähig.				Gefallen
28	Im Grunde ist mein tiefster Wunsch, ein bequemes Leben zu haben, ohne viele Konflikte.				Bequemlichkeit

„Stimmt genau" wird mit einem ganzen, „stimmt in etwa" mit einem halben Punkt und „stimmt nicht" mit null Punkten bewertet. Die Priorität mit den meisten Punkten und die Priorität mit den zweitmeisten Punkten stellen die „Prioritäten" des Klienten dar. Jede Priorität kann also maximal sieben Punkte erhalten.

8.4.2   Verhaltensbeispiele je Priorität[420]

Priorität Gefallen – mögliche Auswirkungen auf die tägliche Arbeit

Was fällt mir leicht?

Ich bemühe mich um Harmonie.

Ich sehne mich nach positiver Rückmeldung.

Ich helfe bei Kollegen aus, wenn sie überlastet
sind.

Ich habe Zeit und Geduld im Umgang mit anderen.

Ich mag häufige Kontakte mit vielen unterschiedlichen Menschen.

Ich pflege Teamgeist und tue alles für das Team.

Ich halte Gespräche zum Informationsaustausch
und zur Kontaktpflege für sehr wichtig.

Was fällt mir schwer?

Ich kann nicht konsequent sein.

Ich unterbreche zu oft meine eigene
Arbeit, um Kollegen zu helfen.

Ich lasse mich durch private
Gespräche ablenken.

Ich suche die Ursachen von negativen
Verhaltensweisen von anderen erst
mal bei mir.

Ich bin in Konflikten zu gutmütig und
zu rücksichtsvoll.

Ich lehne Aggressionen aller Art ab.

Ich bin schnell verletzt bei negativer
Kritik an mir.

Ich rede den anderen nach dem Mund.

Was ist mir wichtig?

Ich will beliebt sein; die anderen sollen
mich mögen und mich teilhaben lassen.

Was möchte ich vermeiden?

Ich umgehe es, allein zu sein,
Ablehnung ertragen zu müssen.

---

[420] Vgl. Fuchs-Brüninghoff und Gröner 1999, 66f.

Priorität Bequemlichkeit – mögliche Auswirkungen auf die tägliche Arbeit

Was fällt mir leicht?   Was fällt mir schwer?

Ich arbeite gern intensiv an einer   Ich lehne Druck bei der Arbeit ab.
Sache.

Ich arbeite sehr konzentriert.   Ich mag keine Vorschriften, wie ich
                                               meine Arbeit zu erledigen habe.

Ich teile mir meine Arbeit gerne selbst ein.   Ich ärgere mich, wenn ich fremd-
                                               gesteuert werde.

Ich gerate nicht schnell in Hektik.   Ich mag bei der Arbeit keine Unter-
                                               brechungen oder Störungen.

Ich sehe vielen Dingen gelassen entgegen.   Ich mag keine Vielredner.

Ich kann einen verworrenen Sachverhalt   Ich lehne Personenkult ab.
kurz und prägnant zusammenfassen.

                                               Ich vernachlässige die Selbstdarstel-
                                               lung und die Darstellung meiner Ar-
                                               beit.

Was ist mir wichtig?   Was möchte ich vermeiden?

Ich will eigenständig sein, mit Zeit   Ich ertrage schwer Hektik und
und Energien haushalten.   Bevormundetwerden.

Priorität Überlegenheit – mögliche Auswirkungen auf die tägliche Arbeit

<u>Was fällt mir leicht?</u>   <u>Was fällt mir schwer?</u>

Ich bevorzuge eine interessante,   Ich kann mich schlecht unterordnen,
abwechslungsreiche Tätigkeit.   außer ich akzeptiere die Autorität des
                                                Vorgesetzten.

Ich zeige Engagement auch über die   Ich bin schnell frustriert, wenn meine
normale Arbeitszeit hinaus.   Aussagen angezweifelt werden.

Ich dränge auf ein Mitspracherecht.   Ich will immer verbessern.

Ich bin gerne Anlaufstelle für Fragen,   Ich zwänge anderen meine Meinung
die die anderen nicht beantworten können   auf.
oder wollen.

Ich will schwierige Situationen mit   Ich weiche Menschen aus, die keine
ungelösten Problemen.   Meinung vertreten können.

<u>Was ist mir wichtig?</u>   <u>Was möchte ich vermeiden?</u>

Ich will Bedeutung haben und etwas darstellen; Ich weiche Situationen aus, in denen
ich will der / die Beste, Stärkste, Klügste ... sein. ich mich klein und unterlegen fühlen
                                                muss, Verlierer bin.

Priorität Kontrolle – mögliche Auswirkungen auf die tägliche Arbeit

Was fällt mir leicht?

Was fällt mir schwer?

Ich arbeite gerne mit System und Einteilung.

Ich will keine Überraschungen.

Ich bevorzuge ein klares Konzept und einen geregelten Ablauf.

Ich drücke mich vor langatmigen Besprechungen.

Ich freue mich über ausreichend Vorbereitungszeit.

Ich lehne unsinnige, unklare Anweisungen ab.

Ich mag klare Zuständigkeiten und Verantwortlichkeiten.

Ich lehne die Vermischung von Privat und Geschäft ab.

Ich brauche klare Terminvorgaben.

Ich habe wenig Vertrauen in die Arbeit anderer.

Ich lege Wert auf Absprachen, Vereinbarungen.

Ich verabscheue ständiges Telefonieren.

Ich lehne es ab, ungefragt verplant zu werden.

Ich bedauere Qualitätseinbußen wegen Arbeitsüberlastung.

Was ist mir wichtig?

Was möchte ich vermeiden?

Ich wünsche mir Sicherheit, überschaubare Verhältnisse, klare Vereinbarungen.

Ich kann Unordnung, Chaos und Unsicherheit nicht leiden.

8.5 Zwölf Fallstudien

Diese Fallstudien beschränken sich auf den Forschungsgegenstand der Arbeit, die Darstellung der kommunikativ validierten Subjektiven Theorien und ihrer Veränderung im Motivations- bzw. Volitionsmodell. Die Coaching-Methodik und die einzelnen Schritte des Coaching-Prozesses werden in diesen Fallstudien auch aus Platzgründen nicht im einzelnen geschildert, da sie nicht Gegenstand der empirischen Analyse und des Fallvergleichs sind.

8.5.1 Frau M.: „Feigling, Feigling"

Frau M. leitet in einem Direktmarketing-Vertrieb 80 nebenberufliche Vermittler. Ihr Anliegen ist es, persönliche Blockaden abzubauen, die sie beim Erringen der nächsten und der darauf folgenden, obersten Karrierestufe behindern. Für die nächsten Karriereschritte sind in den nächsten Monaten insbesondere bestimmte Kriterien des Organisationsausbaus zu erfüllen. Dem liegt die folgende Subjektive Theorie zugrunde (siehe Abb. 85).

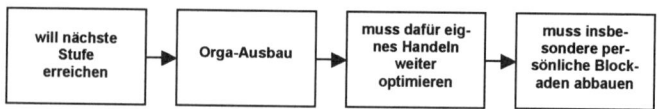

Abb. 85: Blockaden-Abbau erforderlich für nächsten Karriereschritt

Im Rahmen des Erweiterten Motivationsmodells stellt sich dies wie folgt dar. Zunächst sah die Klientin nur die motivierende Wirkung des Beförderungsziels (siehe Abb. 86). Das Anwerben weiterer Vermittler („Geschäftspartner") soll das Erfüllen der Qualifikationskriterien für die nächste Karrierestufe zum Ergebnis und dies ihre Beförderung zur Folge haben. Die niedrige Situations-Ergebnis-Erwartung, die sehr hohe Handlungs-Ergebnis-Erwartung i.e.S. und die sehr hohe Ergebnis-Folgen-Erwartung sowie der hohe Anreizwert der Folgen weisen auf eine sehr hohe Motivation hin. Auch die Selbstwirksamkeits-Erwartung liegt nur geringfügig darunter.

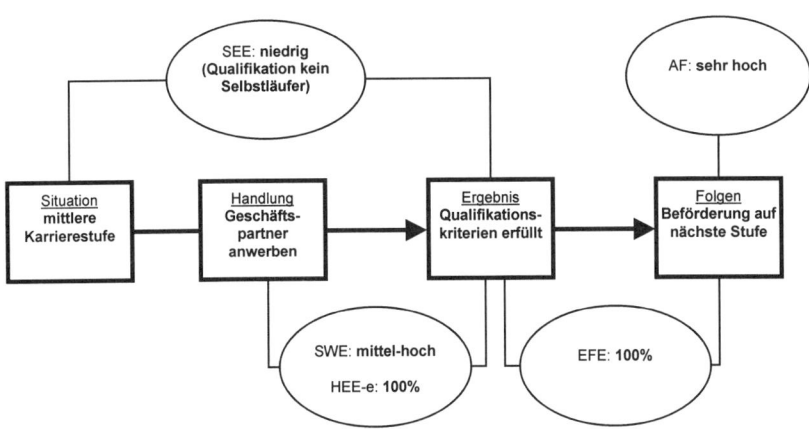

Abb. 86: Motivator Beförderungsziel

Trotz der insgesamt sehr hohen Motivation der Klientin, die nächsten Beförderungsstufen zu erreichen, fehlt ihr nach eigener Wahrnehmung in einem Bereich die dafür erforderliche Zielstrebigkeit. Während alle übrigen Tätigkeiten ihr leicht von der Hand gehen, hat sie immer noch das Gefühl, das sie zu zögerlich bei Vertragsabschlüssen ist: sei es mit Endkunden, sei es beim Anwerben neuer Vermittler („Geschäftspartner"). Der folgende Ausschnitt aus dem Coaching-Gespräch verdeutlicht dies.

Coach: Ist es ihnen peinlich, da 'ne Unterschrift für zu holen?

Frau M.:   Das frage ich mich manchmal auch, ob ich irgendein Problem mit Verkauf habe. Ob da irgendwas noch in mir drinsteckt.

Vielleicht auch geprägt durch meinen vorhergehenden Beruf [sie war fast 20 Jahre lang Lehrerin]. Einfach noch selber nicht die richtige Einstellung habe. Mich würde das nicht weiter verwundern, wenn ich die Familiengeschichte betrachte: bei mir und bei meinem Mann – wo an und für sich diese ganze kaufmännische Variante völlig unterrepräsentiert ist. Das sind alles so Ärzte, Lehrer, Ingenieure .... Eigentlich kein Unternehmer, weit und breit nicht.

Ihre Vermutung zielt wahrscheinlich genau auf den Punkt, das ich irgendwo damit noch ein Problem habe. Dabei hab' ich schon so viel auch an mir selbst auch gearbeitet. Und auch so viel mich selber von so vielem auch unabhängig gemacht. Aber scheinbar noch nicht genug. Ja, das ist sehr gut möglich.

Coach: Dabei sind Sie ja schon sehr erfolgreich.

Frau M.:   Ja, manchmal stehe ich mir selber trotzdem noch im Wege. Ich könnte
              noch viel erfolgreicher sein. Und das, das ist durchaus denkbar, das sich
              da noch so'n paar alte Glaubenssätze irgendwo gehalten haben, noch
              so'n ein paar vielleicht auch versteckte Einstellungen, [die mich] an
              manchem trotzdem immer noch hindern. (2., 482)

Werden diese negativen Folgen in das Erweiterte kognitive Motivationsmodell integriert,

ergibt sich das folgende Bild (siehe Abb. 87).

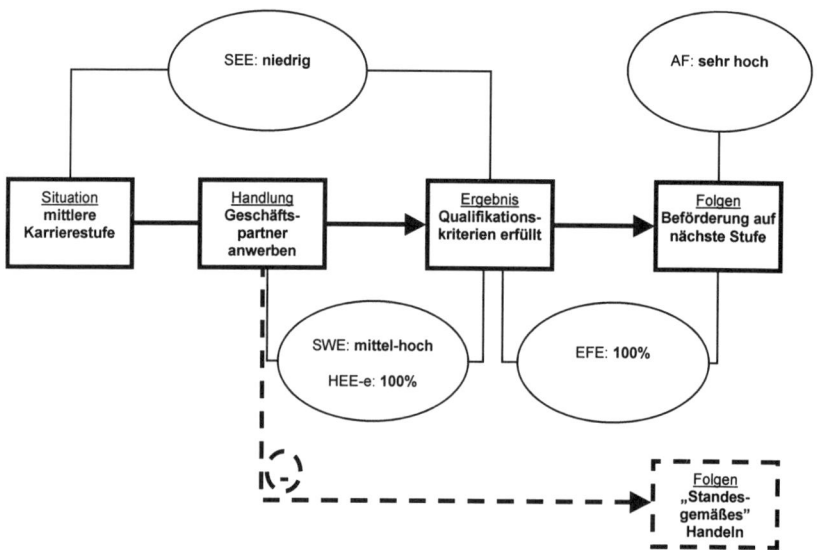

Abb. 87: Bonus und Malus des Verkaufens

Bei hoher Motivation aufgrund nahezu optimaler Ausprägung aller Erwartungen, ist ledig-

lich ihre Selbstwirksamkeitserwartung hinsichtlich des Erzielens von Vertragsabschlüssen

und insbesondere des Anwerbens neuer Vertreter weniger stark ausgeprägt. Hier hindern

sie die latent noch vorhandenen Zweifel an der Angemessenheit dieses Tuns für eine Toch-

ter aus akademisch-nicht-kommerziell geprägtem Haus. In dem Moment, in dem sie dies

ausspricht und durch die Betrachtung dieses Motivs im Coaching-Gespräch, verliert dieses

ohnehin nur noch mäßig stark ausgeprägte, latent schlechte Gewissen weiter an Kraft

(„Name it – claim it!"). Damit war der dennoch empfundene Mangel einer mangelnden Zielstrebigkeit nicht in der Motivations- sondern in der Volitionsphase zu suchen.

Frau M. verfügt über elaborierte Theorien (siehe Abb. 88), warum es mitunter nicht zu der angestrebten Unterschrift kommt. Sie attribuiert diesen Misserfolg zunächst überwiegend extern (Einfluss der Lebenspartner der Interessenten, Interessent traut sich nicht, persönliche Situation ist für Interessenten ungünstig, etc.), sieht aber auch bei sich selbst Faktoren („oftmals zu zögerlich", Angst vor dem Nein).

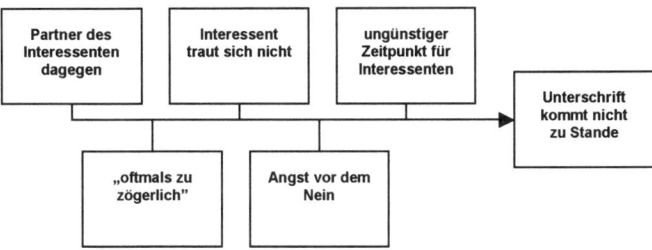

Abb. 88: Externe und interne Attribution von Misserfolg

Beeinflussbar sind für sie natürlich in erster Linie die bei ihr liegenden Faktoren. Diese stellen sich im Volitionsmodell wie folgt dar. Eine Übersetzung der Zielintention, Geschäftspartner zu gewinnen, in eine Implementierungsintention mit einer Konkretisierung des Vorgehens hat nicht stattgefunden. Außerdem war die Initiativ-Selbstwirksamkeitserwartung niedrig, während die Coping- und die Wiederherstellungs-Selbstwirksamkeitserwartung keine Rolle spielten (siehe Abb. 89).

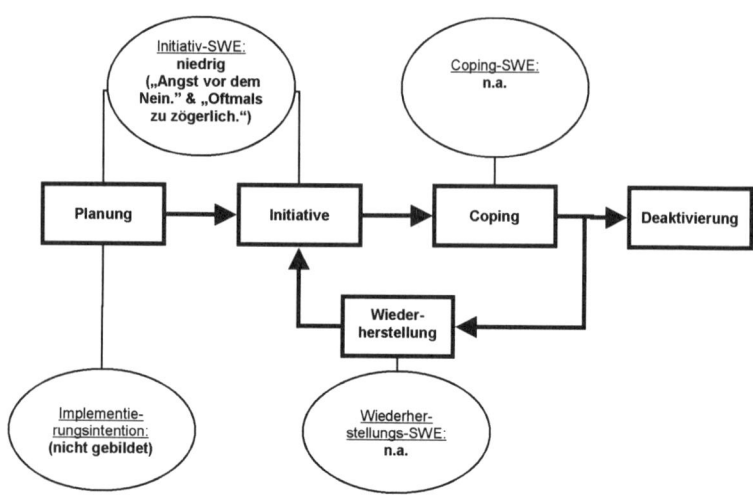

Abb. 89: Volitionsrelevante Erwartungen schwach ausgeprägt

Im Rahmen des Coaching-Gesprächs entwickelt Frau M. entsprechende Strategien:

„Ich sollte es mir einfach vornehmen, ich sollte mir in meine Geschäftspartner-Präsentationsmappe gleich den Vertragshändler-Antrag hinten als Letztes reinstecken und eben dann unterschreiben lassen." (2., 427)

Damit hat sie bereits ihre Zielintention („Unterschriften bekommen") in eine Implementierungsintention („dafür Anträge griffbereit vorbereiten") überführt. Zur Überwindung ihrer „Angst vor dem Nein" (2., 1016) und somit zur Erhöhung ihrer Initiativ-Selbstwirksamkeitserwartung war dann eine entsprechende Handlungsstrategie zu finden. Für eine andere Stufe des Akquiseprozesses, die Ansprache von potentiellen Interessenten, verfügte sie bereits über eine solche Strategie und wendete sie dort erfolgreich an. Das übertrug sie nun auf den Schritt des Unterschrift-Einholens:

„Ich habe auch schon meine eigenen Tricks, meine Angst zu überwinden: ich bin auch sehr gut, was das Ansprechen angeht, da bin ich eigentlich immer besonders mutig: Da habe ich so ein System entwickelt, wenn mal wieder so eine Gelegenheit

ist und ich trau' mich dann nicht, dann sage ich selber zu mir ,Feigling, Feigling'.
Und dann mache ich es nämlich. Das funktioniert wunderbar!" (2., 1043)

Im Rahmen des Volitionsmodells stellt sich dies wie folgt dar (siehe Abb. 90). Die Initiativ-Selbstwirksamkeitserwartung, die Frage nach der Unterschrift zu stellen, ist nun dank
des „Feigling, Feigling"-Tricks hoch: schließlich hat sich dieser in einem anderen Teil des
Akquiseprozesses bereits bewährt. Außerdem wird die Zielintention („Unterschriften ein-
holen") klar in eine Implementierungsintention überführt und durch die Mitnahme der relevanten Anträge konkretisiert.

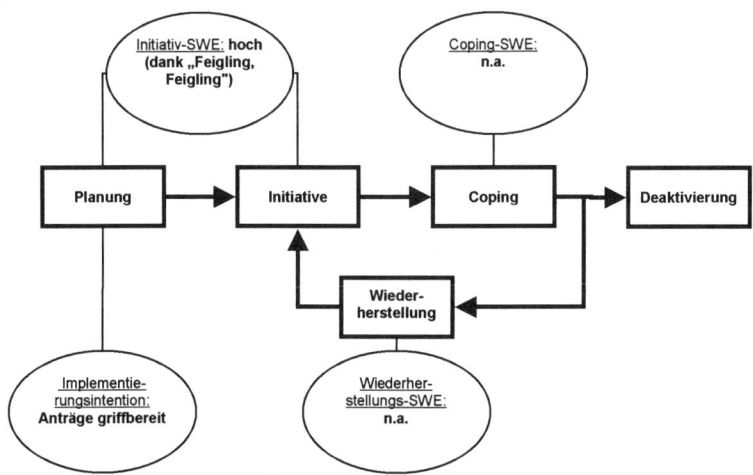

Abb. 90: Konkretisierte Implementierungsintention und Initiativ-Strategie

Frau M. akzeptiert den Vorschlag des Coaches, als „Hausaufgabe" diese Strategie auszuprobieren, wenn es darum geht, einen Gesprächspartner zur Unterschrift aufzufordern. Anhand ihrer Termine in den Wochen bis zum nächsten Coaching-Termin nimmt sie sich vor,
die „Feigling"-Strategie fünfmal zum Vertragsabschluss anzuwenden.

Beim nächsten Termin berichtet sie von der Wirksamkeit der Strategie – auch im Vergleich zum Erfolg ihrer unmittelbaren Kollegen im gleichen Zeitraum: „Ich habe drei Abschlüsse gemacht. Die anderen haben alle keinen Abschluss." (3., 29)

8.5.2   Herr C.: „Innen brodelt es und außen die coole Macker-Maske"

Herr C. ist in einem großen deutschen Teilkonzern Leiter der Personalentwicklung mit 15 Mitarbeitern.

Sein Anliegen ist es herauszufinden, wie ein zu „meiner Person passendes, authentisches Führen aussieht". Auf der Ebene von abstraktem Funktionswissen formuliert er, das für erfolgreiches Führen sachliche und emotionale Aspekte wichtig sind (siehe Abb. 91): „jedes Sachthema hat eine Beziehungsebene" (3., 470). Und er weiß: „wenn es mir gelingt auf die Einzelnen emotional und thematisch einzugehen, kann es sehr fruchtbar sein" (2., 310).

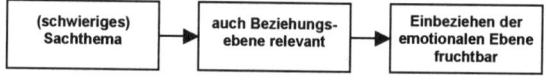

Abb. 91: Funktionswissen zur Relevanz von Emotionen

In (schwierigen) Führungssituationen gelingt es ihm aber nicht, seinen Emotionen Ausdruck zu verleihen:

„ich halte mich im stillen Kämmerlein für emotional, kann mich über viele Sachen aufregen oder freuen; beruflich werde ich von vielen eher als introvertierter Mensch angesehen. [...] innen drin brodelt es und nach außen habe ich die coole Macker-Maske." (2., 220)

Er erinnert starke Emotionen in Arbeitssituationen, in denen er Mitarbeiterverhalten als falsch erlebte, dies aber nicht artikulierte. Als sich Mitarbeiter z.B. in einer Sitzung nicht an ein vereinbartes Vorgehen hielten, gingen ihm die folgenden Gedanken und Gefühle durch den Kopf: „ungerecht[es Verhalten der Mitarbeiter], emotional, wütend, barsch, am liebsten ausgeflippt, [sie] anmachen". (2., 110) Als ein Mitarbeiter sich nach einer für ihn

negativen Personalentscheidung „hängen lässt":

> „Meine Reaktion: das kann doch nicht wahr sein! [...] Bin ich hier in einer Therapie-
> anstalt oder was ist hier los? [...] Da wäre ich am liebsten reingegrätscht. Habe ich
> dann nicht gemacht." (2., 180)

Auch im Coaching neigt er dazu, Nachfragen nach seinen Emotionen in konkreten Situati-

onen mit langen Ausführungen zur Organisationsstruktur zu beantworten. Es bedarf dann

eines mehrfachen, insistierenden Nachfragens des Coaches, um den emotionalen Gehalt

von Situationen aufzuklären. In einer Reflektion über sein eigenes Verhalten im Coaching

am Ende der zweiten Sitzung, versichert er aber mehrfach seine Bereitschaft, auf die eige-

nen Emotionen einzugehen:

> „[Ich habe] methodisch keine Probleme damit, mich zurückführen zu lassen. Wenn
> ich da ausbreche ist das Teil meines Alltagsverhaltens aus einer Emotionalität raus-
> zugehen und das hängt nicht mit der fehlenden Bereitschaft zusammen – da zu knei-
> fen – sondern weil es Teil meines fehlenden Repertoires ist. [...] Das ist mir wichtig,
> dass ich da auch hingeführt werde. Da brauche ich die Korrektive und die Ampeln, da
> auch hinzugehen. Das liegt nicht an der fehlenden Bereitschaft, sondern sozusagen
> an den erlernten, alltäglichen Reflexen." (2., 1370)

Er erkennt die persönlichen Kosten der „Macker-Maske": „Ich denke das ist auch mit An-

strengung verbunden" und formuliert folgerichtig: „Ich bin unzufrieden mit mir selbst, weil

es mir nicht gelingt, meine Gefühle zu transportieren." Gleichzeitig hat er aber die subjek-

tive Theorie, das er seinen negativen Gefühlen auch nicht freien Lauf lassen darf, weil er

die Mitarbeiter damit „überfordern" könnte. Als Ziel sieht er dementsprechend ein dosier-

tes „Rauslassen" von Emotionen: „Nicht eins zu eins, das würde viele überfordern, aber

aus dem Herzen keine Mördergrube machen" (2., 240).

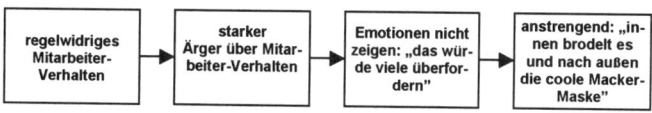

Abb. 92: ST: Umgang mit Mitarbeiter-Fehlverhalten

Im Erweiterten kognitiven Motivationsmodell stellt sich die beabsichtigte Sequenz von Situation, Handlung, Ergebnis und Folgen so dar (siehe Abb. 93): In schwierigen Führungssituationen will er auch Emotionen zeigen, da dies eine auch emotionale Klarheit zum Ergebnis hätte. Die Folgen wären eine fruchtbare Interaktion bzw. Führung sowie für den Klienten eine reduzierte Anstrengung.

Die Situations-Ergebnis-Erwartung ist niedrig in dem Sinne, dass das gewünschte Ergebnis nicht „von selbst" eintreten wird: ein Handeln ist eindeutig erforderlich. Die Ergebnis-Folgen-Erwartung ist hoch: der Klient hat keinen Zweifel daran, das „emotionale Klarheit" seine innere Anstrengung reduzieren würde und an sich ein besseres Führungsverhalten wäre. Auch die Handlungs-Ergebnis-Erwartung i.w.S. ist hoch: wenn es gelingt, Emotionen einzubeziehen, sei dies sehr fruchtbar. Diese Erwartungswerte deuten also in Richtung einer hohen Motivation. Der Anreizwert der Folgen ist nicht so eindeutig: zwar würde eine verminderte Anstrengung für das Verbergen von Emotionen zweifelsohne als positiv erlebt, doch will der Klient erst mit Hilfe des Coachings klären, wie für ihn ein authentisches Führen aussieht. Es ist also davon auszugehen, dass für den Klienten noch nicht geklärt ist, ob die Integration von Emotionen zu seinem authentischen Führungsstil gehört – auch wenn er über entsprechendes Funktionswissen verfügt, dass die Funktionalität einer solchen Integration behauptet. Hingegen weist die Selbstwirksamkeits-Erwartung eindeutig in Richtung einer niedrigen Motivation für ein emotionsintegrierendes Führungshandeln: der Klient ist fest davon überzeugt, dass er seine Emotionen nicht angemessen dosiert artikulieren könnte.

Ein Mangel an Motivation für ein emotionsintegrierendes Handeln lässt sich somit aus der niedrigen Selbstwirksamkeits-Erwartung und dem unklaren Anreizwert der Folgen festmachen. Die Gründe hierfür bedürfen weiterer Aufklärung.

Unklar ist zunächst, wie es denn zu diesen innerlich starken, vehementen Emotionen („am liebsten ausgeflippt"; „da wäre ich am liebsten reingegrätscht") in relativ alltäglichen Führungssituationen kommt. Bemerkenswert ist auch, dass er die Emotionen trotz ihrer Stärke nicht zum Ausdruck bringt. Die relativ unspezifische Begründung, dass die Mitarbeiter dadurch „überfordert" würden, erscheint nicht präzise genug. Zunächst zur empfundenen Stärke der Emotionen.

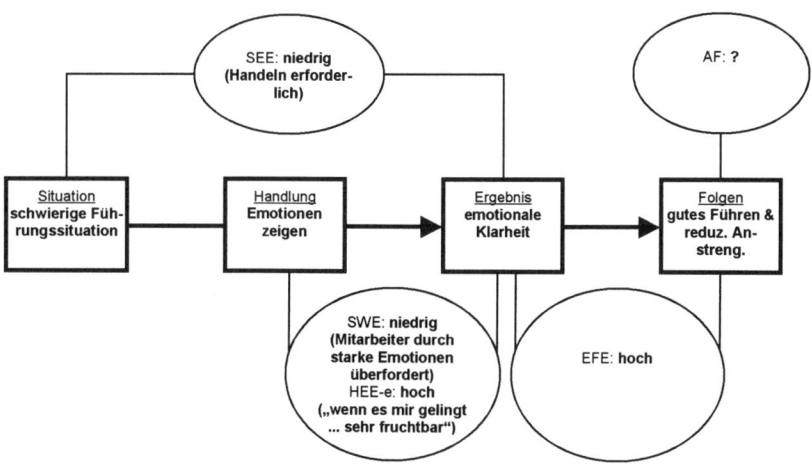

Abb. 93: Erwartungen und Anreizwert beim emotionsintegrierendem Führen

Im privaten Bereich erinnert sich der Klient an zwei Situationen, in denen er seinem „Jähzorn" freien Lauf gelassen hat: bei einem Skiwochenende mit seiner Frau und befreundeten Paaren und als Kind beim Fußballspielen. Beim Skiwochenende trafen der Klient und seine Frau aufgrund schlechter Verkehrsverhältnisse erst sehr spät an der mit den befreundeten Paaren gemieteten Unterkunft ein und trafen niemanden mehr an: Offenbar waren die anderen Paare bereits zum Essen gegangen und hatten weder eine Nachricht hinterlassen, wohin sie gegangen waren, noch waren sie auf den an sich zahlreich vorhandenen Handys zu erreichen. Als sie dann spät nachts zurückkamen, ist Herr C. „richtig ausgeflippt". Er hatte einen richtigen Jähzorn-Anfall, da er sich für seine Frau und auch sich selbst verletzt und nicht geschätzt fühlte, wie er heute vermutet: „Vielleicht könnte das 'ne Angst sein, Angst vor fehlender Akzeptanz". (2., 530)

Als Kind kann er sich „an eine Situation erinnern, war auch beim Fußballspielen, wo ich einem – und das war ein Freund – mal einen Kinnhaken verpasst habe". Der Klient erklärt sich dies heute wie folgt: „Spiel war für mich Leben. Kann mich total damit identifizieren.

Ohne das ich mich an die konkrete Situation erinnern kann: ich glaube da hat jemand das
Spiel nicht genauso ernst genommen wie ich." Auch hier sieht er einen Zusammenhang zu
mangelnder Wertschätzung bzw. Akzeptanz durch andere: „nicht weit bis zu fehlender Akzeptanz dann: wenn er das Spiel nicht ernst nimmt und ich nehme es ernst, dann beziehe
ich das ja auf mich". (2., 610)

Am Ende der zweiten Coaching-Sitzung sieht er einen Zusammenhang zwischen den geschilderten privaten Situationen und seiner beruflichen Situation anhand der bereits angeführten Sitzung, in der sich Mitarbeiter nicht an ein vereinbartes Vorgehen hielten:

> „wo ich das Gefühl habe, jetzt müsste ich eigentlich raus, steckt dahinter, dass ich
> mich zu schnell als Person bedroht sehe oder nicht akzeptiert fühle und dass das, das
> der Reflex falsch ist, ich glaube, davon muss ich wegkommen. Ich denke, es geht gar
> nicht darum, mich in Frage zu stellen, aber ich meine das und auch da kommt die
> Emotionalität her dann. Weil ich dem sofort so viel Gewicht bemesse. Wenn ich jetzt
> mal dieses Beispiel nehme, was ich ja eben selber benannt hatte: dieses Get-together-
> meeting. Ich glaube nicht, dass, da geht es den Leuten nicht darum, das sie mich är-
> gern wollen, nach dem Motto: das nehmen wir jetzt mal als Anlass um zu zeigen,
> wer Du bist oder was auch immer. Aber unausgesprochen denke ich das. Weil an-
> sonsten würde der Film nicht abgehen bei mir." (2., 1210)

Damit sind die angesichts eines alltäglichen Fehlverhaltens überzogen wirkenden Emotionen erklärbar: Wird ein Fehlverhalten von Mitarbeitern als Angriff auf die eigene Person
erlebt, ist es natürlich nicht mehr überzogen mit stärksten Abwehremotionen zu reagieren.
Die oben dargestellte Subjektive Theorie zum Umgang mit Mitarbeiter-Fehlverhalten muss
also modifiziert werden:

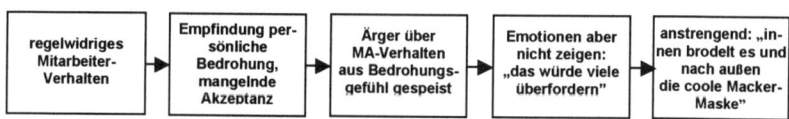

Abb. 94: ST: Umgang mit Mitarbeiter-Fehlverhalten, 1. Revision

Dies erklärt aber noch nicht, warum der Klient seine Emotionen nicht artikuliert: wenn sie
die Reaktion auf ein Gefühl der persönlichen Bedrohung darstellen, wäre ihre Artikulation
gerade zu erwarten – unabhängig davon, ob die Mitarbeiter davon überfordert werden oder
nicht.

Dieser Zusammenhang konnte in der Folgesitzung anhand des Themas Offenheit im Umgang mit Mitarbeitern näher ergründet werden. Größtmögliche Offenheit und Transparenz wurden von dem Klienten zunächst als Ziel im Umgang mit den Mitarbeitern genannt: Weil „Offenheit an sich schon eine vertrauensbildende Maßnahme ist" (3., 210), also zu Vertrauen zwischen Vorgesetztem und Mitarbeitern führe und dadurch für ein gutes, motivierendes Arbeitsklima sorge. Eine genauere Betrachtung von zwei Erfahrungen des Klienten zeigte jedoch, das dieser kausale Zusammenhang nicht per se gegeben ist. Im Sinne der „Offenheit" teilte der Klient den Mitarbeitern einer Nachbarabteilung mit, dass ein demnächst beginnendes Projekt herausfinden werde, dass sie künftig in die Abteilung des Klienten eingegliedert würden. Dies führte nicht zur Vertrauensbildung, sondern zu Fatalismus bei den betroffenen Mitarbeitern. Auch die „Offenheit" einem Mitarbeiter gegenüber, der auf eine Beförderung hoffte, dass die Entscheidung, ihn nicht zu befördern, auch vom Chef des Klienten gutgeheißen worden sei, führte nicht zum angegebenen Ziel der Vertrauensbildung: vielmehr zeigte er sich in der Folge besonders demotiviert. Das Resümee des Klienten: „ich habe damals mit Offenheit nicht das erreicht, was ich erreichen wollte" (3., 525; siehe Abb. 95).

Genauer gefragt nach seinem Empfinden in diesen Situationen, formuliert der Klient schließlich folgende Subjektive Theorie zum Thema Offenheit: „ich meine, auch schwierige Themen ausschließlich mit Sachinformationen klären zu können, [...] und [dass ich] bei der Sachebene über größtmögliche Offenheit versuche, mich nicht angreifbar zu machen" (3., 620). Als Ziel wird hier benannt, sich „nicht angreifbar zu machen". Das Mittel dazu ist „größtmögliche Offenheit" – auch oder gerade über das hinaus, was der andere verarbeiten kann oder wissen will.

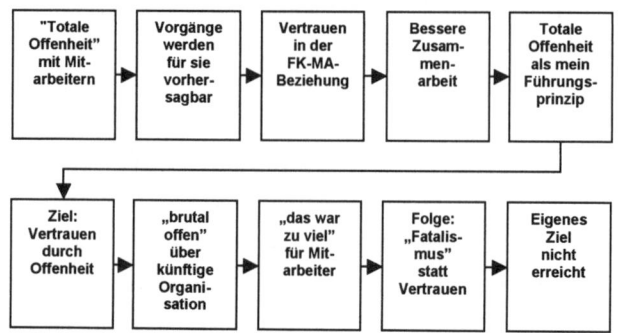

Abb. 95: Subjektive Theorie: Totale Offenheit als Führungsprinzip

Seine Mitarbeiter erlebten dies als emotionalen Rückzug ihres Chefs und als Ohnmacht, so
vermutet der Klient: „dass ich mich da aus Sicht der anderen ausschließlich auf Sachebene
zurückziehe, [...] dass das vielleicht auch eine Form von Ohnmacht ist: an der Stelle kommen wir gar nicht dran – aber es ist doch für mich eher ein emotionales Problem und da ist
er völlig zu" (3., 640). Das Klienten-Ziel, nicht angreifbar zu sein, ist damit aber erreicht
(siehe Abb. 96).

Abb. 96: Subjektive Theorie: Offenheit macht ohnmächtig

Das Ziel, nicht angreifbar zu sein, macht nun auch verständlich, warum der Klient es vor-
zieht, seine Emotionen nicht zu zeigen: das würde ihn angreifbar machen und hat daher zu
unterbleiben (siehe Abb. 97).

Abb. 97: ST: Umgang mit Mitarbeiter-Fehlverhalten, 2. Revision

Im Erweiterten kognitiven Motivationsmodell stellt sich dies wie folgt dar (siehe Abb. 98).
Der Klient strebt neben den Folgen „reduzierte Anstrengung für das Verbergen von Emotionen" und „gute Führung" auch an, „nicht angreifbar zu sein". Diese Folge ist in der Subjektiven Theorie des Klienten aber negativ mit der Handlung, Emotionen zu zeigen, verknüpft.

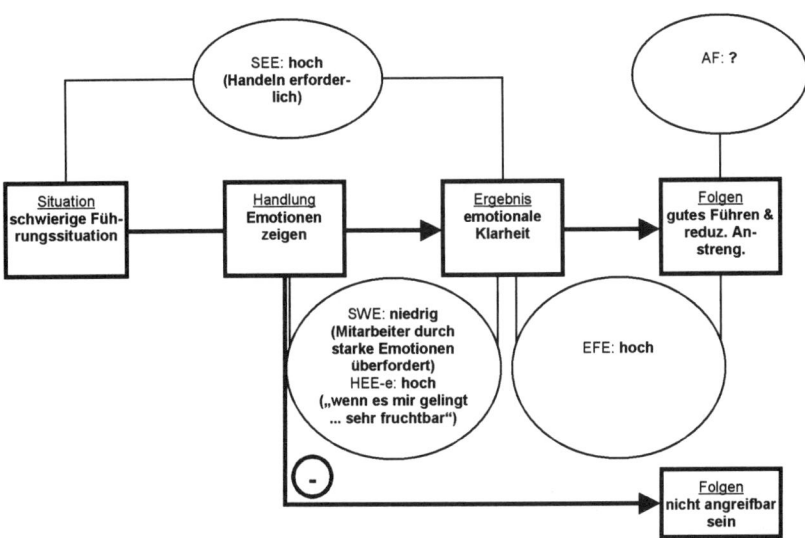

Abb. 98: Subjektive Theorie: Zeigen von Emotionen macht auch angreifbarer

Damit ist die bereits zuvor konstatierte niedrige Selbstwirksamkeits-Erwartung und der teilweise unklare Anreizwert der zunächst genannten Folgen so weit aufgeklärt, dass es möglich ist, Ansatzpunkte zu finden, um ein stimmigeres Verhältnis zwischen den inneren Emotionen und dem äußeren Führungsstil zu erzielen und Emotionen nicht nur innen „brodeln" zu lassen.

Hinsichtlich der Selbstwirksamkeits-Erwartung ist Herrn C. deutlich geworden, dass seine starken Emotionen von einer Fehlinterpretation der Situation herrühren: nicht jedes unkorrekte Mitarbeiter-Verhalten kann sinnvoll als persönlicher Angriff interpretiert werden. Indem er sich in entsprechenden Situationen vor Augen führt, dass er ein generalisiertes, unangepasstes Schema auf sie anwendet, kann er seine eigene emotionale Reaktion zumindest bremsen. Damit steigt die Selbstwirksamkeits-Erwartung dafür, dosiert Emotionen zeigen zu können, da er zudem nicht mehr automatisch davon ausgeht, mit den gezeigten Emotionen seine Mitarbeiter zu überfordern.

Um dosierte Emotionen aber tatsächlich zeigen zu können, ist der dem entgegenstehende Imperativ „nicht angreifbar sein!" zu relativieren. Dabei ist einerseits in Rechnung zu stellen, dass sein Berufsumfeld durch erratische Vorgesetzte, Konflikte zwischen Abteilungen mit ähnlichen Aufgaben und häufige Umstrukturierungen gekennzeichnet ist und das Ziel, möglichst wenig Angriffsfläche zu bieten auch situativ nahe liegt. Andererseits ist zu berücksichtigen, dass der Preis, die eigenen Emotionen innen brodelnd auszuhalten, ohne sie zu zeigen, nicht in jeder Situation erforderlich ist.

Durch eine differenzierte Handlungsvornahme, Emotionen nicht generell, sondern in „ungefährlichen" Situationen zu zeigen, kann dem Rechnung getragen werden. Dabei dient das Zeigen von Emotionen sogar dem Ziel, nicht angreifbar zu sein, da es potentielle Zweifel an der Führungskompetenz reduziert.

Im Erweiterten Kognitiven Motivationsmodell sieht dies wie folgt aus (siehe Abb. 99). Die Handlung lautet nun „Emotionen situationsabhängig zeigen". Das angestrebte Ergebnis dieser Handlung ist die Erhöhung emotionaler Klarheit, nicht absolute emotionale Klarheit. Die Selbstwirksamkeits-Erwartung ist leicht gestiegen: der Klient erwartet, Emotionen manchmal dosiert zeigen zu können. Außerdem ist der Anreizwert der Folgen, in die das Ziel, nicht angreifbar zu sein integriert wurde, nun eindeutig hoch. Herr C. verfügt dementsprechend über eine hinreichende Motivation, um das neue Handeln auszuprobieren. Dies tut er zunächst in Zweier-Situationen, in denen er seine Emotionen früher nicht gezeigt hätte. Jetzt spricht er ihn störende Punkte direkt an: „bilateral [bin ich] in Klärungen gegangen" (5., 1410).

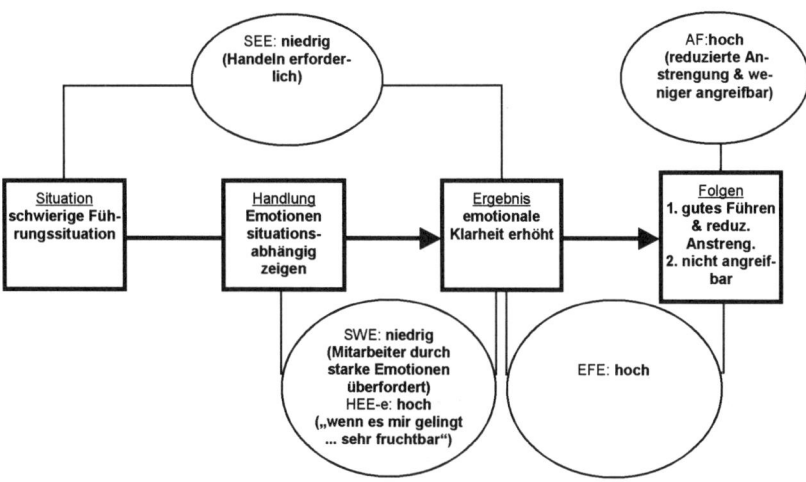

Abb. 99: Zielbündel „Gutes Führen" und geringe Angreifbarkeit

8.5.3   Herr D.: „Machterhalt" oder „neue Freiheit"?

Herr D. ist Gründer und alleiniger Gesellschafter-Geschäftsführer eines Beratungsunter-
nehmens mit 30 Mitarbeitern. Das Wachstum seines Unternehmens wie auch die Frage einer Nachfolgeregelung – Herr D. möchte für das Unternehmen maximal noch sieben Jahre
tätig sein – machen das Thema „Loslassen-Können" prominent.

Sein in der ersten Sitzung formuliertes Anliegen lautete: „Wie schaff' ich es auch mental,
an diesen Stellen mich loszulösen?" Diese Frage stellt sich ihm nachdem er bereits damit
experimentiert hat, sich im Tagesgeschäft aus bestimmten Detailfragen herauszunehmen.
Er rekapituliert, dass „seit halbem Jahr, ich bestimmte Dinge mit Abstand mache, auch
machen will. [...] ich kann Leute nicht mehr so eng führen, muss ich lernen und sie auch"
(1., 320). Zunächst war zu klären, worin der Lernbedarf des Klienten genau besteht und
warum sich das Lernen als schwierig oder unangenehm darstellte.

Die zwei Themen Loslassen des Unternehmens im Sinne einer Nachfolge-Regelung und Loslassen im Unternehmen im Sinne eines stärkeren Delegierens wurden dabei getrennt bearbeitet. Die Frage des stärkeren Delegierens stellte sich unmittelbar, die Frage einer Nachfolgeregelung erst mittelfristig. Da letztere jedoch geeignet ist, das generelle Verhältnis des Klienten zu seiner Firma zu beschreiben, wird sie im Folgenden zuerst behandelt.

Zunächst stellte er die Sorge für eine gute Nachfolgeregelung in den Kontext der Bestandssicherung, falls ihm einmal etwas passiere (1., 430): „Wie richtet man Firmen frühzeitig darauf aus, dass die Köpfe mal weg sind? Sonst schlechten Job gemacht." Daraus ergibt sich recht unmittelbar die erforderliche Handlungskette (siehe Abb. 100).

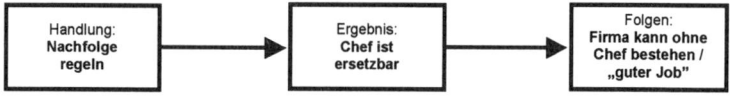

Abb. 100: Nachfolgeregelung zur Bestandssicherung

Tatsächlich ist die Nachfolge aber nicht geregelt, ja der Klient weist sogar darauf hin, dass er ausdrücklich nur Leute für die zweite Reihe aufgebaut habe: „einen Nachfolger zu suchen, habe ich bisher nicht dran gedacht [...] ich habe schon dran gedacht, Leute aufzubauen – aber [...] für die zweite Reihe" (4., 460). Die Betrachtung des Erweiterten Motivationsmodells zeigt, welche Erwartungen damit noch nicht klar formuliert sind (siehe Abb. 101).

Während im Sinne einer hohen Motivation die Situations-Ergebnis-Erwartung niedrig und die Ergebnis-Folgen-Erwartung hoch ist, ist die Ausprägung zunächst unklar für die Selbstwirksamkeits-Erwartung und die Handlungs-Ergebnis-Erwartung i.e.S. und den Anreizwert der Folgen.

Die nähere Betrachtung des Anreizwertes der Folgen ergibt, dass neben der Bestandssicherung der Firma noch andere Folgen wesentlich sind. Die Fähigkeit der Firma auch ohne ihren Chef fortbestehen zu können, tritt sogar deutlich hinter einer anderen angestrebten Folge zurück: Der Klient sieht die mittelfristig geplante Abgabe der Firma als Befreiung

für neue Projekte, nicht als Möglichkeit eines vorgezogenen Ruhestands: ein „Rentnerda-
sein ‚ab 55 will ich dann gar nichts mehr tun', reizt mich überhaupt nicht, weil ich das, was
ich tue, immer viel zu gerne tue" (4., 1090). Bei den neuen Projekten soll es sich jedoch
um etwas handeln, was „wirklich wichtig" ist (4., 1070).

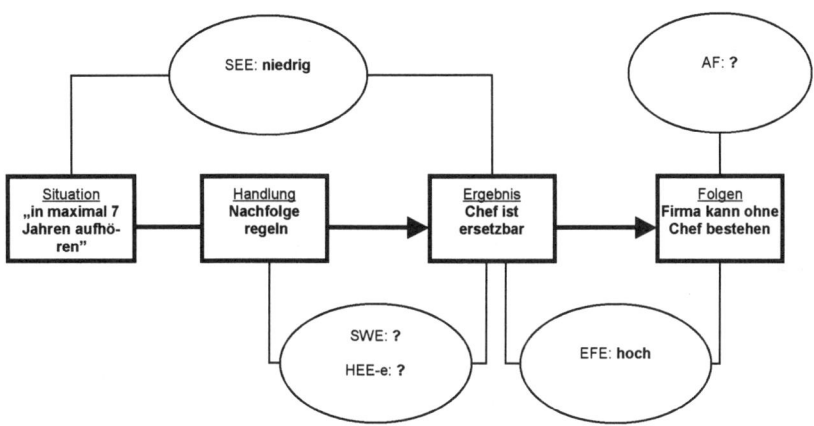

Abb. 101: Nachfolgeplanung im Motivationsmodell: erste Version

Neue Freiheiten erringen zu können, stellt deutlich einen hohen Anreizwert, sodass die
Motivation gemäß des Modells mit diese Folge höher ist – aber immer noch ambivalent, da
auch jetzt die Aussicht, einen Nachfolger aufbauen bzw. einarbeiten zu müssen, Widerwil-
len auslöst und die Selbstwirksamkeits-Erwartung entsprechend niedrig ist (siehe Abb.
102).

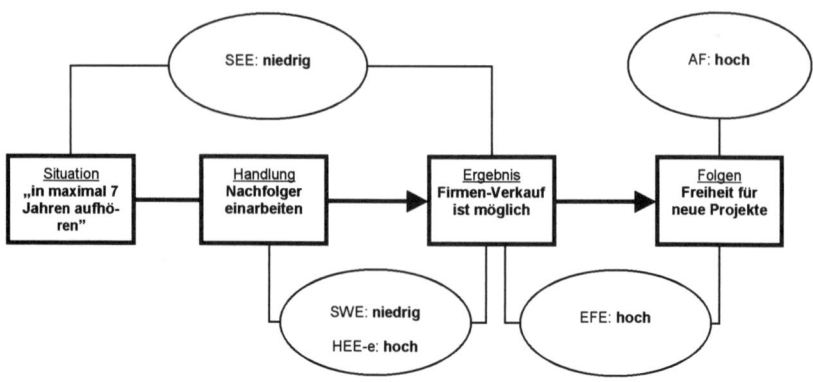

Abb. 102: Nachfolgeplanung im Motivationsmodell: zweite Version

Der Widerwille gegen das Einarbeiten eines Nachfolgers speist sich aus der Furcht vor dem Erleben des eigenen Machtverlustes und einem damit verbundenen „Persönlichkeitsverlust", nur noch „per Gnade dabei sein zu dürfen". Die Leute würden „den Alten im Grunde als unnötigen Schatten des Neuen betrachten." (4., 850). Aus diesem Grund präferiert der Klient für die Abgabe der Firma einen klaren „Cut", also etwa einen Verkauf gegenüber der Einarbeitung eines nachwachsenden Nachfolgers. Einen „gleitenden Übergang" mit Einarbeitung eines Nachfolgers stellt er sich als sehr unangenehm vor.

Die emotional vorgetragenen Befürchtungen hinsichtlich des eigenen Machtverlusts belegt der Klient mit Beobachtungen, die er zu Anfang seiner Berufskarriere in einem Konzern gemacht hat. Der Abgang fast aller oberen Manager dort sei im Sinne seiner Befürchtungen „stillos" gewesen.

Offenbar spricht der Klient damit ein Motiv an, dass ihm unabhängig von der Nachfolgefrage wichtig ist – so wichtig, dass es die ansonsten von ihm dargelegte Handlungskette motivational zu torpedieren vermag. Dies ist das Motiv des Machterhalts bzw. genauer das Motiv „als Macher" (4., 910) dazustehen und operativ die Geschicke der Firma zu lenken. Zur Befriedigung dieses Motivs reicht es insbesondere nicht aus, lediglich die Mehrheit der Anteile an der Firma zu halten und somit eigentlich das letzte Wort zu haben (ebd.).

Neben die angestrebte Folge, „neue Freiheiten" zu genießen, tritt also die angestrebte Folge, als Macher dazustehen. Diese Folge ist durch die Einarbeitung eines Nachfolgers aus Sicht des Klienten aber stark gefährdet: Die Leute würden „den Alten im Grunde als unnötigen Schatten des Neuen betrachten." (4., 850).

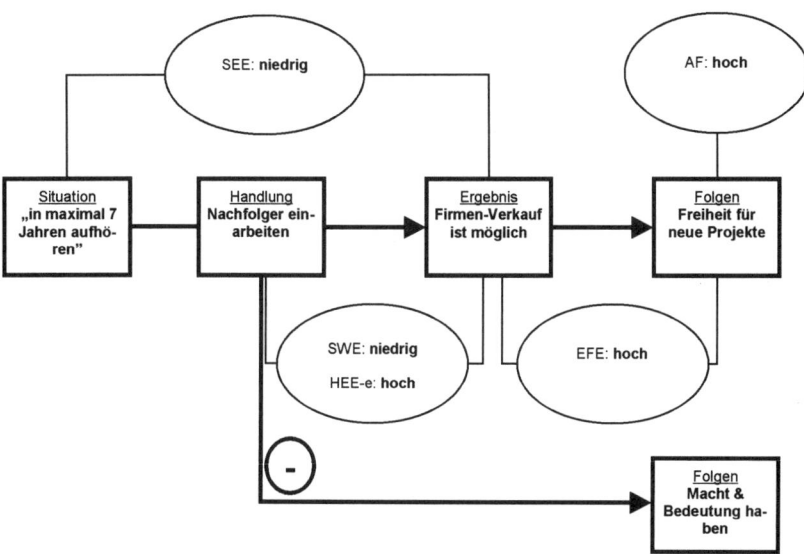

Abb. 103: Nachfolgeplanung im Motivationsmodell: dritte Version

Es liegen also zwei widerstrebende Ziele vor, die sich gegenseitig blockieren: gewinnt das Ziel „neue Freiheiten" die Oberhand führt dies in der Logik des Klienten über die erforderliche Einarbeitung eines Nachfolgers zur Verletzung des Ziels, als Macher dazustehen. Umgekehrt wird ein Beharren darauf, in der Firma als Macher dazustehen, es erforderlich machen, die „neuen Freiheiten" abzuschreiben.

Um beiden Zielen gerecht zu werden, ist also eine Neuinterpretation dieser Zusammenhänge erforderlich, eine Veränderung der Subjektiven Theorien. Ein Anknüpfungspunkt hierfür ist ein ehemaliger, von Herrn D. bis heute sehr geschätzter Chef. Dieser hat es nämlich in seiner Wahrnehmung als Einziger geschafft, seinen Abgang würdevoll zu gestalten – und dessen unbeschadet einen Nachfolger einzuarbeiten. Zwar hat er seine firmeninterne

Macht qua Position im Zuge der Übergabe aufgeben müssen, aber die Macht als Vorbild für andere wirkt bis zum heutigen Tage nach.

Damit erscheint die Übergabe der Verantwortung an einen Nachfolger nicht mehr prinzipiell unmöglich, denn Machtverlust wird nun nicht mehr automatisch als Folge befürchtet. Das Verfolgen des Ziels, Freiheit für neue Projekte zu erlangen ist nicht mehr zwingend negativ mit dem Ziel, Bedeutung und Macht zu haben, korreliert. Die Selbstwirksamkeits-Erwartung dafür, einen Nachfolger einzuarbeiten, ist dementsprechend leicht erhöht (siehe Abb. 104). Ein ernsthaftes Nachdenken über ein Übergabe-Szenario und die Frage, auf welche Weise und in welchem Bereich Macht erhalten werden soll, kann damit beginnen. Wie es konkret gestaltet werden kann, bedarf weiterer Reflektionen, die über die Zeit der fünf Coaching-Sitzungen hinausgehen. Es geht nun aber nicht mehr darum, ob es überhaupt vorstellbar erscheint, sondern darum, wie es bewerkstelligt werden kann. Am Ende des fünften Coachings berichtet der Klient demgemäß, dass er nun „aktiv im Alltag über das Loslassen" nachdenkt.

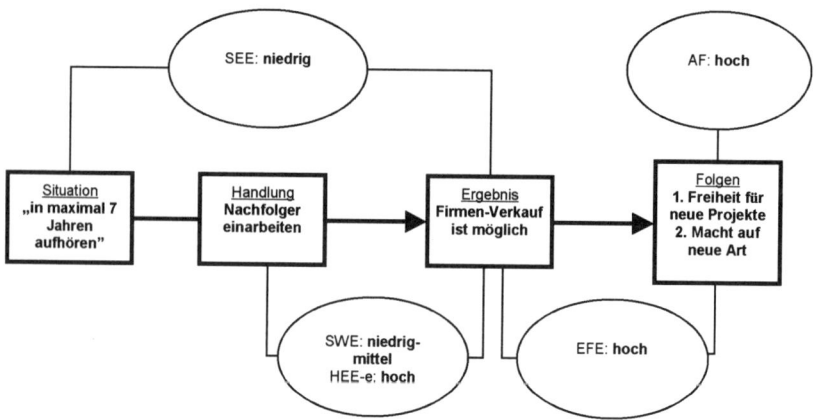

Abb. 104: Abschwächung des Zielkonflikts zwischen Macht und Freiheit

8.5.4   Frau P.: „,Weil ich das sage!' – Da gehen mir alle Messer auf."

Frau P. ist die Leiterin einer Agentur mit 20 Mitarbeitern, die ca. 500 Teilnehmer in Weiterbildungsmaßnahmen betreut.

Sie formuliert als Ziel des Coachings, einen besseren Umgang mit ihren Mitarbeitern und Mitarbeiterinnen zu finden. Sie empfindet es als „elend undankbare Rolle", Chef zu sein. Insbesondere ist sie genervt darüber, dass Mitarbeiter Kritik nie positiv auffassen, sondern immer mit einer Verteidigungshaltung reagieren. Diese überwinden zu müssen, kostet Frau P. viel Energie bis dahin, „dass manchmal so'n konstruktives Arbeiten verhindert wird, weil der Gegenüber dauernd meint, sich verteidigen zu müssen, obwohl ich ihn gar nicht angreifen will" (1., 320).

Hierzu schildert sie ein Feedback-Gespräch mit einer Mitarbeiterin zu Unterlagen über eine Gruppe von Maßnahmen-Teilnehmern, die die Mitarbeiterin erstellt hatte. Das Ziel von Frau P. bei dem Gespräch war „dass wir jetzt darüber reden und nicht das ich sage ‚das ist nicht richtig' und sie sich verteidigen muss" (1., 185). Frau P. erinnert sich: „dann musste ich unheimlich arbeiten, um [dies] zu vermitteln" (1., 180). Über den Status des Gesprächs ist sich Frau P. auch im Nachhinein nicht ganz im Klaren. Einerseits sagt sie:

> „Dies war aber eigentlich kein Kritikgespräch, das war eigentlich eine Auswertung
> ihrer Unterlagen, eine gemeinsame – aber es war keine Kritik: ‚das hast Du falsch
> gemacht, das musst Du besser machen'. [Sie fügt dann aber doch unmittelbar nach
> einem kurzen Nachdenken an:] Ja, das vermischt sich [mit Kritik], z.B. da dieser
> Satz, wo ich sagte: ‚das kann so nicht stehen bleiben'." (1., 487).

Die Grundhaltung der Mitarbeiterin machte es Frau P. aus ihrer Sicht schwer, das Gespräch in ihrem Sinne zu führen. Diese sei von vornherein mit einer Abwehrhaltung in das Gespräch gegangen: Gleich zu Beginn des Gesprächs kamen „so prophylaktische Entschuldigungen von ihr ‚das war aber 'ne sehr schwierige Gruppe'" (1., 205). Diese Abwehrhaltung bereitet Frau P. Unbehagen, da sie glaubt, dass damit die Unterstellung „böser Absichten" zum Ausdruck kommt:

> „Ich war ungeduldig: ‚oh Gott, muss ich erst wieder Abbitte tun, ich will Dir nichts
> Böses' – wo ich dann immer denke: ‚ist das nicht endlich mal klar?' [...] Auch viel-

leicht so das Gefühl, unterstellt zu kriegen, das ich ihr irgendwie einen Strick jetzt drehen will oder sie oder ihre Arbeit schlecht machen will." (1., 660)

Zwar hat ihr die Mitarbeiterin in der Folge dann nicht widersprochen: „sie hat schon alles akzeptiert, was ich gesagt habe" (1., 270). Bei Frau P. blieb aber der Verdacht, dass es sich um Lippenbekenntnisse gehandelt habe. Sie ärgerte sich darüber,

> „dass ich den Eindruck hatte, sie will da gar nicht tiefer einsteigen, sie will es abhaken, aber sie wehrt sich dagegen, da dran zu arbeiten. Vielleicht auch so ein bisschen: sie scheut die Mühsal, sich nochmal Gedanken drüber zu machen und es in Zukunft anders aufzubereiten. So'n bisschen nach dem Motto: habe das jetzt abgehakt." (1., 635).

Bei Frau P. blieb das Gefühl zurück:

> „sie will es nicht hören, will nur Entschuldigungen beibringen. Dann habe ich das Gefühl: so kommen wir nicht weiter, das wird nächstes Mal genauso aussehen. Das war für die Katz." (1., 675).

Aus dieser Schilderung lassen sich zwei Subjektive Theorien extrahieren: eine zum Verlauf des Feedback-Gesprächs und eine zur eigenen Rolle im Feedback-Gespräch.

Der Verlauf des Feedback-Gesprächs stellt sich für Frau P. wie folgt dar (siehe Abb. 105):

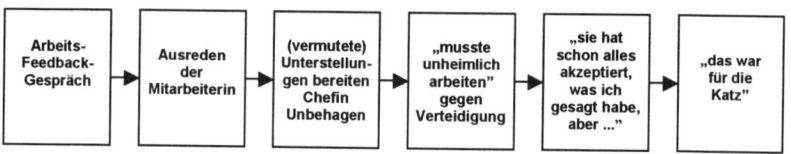

Abb. 105: ST zum Verlauf des Feedback-Gesprächs

Ihre Subjektive Theorie zu ihrer eigenen Rolle als Chef im Feedback-Gespräch stellt sich wie folgt dar (siehe Abb. 106):

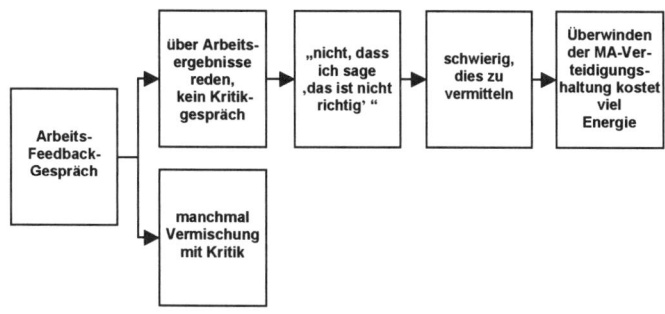

Abb. 106: ST zur eigenen Chef-Rolle im Feedback-Gespräch

Hier zeigt sich eine Ambivalenz gegenüber der eigenen Rolle bzw. gegenüber dem Üben von Kritik. Im Vergleich zu den notwendigen Schritten eines Feedback-Prozesses (vgl. Abb. 107) fällt auf, dass einige nicht benannt bzw. klar voneinander getrennt werden und dementsprechend auch nicht der Rollenunterschied zwischen Feedback-Empfänger und Feedback-Geber deutlich wird (z.B. Feststellen der Ist-Situation und deren Bewertung). Insbesondere fehlt die explizite Vereinbarung eines geänderten Handelns und dessen Überprüfung.

Abb. 107: Feedback-Prozess

Übersetzt in die Systematik des Erweiterten kognitiven Motivationsmodells ergibt sich zunächst das folgende Bild (siehe Abb. 108):

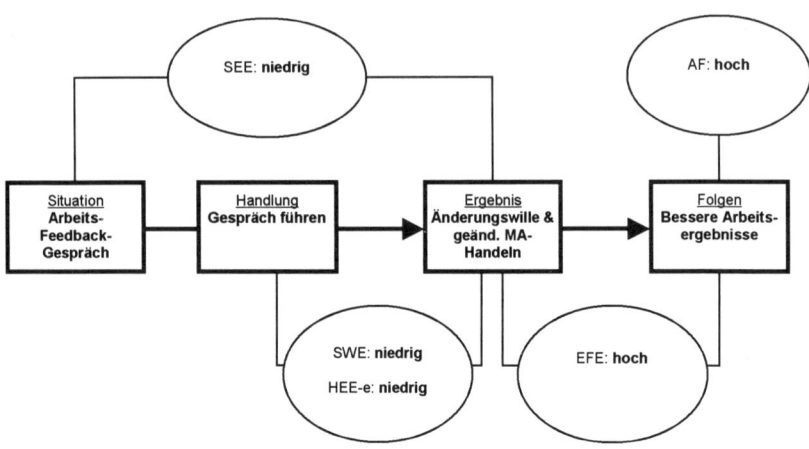

Abb. 108: Feedback-Gespräch im Motivationsmodell

Im Sinne einer hohen Motivation für ein effektives Feedback-Gespräch mit Bewertung der Ist-Situation und der Definition von Handlungszielen wirken die Situations-Ergebnis-Erwartung (niedrig), die Ergebnis-Folgen-Erwartung (hoch) sowie der Anreizwert der Folgen (hoch).

Die Handlungs-Ergebnis-Erwartung ist demgegenüber niedrig. Dies betrifft sowohl die Selbstwirksamkeits-Erwartung als auch die Handlungs-Ergebnis-Erwartung i.e.S.: Gemäß der Subjektiven Theorie zum Verlauf des Feedback-Gesprächs schätzt Frau P. das Handlungs-Ergebnis niedrig ein, da die Verteidigungshaltung der Mitarbeiterin einem Veränderungswillen oder gar einem veränderten Handeln von vornherein entgegensteht. Auch ihre Selbstwirksamkeitserwartung ist niedrig: „alles ist für die Katz", ihre Energien muss sie dafür einsetzen, die Verteidigungshaltung der Mitarbeiterin (erfolglos) zu bekämpfen und – ganz grundlegend – verneint sie für sich im Wesentlichen auch die Rolle, Kritik zu üben oder gar Änderungen einzufordern und scheint auf die selbständige Einsicht der Mitarbeiterin zu hoffen.

Im Gespräch erkennt sie, dass es zu einem Feedback und insbesondere zu ihrer Rolle als
Feedback-Geberin gehört, das Ist zu bewerten und Ziele zu definieren. Daran wird ihr aber
auch ihr Rollenkonflikt klar. Einerseits weiß sie theoretisch, dass es zu ihrer Rolle als Chefin auch gehört, Position zu beziehen und Entscheidungen zu treffen – beispielsweise, wie
Unterlagen erstellt werden sollen. Andererseits will sie um jeden Preis vermeiden, in den
Verdacht zu geraten, machtmissbräuchlich, willkürliche Entscheidungen zu treffen. Die
(von ihr vermuteten) Unterstellungen der Mitarbeiterin, dass die Chefin ihr „einen Strick
drehen" wolle, sind ein Ausdruck hiervon.

Im Erweiterten kognitiven Motivationsmodell stellt sich dies wie folgt dar (siehe Abb.
109): Die präzisierte Handlung „Ist bewerten, Ziel definieren" steigert die Handlungs-
Ergebnis-Erwartung i.e.S.. Die Selbstwirksamkeits-Erwartung bleibt aufgrund des Rollen-
konflikts, der sich als Zielkonflikt ausdrückt, aber dennoch niedrig. Denn vermeintlich ist
die präzisierte Handlung negativ korreliert mit den angestrebten Folgen, einen Machtmissbrauch oder Willkür zu vermeiden.

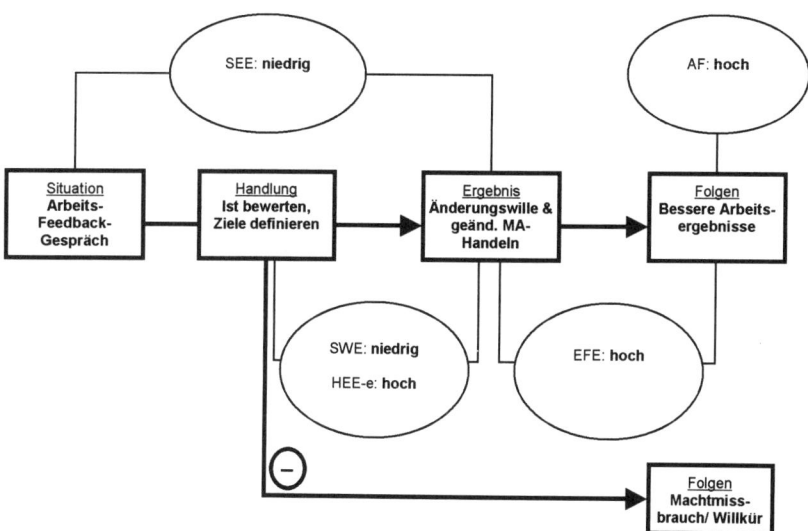

Abb. 109: Feedback gleich Willkür?

Obwohl die angestrebte Folge besserer Arbeitsergebnisse von Frau P. sehr hoch bewertet wird, ist ihr die Realisierung eines konstruktiv-kritischen Feedback-Gesprächs nicht möglich. Dem steht die noch höher, aber negativ bewertete Folge im Wege, sich dann der Willkür schuldig zu machen.

Der absolute Widerwille gegen Willkür geht bei Frau P. auf die Schulzeit zurück, wo sie mit der Lehrer-Aussage „Weil ich das sage." zu kämpfen hatte. Dies verleidet ihr bis heute das Chef-Sein und macht es ihr insbesondere schwer, Beurteilungen abzugeben (siehe Abb. 110):

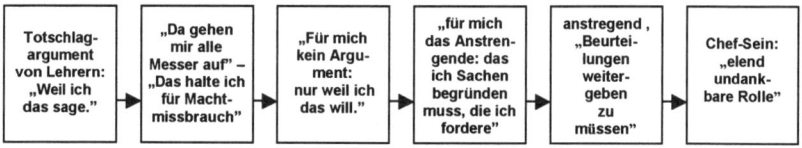

Abb. 110: „Weil ich das sage. – Da gehen mir alle Messer auf."

Zur Auflösung dieses unproduktiven, „konträren" Gegensatzes, dem vermeintlichen Entweder-oder zwischen ausführlichen Begründungen und Willkür wurde das Wertequadrat von Schulz von Thun mit den hier relevanten Konzepten gefüllt (siehe Abb. 111):

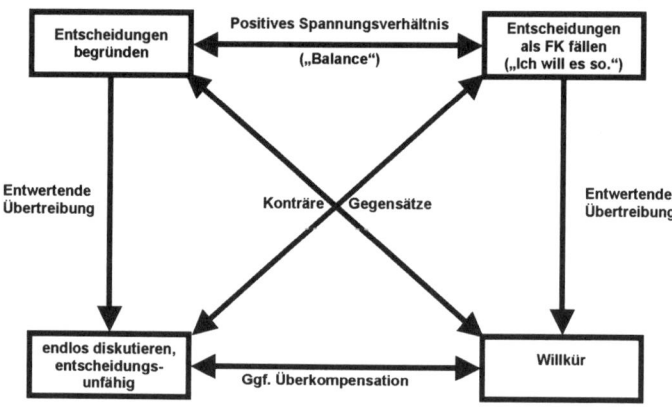

Abb. 111: Führungskräfte: Einscheidungsbefugnis versus Willkür

Mit Hilfe dieses Schaubildes wurde deutlich, dass das Begründen und das Fällen von Entscheidungen zwei positive Seiten der selben „Medaille" des Entscheidens sind, während die Willkür zusammen mit dem endlosen, entscheidungsunfähigen Ausdiskutieren von Sachverhalten jeweils negative Übertreibungen darstellen.

Angesichts dieser Zusammenhänge erinnerte sich Frau P. an eine Teamsitzung, in der sie die positive, befreiende Wirkung des „eigenmächtigen" Fällens einer Entscheidung bereits erlebt hatte (siehe Abb. 112):

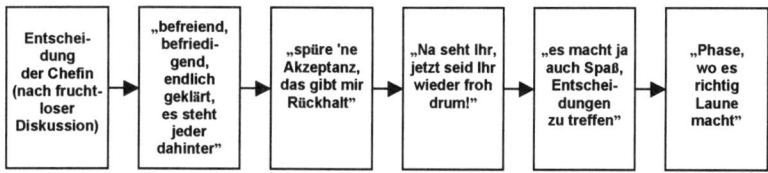

Abb. 112: Entscheiden kann Spaß machen

Hieran erkannte sie, dass es nicht nur Aufgabe einer Führungskraft ist, Entscheidungen zu fällen, sondern dass es ihr selber auch ganz konkret Spaß machen kann, dies zu tun und dass es sich zugleich nicht per se um Willkürakte handeln muss. Resümierend fasst sie zusammen:

„Die Sache des Selbstverständnisses: dieses ‚ich bestimme das jetzt und ich kann das bestimmen und ich weiß es ist nicht aus reiner Willkür, sondern ich kann dahinter stehen, also muss ich es nicht jedes mal hundert Mal begründen oder schlechtes Gewissen haben' – das hat mehr Fundament gekriegt." (1., 1420)

Aufbauend auf dieser Erkenntnis schlug der Coach als Aufgabe für den Arbeitsalltag vor, mit dem „willkürlichen" Treffen von Entscheidungen zu experimentieren, also das Treffen von Entscheidungen zu üben und die eigenen Gefühle dabei zu beobachten.

Dabei macht Frau P. positiv verstärkende Erfahrungen hinsichtlich der Selbstwirksamkeitserwartung und der Handlungs-Ergebnis-Erwartung i.e.S.. Einerseits erlebte sich Frau P. als bewusster und klarer in ihrem Handeln. Andererseits bemerkte sie bei ihren Mitarbeiterinnen die Bereitschaft, bei einer klaren Vorgabe von ihr mitzuziehen. Die befürchtete

Folge, dass dies von ihr selbst oder von anderen als autoritäre Willkür empfunden werden würde, spielte dadurch für sie keine bestimmende Rolle mehr.

Schon in der zweiten Sitzung berichtete sie so von einer Situation, in der einem Maßnahmen-Teilnehmer gekündigt werden musste. Oftmals hatte diese Situation in der Vergangenheit gegenüber Teilnehmern, die Argumenten nicht zugänglich waren, zu endlosen Begründungsbemühungen ihrerseits geführt. Nun konnte sie anders vorgehen: „Es war eine [wiederholte] Warum-Frage [des Teilnehmers], aber ich hab' es nicht begründen müssen, ich habe es zurückgegeben: ‚Frag' Dich doch selbst mal.'" (2., 1380). Im Erweiterten kognitiven Motivationsmodell stellt sich dies wie folgt dar (siehe Abb. 113):

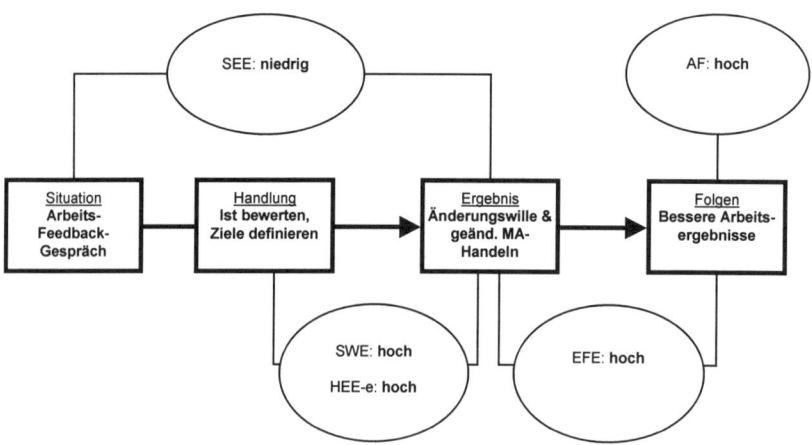

Abb. 113: Unbehinderte Entscheidungs- und Feedback-Motivation

Es wirken nun die hohe Selbstwirksamkeitserwartung und die hohe Handlungs-Ergebnis-Erwartung i.e.S. zusammen mit allen übrigen Erwartungen und dem Anreizwert der Folgen in Richtung der hohen Motivation, die sich auch in verändertem Handeln widerspiegelt. Sie berichtet in der fünften Coaching-Sitzung, dass sie jetzt viel öfter bereit sei, Entscheidungen zu treffen nach dem Motto: „So machen wir es jetzt." (5., 1050).

8.5.5   Herr O.: „Firma mit gleich Starken" oder „1:1 mein Konzept"?

Herr O. ist Gesellschafter-Geschäftsführer eines auf Gebäudetechnik spezialisierten Unternehmens. Er hat in seinem Unternehmen mit den anderen Gesellschaftern eine Diskussion über die (Neu-)Ausrichtung der Firma und damit verbundene Veränderungen hinsichtlich Aufgaben und Vergütung der Gesellschafter angestoßen. Herr O. schildert, dass es nach einem 18-monatigen Diskussionsprozess zwischen den Gesellschaftern, z.T. mit externer Unterstützung, der die strategische Richtung festgelegt habe, jetzt darum gehe, einzelne Elemente der Neuausrichtung detailliert auszuarbeiten und umzusetzen.

Sein Anliegen ist es zunächst, die stockende Ausarbeitung eines neuen Vergütungssystems zu beleuchten. Hierzu hatte einer der anderen Gesellschafter ein detailliertes Rechenmodell entwickeln und bei Bedarf die Unterstützung von Herrn O. anfordern wollen. Nachdem kurz vor Ende der gesetzten Frist offenbar immer noch nichts passiert war, fragt Herr O. bei dem Mitgesellschafter nach, woraufhin es zum Eklat kommt.

„Da war für mich so ein Widerstand zu spüren: [...] es sei zu wenig Zeit da." (1., 220) „Er sagte erst: er müsse entscheiden, ob er das Zahlenwerk macht, oder was anderes tut. War dabei, mir den Part zuzuschieben: ‚Wie würdest Du es denn entscheiden?' Habe dann gesagt, dass es darum nicht geht, sondern darum, eine Vereinbarung umzusetzen oder sie nicht umzusetzen. Aber es kann nicht sein, dass mir der Part zugeschoben wird zu sagen, ‚es gibt eigentlich noch was Wichtigeres zu tun'." (1., 345)

„Er sagte: ‚eigentlich interessiert es mich nicht'." (1., 340)

„Habe dann gesagt, dass m.E. schon Zeit gewesen wäre." (1., 470)

„Es war eine gewisse Distanz da. Da war in dem Moment erst mal so eine gewisse Ruhe, dann setzte er wieder an, dass man doch Prioritäten setzen müsste. Dann hat er mitbekommen, das ich nicht darauf eingehe. Dann war eine Aussage von ihm: ‚Dann lass mich in Ruhe, ich will jetzt arbeiten'." (1., 473)

„Habe gemerkt, in dem Moment hätte ich fast in die Tischplatte beißen können. Habe gemerkt, das kann es ja nun wirklich nicht sein und war so angespannt in dem Moment: ich habe nur noch gelacht, ich war so schockiert von dieser Aussage, dass ich nur noch gelacht habe." (1., 485)

„Ich hatte viel Wut, [...] ich hätte ihn hochnehmen können, an den Füßen packen und schütteln." (1., 500)

Für Herrn O. stellt das neue Vergütungsmodell einen entscheidenden Baustein für die Neuausrichtung des Unternehmens dar. Dementsprechend fassungslos ist er, als sein Mitgesellschafter ihm sagt, dass es ihn eigentlich gar nicht interessiere. Gleichzeitig weigert sich Herr O. aber, wie er es früher getan hätte, in die Bresche zu springen und dem Kollegen seinen Part, die Erstellung eines Rechenmodells für das neue Vergütungssystem, abzunehmen oder auch nur in die Diskussion der Prioritätensetzung zwischen den verschiedenen anstehenden Aufgaben des Kollegen einzusteigen. Stattdessen stellen sich ihm in dieser Situation grundsätzliche Fragen über die Zusammenarbeit und er denkt darüber nach, dass der Mitgesellschafter „damit für mich den Boden entzieht, wirklich miteinander zu arbeiten" (1., 380). Andererseits ist eine gewisse Unzuverlässigkeit bei Absprachen kein neues Phänomen in der Zusammenarbeit mit seinem Mit-Gesellschafter, wie folgende Sequenz aus dem Coaching zeigt (1., 395ff):

Coach: „Das heißt, bisher, wenn er was gesagt hat, hat er das auf den Punkt ausgeführt?"

Herr O.:   „Nee, gar nicht. Es ist eh' schon etwas, was wir eh' schon immer wieder miteinander erleben, das Vereinbarungen im Raum stehen, die nicht umgesetzt werden."

Coach: „Ok, das ist also nicht neu – aber irgendwie klang es eben so, als ob das Gefühl für sie eine neue Dimension hat."

Herr O.:   „Ja, das Gefühl ist für mich neu, da ich den Fokus darauf hab, mich nicht nach meinem üblichen Muster zu bewegen: ‚na gut, dann lass es uns irgendwie machen'. Sondern mein Ansatz ist dabei, eine Abgrenzung hinzukriegen: komm, wir haben eine Vereinbarung, das ist dein Part und es ist einfach müßig, mich damit zu strapazieren: dass mir der Ball zugeworfen wird, dass ich entscheiden soll, ob das jetzt wirklich wichtig ist." [...]

Coach: „Wäre es zu viel gesagt [...], dass dieses Neue stärker von Ihnen reingetragen wird?"

Herr O.:   „Ja, das was dort abläuft, hat von der Intention nicht mit ihm zu tun, sondern kommt von mir."

Dies führt zu der Hypothese, dass auch die grundsätzliche Fragestellung, ob die Zusammenarbeit mit dem Mit-Gesellschafter sinnvoll ist, nicht erst durch die aktuelle Situation angestoßen wurde bzw. tieferliegende Ursachen haben könnte.

Zunächst stellt sich die Subjektive Theorie von Herrn O. zu der Konfliktsituation aber wie folgt dar (siehe Abb. 114):

| Vergütungs-Rechenmodell steht aus | ▶ | Nachfrage von Herrn O. | ▶ | Ärger über Ausweichen | ▶ | Verant-wortungs-übernahme abgelehnt | ▶ | Kollege: „Dann lass' mich in Ruhe!" | ▶ | Herr O.: angespannt, schockiert, nur gelacht | ▶ | Frage: Basis für Zusammenarbeit weg? |

Abb. 114: Entzieht fehlendes Rechenmodell die Basis für Zusammenarbeit?

Im Rahmen der Neuausrichtung des Unternehmens ist Herrn O. die neue Vergütungsrege-lung so wichtig, da diese das Ergebnis haben soll, die Firma hin zu flexibleren Arbeitszei-ten der Gesellschafter weiterzuentwickeln. Mit dem Ziel, den beteiligten Gesellschaftern eine nach ihren jeweiligen Bedürfnissen jeweils mittelfristig flexible Arbeitszeit zu ermög-lichen, ist die Firma sogar schon gegründet worden. In der Aufbauphase des Unternehmens war dies natürlich nicht oder nur sehr begrenzt möglich. Jetzt will Herr O. dieses Ziel aber umsetzen.

„Ich habe mir vorgestellt, mit zwei gleich Starken eine Unternehmung zu führen. Die Vorstellung, die man gelebt hat, dass man was aufbaut und durch die Dreierkonstel-lation sind wir in der Lage auf individuelle Bedürfnisse einzugehen: Haben wir auch schon gemacht: dass jemand seine Arbeitszeit reduziert hat, weil er Vater geworden ist. [...] Hab dahin gearbeitet in die Situation zu kommen, dass ich täglich nicht mehr als vier Stunden arbeiten möchte, um für meinen definierten Lebensstandard die nö-tigen Einnahmen zu haben." (1., 840)

Im Erweiterten kognitiven Motivationsmodell stellt sich dies wie folgt dar: durch die Handlung, das abgesprochene Rechenmodell einzufordern, soll das Ergebnis eines neuen Vergütungsmodells und damit die Möglichkeit eines neuen Firmenmodells erreicht wer-den. Dessen Folge wäre dann die Möglichkeit für Herrn O., seine Arbeitszeit für diese Firma verringern zu können (siehe Abb. 115).

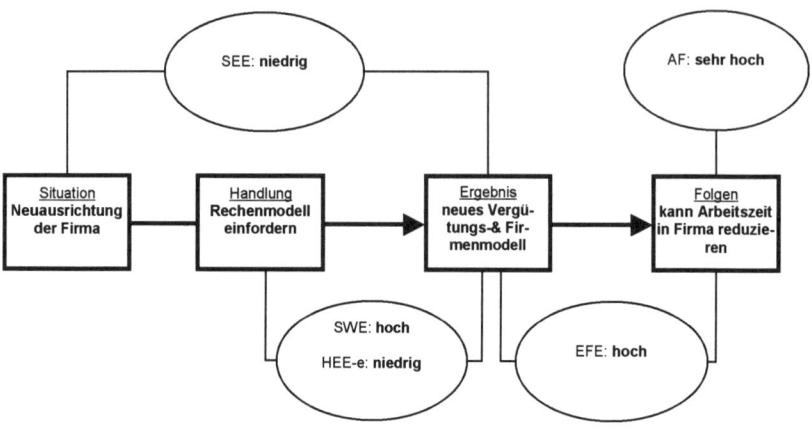

Abb. 115: Firma zum Zweck flexibler Arbeitszeiten

Die Situations-Ergebnis-Erwartung ist dabei niedrig, denn die Einführung eines neuen Vergütungsmodells wird nicht ohne das Zutun von Herrn O. erfolgen. Die Ergebnis-Folgen-Erwartung ist hoch: mit dem neuen Vergütungsmodell kann die angestrebte Folge erreicht werden und ihr Anreizwert ist sehr hoch. Bei der Handlungs-Ergebnis-Erwartung i.w.S. ist die Selbstwirksamkeits-Erwartung hoch: Herr O. hat kein Problem damit, das Rechenmodell einzufordern. Bei der Handlungs-Ergebnis-Erwartung i.e.S. bestehen aber nach der Erfahrung mit seinem Mitgesellschafter Zweifel, ob sich die Firma selbst bei vorliegendem Rechenmodell hin auf ein anderes Vergütungs- und Zusammenarbeitsmodell entwickeln ließe.

Neben dem Rechenmodell sind natürlich die Verlässlichkeit und Befähigung der Mitgesellschafter notwendige Bedingungen einer Weiterentwicklung der Firma, die es erlauben würde, die Präsenz einzelner oder mehrerer Gesellschafter zu reduzieren. Bisher hatte Herr O. diese Prämissen als gegeben betrachtet. Zweifel hieran wurden nun durch die nicht neue, aber erneut deutlich gewordene Unzuverlässigkeit des Mit-Gesellschafters genährt. Das weitere Nachfragen des Coaches deckt aber noch grundlegendere Zweifel an den stillschweigend als gegeben betrachteten Prämissen auf. Insbesondere erscheint die Annahme zweifelhaft, dass das Unternehmen mit „zwei gleich Starken" gegründet wurde und somit eine Reduzierung der Arbeitszeit von Herr O. möglich wäre, und dass das Unternehmen auch ohne seine Full-time-Präsenz gleich erfolgreich weiterarbeiten könne.

„Und im letzten Jahr hatte ich dann gesagt: es kommt der nächste Schritt, mich suk-zessive rauszunehmen und hatte die Hoffnung, dass es dann auch läuft, um dann eben festzustellen, das ist nicht so." (1., 980) „Wachstum sonst 40-80% pro Jahr, jetzt stehen geblieben; anderer Umgang in der Firma, z.B. zu einer bestimmten Zeit da zu sein. Die anderen meinen jetzt: das brauche ich nicht, als Chef kann ich mir das erlauben." (1., 1535)

Damit ist ihm klar geworden, dass er sein Ziel einer reduzierten Arbeitszeit in der beste-henden Konstellation nicht verwirklichen kann: „Und das ich dann für mich gesehen hab' so: letztendlich habe ich keine Chance, das zu erreichen, dass das so wird." (1., 990)

Es kommt hinzu, dass die Prämisse, gleichwertige Mitgesellschafter zu haben, nicht nur aufgrund einzelner Verhaltensweisen fragwürdig erscheint. Vielmehr wird deutlich, dass die Dreierkonstellation der Gesellschafter von Anfang an unter „ungleich Starken" ange-legt worden ist. So sagt Herr O.: „Das Büro ist 1:1, was ich in meinem Kopf entwickelt und dann umgesetzt hab'." (1., 970) Die Implikationen dieses Satzes werden ihm in der folgenden Coaching-Sequenz deutlich (1., 1010):

Coach:	„Sie haben gesagt: ‚1:1, was ich im Kopf hatte'. – Dann kann es per De-finition ja schon mal nicht sein, was die anderen im Kopf hatten und umsetzen wollten."
Herr O.:	(kleine Pause) „Joh."
Coach:	„Am Anfang [haben Sie] Ihre Vorstellungen durch persönliche Präsenz gesichert und jetzt versuchen Sie das durch Vereinbarungen."
Herr O.:	„Stimmt."
Coach:	„Beides ist 1:1, was sie im Kopf haben. – Kann das sein, dass Ihre bei-den Partner das für sich anders sehen, dass ihnen gar nicht klar ist, dass sie bei Ihnen Abteilungsleiter sind?"
Herr O.:	(Pause) „Also, dass ich ihnen sage, ihr seid formal auf meiner Ebene unterwegs, aber eigentlich bringe ich sie immer in die Position eines Abteilungsleiters."
Coach:	„Wenn das stimmt mit dem 1:1, war das auch nie anders."

Herr O.:   (Pause) „Hm."

Coach: „Oder?"

Herr O.:   „Ja, so hat es einfach gut funktioniert."

Die Firma war somit von Beginn an nach Herrn O.s Vorstellungen konzipiert und er war und ist die treibende Kraft. Hierin sind sein Partner anders als von ihm postuliert nicht „gleich Starke". Ergo können sie auch die Führungsrolle nicht in gleicher Weise ausfüllen. Damit ist aber auch klar, dass nicht einfach eine Weiterentwicklung des Vergütungsmodells, sondern grundlegendere Änderungen erforderlich sind. Damit ergibt sich eine ganz andere Subjektive Theorie zur erforderlichen Handlungsfolge im Erweiterten kognitiven Motivationsmodell (siehe Abb. 116). Die Handlung von Herrn O. muss darin bestehen, ein neues Firmenkonzept zu realisieren. Dies hätte eine ganz neue Gesellschaftsstruktur bzw. neue Gesellschafter zum Ergebnis. Erst diese würde dann in der Folge ein reduziertes Engagement von Herrn O. in dieser Firma erlauben. Hierbei deuten alle Erwartungen auf eine hohe Motivation hin: Die Situations-Ergebnis-Erwartung ist niedrig, die Selbstwirksamkeits-Erwartung hoch, ebenso wie die Handlungs-Ergebnis-Erwartung i.e.S. sowie die Ergebnis-Folgen-Erwartung und der Anreizwert der Folgen.

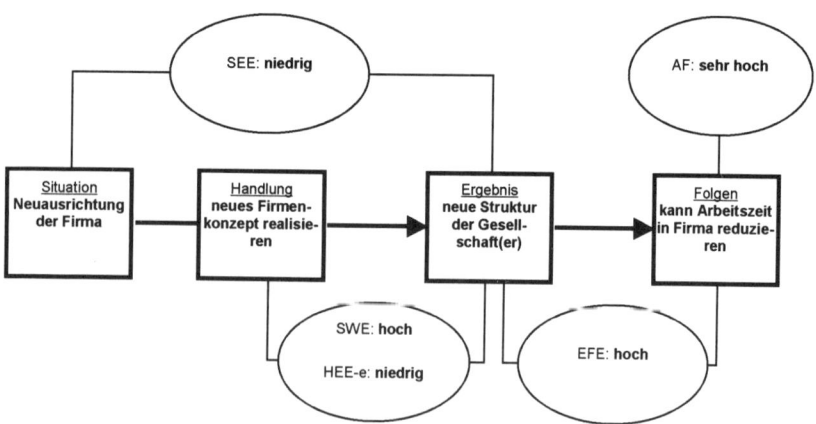

Abb. 116: Reduzierung der Arbeitszeit erfordert neue Gesellschaftsstruktur

Ausgehend von einem aktuellen Unmut in der Interaktion mit einem Mitgesellschafter konnte so die grundsätzliche Problematik der Gesellschafterkonstellation erhellt werden. Herrn O. wurde deutlich, dass er sein Handeln refokussieren musste von einer Weiterentwicklung der bestehenden Konstellation zum Aufbau neuer Konstellationen. Diese prüft er.

8.5.6   Herr L.: „ ... dass sich dann so 'ne depressive Stimmung breit macht"

Herr L. war elf Jahre lang Geschäftsführer eines Dienstleisters bis er, für ihn überraschend, entlassen wurde. Die entsprechende Abfindung änderte wenig an den Existenzängsten, die ihn plötzlich überkamen. Und auch nichts an der Schwierigkeit, eine neue Existenz aufzubauen.

Angebote von Konkurrenten lehnte er wegen eines trotz der Entlassung andauernden Loyalitätsgefühls gegenüber seinem ehemaligen Arbeitgeber ab. Stattdessen will er eine selbständige Tätigkeit aufbauen. Hierzu erwarb er eine Minderheitsbeteiligung an dem Unternehmen eines Bekannten, das Software zur Unterstützung von Unternehmensabläufen vertreibt.

Das Geschäftsmodell des Unternehmens erweist sich aber als deutlich schwerer umsetzbar, als von ihm erwartet. Weder vor seiner Zeit noch in dem Jahr seiner Zugehörigkeit ist ein Auftrag gewonnen worden. Zugleich ist absehbar, dass die von ihm und seinem Ko-Gesellschafter eingebrachten Mittel in einem halben Jahr durch die Bezahlung laufender Kosten, wozu auch die Gehälter von drei Angestellten gehören, aufgebraucht sein werden.

Er erkennt, dass das Unternehmen zu viel mit sich selbst beschäftigt ist und zu wenig Aktivitäten am Markt entfaltet. Im Nachhinein fragt er sich, ob sein Einstieg nicht ein Fehler war (1., 360): „Wenn ich das heute sehe, weiß ich nicht, ob ich da nochmal einsteigen würde. Die haben immer gearbeitet und gearbeitet – aber nie zielgerichtet."

Sein Anliegen ist es zu klären, wie er das Beste aus der Situation machen und insbesondere die vom ihm erkannten Defizite seinem dominanten Ko-Gesellschafter nahe bringen kann (1., 30): „Wie kann man neben einem Partner bestehen, der eigentlich in der Sache mehr

Ahnung hat und das Ganze schon, nicht bösartig, aber eigentlich das Ganze so'n bisschen dominiert."

Neben mangelnder Arbeitseffizienz und Arbeitseffektivität hält er v.a. die Stimmung für veränderungsbedürftig, die sein Ko-Gesellschafter verbreitet:

> „Es ist halt auch so, dass er so durch den wirtschaftlichen Druck, den wir haben und wahrscheinlich auch noch 'ne Weile haben, dass sich dann so 'ne depressive Stimmung breit macht." „Dann kommt er manchmal aus seinem Zimmer, macht „Ahhhhhh", geht an die Kaffeemaschine und mit den Worten ‚Ich dreh bald durch.' verschwindet er wieder in seinem Zimmer." (1., 64; 110)

Angesprochen auf die negativen Folgen seines Verhaltens, zeigt sich der Ko-Gesellschafter zwar einsichtig, sieht aber keine Veränderungsmöglichkeiten:

> „Ich habe gesagt, wir müssen im Zusammenarbeiten ein bisschen mehr Zuversicht und positive Stimmung reinbringen, sonst können wir das hier beenden. [...] [Und er antwortete:] ‚Naja, ist klar, ist klar – aber woher soll ich die Kraft nehmen?'" (1., 250)

Im Erweiterten kognitiven Motivationsmodell stellt sich der Zusammenhang zwischen Stimmung und Geschäftserfolg so dar (siehe Abb. 117): Um einen erfolgreichen Vertrieb und ein profitables Unternehmen erreichen zu können, ist ein gewisser Optimismus eine Grundvoraussetzung. Dieser Optimismus soll das Ergebnis von Handlungen sein, die die Stimmung aufheitern.

Die Situations-Ergebnis-Erwartung und der Anreizwert der Folgen sowie die Ergebnis-Folgen-Erwartung sprechen für eine hohe Motivation, aber die Handlungs-Ergebnis-Erwartung i.w.S. ist nur niedrig ausgeprägt: Es ist klar, dass eine optimistischere Stimmung nicht von selbst eintreten wird (niedrige Situations-Ergebnis-Erwartung) und die Profitabilität des Unternehmens dringend erreicht werden muss (hoher Anreizwert der Folgen). Außerdem verspricht sich Herr L. eine deutliche Verbesserung des Geschäftserfolgs von einer verbesserten internen, nach außen ausstrahlenden Stimmung (Ergebnis-Folgen-Erwartung).[421] Andererseits ist die Selbstwirksamkeits-Erwartung, die schlechte Stimmung

---

[421] Inwiefern diese Erwartung realistisch ist, kann bezweifelt werden, da die Beseitigung der schlechten Stimmung zwar eine notwendige aber keine hinreichende Bedingung für wirtschaftlichen Erfolg ist und eine ganze Reihe von Dingen im Argen liegt. Hierzu gehören insbesondere die schlechte Arbeitseffizienz

anzusprechen zwar hoch, aber die Handlungs-Ergebnis-Erwartung ist sehr niedrig, da Herr
L. bereits die Erfahrung gemacht hat, dass sein Feedback zwar nicht zurückgewiesen wird,
aber auch nicht zu verändertem Handeln bzw. zu einer verbesserten Stimmung führt.

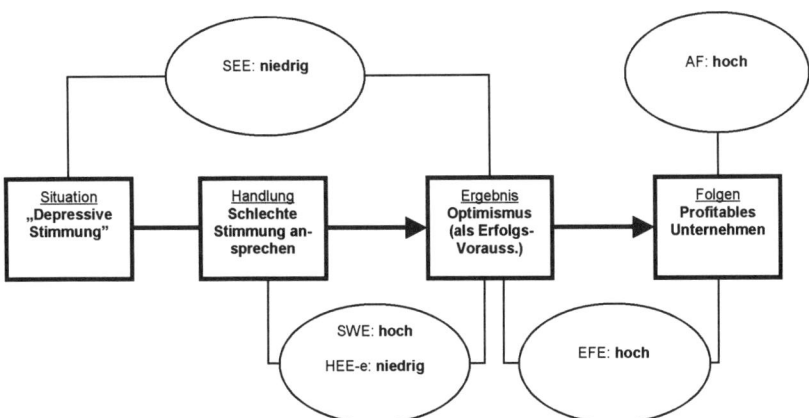

Abb. 117: Optimismus notwendige Bedingung für Erfolg im Vertrieb

Im Coaching wurde daher besprochen, wie die Handlungs-Ergebnis-Erwartung hinsichtlich
einer Verbesserung der Grundstimmung erhöht werden könnte. Ansatzpunkt hierfür war
die mangelnde Veränderungsbereitschaft des Ko-Gesellschafters sein. Bisher wies er das
Ansinnen, an seinem Verhalten etwas zu ändern, mit dem mitleidheischenden Hinweis von
sich: „Woher soll ich die Kraft nehmen?" Es musste also darum gehen, diese Entschuldi-
gung auf ihm einsichtige Weise zurückzuweisen. Als mögliche Konfrontationsstrategie
wurde schließlich identifiziert, ihn bei seinem Selbstbild als Unternehmer zu packen. Hierzu sollte der Hinweis dienen, dass ein Unternehmer schließlich etwas tut, wenn er ein
Problem identifiziert hat und es nicht beamtenmäßig aussitzt (1., 330): „Das gefällt mir
ganz gut, [...] das finde ich genial zu sagen: ‚Ich weiß es nicht' ist nicht Unternehmer-like."

Da aber selbst im besten Fall eine deutliche Verhaltensänderung des Ko-Gesellschafters
nur mittelfristig zu erwarten wäre, wurden weitere Hebel gesucht, wie die Stimmung auf-

---

und –effektivität und die unverändert hohe Kostenposition trotz nicht vorhandener Umsätze. Diese Aspekte wurden in einem zweiten Schritt berücksichtigt (s.u.).

geheitert werden kann. Ein Anhaltspunkt hierfür war der Umstand, dass die Stimmung im Unternehmen während zweier Wochen, in denen der Ko-Gesellschafter krankheitshalber gefehlt hatte, deutlich besser gewesen war. Neben einer Strategie um die Quelle der schlechten Stimmung zu ändern, lag also eine Strategie nahe, den Einfluss der ausströmenden schlechten Stimmung auf die übrigen Mitarbeiter zu minimieren.

Gegen Ende der Sitzung, war der Grundtenor dieser Strategie deutlich (1., 1058): „man muss für sich selber eine Grundhaltung dazu erarbeiten [...]. Und die kann eigentlich nur [so] aussehen, dass man selber etwas anderes vorlebt." Damit rückte aber das Abschotten der eigenen Stimmung gegen die ausströmende schlechte Stimmung in den Mittelpunkt, denn diese konnte das Vorleben einer anderen Haltung natürlich massiv behindern, wenn nicht sogar unmöglich machen:

„Das ist dann für mich so das Problem, dass ich mich schnell so, mental, so runter-reißen lasse. [...] Ich komme denn mit ziemlichem Enthusiasmus und sage: trotz der ganzen Schwierigkeiten muss man doch ein bisschen Geduld haben, ein bisschen Glück braucht man auch, und, äh, so'n bisschen zuversichtlicher bleiben. Ich merke, da habe ich Schwierigkeiten, wenn er da ist. Dann schleicht eigentlich immer so durch die Türritzen so'n Schreckgespenst. Da muss ich mich dann schon immer sehr zusammennehmen, das ich mich nicht mitreißen lasse." (1., 70)

Bei der Überlegung, wie sich der Klient am besten gegen den Einfluss der schlechten Stimmung schützen kann, wird deutlich, dass ihm diese Situation sehr vertraut ist:

„Er erinnert mich immer ein bisschen an meine Mutter, wenn man früher was mit nach Hause gebracht hat, was einem gut gefällt, hat die immer gesagt: ‚Na, Hauptsa-che, Euch gefällt's'. Da war es auch immer so, wenn man guter Stimmung war, hat meine Mutter es immer hingekriegt, dass sie einen Schwächeanfall gekriegt hat oder mit irgend so einer dramatischen Aktion uns zu zeigen, wie schwach sie ist. Und weil ich mir jahrzehntelang das reinziehen musste, da merke ich auch sofort, da kriege ich einen dicken Hals. [...] Ich habe damit so hochgradige Schwierigkeiten mit so Kla-geweibern." (1., 215)

Aufgrund dieser langjährigen Erfahrungen verfügt Herr L. aber über Strategien, diesem Verhalten zu begegnen. Seiner Mutter gegenüber hat er sich beispielsweise irgendwann durch Aggression oder Abbruch der Diskussion entzogen:

„Ich hab dann einfach mal irgendwann die Gespräche beendet und dann einfach gesagt, da reden wir ein ander mal drüber. [...] Habe sie manchmal in der Küche ange-
brüllt und damit habe ich sie mir vom Leibe gehalten." (1., 1080)

Obwohl Herr L. die Parallele der Situation bereits erkannt hatte, war er noch nicht auf die
Idee gekommen, die mit seiner Mutter erfolgreich erprobten Strategien, mit der Situation
umzugehen, zumindest teilweise auf die heutige Situation zu übertragen. Das Wissen, dass
er schon einmal mit einer ähnlichen Situation sogar im Kontext der Familie zurecht gekommen war, machte ihn zuversichtlich, die Abgrenzung auch im beruflichen Kontext
hinzubekommen.

Damit ergibt sich im Modell das folgende Bild (siehe Abb. 118). Als Handlung sieht Herr
L. nun „Ansprechen, Abschotten, Vorleben" vor, nicht nur das Ansprechen des Partners.
Gegenüber dem vorherigen Bild ist nun auch die Handlungs-Ergebnis-Erwartung hoch:
einerseits glaubt Herr L. nun einen besseren Hebel zur Beeinflussung seines Ko-
Gesellschafters zu haben. Andererseits ist ihm klar, dass das Ergebnis nicht allein von einer tatsächlichen Änderung des Verhaltens des Ko-Gesellschafters abhängt. Vielmehr kann
er, wenn er sich gegen den Einfluss der schlechten Stimmung abschottet, durch das Vorleben einer anderen Haltung die Stimmung selbst verändern. Die Selbstwirksamkeits-
Erwartung für die nun komplexere Handlung bleibt gleichfalls hoch. Zwar sah er zunächst
v.a. die Schwierigkeit, die Abschottung realisieren zu können. Die Erinnerung an bereits
gemachte ähnliche Erfahrungen machte ihm aber deutlich, dass es sehr wohl möglich ist.
Außerdem weiß er, dass er grundsätzlich eine positive Stimmung verbreiten kann, wie dies
auch bei der Abwesenheit des Ko-Gesellschafters gelang.

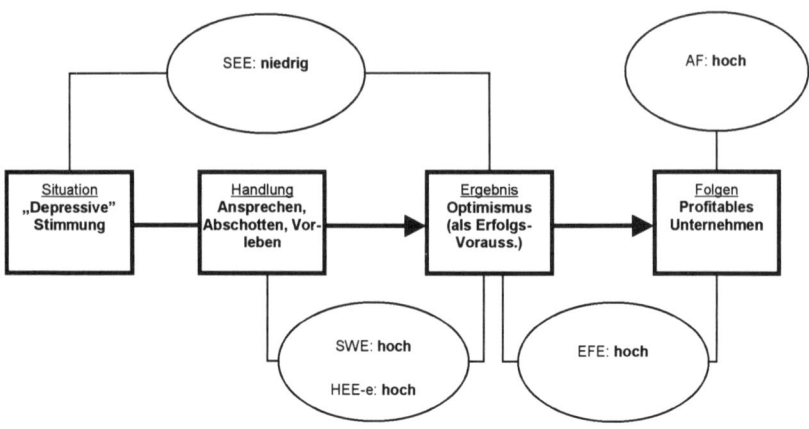

Abb. 118: Ansprechen, Abschotten, Vorleben als kombinierte Handlungsstrategie

Bei den nächsten Treffen berichtet Herr L., dass es ihm in der Tat gelungen war, sich von der schlechten Stimmung des Ko-Gesellschafters abzugrenzen und es ihm dadurch gelang, eine optimistischere Gesamtstimmung in der Firma zu verbreiten. Zudem schienen zwei abgegebene Angebote auf dem besten Wege, zu Aufträgen zu werden (2., 100): „Da kann man halt sagen, die Tinte ist noch nicht auf dem Papier. [...] Aber die Richtung stimmt schon und die Beklemmungen sind weg."

Herr L. erlebte den akuten Problemdruck somit als reduziert. Damit konnten auch grundlegende Zweifel am ganzen Geschäftsmodell wieder in den Blick genommen werden. Der Coach hinterfragte dies nun intensiver. Dabei wurde klar, dass trotz der möglicherweise in Aussicht stehenden Aufträge kein Prozess etabliert war oder auch nur vorstellbar erschien, wie kontinuierlich Aufträge für die spezielle von ihnen vertriebene Software akquiriert werden könnten. Und auch die wirtschaftliche Bedeutung der in Aussicht stehenden Aufträge war zu relativieren. Zunächst konstatierte Herr L. enthusiastisch (2., 150): „Ich sage mal, wenn [Auftrag X] und [Auftrag Y] kommen, können wir von diesen beiden Aufträgen leben." Nach einer kurzen überschlagsmäßigen Deckungsbeitragsrechnung zeigte sich dann aber ziemlich schnell (2., 170): „Ich sage mal, wenn diese beiden Aufträge kommen, haben wir eine vernünftige Kostendeckung, man muss natürlich weitermachen und es bleibt auch noch etwas über." Wobei das „etwas" maximal ein oder zwei Monate die Gesellschafter-Gehälter abdecken würde, aber kaum einen darüberhinaus gehenden Gewinn bedeuten würde. Damit reduzierte sich die Ergebnis-Folgen-Erwartung im Motivationsmodell deutlich (siehe Abb. 119).

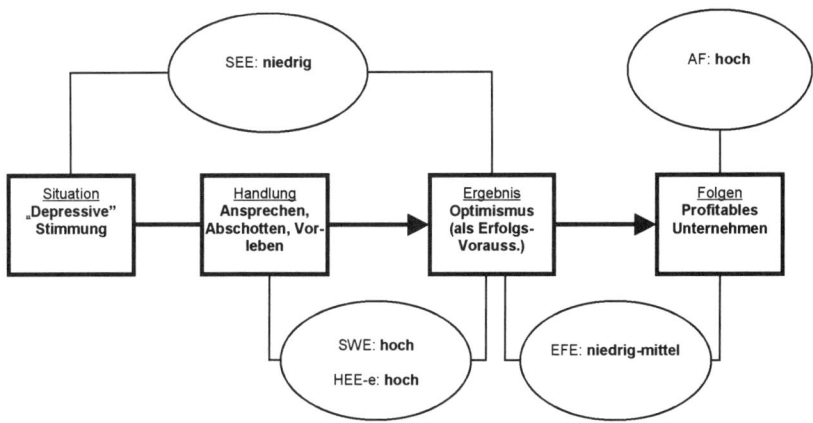

Abb. 119: Optimismus kein hinreichender Erfolgsfaktor

Auch wenn sich Herr L. hierüber bisher nicht explizit klar war, hatte er bereits begonnen, einen weiteren Geschäftszweig aufzubauen. Dabei verband er die technologischen Möglichkeiten der vom Unternehmen vertriebenen Software mit seiner im Bereich Gebäudedienstleistungen im bisherigen Berufsleben angesammelten inhaltlichen Expertise. Damit konnte er in bisher am Markt nicht erhältlicher Form Unternehmen und Öffentliche Körperschaften bei Ausschreibungen für Gebäudedienstleistungen unterstützen. Diese Beratungsdienstleistung hatte er auch bereits einmal angeboten und stand vor dem ersten Abschluss. Anders als im Bereich des Software-Vertriebs fühlte er sich in diesem Bereich nicht nur absolut kompetent, sondern konnte dies auch seinen Gesprächspartnern glaubwürdiger vermitteln. Für den Aufbau eines neuen Geschäftsfelds auf Basis seiner Expertise wiesen denn auch alle Parameter im Erweiterten kognitiven Motivationsmodell in eine positive Richtung (siehe Abb. 120). Die Situations-Ergebnis-Erwartung war niedrig, die Selbstwirksamkeits-Erwartung und die Handlungs-Ergebnis-Erwartung i.e.S., die Ergebnis-Folgen-Erwartung und der Anreizwert der Folgen waren hoch.

Auf der Ebene des Geschäftsmodells war ein weiterer Vorteil, dass er diese Tätigkeit im Wesentlichen alleine ausüben konnte. Während bei dem Vertrieb der Software zusätzliche Mitarbeiter für Programmierungen vorgehalten werden mussten, die die Software für etwaige Kunden anpassen sollten, waren diese für die Ausschreibungsberatung nicht erforderlich.

Da im Bereich Software-Vertrieb bisher noch kein Auftrag gewonnen worden war, waren die Mitarbeiter nach Abschluss einer ersten Einarbeitungsphase aber auch im Bereich Software-Vertrieb nicht wirklich erforderlich. Ein für Implementierungsprojekte vorgesehener Projektleiter war mittlerweile zwar mit der Akquise von Projekten beauftragt worden. Dabei war er aber genauso wenig erfolgreich wie die beiden Gesellschafter. Nachdem die in Aussicht stehenden Aufträge immer wieder aufgeschoben wurden und damit eine rentable Verwendung der Mitarbeiter nicht absehbar war, wurde diesen schließlich auch gekündigt. Herr L. konzentrierte sich fortan auf den Bereich Ausschreibungen, sein Ko-Gesellschafter auf die Bemühungen, Aufträge für den Softwarebereich zu erringen. Damit hatte sich Herr L. auch aus der anfänglich beklagten Dominanz seines Ko-Gesellschafters befreit. Inwieweit die gemeinsame Firmenkonstruktion Bestand haben würde, war zum Ende der fünften Coaching-Sitzung noch nicht abzusehen.

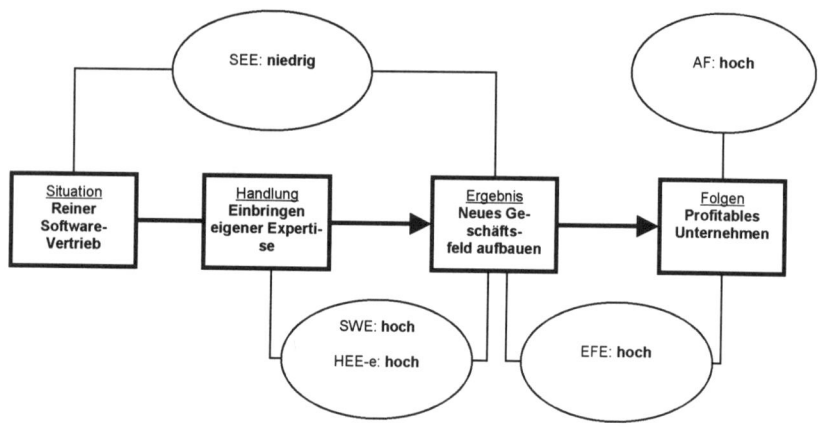

Abb. 120: Zweites Geschäftsfeld bestmöglicher Beitrag zur Profitabilität

8.5.7   Frau E.: „Statt zu ärgern in sich reinlachen"

Frau E. ist in einem großen Chemieunternehmen Abteilungsleiterin für Umweltschutz-
fragen. In ihrem Bereich sind so genannte Betriebsbeauftragte angesiedelt, unter anderem
derjenige für Datenschutz. Die Betriebsbeauftragten haben gegenüber anderen Mitarbeitern
von Gesetzes wegen einige Sonderrechte: so sind sie hinsichtlich der Inhalte ihrer Arbeit
nicht weisungsabhängig und haben ein Vortragsrecht beim Vorstand.

Mit einem dieser Betriebsbeauftragten ist die Zusammenarbeit besonders schwierig, da er
die Führungsrolle von Frau E. grundsätzlich nicht akzeptiert und Verhaltensweisen an den
Tag legt, die sie als Querulantentum empfindet. So wendete er sich beispielsweise schriftlich an den Vorstandsvorsitzenden und auch an die zuständige staatliche Aufsichtsbehörde,
um Details der Aufgabenverteilung zwischen ihm und seiner Vorgesetzten in seinem Sinne
festlegen zu lassen.

Das Anliegen von Frau E. ist es, Wege zu finden, diesen Mitarbeiter besser im Zaum zu
halten oder zu entfernen. Damit will sie erreichen, dass es keine Querschläge mehr aus ihrer Abteilung gibt. Die angestrebte Folge davon ist, selbst nicht mehr so oft in die für sie
peinliche Situation zu geraten, dass ein irritierter Vorstandsvorsitzender sie fragt, was denn
für Merkwürdigkeiten aus ihrer Abteilung an ihn herangetragen werden, also Irritationen
des Vorstands zu vermeiden und ihren Führungsjob auszufüllen.

Im Erweiterten kognitiven Motivationsmodell stellt sich diese Handlungsabsicht wie folgt
dar (siehe Abb. 121): Die Situations-Ergebnis-Erwartung ist niedrig, die Ergebnis-Folgen-
Erwartung hoch und auch der Anreizwert der Folgen ist hoch. Während alle diese Elemente auf eine hohe Motivation schließen lassen, ergibt sich ein gemischtes Bild bei der Handlungs-Ergebnis-Erwartung i.w.S. – Die Handlungs-Ergebnis-Erwartung i.e.S. ist hoch:
Frau E. ist sicher, dass eine Reduktion von Querschlägen eintritt, sobald es ihr gelingt den
fraglich Mitarbeiter besser im Zaum zu halten. Bei der Selbstwirksamkeits-Erwartung hat
Frau E. jedoch Zweifel, die z.T. organisatorisch und z.T. persönlich begründet sind.

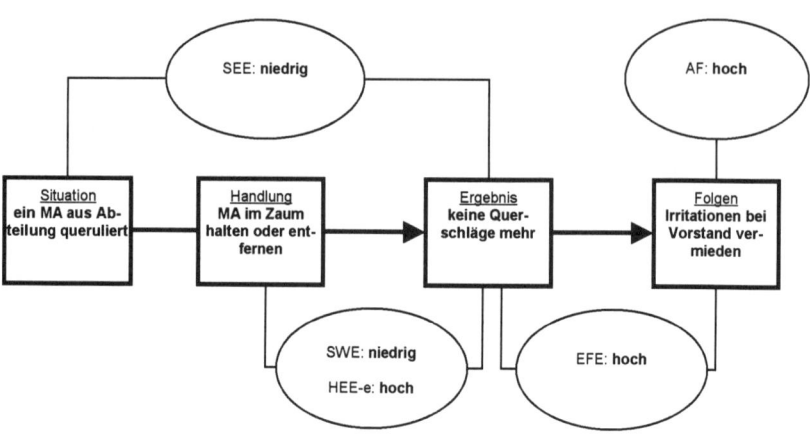

Abb. 121: Vermeiden von Mitarbeiter Querschlägen als Führungsaufgabe

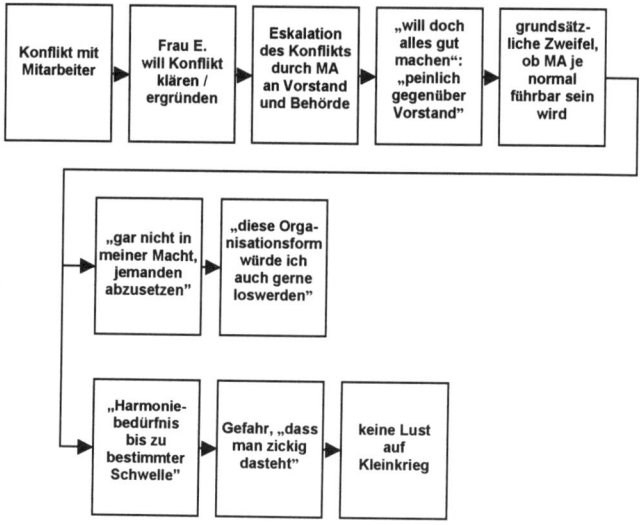

Abb. 122: ST zu Handlungsmöglichkeiten im Konflikt mit MA

Angesichts der grundsätzlichen Alternative der Personalentscheidungen zwischen Entwicklung und Auswahl, erscheint Frau E. die Wahrscheinlichkeit, den Mitarbeiter hin zu den gewünschten und erforderlichen Verhaltensweisen entwickeln zu können als sehr niedrig. Zu viele Gespräche mit diesem Ziel – auch unter Hinzuziehung der Personalabteilung und des Betriebsrats – sind geführt worden und letztendlich ergebnislos gewesen. Die Alternative „Entwicklung" scheidet daher aus. Bei der Alternative „Auswahl" bzw. „Negativ-Auswahl" sieht Frau E. zunächst gleichfalls geringe Handlungsmöglichkeiten für sich. Zum einen sei die Position eines Betriebsbeauftragten gesetzlich so geschützt, dass sie gar keine Handhabe habe („gar nicht in meiner Macht, jemanden abzusetzen"), andererseits scheut sie auch den dafür notwendigen Konflikt („Harmoniebedürfnis", Gefahr, „zickig dazustehen").

Diese Annahmen wurden im Coaching hinterfragt. Auf der Ebene der organisatorischen Handlungsmöglichkeiten stellt sich auf Nachfragen bald heraus, dass auch Betriebsbeauftragte aus ihrer Position entfernt werden können, wenn eine hinreichende Anzahl von Abmahnungen ausgesprochen und ein bestimmtes Procedere eingehalten wurde. Tatsächlich hat Frau E. einen solchen Fall vor mehreren Jahren auch schon einmal durchexerziert.

Dennoch fürchtet Frau E. die Auseinandersetzungen mit dem Mitarbeiter, die unweigerlich die Folge wären und eine Fortsetzung oder Intensivierung der bisherigen Querschläge des Mitarbeiters darstellen würden. Der Ärger, den diese für sie erzeugen, ist aber genau das, was Frau E. ja nicht mehr will. Gegenüber einem Szenario, dass diesen Ärger noch zu verstärken droht, scheint es ihr zunächst attraktiver, nichts zu tun und doch auf Besserung zu hoffen. In der Terminologie des Erweiterten kognitiven Motivationsmodells lässt sich sagen, dass neben der Folge, Irritationen beim Vorstand zu vermeiden, auch die Folge, den täglichen Ärger zu reduzieren, angestrebt wird. Letztere Folge ist aber in ihrer Wahrnehmung negativ mit den Handlungen korreliert, die die Irritationen des Vorstands reduzieren würden (siehe Abb. 123).

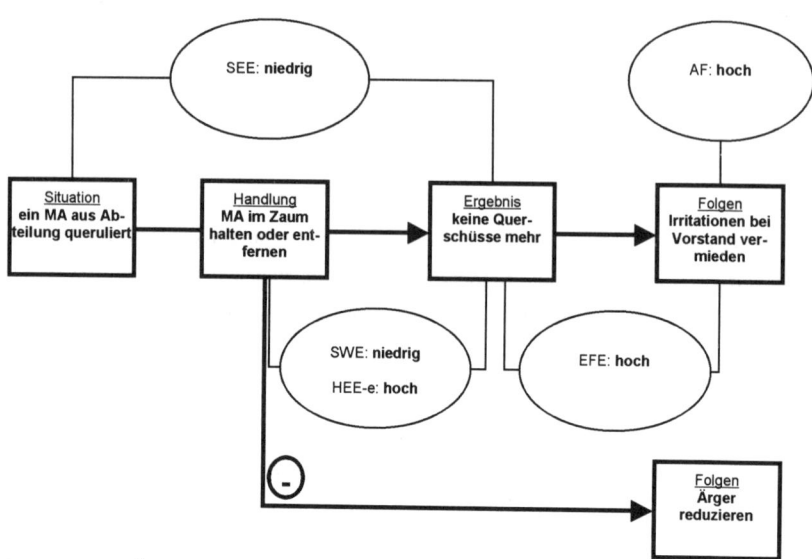

Abb. 123: Mehr Ärger durch MA-Austausch?

Offenbar führt das vom Harmoniebedürfnis gesteuerte Bestreben, eine kurz- oder mittel-fristige Erhöhung des Ärgers zu vermeiden nur dazu, dass er ihr längerfristig erhalten bleibt. Die Auseinandersetzung mit diesem Zusammenhang ermöglichte Frau E. eine Ak-zeptanz des kurzfristig erhöhten Ärgers um der positiven längerfristigen Konsequenzen willen. So konnte sie schließlich auch im alltäglichen Ärger über den Mitarbeiter etwas Po-sitives entdecken. Ihr wurde nämlich klar, dass ein Ärger auslösendes Verhalten des Mitar-beiters im Sinne der Möglichkeit, eine weitere Abmahnung schreiben zu können, begrüßenswert ist.

Im Resümee zum Ende der fünften Sitzung beschreibt Frau E. dies als ihren wichtigsten Lerneffekt:

„Ich bin im Prinzip übergegangen vom Ärgern zum – na wie soll ich sagen, na ja läs-tig ist mir das schon – aber eigentlich amüsiere ich mich teilweise: ‚ah jetzt hat er genau wieder diesen Reflex.' [...] Im Gegenteil, ich habe mich immer geärgert, wenn er irgendwas gemacht hat, was Mist war, und jetzt ist eigentlich so: ach, hat er wie-

der, na gut, gräbt er sein eigenes Grab [...]. Statt zu ärgern in sich reinlachen." (5.,
1350)

Im Erweiterten kognitiven Motivationsmodell stellt sich dies wie folgt dar (siehe Abb.
124):

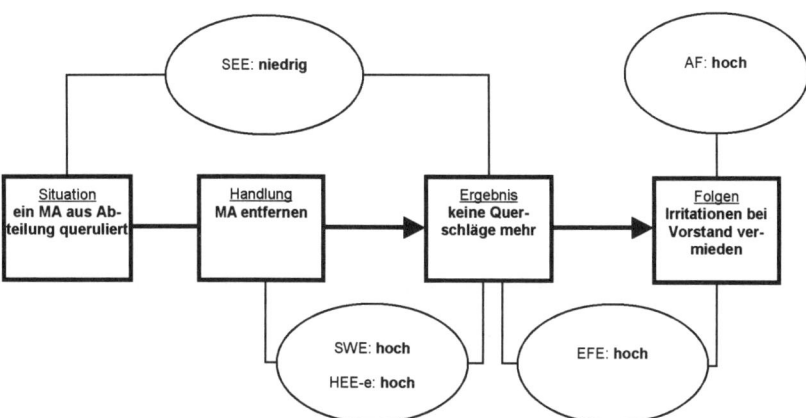

Abb. 124: Motivation nicht mehr durch kurzfristigen Ärger reduziert

Die angestrebte Folge, Ärger zu reduzieren, steht nun nicht mehr einer hohen Selbstwirksamkeits-Erwartung im Wege. Frau E. kann nun die beabsichtigte Handlung mit voller
Motivation angehen: nicht nur erwartet sie für die Zukunft eine Reduktion des täglichen
Ärgers. Indem sie die aktuell noch immer wieder durch den Kollegen verursachten ärgerli-
chen Situationen als Teil einer Lösung ihres Problems auffassen kann, ärgert sie sich schon
heute (meistens) nicht mehr über sie, sondern betrachtet sie mit einem inneren Schmunzeln.

8.5.8   Herr F.: „Angst, nicht hart genug zu sein"

Herr F. ist Leiter des Controllings in einem mittelgroßen Versicherungsunternehmen. Er ist
nach eigener Darstellung motiviert für seinen Job und will etwas umsetzen, bewegen und
seine operativ tätigen Kollegen mit modernen Controllingformen unterstützen (siehe Abb.
125).

Abb. 125: Selbstverständnis als Controller

In der Realität stößt er aber an deutliche Grenzen, die ihn daran hindern, seine Vorstellungen eines guten, modernen Controllings umzusetzen (siehe Abb. 126). Obwohl er drei dringende Handlungsfelder und die in diesen notwendigen ersten Schritte identifiziert hat, werden diese aufgrund intrinsischer und extrinsischer Gründe nicht realisiert. Als extrinsische Gründe sieht Herr F. ein Desinteresse und Widerstände bei Vorstand und Kollegen. Intrinsische Gründe sind seine Angst vor einer Abfuhr durch den Vorstand bzw. davor, diesem „auf die Füße zu treten" sowie sein Unvermögen, die drei Themen zu priorisieren. Dies macht ihn unzufrieden. Als sein Anliegen formuliert er den Wunsch, auch dem Vorstand gegenüber entschiedener aufzutreten und seine Aufgaben mit mehr Sicherheit anzugehen.

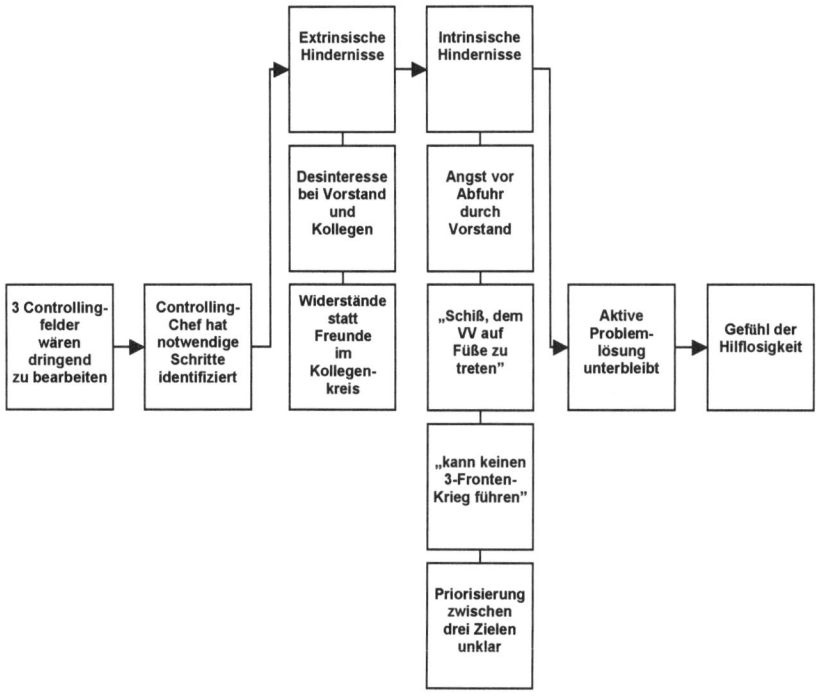

Abb. 126: Extrinsische und intrinsische Hindernisse

Im Erweiterten kognitiven Motivationsmodell stellt sich die Situation wie folgt dar (siehe Abb. 127): Herr F. sieht es als seine erforderlich Handlung an, die drei dringenden Controllinglücken gegen die bestehenden Widerstände zu schließen. Dies hätte die Beseitigung signifikanter Risiken für das Unternehmen zum Ergebnis. Die Folge dessen wäre das Bewusstsein, einen guten Job als Controller gemacht zu haben. Entgegen steht dem die gleichfalls angestrebte Folge, ein gutes Verhältnis zu seinen Chefs und Kollegen zu haben, da er diese Folge für negativ korreliert mit der vorgenommenen Handlung hält.

Einer hohen Motivation für die vorgenommene Handlung dient die niedrige Situations-Ergebnis-Erwartung, die hohe Ergebnis-Folgen-Erwartung und der hohe Anreizwert der angestrebten Folgen. Dem steht jedoch die in ihren beiden Komponenten niedrige Handlungs-Ergebnis-Erwartung i.w.S. entgegen. Herr F. erlebt sich als hilflos, gegen die einem effektiven Controlling in den Problemfeldern entgegenstehenden Widerstände anzugehen (Selbst-Wirksamkeits-Erwartung). Seine Erwartung, damit gegebenenfalls wirklich etwas erreichen zu können (Handlungs-Ergebnis-Erwartung i.e.S.), ist gleichfalls niedrig.

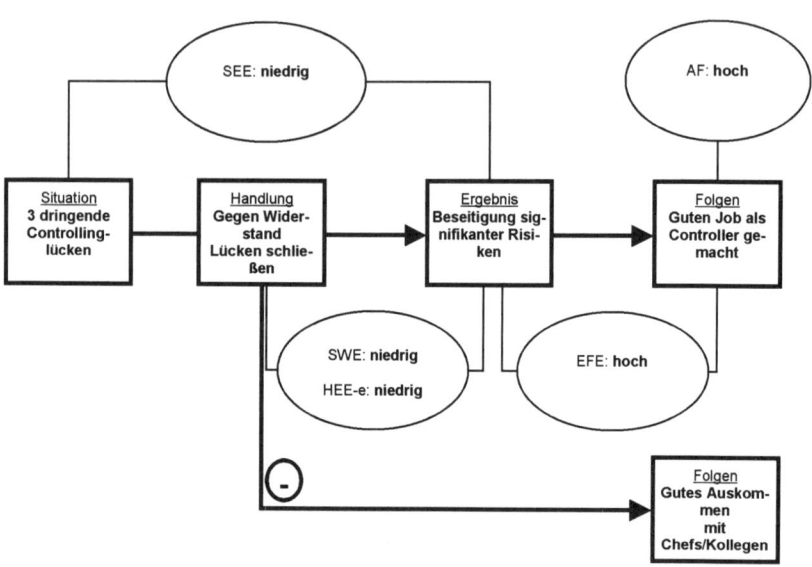

Abb. 127: Motivation, einen „guten Job" zu machen

Von den angeführten Gründen, warum er den Widerständen nicht entgegentritt (siehe Abb. 126) widerlegt er den letzten („Priorisierung unklar") im weiteren Verlauf des Coachings selbst, indem er eine klar argumentierte Priorisierung vornimmt. Damit ist auch der vorletzte Grund („3-Fronten-Krieg nicht möglich") hinfällig, da die drei Problemfelder nacheinander gemäß der Priorisierung angegangen werden könnten. Als vermutlich ausschlaggebende Hinderungsgründe bleiben also die „Angst vor einer Abfuhr" beim Vorstand, ein antagonistisches Verhältnis zu den Kollegen und der „Schiss, dem VV auf die Füße zu treten". Dem entspricht auch die Antwort von Herrn F. auf die Frage des Coaches, was denn schlimmstenfalls passieren könnte, wenn er massiver seine Vorstellungen vertreten würde (1., 670):

Coach: „Was könnte schlimmstenfalls passieren?"

Herr F.:   „Verbale Abfuhr im Kreis der übrigen Vorstandsmitglieder --- oder be-
              reits im Vorfeld privatissimum: ‚alles schön und gut Herr F., aber wir
              machen das so und so'."

Positiv formuliert ist ihm offenbar an einem guten Auskommen mit dem Vorstand und seinen Kollegen gelegen. Diese angestrebte Folge wäre aber bei einem strikten Vorgehen gegen die bestehenden Widerstände aus seiner Sicht gefährdet. Im Zielkonflikt zwischen der
Folge „einen guten Job als Controller" zu machen und der Folge „gutes Auskommen mit
Chefs und Kollegen" überwiegt in der persönlichen Priorisierung offenbar die zweite.

Zwei Sitzungen später wird deutlich, dass er mit einem guten Auskommen mit seinen Vorgesetzten auch meint, seinen beruflichen Werdegang sichern zu müssen. Trotz mehrfacher
von ihm angestrebter und durchgeführter Arbeitgeber-Wechsel, hält er einen Wechsel zum
jetzigen Zeitpunkt für schwer vermittelbar:

„Sicherlich schwierig, nach fünf oder sechs Monaten zu sagen, ich suche mir was
Neues. Würde vielleicht noch irgendwie unter ‚ein Irrtum darf sich jeder erlauben'
akzeptiert werden. Aber ein Irrtum mit 46 da kann man natürlich andererseits sagen:
das hätte er wissen müssen, was ihn da erwartet" (3., 150)

Zur Erarbeitung von Handlungsoptionen in seiner jetzigen Position wird ausgeleuchtet, wie
das Verhaltensspektrum eines „guten Controllers" aussieht und wie sich dieses mit seinem
Wunsch nach einem guten Auskommen mit Vorgesetzten und Kollegen verträgt. Mit Hilfe
des Wertequadrats von Schulz von Thun wird im Gespräch deutlich, dass ein guter Controller nicht kooperativ und konsensorientiert sein sollte, sondern sich auch durch Konfliktbereitschaft auszeichnet (siehe Abb. 128). Demgegenüber stellen sowohl ein reines
Kontrolleursverhalten wie auch die fehlende Benennung kritischer Punkte negative Übertreibungen der beiden positiven Pole dar.

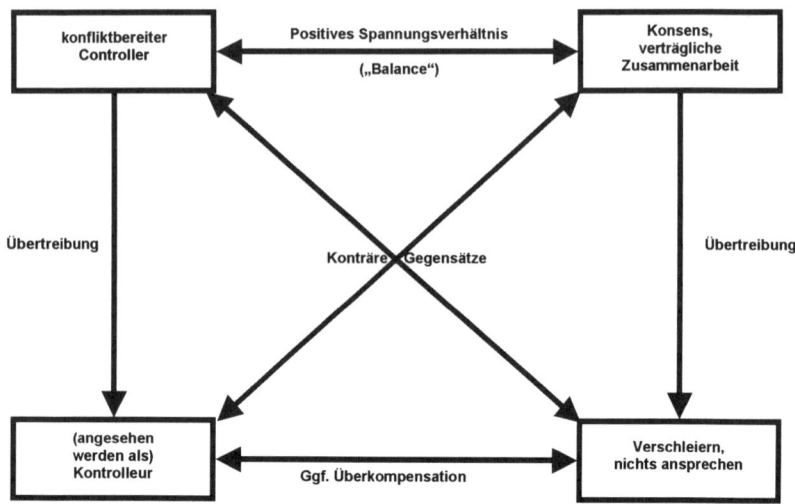

Abb. 128: Controller als Mischung aus Konsenssuche und Konfliktbereitschaft

Herrn F. ist klar, dass ihm die Konsenssuche eher liegt und seine Bereitschaft, den Konflikt zu suchen, auch wenn dies erforderlich ist, nicht groß ist:

„Daher sicherlich auch diese stärker konsensorientierte Herangehensweise – nämlich versuchen durch Offenlegung, durch Transparenz, durch Vergleichbarkeit von bestimmten Teilen oder Organisationseinheiten und untereinander, die Kollegen von der Notwendigkeit zu überzeugen, dass es so und nicht anders zu gehen hat oder gehen kann. Ich habe höchstens die Angst, oder die Befürchtung – Angst ist vielleicht etwas zu stark: da, wo es dann drauf ankommt, nicht hart genug zu sein. Irgendwann ist mal genug der Diskussion, auch der Argumentation, des Versuchs, durch einen Moderationsprozess Veränderungen bei den Kollegen herbeizuführen." (1., 536)

Im Sinne des Wertequadrats verfügt Herr F. also über gute Grundlagen an einem Pol der positiven Balance und kann von dieser Basis aus versuchen, in die Balance mit dem gegenüberliegenden Pol zu kommen. Zur Erweiterung seines Verhaltensrepertoires werden im Coaching Situationen ausgewählt, in denen er einen konfliktbereiteren Stil ausprobieren kann: etwa beim Einfordern versprochener Daten von einem Kollegen oder mit der Forderung gegenüber dem für ihn zuständigen Vorstand, bei Entscheidungen, die seinen Bereich betreffen künftig besser einbezogen zu werden.

Zunächst führt diese Erkenntnis aber noch nicht zu Veränderungen. Als der für ihn zuständige Vorstand so eine Entscheidung entgegen der Empfehlung von Herr F. trifft und er dies nur über Dritte erfährt, bleibt es zunächst bei der Absichtserklärung: „Da werde ich wohl nochmals erheblichen Rücksprachebedarf anmelden." (3., 35) Diese wird dann noch weiter abgeschwächt durch die Überlegung, dass er die Situation auch aussitzen könnte. Schließlich würden sich die Rahmenbedingungen durch die Übernahme durch ein anderes Unternehmen bzw. durch das Ausscheiden des Vorstandsvorsitzenden möglicherweise ohnehin bald ändern:

> „das ganze in Form eines breiten Rückens, einer dicken Haut irgendwo über sich ergehen zu lassen und zu sagen, ok: der eine maßgebliche Vorstand wird über kurz oder lang aus Altersgründen ausscheiden und dann kommt eh' ein neuer Wind" (3., 135)

Der Versuch, Herrn F. in kleinen Rollenspielen auf potentielle Konflikte vorzubereiten, macht deutlich, dass ihm bereits konfliktbereite Haltungen schwer fallen. Der Aufforderung des Coaches, konkret zu überlegen, wie sein Verhalten in einer bestimmten Situation aussehen könnte, will er zunächst ausweichen, was er auch selbst gleich erkennt:

> „Kommen schon die Verdrängungsprozesse jetzt wieder rein, das ist die Frage, ob man direkt an diesem Beispiel üben müsste oder sollte, oder ob man das eine oder andere vielleicht im privaten oder in einem anderen Umfeld, Themenfeld, das erst mal übt." (3., 1300)

Er ist aber gewillt, sich dieser Schwierigkeit zu stellen, und zunächst einmal eine Situation auszuwählen, in der er stärker als bisher seinen Standpunkt deutlich machen will. Dazu wählt er einen Rücksprachetermin mit seinem Vorstand aus:

> „Lege mich heute noch nicht auf das ‚wie' fest, beim nächsten Gespräch sage ich Ihnen dann, wie es gelaufen ist. Aber wir können gerne festhalten, dass ich dieses Thema versuche oder das ich dieses Thema oder diesen Punkt bei meiner nächsten Rücksprache thematisiere und über den Erfolg oder die Resonanz oder die Rückmeldung dann das nächste Mal informiere." (3., 1535)

Auf weitere Nachfrage des Coaches hin beginnt er dann, konkret mögliche Gesprächseinstiege zu erwägen. Damit war eine Grundlage geschaffen für seine eigenen weiteren Überlegungen zu seiner Vorgehensweise bei der nächsten Rücksprache bei seinem Vorstand.

In der nächsten Coaching-Sitzung berichtet er, dass er die Aussprache mit seinem Vorstand gesucht hat. Dabei habe er auch deutlich gemacht, dass er dessen Vorgehensweise ihn nur über unternehmensexterne Dritte wissen zu lassen, dass er eine Vorlage von Herrn F. maßgeblich verändert hatte, nicht für richtig hielt:

> „Die Frage war, warum es denn nicht zu einer Rücksprache oder Rückfrage zu diesem Thema gekommen sei. Ich hätte ja doch an mehreren Stellen nochmal zu diesem Punkt aufmerksam gemacht. Und die Frage, warum es kein unmittelbares Feedback gegeben hätte und ich dies über eine nicht direkt beteiligte dritte Stelle erfahren habe. Schon nicht die weiche Formulierung, sondern relativ deutlich. Ich hoffe, [ich habe] auch durch die Stimme deutlich zum Ausdruck gebracht, dass ich mir das so nicht unbedingt vorstelle und nicht wünsche." (4., 80)

> „Die Antwort, die ich bekommen habe, die kann man akzeptieren. Sie ist nicht völlig befriedigend, nämlich, dass aufgrund von zeitlichen Erfordernissen und einer direkten Aussprache zwischen Vorstand und Prüfungsgesellschaft man sich auf einen Formulierungsvorschlag geeinigt hat, ohne nochmal großartig mit dem jeweiligen Fachverantwortlichen Rücksprache zu nehmen. – Was, so die Aussage, in keinster Weise negativ verstanden werden sollte, zumal auch die Formulierung im Prüfungsbericht 'ne ganz andere Qualität und Konsistenz hätte, als dies in der Vergangenheit der Fall gewesen ist und das sei schließlich mein Verdienst. Gut, jetzt kann ich das so hinnehmen. Und das werde ich wohl auch so tun." (4., 60)

Wichtiger als die konkrete Antwort, die er erhalten hat, dürfte dabei die Erfahrung gewesen sein, durchaus die eigenen Anliegen auch direkt ansprechen zu können, und dass dies nicht zu einer bloßen Zurückweisung führt:

> „Ja, ich fand das auch gut, und es hat doch etwas – ich will nicht sagen zum Selbstbewusstsein beigetragen. Aber es hat geholfen die Reaktion besser einzuordnen." (4., 112)

Damit ist die Befürchtung, dass ein Eintreten für die eigene Position per se die gute Beziehung zu Vorgesetzten oder Kollegen gefährdet (siehe Abb. 127), sicherlich noch nicht völlig entkräftet. Aber es ist ein wesentlicher ersten Schritt getan, sie zu entkräften und zumindest punktuell zwischen dem Eintreten für die eigene Position und dem Verhältnis zu Anderen eine positive Korrelation zu erwarten (siehe Abb. 129). Gleichzeitig ist Herrn F. durch das Gespräch klar geworden, dass er in der gegenwärtigen Konstellation die drei Controllinglücken nicht ohne Rückhalt „von oben" wird schließen können. Dennoch ist die Selbstwirksamkeits-Erwartung leicht gestiegen. Die bewusst eingegangene Konfrontation hat die Ängste vor einem solchen Vorgehen reduziert, da sie offenbar dem Ziel eines guten Verhältnisses nicht geschadet hat. Dementsprechend meinte Herr F. am Ende der fünften Coaching-Sitzung, dass er sich nun in der Lage sehe, zumindest punktuell „entschiedener aufzutreten" (5., 1380). Da die Handlungs-Ergebnis-Erwartung i.e.s. aber nach wie vor niedrig ist, ist nicht zu erwarten, dass die drei Controllinglücken kurzfristig geschlossen werden.

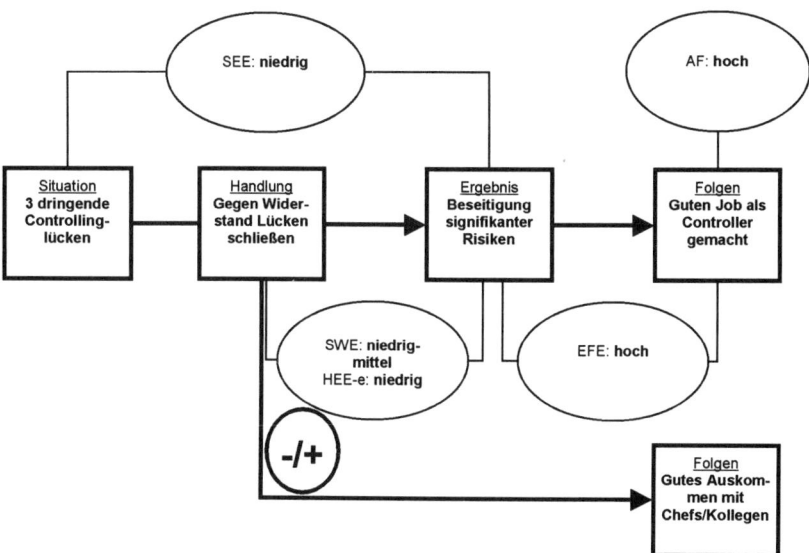

Abb. 129: Eintreten für eigene Position und „Gutes Auskommen mit Kollegen" un-eindeutig korreliert

8.5.9   Herr K.: Unternehmer sein?

Herr K. leitet als Geschäftsführer-Gesellschafter einen Maschinenbaubetrieb, den sein Vater aufgebaut hat. Er hat die Leitung vor zwei Jahren übernommen, sein Vater ist aber noch als Geschäftsführer-Gesellschafter im Betrieb präsent, ebenso sein Bruder, der einen Bereich in der Firma leitet, aber weder Geschäftsführer noch Gesellschafter ist.

Herr K. möchte durch das Coaching zum einen klären, ob es für ihn die richtige Entscheidung ist, Unternehmer zu sein oder ob er eine Konzernkarriere anstreben will. Außerdem geht es ihm darum, sein Rollenverhalten als Unternehmer zu reflektieren: „welche Aufgaben übernehme ich, welche nicht; wie ist mein Verhalten in der Rolle" (1., 48). Beide Fragen werden im Folgenden nacheinander betrachtet.

Zu der Frage, ob er Unternehmer sein will verfügt Herr K. über eine Subjektive Theorie zu den für ihn relevanten Kriterien für berufliche Zufriedenheit. Diese bestehen im Wesentlichen aus fünf Faktoren (siehe Abb. 130): Erstens „Spaß bei der Arbeit", definiert als „Gleichgewicht, Harmonie zwischen Lieferanten, Kunden und unserem Unternehmen, dass man menschlich zusammenarbeitet. Dass es ein gegenseitiges Geben und Nehmen ist [...] Es muss partnerschaftlich dabei sein" (2., 50); zweitens „Ansehen", wobei er gleich wieder relativiert „wobei mir das Ansehen dann gar nicht so wichtig ist: ich muss nicht der Große sein" (2., 63); drittens „wirtschaftlich so unabhängig zu sein, dass ich mir das materielle Leben erfüllen kann, das ich mir so vorstelle" (2., 70), viertens „das Private damit in Einklang zu bringen: Zeit für Freunde, Zeit für die Familie zu haben" (2., 80) und fünftens Möglichkeiten zur persönlichen Entwicklung zu haben (siehe 2., 170).

Im Folgenden ließ sich herausarbeiten, dass Herr K. diese Größen im Wesentlichen in seiner Tätigkeit als Unternehmer realisieren kann. Insbesondere bei der von ihm angestrebten Harmonie in den Arbeitsbeziehungen sieht er einen besonders großen Gestaltungsspielraum, der in einem Konzernkontext vermutlich nicht gegeben ist:

> „Als Selbständiger habe ich vielmehr die Chance abzuwählen: ich kann es mir leisten
> zu sagen: ‚den Ärger, will ich nicht mehr, mit dem Lieferanten arbeite ich nicht mehr
> zusammen.' [Dies ist] im Konzern viel schwieriger." (2., 122)

Auch für seine persönliche Entwicklung sieht er besonders gute Bedingungen im Unternehmertum, da der Zusammenhang zwischen dem eigenen Handeln und Erfolg oder Misserfolg direkter sei: „Ursachen sind leichter bei mir zu suchen, sind nicht so leicht auf andere zu schieben [...], das fordert einen, selber dran zu arbeiten, das spornt einen an" (2., 170).

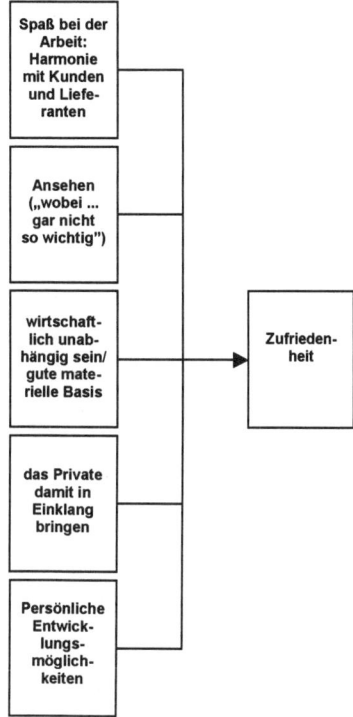

Abb. 130: Faktoren für berufliche Zufriedenheit

Auch Ansehen und hinreichende Zeit fürs Private scheinen ihm in seiner jetzigen Position erreichbar bzw. in einer alternativen Position in einem Konzern auch nicht besser realisierbar: „Leute im Konzern arbeiten auch bis acht abends meistens" (2., 140).

Das unsicherste, da am stärksten schwankende Element ist hingegen mit dem Kriterium „wirtschaftliche Unabhängigkeit" verknüpft, das sich dementsprechend auch stark auf die Gesamtmotivation auswirkt:

> „Es immer doch auch von der momentanen Fassung abhängig, wie es gerade so läuft: wenn man mal zwei, drei Niederschläge gehabt hat, ist es so, dass man keinen Bock hat, wenn dann wieder ein paar Aufträge da sind, ist es ‚super, klasse'" (2., 40)

Im Erweiterten kognitiven Motivationsmodell stellt sich der Zusammenhang zwischen dem Ausüben der Unternehmerrolle und der angestrebten Folge wirtschaftlicher Unabhängigkeit wie folgt dar:

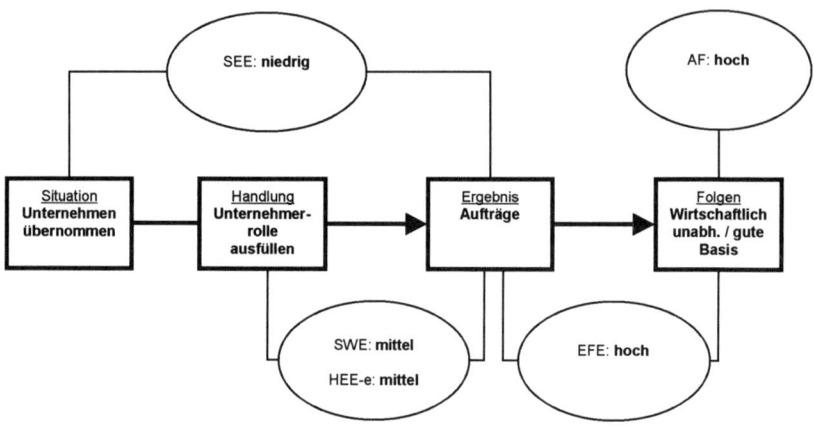

Abb. 131: Ausgefüllte Unternehmerrolle führt zu wirtschaftlicher Unabhängigkeit

Wenn Herr K. die Rolle als Unternehmer erfolgreich ausfüllt und als Ergebnis davon sicherstellen kann, dass sein Unternehmen hinreichend viele Aufträge erhält, ist die von ihm gewünschte wirtschaftliche Unabhängigkeit auf einem guten Niveau die Folge.

Im Sinne einer hohen Motivation ist die Situations-Ergebnis-Erwartung niedrig, und sind die Ergebnis-Folgen-Erwartung und der Anreizwert der Folgen hoch. Aber die Handlungs-Ergebnis-Erwartung i.w.S. weist jedoch in beiden Komponenten nur eine mittlere Ausprägung auf. Selbst wenn er die Rolle erfolgreich ausfüllt, weiß er aus Erfahrung, dass er mit einem variablen Auftragseingang rechnen muss. Dies liegt zum einen an nur bedingt beeinflussbaren konjunkturellen Schwankungen, zum anderen aber auch an dem Eindruck von Herrn K., dass sein Unternehmen seine Kunden noch nicht so zufrieden stellt, wie es könnte und sollte. Ergo hat die Handlungs-Ergebnis-Erwartung i.e.S. nur einen mittleren Wert. Aber auch seine Selbst-Wirksamkeits-Erwartung ist nur mittel ausgeprägt. Dies hängt mit der zweiten, von ihm als Anliegen formulierten Frage zusammen: „welche Aufgaben übernehme ich, welche nicht; wie ist mein Verhalten in der Rolle" (1., 48). Hier ist er unsicher, ob er seine Rolle bereits optimal ausfüllt.

Mit dieser Frage sind verschiedene Themen angesprochen, die von relativ simplen Fragen der Selbstorganisation bis hin zu Fragen der Interaktion auf Gesellschafterebene bzw. auf der Ebene der Familie reichen.

Als die beiden signifikantesten Themenfelder, die die Handlungs-Ergebnis-Erwartung i.w.S. negativ beeinflussen, wurden das persönliche Arbeitsverhalten von Herrn K. sowie die Termintreue bei der Auslieferung von Maschinen, die der Bruder von Herrn K. verantwortet, identifiziert.

Bei dem persönlichen Arbeitsverhalten ließ sich eine Verzettelung auf zu viele begonnene, dann aber nicht abgeschlossene Projekte erkennen, wie beispielsweise Überlegungen zu einer Neukonzeption des Prozessübergangs von der Vertriebs- zur Konzeptions- und Fertigungsverantwortlichkeit. Diese konnte durch einfache Techniken zur Priorisierung der eigenen Tätigkeit durch entsprechende Listen oder das Freihalten eines Zeitfensters pro Woche für nicht-operative, strategische Fragen adressiert werden.

Das Thema der Termintreue der Auslieferung und damit des Verhaltens und eventuell auch der Einstellung seines Bruders mussten zur weiteren Klärung näher betrachtet werden. Die mangelnde Termintreue ist ein Hauptgrund für die nur mittel ausgeprägte Handlungs-Ergebnis-Erwartung i.e.S.. Selbst bei optimalem eigenen, persönlichen Handeln bei seinen unmittelbaren Aufgaben, wird hierdurch ein positiver Eindruck bei den Kunden verhindert und damit auch die Wahrscheinlichkeit von Folge-Aufträgen dieser Kunden deutlich reduziert.

„Wir sind vertrieblich unheimlich stark, wir schaffen es eigentlich in jedem führenden Unternehmen, gute Anlagen zu verkaufen. Problem ist immer dann bloß die Folgeaufträge zu bekommen. Ursache ist vielfach zu späte Lieferung. Qualitativ passt es manchmal nicht. Es ist nicht so gut, wie es sein sollte. Wir haben auch gute Anlagen geliefert und wir kriegen auch Folgeaufträge – aber nicht in der Anzahl, wie man es gerne hätte." (4., 110)

Herr K. vermutet, dass diese Mängel bei seinem Bruder, der als Konstruktions- und Ferti-
gungsleiter dafür verantwortlich ist, auf einer Einstellung beruht, die dieser von ihrem Vater übernommen hat, nämlich der „Kunde ist der Feind an sich" (4., 804). Dies steht
diametral dem Verständnis von Herrn K. entgegen, dem es ein Anliegen ist, einen exzel-
lenten Eindruck bei den Kunden zu hinterlassen, die er als Partner sieht:

> „Das ist für Zufriedenheit dann ein ganz wichtiger Faktor, es mit meiner Arbeit, der
> Arbeit des Unternehmens, es zu schaffen, dass der Kunde mich als Partner sieht, [...]
> dass der Kunde begeistert ist, dass er bereit ist, dass er anerkennt, dass die Sachen so
> gut sind, die wir machen, dass er bereit ist, dafür viel Geld zu bezahlen." (2., 55)

Im Vergleich zu einem hypothetisch vorgestellten optimalen Konstruktions- und Ferti-
gungsleiter fallen Herrn K. weitere Defizite seines Bruders auf: angefangen vom wenig
durchsetzungsfähigen Führungsstil über eine mangelnde Kenntnis von und ein mangelndes
Interesse an modernen CAD-Systemen bis hin zum völligen Fehlen einer dauernden Ver-
feinerung der verwandten Fertigungsverfahren.

Auch wenn diese Mängel an sich auf der Hand liegen und sie Herrn K. auch einzeln bereits
bewusst waren, fällt es ihm aufgrund der Familienbande schwer, die klare Konsequenz zu
ziehen, dass sein Bruder der falsche Mann auf dem Posten des Konstruktions- und Ferti-
gungsleiters ist und dadurch auch den Gesamterfolg der Firma gefährdet. Erst gegen Ende
der vierten Sitzung formuliert er selbst hierzu: „das ist der gordische Knoten, wenn der
funktionieren würde, würden wir ganz woanders stehen" (4., 930).

Damit ist aber auch ein entscheidendes Thema identifiziert, dass ihn an seinem Willen, die
Unternehmerrolle auszufüllen zweifeln lässt. Offensichtlich kommt er hier nämlich in einen Zielkonflikt zwischen der angestrebten Folge der wirtschaftlichen Unabhängigkeit und
der angestrebten Folge, seinem Bruder gegenüber loyal zu sein. Im Erweiterten kognitiven
Motivationsmodell stellt sich dies wie folgt dar (siehe Abb. 132). Die Handlung besteht für
Herrn K. genauer in darin, gute Arbeit in der Abwicklung, also in den Bereichen Konstruktion und Fertigung seines Bruders zu sichern. Dies hätte mehr Folgeaufträge zum Ergebnis
und damit eine bessere Sicherung der wirtschaftlichen Unabhängigkeit. Dieses Handeln
wäre für Herrn K. aber negativ mit der Loyalität gegenüber seinem Bruder korreliert

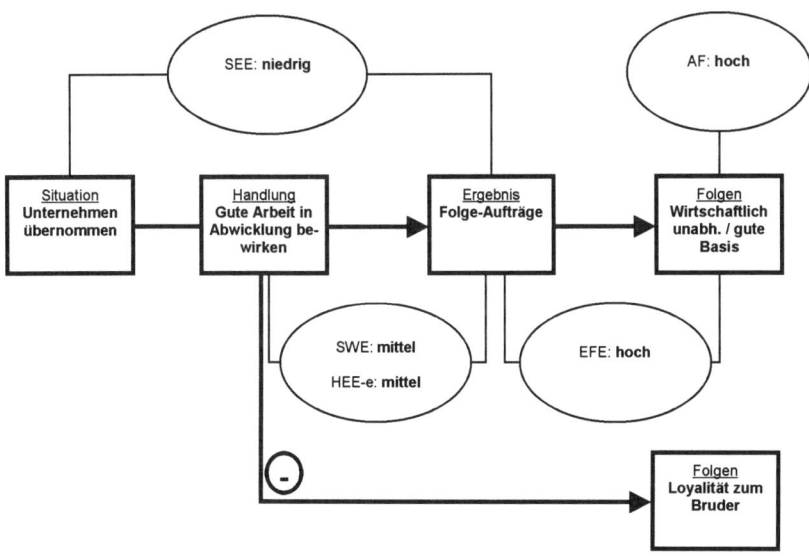

Abb. 132: Zielkonflikt zwischen wirtschaftlicher Logik und Familienloyalität

Herr K. sucht bereits seit einiger Zeit nach Lösungen, die dieses Problem entschärfen. So hat er einige Tage vor der vierten Sitzung einen Konstruktionsleiter eingestellt, der einige Aufgaben seines Bruders übernehmen soll. Dadurch verringert sich der Hauptverantwortungsbereich des Bruders. Dies wirft jedoch neue Schnittstellenfragen auf und ist vermutlich noch nicht die letztgültige Antwort auf das Problem. Aber es ist offensichtlich, dass Herr K. dabei ist, eine Lösung aktiv herbeizuführen. Auch wenn sie nicht sehr kurzfristig erreicht wird, ist die Richtung immerhin deutlich und eine schrittweise Verbesserung der Situation kann erwartet werden – möglicherweise bis hin zur beruflichen Trennung von dem Bruder, auch wenn Herr K. diese Variante möglichst vermeiden will.

Für die Frage der Handlungs-Ergebnis-Erwartung i.w.S. ergab sich durch die Aufdeckung des Zusammenhangs mit der Problematik um die Leitung des Konstruktions- und Fertigungsbereichs eine deutliche Veränderung. Einerseits wurde das Problemfeld klar, das bisher nur eine mittlere Ausprägung der Komponenten der Handlungs-Ergebnis-Erwartung verursachte. Die nähere Betrachtung dieses Problemfeldes zeigte andererseits zweierlei: erstens, dass Herr K. auch in diesem heiklen Problemfeld offenbar mit viel Fingerspitzengefühl und einer klaren Ausrichtung zu handeln in der Lage war und zweitens, dass der Hauptfaktor für die Gefährdung von (Folge-)Aufträgen zwar noch nicht gelöst war, aber ein Prozess zu seiner Lösung angestoßen war. Bei der Rekapitulation der Maßnahmen, die er bereits angestoßen hatte, wurde Herrn K. deutlich, dass der Zielkonflikt zwischen dem Erfolg des Unternehmens und der Loyalität gegenüber seinem Bruder vielleicht nur vorübergehend aufgelöst werden konnte, von ihm aber grundsätzlich gestaltet werden kann. Dies hatte zusammen mit den genannten Selbstmanagementtechniken positive Auswirkungen auf die Selbstwirksamkeits-Erwartung, die nun hoch war, und die Handlungs-Ergebnis-Erwartung i.e.S., die sich etwas erhöhte. Die Gesamtmotivation zum Unternehmersein stieg dementsprechend (siehe auch Abb. 133).

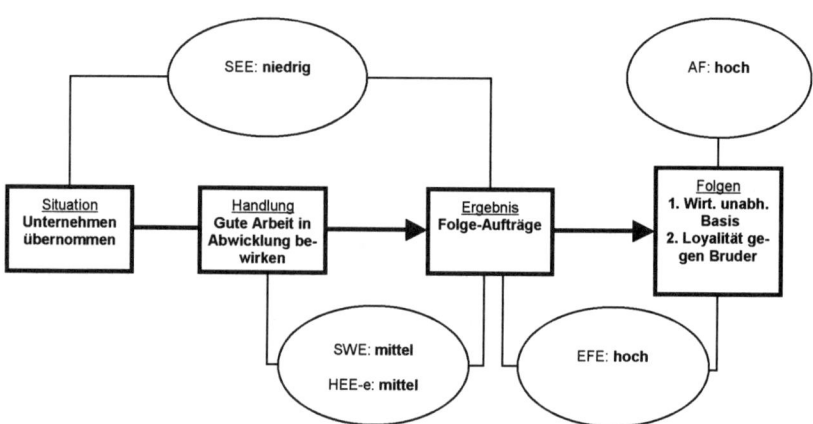

Abb. 133: Unternehmerrolle mit hoher Motivation verfolgt

Herr K. fühlte sich am Ende der fünf Coaching-Sitzungen darin bestärkt, Unternehmer zu sein und zu bleiben.

8.5.10 Frau J.: „Alles wollen" oder „nicht untergehen"?

Frau J. war bis zu ihrer Schwangerschaftspause Vertriebs-Bereichsleiterin bei der deutschen Tochter eines weltweit tätigen Software-Unternehmens. Durch eine Umorganisation während der Elternzeit gibt es ihre bisherige Stelle nicht mehr. Als Teilzeitstelle während der Elternzeit hat man ihr vor einigen Monaten den Aufbau eines Seminarbereichs für externe Kunden übertragen. Hierfür ist sie als Stabsstelle direkt bei ihrem bisherigen Chef angesiedelt.

Als ihr Anliegen für das Coaching formuliert Frau J. den Wunsch, für sich zu klären, mit welchem Ziel sie diese Aufgabe angehen will: „alles wollen oder nicht untergehen" (1., 15). „Alles wollen" hieße dabei, nicht nur einen Seminarbereich aufzubauen, sondern auch an verschiedenen Stellen im Konzern bereits vorhandene Seminar- und Weiterbildungsbereiche unter sich zu bündeln. „Nicht untergehen" beschreibt den möglichen Minimalanspruch an die Aufgabe: nämlich lediglich sicherzustellen, dass von der jetzigen Tätigkeit keine negativen Folgen für ihre weitere Karriere nach der Elternzeit ausgehen.

Dazu gilt es insbesondere zweierlei zu klären: zum einen, ob sie die an sie gestellten Anforderungen in Teilzeit erfüllen kann. Zweitens geht es darum, wie sie Konflikte mit Kollegen um Ressourcen und Informationen austragen kann, nachdem sie anders als in ihrer vorherigen Position nun über keine Positionsmacht mehr verfügt.

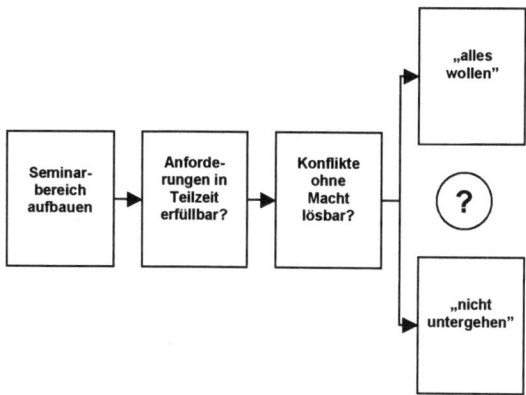

Abb. 134: „Alles wollen" oder „nicht untergehen" ?

Im Erweiterten kognitiven Motivationsmodell stellt sich die Situation wie folgt dar (siehe Abb. 135): ein hohes Engagement für den Aufbau des Seminarbereichs würde in einem erfolgreichen Seminarbereich resultieren, was die Sicherung der weiteren Karriere im Konzern zur Folge hätte.

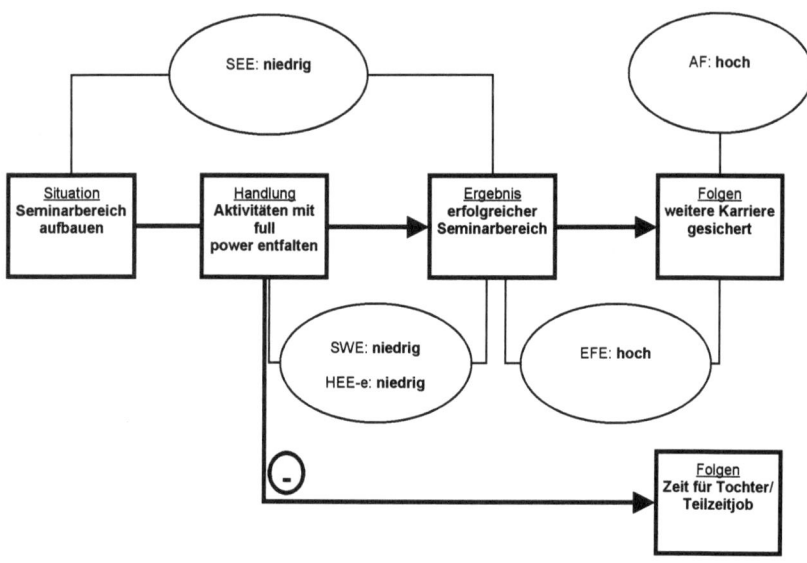

Abb. 135: Vereinbarkeit von Kinderbetreuung und Karrieresicherung gering

In Richtung einer hohen Motivation für dieses Vorgehen weisen die niedrige Situations-Ergebnis-Erwartung (es gibt keinen entsprechenden Seminarbereich), eine hohe Ergebnis-Folgen-Erwartung und ein hoher Anreizwert der Folgen. Niedrig sind aber die beiden Aspekte der Handlungs-Ergebnis-Erwartung i.w.S. ausgeprägt: die Selbst-Wirksamkeits-Erwartung und die Handlungs-Ergebnis-Erwartung i.e.S. Die niedrige Selbst-Wirksamkeits-Erwartung ist durch den Mangel an Positionsmacht und die damit verbundene Schwierigkeit bedingt, Konflikte mit Kollegen, z.B. um Trainerkapazitäten erfolgreich ausfechten zu können. Außerdem ist die Selbstwirksamkeits-Erwartung durch die von ihr gewollte Begrenzung der eigenen Kapazität auf eine 40%-Stelle eingeschränkt. Dem entspricht die zusätzlich angestrebte Folge, genug Zeit für ihre neugeborene Tochter zu haben. Dies ist für Frau J. negativ korreliert mit der Handlung, „full power" zu entfalten.

Unabhängig davon ist für Frau J. die Handlungs-Ergebnis-Erwartung i.e.S. niedrig: es fehlt nämlich zum einen an eindeutigen Anforderungen der Geschäftsleitung, was genau aufgebaut werden soll und v.a. die Bereitschaft, finanzielle und personelle Ressourcen in hinreichendem Maße zur Verfügung zu stellen, insbesondere um die notwendigen Marketing- und Vertriebsaktivitäten entfalten zu können.

Im Coaching wird klar, dass für die zuletzt genannten Punkte eine Klärung nötig wäre, um sinnvoll im Sinne des Unternehmens vorankommen zu können. Auf der anderen Seite wird bei der gedanklichen Vorbereitung auf ein entsprechendes Gespräch mit ihrem Vorgesetzten auch deutlich, dass es im Rahmen der Elternzeit nicht im Interesse von Frau J. ist, mehr Ressourcen und höhere Anforderungen von der Geschäftsleitung einzufordern als sie im Rahmen ihrer 40%-Stelle bewältigen kann.

Diese Überlegung ist entscheidend für die Gesprächsstrategie mit der Geschäftsleitung und verändert die angestrebte Handlung und das angestrebte Ergebnis. Im Gespräch mit der Geschäftsleitung geht es dementsprechend nicht darum, um jeden Preis für mehr Ressourcen zu kämpfen, sondern v.a. um Erwartungsmanagement, d.h. aufzuzeigen, dass eine geringe Ressourcenausstattung natürlich auch Auswirkungen auf die erzielbaren Ergebnisse hat. In diesem Sinne kommt den derzeitigen Interessen von Frau J. eine gewisse Unentschlossenheit seitens der Geschäftsleitung sogar entgegen. Diese ist der limitierende Faktor für den Erfolg ihrer Aktivitäten, nicht der Umstand, dass sie Teilzeit arbeitet. Dies ist Frau J. in zwischen der vierten und der fünften Sitzung deutlich geworden:

> „dass es eigentlich nicht von mir abhängt, weil es nicht an den 40% liegt. Es liegt nicht daran, ob ich 40% oder 100% arbeite, sondern es liegt letztendlich daran, was das Unternehmen auch will" (5., 525)

Ferner wurde deutlich, dass für die Geschäftsleitung Themen aus den Kernbereichen des Unternehmens eindeutig im Vordergrund stehen und an Frau J. viel weniger konkrete Ergebnis-Anforderungen gestellt werden, als sie sie an sich selber stellte. Damit ist aber deutlich, dass die angestrebte Folge, ihre weitere Karriere zu sichern, nicht unbedingt einen sehr erfolgreichen Seminarbereich zur Voraussetzung hat. Für die Übergangszeit der Elternzeit reicht es für sie „am Ball zu bleiben". Dementsprechend formuliert Frau J. in der fünften Sitzung: „Mein primäres Ziel ist, am Ball zu bleiben – natürlich jetzt unter der Maßgabe einer Beschäftigung, die familienfreundlich ist. Ich möchte nicht aussteigen." (5., 235).

Damit stellt sich die Gesamtmotivation auch anders dar, als zuvor: die schon vorher im Sinne einer hohen Motivation ausgeprägte Situations-Ergebnis-Erwartung und die Ergebnis-Folgen-Erwartung sowie der Anreizwert der Folgen sind unverändert. Aber die beiden Aspekte der Handlungs-Ergebnis-Erwartung i.w.s. weisen für das Ergebnis „am Ball bleiben" nun auch auf eine hohe Motivation hin. Dafür, überhaupt Aktivitäten zu entfalten bzw. in angemessenem Rahmen zu entfalten, besteht eine hohe Selbstwirksamkeits-Erwartung: hierfür muss nicht jeder Konflikt mit Kollegen ausgefochten werden und insofern ist hierfür auch nicht die nicht mehr vorhandene Positionsmacht erforderlich. Auch ist eine Kompatibilität mit der Teilzeitstelle und der gewünschten Zeit für ihre Tochter voll gegeben. Die Handlungs-Ergebnis-Erwartung i.e.s. ist nun ebenfalls hoch, da ein bloßes „am Ball bleiben" ja schon im Entfalten jedweder Aktivität impliziert ist.

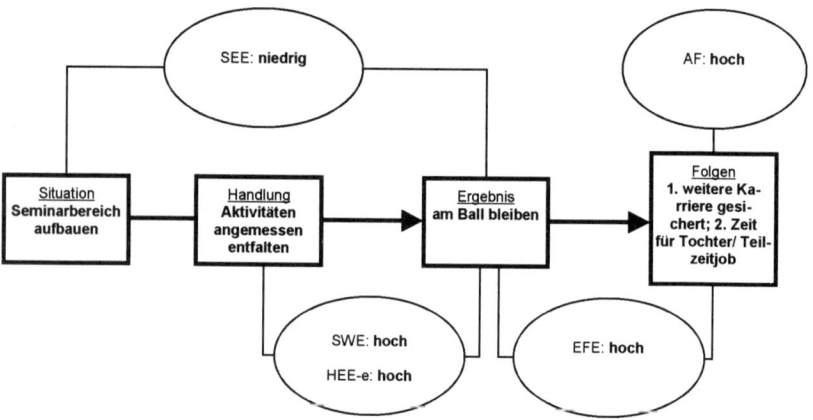

Abb. 136: Vereinbarkeit von Kinderbetreuung und Karrieresicherung gegeben

Entsprechend der hohen Motivation gemäß des Modells berichtete Frau J. am Ende des fünften Coachings, dass es ihr gelungen sei, in der Kommunikation mit ihrem Chef im Sinne des angestrebten Aktivitätsniveaus klare Anforderungen zu stellen (5., 1360).

8.5.11 Herr B.: „Keinen Bock auf Show-machen"

Herr B. ist Bereichsleiter in einem Hightech-Konzern. Er hat ca. 150 Mitarbeiter und er hat
seine derzeitige Position seit zehn Jahren inne. Er möchte im Coaching klären, ob er kurzfristig eine andere Position anstreben oder in der bisherigen vorläufig bleiben will. Anlass
über einen Positionswechsel nachzudenken gibt ihm die für ihn zu geringe Wertschätzung
seiner Arbeit „von oben". Während er von seinen Kollegen und seinen Mitarbeitern Anerkennung erfährt und auch selbst davon überzeugt ist, gute Arbeit zu leisten, sind positive
Rückmeldungen seiner Vorgesetzten selten. Ganz aktuell gab es sogar eine unterdurchschnittliche Leistungsbeurteilung – was z.T. durch Verfahrensfehler bedingt war.

Die Motivation für einen Verbleib in der jetzigen Position stellt sich im Erweiterten kognitiven Motivationsmodell wie folgt dar (siehe Abb. 137):

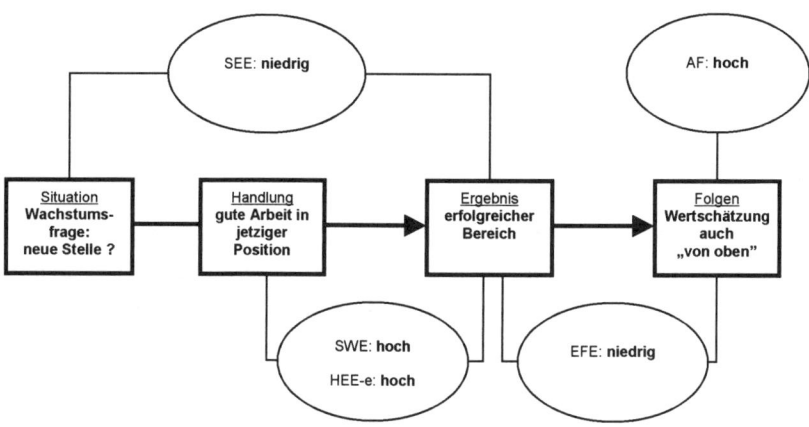

Abb. 137: Wenig Wertschätzung trotz erfolgreicher Arbeit

Herr B. strebt Wertschätzung „von oben" als Folge für Erfolge seines Bereichs an, die Ergebnis guter Arbeit in seinem Bereich sind. In diesem Fall weisen sowohl die Situations-
Ergebnis-Erwartung als auch beide Aspekte der Handlungs-Ergebnis-Erwartung, wie auch
der Anreizwert der Folgen auf eine hohe Motivation hin. Die Ergebnis-Folgen-Erwartung

ist hingegen niedrig und für Herrn B. der Zusammenhang, der ihn an seiner jetzigen Position zweifeln lässt.

Dafür, dass die guten Ergebnisse seines Bereichs und damit er selbst keine hinreichend Wertschätzung erfahren, hat er eine differenzierte Subjektive Theorie, die intrinsische und extrinsische Gründe einschließt (siehe Abb. 138). Beide hängen mit der Notwendigkeit zusammen, gute Arbeit intern als solche „zu verkaufen". Herr B. hat, auch in Reaktion auf die aktuelle unterdurchschnittliche Bewertung „keinen Bock mehr auf Show-machen" (1., 470). Als Beweggründe hierfür führt er seine berufliche Sozialisation in einem anderen Unternehmen an, bei dem ein klarerer Sach- und Problemfokus bestanden hätte. Außerdem sei es ihm zuwider sich auf eine Stufe mit „Blendern und Chartmalern" zu stellen, also mit Kollegen, deren Hauptkompetenz das Halten schöner Präsentationen ist, nicht aber das Erzielen konkreter Ergebnisse.

Herrn B. ist allerdings auch klar, dass der Verzicht auf „Show-machen" in seinem derzeitigen Kontext eine geringe Wertschätzung nahezu automatisch nach sich zieht. Hierfür sind drei Aspekte maßgeblich: zum einen herrscht in dem Unternehmen keine Problemlöse-/ Kritikkultur, so dass kritische statt beschönigender Beiträge nicht goutiert werden. Zweitens steht er einem Bereich vor, der durch die Heterogenität der von ihm zu bearbeitenden Aufgaben von außen per se weniger leicht und deutlich wahrgenommen wird als andere Bereiche – und ergo von vornherein noch mehr „Show" als andere braucht, um angemessen gesehen zu werden. Schließlich ist das Interesse seines Chefs an inhaltlichen Diskussionen relativ gering, so dass auch aus diesem Grund eine Reaktion der Wertschätzung allein aufgrund guter Arbeit nicht zu erwarten ist.

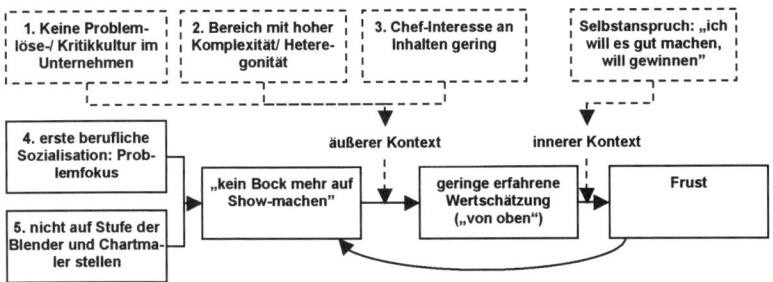

Abb. 138: Subjektive Theorie zu Gründen von mangelnder Wertschätzung und Frust

Aufgrund des Selbstanspruchs („ich will es gut machen, will gewinnen"), führt die mangelnde Wertschätzung dann zu „Frust". In der Terminologie des Erweiterten kognitiven Motivationsmodells führt eine niedrige Ergebnis-Folgen-Erwartung zu einer reduzierten Motivation.

Jeder der genannten fünf Gründe ist auf seine Veränderbarkeit zu prüfen. Dabei ergibt sich das folgende Bild (siehe Abb. 139). Bei den externen Kontext-Variablen ist einer Veränderung der Unternehmenskultur kurzfristig sicherlich nur durch den Wechsel des Unternehmens zu erreichen, was für Herrn B. aber derzeit keine Option darstellt. Die Möglichkeit, die Haltung des Chefs hinsichtlich seines Interesses an Inhalten zu ändern, ist gleichfalls nur eine theoretische Option. Der von Herrn B. erwogene Wechsel des Bereichs ist hingegen eine realistische Option, die dann zu mehr Wertschätzung beitragen kann, wenn das Aufgabenspektrum des neuen Bereichs auch für Außenstehende leichter zu erfassen wäre und damit nicht noch zusätzliche Kommunikationsanstrengungen erfordern würde.

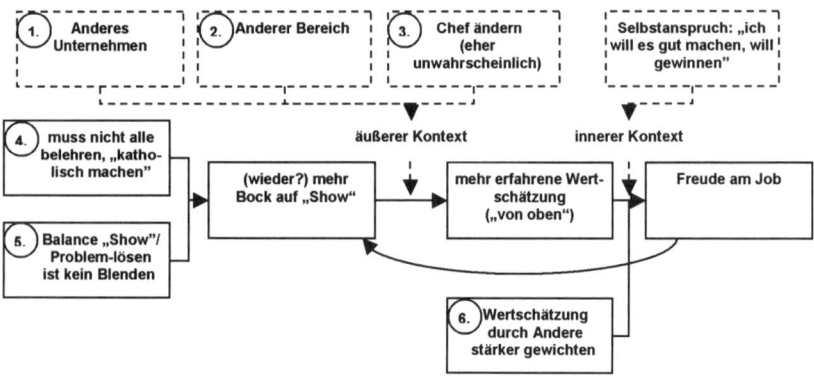

Abb. 139: Sechs potentielle Hebel für größere Wertschätzung

Bei den intrinsischen Gründen dafür, „keinen Bock mehr auf Show-machen" zu haben, liegen ebenfalls realistische Hebel. Als Alternative zur unbedingten Problemorientierung
kann dies zunächst heißen, nicht alle Kollegen „katholisch machen" zu müssen. D.h. nicht
die Handlungsweisen der Kollegen oder von Mitarbeitern von Kollegen in gleicher Intensi-
tät zu hinterfragen und korrigieren zu wollen, wie Herr B. dies erfolgreich gegenüber seinen eigenen Mitarbeitern praktiziert. Noch wesentlicher aber ist die Erinnerung daran, dass
„Show-machen" einen ja nicht automatisch auf dieselbe Stufe mit „Blendern und Chart-
Malern" stellt. Dies konnte anhand des Wertequadrats von Schulz von Thun deutlich gemacht werden (siehe Abb. 140). Danach stellen sowohl das Lösen von Sachproblemen als
auch die Darstellung der daraus resultierenden Erfolge zwei positive Pole dar, zwischen
denen Führungskräfte balancieren sollten. Zu jedem von beiden gibt es eine negative Übertreibung: der „Blender und Chart-Maler" ist die Übertreibung des positiven Show-
machens, der reine Fach-Idiot ist die Übertreibung des positiven Problemlosens.

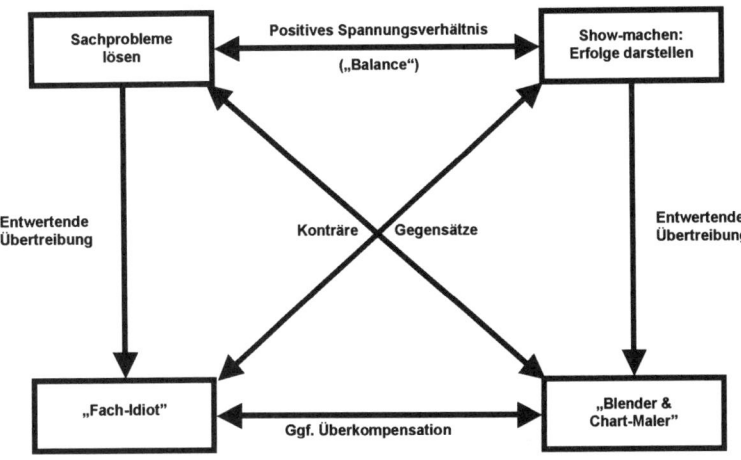

Abb. 140: Show-machen Teil der positiven Führungsbalance

Als sechster Hebel zur Erhöhung der Freude an der Arbeit wäre noch eine Rekalibrierung der subjektiven Wichtigkeit der Wertschätzung von unterschiedlichen Gruppen denkbar. Da die erfahrene Wertschätzung durch Kollegen oder Mitarbeiter offenbar höher ist als die Wertschätzung durch Vorgesetzte, hieße dies, die letztere künftig weniger wichtig zu nehmen. Diese Option scheidet aber für Herrn B. subjektiv aus, da es ihm eben tatsächlich auf die Wertschätzung durch seine Vorgesetzten ankommt.

Relevant sind für ihn somit die Hebel 2, 4 und 5. In der Tat hat er sich bereits bemüht, von der Haltung, alle „katholisch machen zu müssen" wegzukommen und für inhaltliche Kritik und Hinweise indirekte Kanäle zu wählen, die besser zur Unternehmenskultur passen. Der ihm wieder deutlicher gewordene Umstand, dass „Show-machen" und „Blenden" nicht dasselbe ist, bestärken ihn darin, hier wieder mehr zu investieren.

Damit ist die Grundsatzfrage eines Wechsels der Position allerdings noch nicht beantwortet – aber sie hat deutlich an Dringlichkeit verloren. In der Abwägung der jetzigen Position mit einem vorliegenden Alternativangebot zeigt sich dann zudem, dass für die jetzige Position im Unterschied zu der Alternative spricht, dass sie Herrn B. ein recht unabhängiges Arbeiten ermöglicht – eine neben der Wertschätzung gleichfalls von Herrn B. angestrebte Folge seiner Arbeit. Damit ergibt sich auch im Motivationsmodell ein neues Bild (siehe Abb. 141). Die (Re-)Integration von Show-Elementen in das Handeln führt im Ergebnis nicht nur zu inhaltlichen Erfolgen, sondern zu solchen, die auch wahrgenommen werden und in der Folge wieder zu erhöhter Wertschätzung.

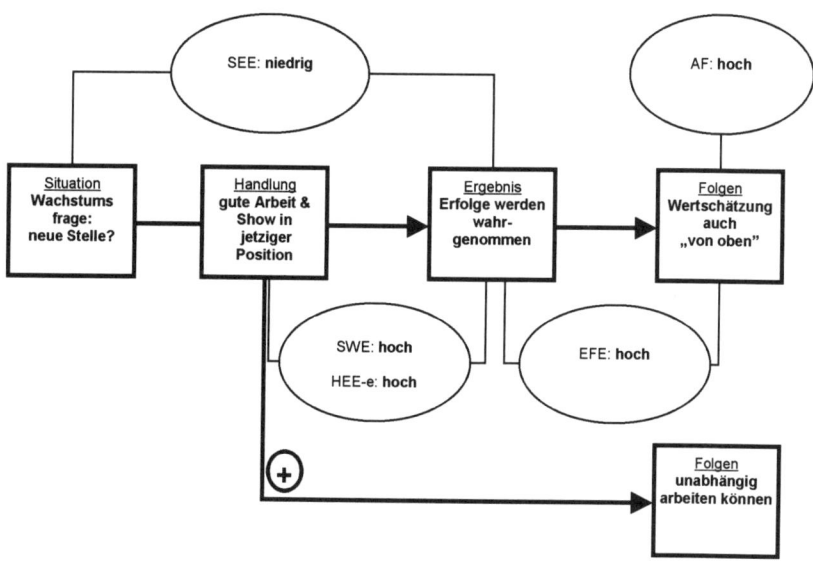

Abb. 141: Wertschätzung durch Kombination von guter Arbeit & Show

Auch bei dieser modifizierten Handlung sind die bereits ursprünglich hohen Erwartungs-werte gegenüber der Ausgangssituation unverändert. Insbesondere die Selbst-Wirksamkeits-Erwartung ist nach wie vor hoch, da Herr B. aus Erfahrung weiß, dass er den Show-Part auch beherrscht. Anders als vorher ist nun aber auch die Ergebnis-Folgen-Erwartung hoch, da wahrgenommene Erfolge anders als bloß erzielte Erfolge auch zu hö-herer Wertschätzung führen.

8.5.12 Herr A.: „Ich bin immer nur gestolpert"

Herr A. arbeitet nach einem Stellenwechsel seit einem Jahr in einem Unternehmen, dass Hightech-Geräte entwickelt, herstellt und vertreibt.

Er möchte im Rahmen des Coachings die Möglichkeiten seiner beruflichen Weiterentwicklung reflektieren: „habe noch Hoffnung, dass ich weiterkommen kann. Verspreche mir, dass ich [mir über] meine Stärken, Schwächen, Chancen klarer werde" (1., 90). Konkret fragt er sich, ob es für seine weitere berufliche Entwicklung die richtige Entscheidung war, ein zweijähriges Wirtschaftsaufbaustudium für Ingenieure zu beginnen.

Seine bisherige Karriereentwicklung, die ihn in die USA und mit jeweils wachsender Verantwortung auf verschiedene Stellen in Deutschland geführt hat, will er gar nicht als Karriere bezeichnen (1., 110): „meine ganze berufliche Laufbahn [...] würde ich nicht als Karriere bezeichnen, [sondern als] meinen Werdegang". Er hat sich dabei nicht so sehr als Akteur erlebt, sondern eher als jemand, dem etwas widerfährt (1., 115): „Also ich bin total zufrieden damit, so wie das jetzt so gelaufen ist." Charakteristisch dafür ist das oft wiederholte Bild (1., 95): „Ich bin eigentlich immer nur gestolpert."

> „Ich hatte für mich immer den Eindruck: Du gehst hier überall so durch, so leicht wandelnd ohne schwer zu ackern und Du greifst Dir hier die Früchte raus und das klappt immer auch alles [...] deswegen kam es mir immer vor wie Stolpern." (1., 190)

Gleichzeitig ist ihm aber klar, dass bei dem von ihm bereits erreichten Niveau, ein reines „Stolpern" für die nächsten Karrierestufen nicht ausreichen wird (2., 910): „Erkenntnis bei mir schon da, dass, wenn es weitergehen soll, ich nicht nur warten kann. [...] Stellen irgendwann auch nicht mehr so reichlich gesät."

Grundsätzlich will er sich dieser Herausforderung stellen:

> „Wir haben gesprochen über erweiterte Aufgaben, neue Aufgabenfelder. Die erschließen sich mir ja irgendwann gar nicht mehr, da habe ich irgendwann nicht mehr die Möglichkeit zu. Wir reden über eine Treppe, die sich nach oben verengt, irgendwann nur noch für wenige. Ich würde die so weit hochgehen wollen, wie es eben geht. Eben weil ich glaube: das würde mir Spaß bereiten." (1., 1260)

Spaß, so seine Subjektive Theorie, wird er dabei weniger an Status und Einkommen haben, sondern v.a. an einer abwechslungsreichen, anspruchsvollen Tätigkeit.

„In den letzten Berufsjahren habe ich mir eigentlich, zumindest bis zum Zeitpunkt des [letzten Stellen-]Wechsels [...] habe ich mir nie Gedanken gemacht über Karriere [...]; habe nie darüber nachgedacht, was ist das Optimum, um eine gute Position, viel Geld, viel Prestige zu erreichen. Was diese Ziele anbelangt, mache ich mir nach wie vor wenig Gedanken." (1., 1150)

„Interessante Aufgaben, da merkst' dann schon, da musste dich erstmal reinfummeln, das ist dann spannend, das macht Spaß. Schaffe ich das überhaupt? Schaffe ich das nicht? – Wenn dann aber das Ergebnis gut ist, hat das Spaß gemacht, hat man ein richtiges Erfolgserlebnis. Wenn das mit Routinearbeiten passiert, hat man das nicht, dann ist es ein erwartetes Ergebnis. Richtig Spaß machen mir die Sachen, wo man am Anfang nicht weiß, was das Ergebnis ist." (2., 230) „Was mir Spaß macht ist, wenn ich eine hohe Bandbreite zu bearbeiten habe." (2., 570)

Wenn das nicht mehr erfüllt ist, sucht er neue Herausforderungen: „Irgendwas hat mich aus [der vorherigen Position] weggetrieben: [...] Routine, Langeweile" (2., 220). Nach seinem letzten, lateralen Positionswechsel stellte sich das Gefühl der Routine bereits nach einem Jahr wieder ein. Unmittelbar nach dem vorherigen Zitat fährt er mit Bezug auf die dort erwähnte Routine und Langeweile fort: „Jetzt nach einem Jahr kann ich das auch wieder in [der neuen Firma] feststellen, na klar, war ja auch zu erwarten, bekannte Abläufe". (2., 223)

Insgesamt strebt er ein mittleres Management-Niveau an, das nach seiner Subjektiven Theorie zum einen hinreichend Abwechslung bietet, andererseits aber noch nicht so viel Ellenbogenverhalten verlangt, wie das Top-Management:

„Wenn wir gucken, welche Leute stehen an der Spitze, reden wir schon ganz klar über irgendwelche Leitwölfe. So was bin ich mit Sicherheit nicht, weil da muss man auch sehr gut beißen können, glaube ich, habe ich zumindest noch nicht erkannt bei mir diese Eigenschaft. Soweit würde ich nicht gehen." (1., 1290)

Dem entspricht die folgende Subjektive Theorie (siehe Abb. 142).

Abb. 142: ST zum bisherigen und künftigen „Werdegang"

Im Erweiterten kognitiven Motivationsmodell stellt sich die geringe Motivation folgendermaßen dar (siehe Abb. 143). Herr A. strebt als Ergebnis seines Handelns weitere Karriereschritte an, die dazu dienen sollen, seinen Spaß bei der Arbeit dadurch aufrechtzuerhalten, dass seine Aufgaben vielfältig und abwechslungsreich genug sind. Welche Handlung dafür die geeignetste ist, insbesondere ob dafür das geplante Wirtschaftsaufbaustudium der richtige Weg ist, ist aber noch unklar.

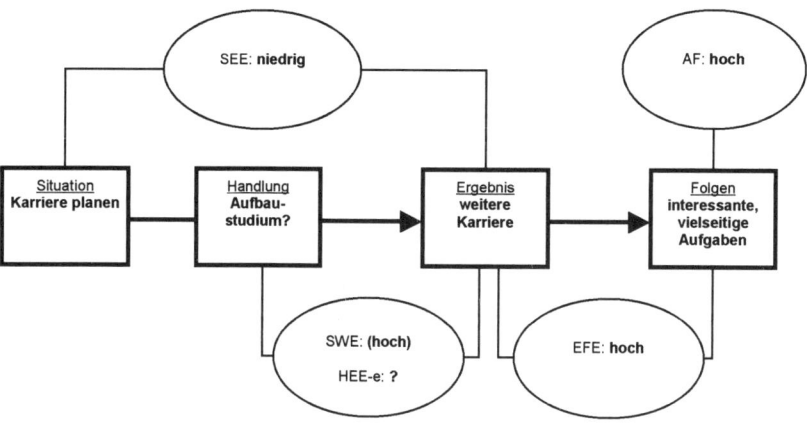

Abb. 143: Eigenmarketing und Forderungen in eigener Sache zur Karrierebeförderung

Die Situations-Ergebnis-Erwartung ist niedrig: er weiß, dass die nächsten Karrierestufen nicht durch „warten" zu erreichen sind. Die Ergebnis-Folgen-Erwartung ist gleichfalls hoch: nachdem ein lateraler Positionswechsel seinen Arbeitsalltag nicht nachhaltig interessanter gemacht hat, erwartet er dies von einem weiteren Karriereschritt. Der Anreizwert der angestrebten Folgen ist gleichfalls hoch, da ihm eine abwechslungsreiche Tätigkeit notwendige Bedingung für Spaß bei der Arbeit ist.

Unklar ist ihm aber die Handlungs-Ergebnis-Erwartung i.e.S., also ob die Handlung Aufbaustudium zum gewünschten Ergebnis führt. Die Selbstwirksamkeits-Erwartung, dieses Studium erfolgreich zu absolvieren, ist hingegen hoch.

Zu analysieren war also die Frage, welche Arten von Handlungen seiner weiteren Karriere nützlich sein würden. In der Unterteilung der erforderlichen Kompetenzen in fachliche einerseits und interpersonelle bzw. persönliche andererseits, lässt sich das Aufbaustudium in die erste Kategorie einordnen. Es schien unzweifelhaft, das eine Ergänzung seiner Ausbildung als Ingenieur um betriebswirtschaftliche Kenntnisse für die Bewältigung weiter gehender Führungsaufgaben hilfreich, zumindest aber nicht schädlich sein würde. Es bestanden aber Zweifel daran, ob dies hinreichend für eine weitere Karriere sein würde.

Im Vergleich zu Kollegen stellte er hierzu relevante Verhaltensunterschiede im Bereich persönlicher bzw. interpersoneller Kompetenzen bzw. Verhaltensweisen fest:

> „Heutzutage sehe ich das bei vielen Kollegen: wenn die mal was bewegt haben, gehen sie durch die Abteilungen und erzählen es jedem – die haben ein gutes Eigenmarketing und das geht mir total ab." (2., 780)

Dieses „Klappern" liegt Herrn A. aber nicht nur nicht – er bewertet es auch negativ, vermutet, dass es Andere ebenfalls negativ bewerten und lehnt es deshalb für sich als Verhaltensweise ab:

> „Ein Kollege, ungefähr parallele Position, erzählt mir dann immer oft, wie er die eine oder andere Situation strategisch klasse gelöst hat. Und wenn ich dann sehe, wie ich darauf reagiere, dann denke ich mir: ‚nein das mache ich nicht'; denke ich mir: ‚dies Klappern: Warum erzählst mir das, interessiert mich inhaltlich nicht, hättest Du dir sparen können, also warum erzählst du mir das: ok, weil du möchtest, das ich sehe, du machst einen tollen Job.' – So denke ich mir: ‚andere werden das genauso sehen' – also lässt du das lieber." (2., 1110)

Allerdings sieht er auch, dass von solchem Klappern positive Wirkungen für den Betreffenden ausgehen können:

„Ja, auch wenn es mich in dem Moment nervt, bleibt es irgendwo hängen. Ich kann
verstehen, dass man es tut, aber ich für meinen Teil – tja [...] – liegt mir nicht." (2.,
1120)

Damit ergibt sich folgendes Bild im Motivationsmodell (siehe Abb. 144):

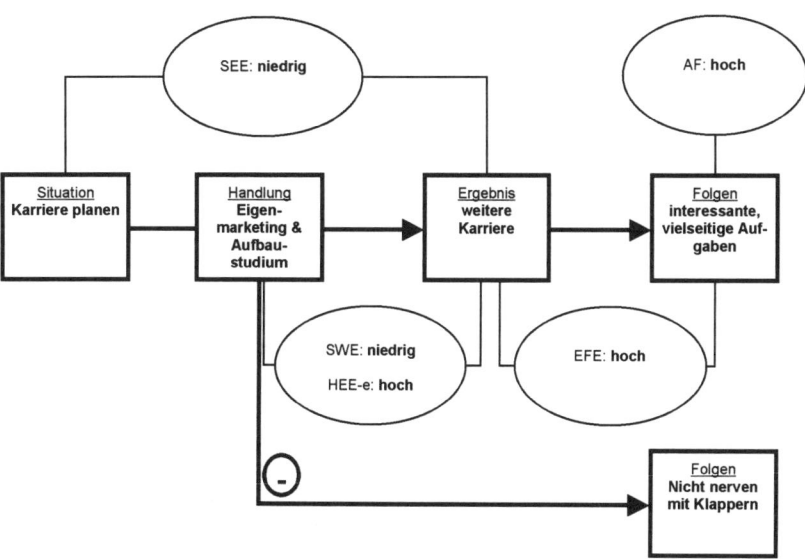

Abb. 144: Niedrige Selbstwirksamkeitserwartung für Eigenmarketing

Als Handlung, die weitere Karriereschritte zum Ergebnis hätte, wurde eine Kombination
aus „Eigenmarketing" und fachlicher Fortbildung (Aufbaustudium) identifiziert. Gegenüber dem vorherigen Bild führt dies zu einer Veränderung der beiden Komponenten der
Handlungs-Ergebnis-Erwartung i.w.S. Die Handlungs-Ergebnis-Erwartung i.e.S. ist nun
hoch: Herr A. ist davon überzeugt, dass die beschriebene Handlungskombination zu dem
gewünschten Ergebnis führen würde. Allerdings ist die Selbstwirksamkeits-Erwartung nun
niedrig: zwar glaubt Herr A. nach wie vor, das Aufbaustudium gut bewältigen zu können,
aber das Marketing in eigener Sache geht ihm „total ab" bzw. „liegt" ihm nach eigener
Einschätzung nicht. Außerdem tritt als weitere angestrebte Folge hinzu, mit „Klappern"
Andere nicht so zu nerven wie Kollegen ihn nerven, wenn sie von ihren Erfolgen erzählen.

Auf die Frage, warum ihm denn ein Vorzeigen seiner Leistungen schwer fällt, beschreibt
Herr A. dies als Verhalten, das bis in die Schulzeit zurückgeht (2., 730): „Früher war ich
mehr noch der Zurückhaltende, Schüchterne. Erfolge waren mir vielleicht eher peinlich;
[eine] ,Eins' in der Schule oder so."

Damit wurde deutlich, dass seine Abneigung gegen „Klappern" weitaus stärker durch seine
persönliche Gewohnheit, ein persönliches Muster geprägt ist, als durch eine aktuelle Kos-
ten-Nutzen-Abwägung dergestalt, dass es karriereschädlich wäre, Andere durch „Klappern" zu sehr zu nerven. Die Überlegung, andere nicht nerven zu wollen, stellt sich somit
eher als vorgeschobenes Argument dar, um nicht von der gewohnten Handlung abweichen
zu müssen.

Seine Gewohnheit wiederum ist von der Sorge bedingt, sich mit dem Stolz auf eine er-
brachte Leistung dadurch zu blamieren, das Andere dieser Leistung gar keinen besonderen
Wert beimessen. Er interpretiert sie als „gesunden Selbstschutz".

Am schlimmsten wäre für ihn „ein Outing als jemand, der offensichtlich mit nicht
besonders wichtigen, anspruchsvollen Sachen einen Erfolg [erzielt zu haben] meint.
Das würde ja meinen eigenen Anspruch untergraben – das soll auch Dritten klar sein,
dass ich da einen gewissen Anspruch habe." (2., 1200)

„Meine größte Sorge ist, mich [in der Einschätzung der eigenen Leistung] rekalibrie-
ren zu lassen; das möchte ich sehr gerne vermeiden. – [...] Im Grunde gesunder
Selbstschutz." (5., 530)

Auf Nachfrage und nach längerem Nachdenken gesteht er dann aber zu, dass ihm eine solche Fehleinschätzung in der Praxis höchstwahrscheinlich nicht unterlaufen würde. Er erinnert sogar eine Situation in der kürzeren Vergangenheit, die eindeutig ein großer Erfolg
war und von ihm hätte genutzt werden können, das eigene Können anderen gegenüber zu
betonen. Durch seine Arbeit wurde nämlich verhindert, dass ein bestimmter Entwicklungs-
prozess komplett wiederholt werden musste: das Unternehmen hat „dadurch nicht ein Jahr
in den Sand gesetzt, sondern nur einen Monat. Da war ich mir bombensicher: das war ein
Erfolg" (2., 1215). Von dieser Erinnerung ausgehend setzt ein Umdenkprozess ein:

„Je mehr ich drüber nachdenke und Wurzeln sehe des Verhaltens – und auch das
Selbstbewusstsein, so was zu tun, das wächst! Vielleicht in zwei Jahren überhaupt

keine Scheu mehr – je mehr man drüber nachdenkt, vielleicht weniger Skrupel. So
wie wir jetzt drüber reden, so habe ich ja noch nie drüber nachgedacht" (2., 1220)

Dies stellt sich im Erweiterten kognitiven Motivationsmodells wie folgt dar (siehe Abb.
145).

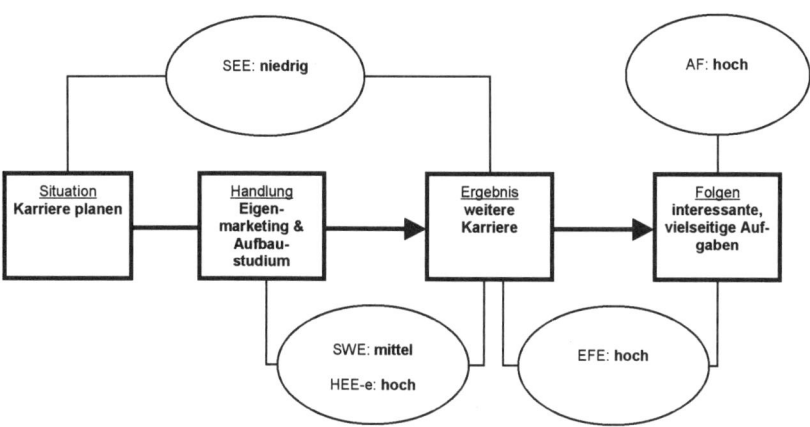

Abb. 145: Hohe Selbstwirksamkeits-Erwartung am Ende des Coachings

Durch die Identifikation der Ursachen für die zuvor niedrige Selbstwirksamkeits-
Erwartung, nämlich die Sorge, sich mit seinem Stolz auf seine Leistung zu blamieren und
die klare Erkenntnis, dass diese Sorge unbegründet ist, sieht Herr A., dass er entsprechend
handeln kann. Die zuvor vorhandene negativ korrelierte, angestrebte Folge, Andere nicht
zu nerven, hat sich demgegenüber als haltlos dargestellt. Die Selbstwirksamkeitserwartung
ist demnach mittel: er traut es sich im Prinzip zu und kalkuliert bis zur Realisierung eines
Auftretens in eigener Sache „ohne Scheu" eine Übergangszeit von zwei Jahren.

Um die „Scheu" in kleinen Schritten zu reduzieren, wurden Situationen identifiziert, in denen Herr A. das Eigenmarketing bzw. das Eintreten für eigene Interessen erproben konnte:
„Habe überlegt, was ich tun kann, um über meinen eigenen Schatten zu springen, einfach
mal was auszuprobieren" (5., 220).

Drei Optionen standen dann zur Auswahl: ein Bewertungsgespräch durch seinen Vorgesetzten einzufordern, die schon einmal avisierte Aufnahme in ein spezielles Nachwuchs-Führungskräfte-Förderprogramm einzufordern bzw. eine Gehaltserhöhung zu fordern. Von den drei Möglichkeiten schien Herrn A. das Einfordern eines Bewertungsgesprächs der beste erste Schritt zu sein. Seine Realisierung plante er für die Zeit nach der letzten der fünf Coaching-Sitzungen.

Deutscher Universitäts-Verlag

Ihr Weg in die Wissenschaft

Der Deutsche Universitäts-Verlag ist ein Unternehmen der Fachverlagsgruppe BertelsmannSpringer, zu der auch der Gabler Verlag und der Vieweg Verlag gehören. Wir publizieren ein umfangreiches wirtschaftswissenschaftliches Monografien-Programm aus den Fachgebieten

✓ Betriebswirtschaftslehre
✓ Volkswirtschaftslehre
✓ Wirtschaftsrecht
✓ Wirtschaftspädagogik und
✓ Wirtschaftsinformatik

In enger Kooperation mit unseren Schwesterverlagen wird das Programm kontinuierlich ausgebaut und um aktuelle Forschungsarbeiten erweitert. Dabei wollen wir vor allem jüngeren Wissenschaftlern ein Forum bieten, ihre Forschungsergebnisse der interessierten Fachöffentlichkeit vorzustellen. Unser Verlagsprogramm steht solchen Arbeiten offen, deren Qualität durch eine sehr gute Note ausgewiesen ist. Jedes Manuskript wird vom Verlag zusätzlich auf seine Vermarktungschancen hin geprüft.

Durch die umfassenden Vertriebs- und Marketingaktivitäten einer großen Verlagsgruppe erreichen wir die breite Information aller Fachinstitute, -bibliotheken und -zeitschriften. Den Autoren bieten wir dabei attraktive Konditionen, die jeweils individuell vertraglich vereinbart werden.

Besuchen Sie unsere Homepage: *www.duv.de*

Deutscher Universitäts-Verlag
Abraham-Lincoln-Str. 46
D-65189 Wiesbaden